全国中医药行业高等教育“十四五”规划教材
全国高等中医药院校规划教材（第十一版）

物理化学

（新世纪第五版）

（供中药学、药学、制药工程等专业用）

主　编　刘　雄　王颖莉

中国中医药出版社
·北　京·

图书在版编目（CIP）数据

物理化学 / 刘雄，王颖莉主编 . —5 版 . —北京：中国中医药出版社，2021.6（2024.10重印）

全国中医药行业高等教育“十四五”规划教材

ISBN 978 – 7 – 5132 – 6889 – 9

Ⅰ . ①物…　Ⅱ . ①刘… ②王…　Ⅲ . ①物理化学—中医学院—教材　Ⅳ . ① O64

中国版本图书馆 CIP 数据核字（2021）第 053472 号

融合出版数字化资源服务说明

全国中医药行业高等教育“十四五”规划教材为融合教材，各教材相关数字化资源（电子教材、PPT 课件、视频、复习思考题等）在全国中医药行业教育云平台“医开讲”发布。

资源访问说明

扫描右方二维码下载“医开讲 APP”或到“医开讲网站”（网址：www.e-lesson.cn）注册登录，输入封底“序列号”进行账号绑定后即可访问相关数字化资源（注意：序列号只可绑定一个账号，为避免不必要的损失，请您刮开序列号立即进行账号绑定激活）。

资源下载说明

本书有配套 PPT 课件，供教师下载使用，请到“医开讲网站”（网址：www.e-lesson.cn）认证教师身份后，搜索书名进入具体图书页面实现下载。

中国中医药出版社出版

北京经济技术开发区科创十三街 31 号院二区 8 号楼

邮政编码　100176

传真　010-64405721

天津裕同印刷有限公司印刷

各地新华书店经销

开本 889 × 1194　1/16　印张 18.25　字数 479 千字

2021 年 6 月第 5 版　2024 年10月第 5 次印刷

书号　ISBN 978 – 7 – 5132 – 6889 – 9

定价　68.00 元

网址　www.cptcm.com

服务热线　010-64405510　　微信服务号　zgzyycbs

购书热线　010-89535836　　微商城网址　https://kdt.im/LIdUGr

维权打假　010-64405753　　天猫旗舰店网址　https://zgzyycbs.tmall.com

如有印装质量问题请与本社出版部联系（010-64405510）

《物理化学》编委会

主　编
刘　雄（甘肃中医药大学）　　王颖莉（山西中医药大学）

副主编（以姓氏笔画为序）
李　莉（辽宁中医药大学）　　李晓飞（河南中医药大学）
张彩云（安徽中医药大学）　　邵江娟（南京中医药大学）
周庆华（黑龙江中医药大学）　　程世贤（广西中医药大学）
魏泽英（云南中医药大学）

编　委（以姓氏笔画为序）
马鸿雁（成都中医药大学）　　任　蕾（山西中医药大学）
邬瑞光（北京中医药大学）　　刘　强（浙江中医药大学）
杨　晶（长春中医药大学）　　杨茂忠（贵州中医药大学）
何玉珍（湖北中医药大学）　　张光辉（陕西中医药大学）
张秀云（山东中医药大学）　　张洪江（南京中医药大学翰林学院）
林　舒（福建中医药大学）　　罗三来（广东药科大学）
赵晓娟（甘肃中医药大学）　　钱　坤（江西中医药大学）
唐　莹（上海中医药大学）　　韩晓燕（天津中医药大学）

学术秘书
高建德（甘肃中医药大学）

《物理化学》
融合出版数字化资源编创委员会

主　编
刘　雄（甘肃中医药大学）　　王颖莉（山西中医药大学）

副主编（按姓氏笔画排序）
李　莉（辽宁中医药大学）　　李晓飞（河南中医药大学）
张彩云（安徽中医药大学）　　邵江娟（南京中医药大学）
周庆华（黑龙江中医药大学）　　程世贤（广西中医药大学）
魏泽英（云南中医药大学）

编　委（按姓氏笔画排序）
马鸿雁（成都中医药大学）　　任　蕾（山西中医药大学）
邬瑞光（北京中医药大学）　　刘　强（浙江中医药大学）
杨　晶（长春中医药大学）　　杨茂忠（贵州中医药大学）
何玉珍（湖北中医药大学）　　张光辉（陕西中医药大学）
张秀云（山东中医药大学）　　张洪江（南京中医药大学翰林学院）
林　舒（福建中医药大学）　　罗三来（广东药科大学）
赵晓娟（甘肃中医药大学）　　钱　坤（江西中医药大学）
唐　莹（上海中医药大学）　　韩晓燕（天津中医药大学）

学术秘书
高建德（甘肃中医药大学）

专家指导委员会

匡海学（黑龙江中医药大学教授、教育部高等学校中药学类专业教学指导委员会主任委员）
吕志平（南方医科大学教授、全国名中医）
吕晓东（辽宁中医药大学党委书记）
朱卫丰（江西中医药大学校长）
朱兆云（云南中医药大学教授、中国工程院院士）
刘　良（广州中医药大学教授、中国工程院院士）
刘松林（湖北中医药大学校长）
刘叔文（南方医科大学副校长）
刘清泉（首都医科大学附属北京中医医院院长）
李可建（山东中医药大学校长）
李灿东（福建中医药大学校长）
杨　柱（贵州中医药大学党委书记）
杨晓航（陕西中医药大学校长）
肖　伟（南京中医药大学教授、中国工程院院士）
吴以岭（河北中医药大学名誉校长、中国工程院院士）
余曙光（成都中医药大学校长）
谷晓红（北京中医药大学教授、教育部高等学校中医学类专业教学指导委员会主任委员）
冷向阳（长春中医药大学校长）
张忠德（广东省中医院院长）
陆付耳（华中科技大学同济医学院教授）
阿吉艾克拜尔·艾萨（新疆医科大学校长）
陈　忠（浙江中医药大学校长）
陈凯先（中国科学院上海药物研究所研究员、中国科学院院士）
陈香美（解放军总医院教授、中国工程院院士）
易刚强（湖南中医药大学校长）
季　光（上海中医药大学校长）
周建军（重庆中医药学院院长）
赵继荣（甘肃中医药大学校长）
郝慧琴（山西中医药大学党委书记）
胡　刚（江苏省政协副主席、南京中医药大学教授）
侯卫伟（中国中医药出版社有限公司董事长）
姚　春（广西中医药大学校长）
徐安龙（北京中医药大学校长、教育部高等学校中西医结合类专业教学指导委员会主任委员）
高秀梅（天津中医药大学校长）
高维娟（河北中医药大学校长）
郭宏伟（黑龙江中医药大学校长）
唐志书（中国中医科学院副院长、研究生院院长）

彭代银（安徽中医药大学校长）
董竞成（复旦大学中西医结合研究院院长）
韩晶岩（北京大学医学部基础医学院中西医结合教研室主任）
程海波（南京中医药大学校长）
鲁海文（内蒙古医科大学副校长）
翟理祥（广东药科大学校长）

秘书长（兼）
陆建伟（国家中医药管理局人事教育司司长）
侯卫伟（中国中医药出版社有限公司董事长）

办公室主任
周景玉（国家中医药管理局人事教育司副司长）
李秀明（中国中医药出版社有限公司总编辑）

办公室成员
陈令轩（国家中医药管理局人事教育司综合协调处处长）
李占永（中国中医药出版社有限公司副总编辑）
张峘宇（中国中医药出版社有限公司副总经理）
芮立新（中国中医药出版社有限公司副总编辑）
沈承玲（中国中医药出版社有限公司教材中心主任）

编审专家组

全国中医药行业高等教育“十四五”规划教材
全国高等中医药院校规划教材（第十一版）

组　长

余艳红（国家卫生健康委员会党组成员，国家中医药管理局党组书记、局长）

副组长

张伯礼（天津中医药大学教授、中国工程院院士、国医大师）
秦怀金（国家中医药管理局副局长、党组成员）

组　员

陆建伟（国家中医药管理局人事教育司司长）
严世芸（上海中医药大学教授、国医大师）
吴勉华（南京中医药大学教授）
匡海学（黑龙江中医药大学教授）
刘红宁（江西中医药大学教授）
翟双庆（北京中医药大学教授）
胡鸿毅（上海中医药大学教授）
余曙光（成都中医药大学教授）
周桂桐（天津中医药大学教授）
石　岩（辽宁中医药大学教授）
黄必胜（湖北中医药大学教授）

前 言

为全面贯彻《中共中央 国务院关于促进中医药传承创新发展的意见》和全国中医药大会精神，落实《国务院办公厅关于加快医学教育创新发展的指导意见》《教育部 国家卫生健康委 国家中医药管理局关于深化医教协同进一步推动中医药教育改革与高质量发展的实施意见》，紧密对接新医科建设对中医药教育改革的新要求和中医药传承创新发展对人才培养的新需求，国家中医药管理局教材办公室（以下简称“教材办”）、中国中医药出版社在国家中医药管理局领导下，在教育部高等学校中医学类、中药学类、中西医结合类专业教学指导委员会及全国中医药行业高等教育规划教材专家指导委员会指导下，对全国中医药行业高等教育“十三五”规划教材进行综合评价，研究制定《全国中医药行业高等教育“十四五”规划教材建设方案》，并全面组织实施。鉴于全国中医药行业主管部门主持编写的全国高等中医药院校规划教材目前已出版十版，为体现其系统性和传承性，本套教材称为第十一版。

本套教材建设，坚持问题导向、目标导向、需求导向，结合“十三五”规划教材综合评价中发现的问题和收集的意见建议，对教材建设知识体系、结构安排等进行系统整体优化，进一步加强顶层设计和组织管理，坚持立德树人根本任务，力求构建适应中医药教育教学改革需求的教材体系，更好地服务院校人才培养和学科专业建设，促进中医药教育创新发展。

本套教材建设过程中，教材办聘请中医学、中药学、针灸推拿学三个专业的权威专家组成编审专家组，参与主编确定，提出指导意见，审查编写质量。特别是对核心示范教材建设加强了组织管理，成立了专门评价专家组，全程指导教材建设，确保教材质量。

本套教材具有以下特点：

1.坚持立德树人，融入课程思政内容

将党的二十大精神进教材，把立德树人贯穿教材建设全过程、各方面，体现课程思政建设新要求，发挥中医药文化育人优势，促进中医药人文教育与专业教育有机融合，指导学生树立正确世界观、人生观、价值观，帮助学生立大志、明大德、成大才、担大任，坚定信念信心，努力成为堪当民族复兴重任的时代新人。

2.优化知识结构，强化中医思维培养

在“十三五”规划教材知识架构基础上，进一步整合优化学科知识结构体系，减少不同学科教材间相同知识内容交叉重复，增强教材知识结构的系统性、完整性。强化中医思维培养，突出中医思维在教材编写中的主导作用，注重中医经典内容编写，在《内经》《伤寒论》等经典课程中更加突出重点，同时更加强化经典与临床的融合，增强中医经典的临床运用，帮助学生筑牢中医经典基础，逐步形成中医思维。

3.突出“三基五性”，注重内容严谨准确

坚持“以本为本”，更加突出教材的“三基五性”，即基本知识、基本理论、基本技能，思想性、科学性、先进性、启发性、适用性。注重名词术语统一，概念准确，表述科学严谨，知识点结合完备，内容精炼完整。教材编写综合考虑学科的分化、交叉，既充分体现不同学科自身特点，又注意各学科之间的有机衔接；注重理论与临床实践结合，与医师规范化培训、医师资格考试接轨。

4.强化精品意识，建设行业示范教材

遴选行业权威专家，吸纳一线优秀教师，组建经验丰富、专业精湛、治学严谨、作风扎实的高水平编写团队，将精品意识和质量意识贯穿教材建设始终，严格编审把关，确保教材编写质量。特别是对32门核心示范教材建设，更加强调知识体系架构建设，紧密结合国家精品课程、一流学科、一流专业建设，提高编写标准和要求，着力推出一批高质量的核心示范教材。

5.加强数字化建设，丰富拓展教材内容

为适应新型出版业态，充分借助现代信息技术，在纸质教材基础上，强化数字化教材开发建设，对全国中医药行业教育云平台“医开讲”进行了升级改造，融入了更多更实用的数字化教学素材，如精品视频、复习思考题、AR/VR等，对纸质教材内容进行拓展和延伸，更好地服务教师线上教学和学生线下自主学习，满足中医药教育教学需要。

本套教材的建设，凝聚了全国中医药行业高等教育工作者的集体智慧，体现了中医药行业齐心协力、求真务实、精益求精的工作作风，谨此向有关单位和个人致以衷心的感谢！

尽管所有组织者与编写者竭尽心智，精益求精，本套教材仍有进一步提升空间，敬请广大师生提出宝贵意见和建议，以便不断修订完善。

国家中医药管理局教材办公室
中国中医药出版社有限公司
2023年6月

编写说明

为了贯彻落实《中共中央 国务院关于促进中医药传承创新发展的意见》《国务院办公厅关于加快医学教育创新发展的指导意见》《教育部 国家卫生健康委 国家中医药管理局关于深化医教协同进一步推动中医药教育与高质量发展的实施意见》，以及《全国大中小学教材建设规划（2019-2022年）》等文件精神，国家中医药管理局教材办公室、全国高等中医药教材建设研究会、中国中医药出版社在国家中医药管理局领导下，在教育部高等学校中药学类、中医学类等专业教学指导委员会及全国中医药行业高等教育规划教材专家指导委员会指导下，对全国中医药行业高等教育"十三五"规划教材进行综合评价，研究制定《全国中医药行业高等教育"十四五"规划教材建设方案》，并于2021年2月上旬在北京召开了全国中医药行业高等教育"十四五"规划教材主编线下线上会议，正式启动"十四五"规划教材的编写工作。

本教材于2021年2月下旬召开了教材编写线上会议，2021年4月中旬在山西太原召开教材审定会议。教材编委会成员认真学习全国中医药行业高等教育"十四五"规划教材主编会议精神及编写要求，深入交流教学经验，积极探讨课程思政内容及教学方法，结合中医药教育教学改革发展对教材建设的新要求，科学合理制定本教材的教学大纲，讨论编写大纲与数字化资源编创要求和内容，在全国中医药行业高等教育"十三五"规划教材《物理化学》的基础上进行修订，使教材具有连续性和适用性。

物理化学是高等中医药院校中药学类、药学类专业的基础课，是继无机化学、有机化学、分析化学课程后开设的又一门化学课程，是培养中药学类、药学类专业人才知识结构与能力素质的重要组成部分，同时也是中药学类、药学类专业课程的基础，为从事中药学及药学研究提供强大的理论支持和技术手段。通过本课程的教学与学习，使学生的专业知识体系构成更加完善，对独立思考学习的意识培养、综合能力素质的提升都有非常重要的积极作用。

本教材除绪论部分共分为8章，内容包括热力学第一定律和热化学、热力学第二定律、相平衡、电化学、化学动力学、表面现象、溶胶、大分子溶液。本教材内容力求简明扼要，并确保相对全面准确地阐述物理化学的重要定律、基本原理、基本概念及其应用，强调基本理论、基本知识、基本技能的介绍，突显思想性、科学性、先进性、启发性、适用性，以满足中药学类、药学类专业学生对物理化学课程教学的要求。《物理化学》教材可供理论课时数90学时的中药学类、药学类专业学生使用。

本教材数字化资源编创工作，在纸质教材编写基础上进行，充分发挥编写团队专业特色，内容设计突显学科特色。

本教材的编写分工如下：绪论由刘雄、杨晶编写；第一章由程世贤、刘强、李晓飞编写；第二章由王颖莉、任蕾、张洪江编写；第三章由魏泽英、韩晓燕、张秀云编写；第四章由邵江娟、马鸿雁、罗三来编写；第五章由刘雄、赵晓娟、林舒编写；第六章由张彩云、何玉珍、张光辉编写；第七章由李莉、钱坤、杨茂忠编写；第八章由周庆华、唐莹、郇瑞光编写；全书由刘雄、高建德负责统稿。在编写过程中得到参编院校领导和各位同行的大力支持，在此表示衷心的感谢！

由于编者知识水平有限，错误与不妥之处在所难免，恳请各校教师学生在使用过程中提出宝贵意见，以便再版时修订提高。

《物理化学》编委会

2021 年 4 月

目 录

扫一扫，查阅
本书数字资源

绪 论

扫一扫，查阅本章数字资源，含PPT、音视频、图片等

第一节 物理化学的任务和内容

自然界的物质是由大量的分子、原子或离子组成。化学是研究物质性质与变化的科学，化学变化表面上千变万化，错综复杂，但从本质上说都是原子或原子团的重新组合，相互结合方式及运动方式的变化。物质变化的过程并不是杂乱无章的，而是存在一定的规律性。对化学变化规律的了解，有助于我们正确地认识客观世界，改造客观世界。

任何一个化学反应总是与各种物理过程相联系着的。化学反应发生时，总是同时伴有物理现象。如燃烧反应发生时有热量放出，同时伴随着发光现象；电池是利用氧化还原反应产生电流；氨气的合成会导致系统压力的下降等等。另一方面，一些物理因素也会引发或影响化学变化。如光照射到照相底片上可引起 Ag^+ 离子的还原而使图像显示出来；光照会促使高锰酸钾的分解，加热也能促使一些反应的发生和发展等等。这样的例子还可举出很多。在所有这些情况下，物理现象和化学现象总是紧密联系着的。所以，物理化学（Physical chemistry）就是研究化学现象和物理现象之间的相互联系，以便找出化学变化中最具有普遍性规律的一门科学。或者说**物理化学是从物质的物理现象与化学现象的联系入手来探求化学变化基本规律的一门科学。**物理化学是研究支配化学系统性质和行为的基本物理原理。

物理化学的主要内容包括下列三个方面：

1. 化学热力学

化学热力学研究化学反应能量关系及化学变化的方向和限度。即在指定条件下，某一化学反应应该朝哪个方向进行？进行到什么程度？外界条件如压力、温度、浓度等因素如何影响化学反应的方向和限度？研究这一类问题属于化学热力学的范畴。经典化学热力学的理论比较成熟，它的结论也十分可靠，是许多科学技术的基础。如采用热力学的方法研究化学平衡、相平衡、电化学等方面都是很成功的。

2. 化学动力学

化学动力学研究化学反应的速率和机理，研究外界因素（如温度、压力、浓度等）如何影响化学反应速率；深入研究则是研究化学反应微观过程，由反应物经过怎样的步骤得到产物的，即机理问题。但动力学的研究受到实验条件限制，其研究仍处于宏观动力学，其理论也不够成熟。近年来，实验手段大大改进，如用短脉冲激光激发分子束，计算机快速数据处理等研究手段，开辟了化学的一个新领域——分子反应动力学。所以化学动力学仍是当前十分活跃的研究领域。

3. 物质结构与性能的关系

物质的性质从本质来看是决定于内部的结构，深入了解物质的内部结构，才能真正理解化学反应的内在因素，达到控制化学反应的发生和发展的目的。

物理化学的发展很快，分支较多，内容浩如烟海，作为一门医药院校的基础课程，只能结合各专业的特点，从中选取适当侧重面予以讲授，对中药类各专业来说，我们选择以下几个部分作为教学内容。

化学热力学（thermodynamics）：研究一个系统的各种平衡性质之间的关系，阐明物质在化学变化过程中能量转变规律并判断化学变化的方向和限度。

相平衡（phases equilibrium）：相平衡是热力学的一个分支，通过相图研究各种类型相变化的规律。

电化学（electrochemistry）：主要研究化学能与电能间相互转化的规律。

化学动力学（chemical kinetics）：研究化学反应的速率，探讨化学反应的机理，并研究浓度、温度、光、介质、催化剂等因素对反应速率的影响。

表面现象（surface phenomenon）：用热力学原理，研究多相系统中各相界面间物质的特性。

胶体化学（colloid chemistry）：主要研究胶体物质的特殊性能。

物理化学与化学中的其他学科（如无机化学、有机化学、分析化学等）之间有着密切的联系。无机化学、有机化学、分析化学等各有自己特殊的研究对象，但物理化学则着重研究更具有普遍性的、更本质的化学运动的内在规律性。物理化学所研究的正是其他化学最关心的问题。现代无机化学、有机化学、分析化学在解决具体的问题时，在很大程度上需要利用物理化学的规律和方法。由此看来，物理化学与其他几门化学的关系是十分密切的。

第二节 物理化学的研究方法

物理化学是自然科学中的一个分支，它的研究方法和一般的科学研究方法有着共同之处，它的发展完全符合“实践→理论→再实践”的认识过程。在实践过程中，人们一方面积累了大量的实际知识，另一方面也不断涌现出大量有待解决的问题。为了解决这些问题，需要探讨事物的内在联系。人们在已有知识的基础上，进行了有计划的实验。通过实验可以人为地控制一些因素或条件，把自然过程有意识地加以简化，这样就有可能忽略次要因素，抓住其中的主要矛盾，从复杂的现象中找出规律性的东西来，以一定的形式表达出来，这就是定律。这些定律还只是客观事物规律性的描述，这时还不能了解这种规律性的本质和内在原因。为了解释这种定律的内在原因，就需要根据已知的实验事实和实际知识，通过思维，提出假说，来说明这种规律性存在的原因；根据假说作逻辑性推理，还可预测客观事物的新的现象和规律，如果这种预测能为多方面的实践所证实，则这种假说就成为理论或学说。而理论必须继续受到实践的考验，才能不断地充实和发展。

物理化学的研究方法，除必须遵循一般的科学方法以外，由于研究对象的特殊性，还有其特殊的研究方法。它可以分为热力学的方法、统计力学的方法及量子力学的方法。热力学的方法适用于宏观系统，量子力学的方法适用于微观系统，统计力学的方法则为二者的桥梁。

热力学是以很多质点所构成的系统为研究对象，以经验概括出的两个定律为基础，经过严密的逻辑推理，建立了一些热力学函数，用以判断变化的方向和找出平衡条件。热力学在处理问题时采取宏观的方法，不需要知道系统内部粒子的结构，不需要知道其变化的细节，而只需知道其

起始和终了状态，然后通过宏观性质的变化（例如温度、压力、体积、吸热、放热等）来推知系统内部性质的变化。经典热力学只考虑平衡系统，采用热力学的方法来研究化学平衡、相平衡、反应的热效应及电化学等既成功，又颇有效。它的结论十分可靠，至今仍然是许多科学技术的基础。

量子力学是以微观物体（如分子、原子、电子等）为研究对象，以微粒能量转换的量子性及微粒运动的统计性为基础，研究微粒运动的规律。它已成功地应用于物质结构的研究，也已被用来解释化学反应的机理。

统计力学是以几率的定律为基础来研究大量质点的运动规律，它也是微观的方法。它利用统计的方法探讨系统对外所表现出来的宏观物理性质，在物理化学中沟通了宏观和微观的领域，对物质的宏观性质给以更深刻的说明。

这三种方法，虽然各有区别，适用范围也不相同，但是在解决问题时是相互补充的。

第三节　物理化学课程的学习方法

物理化学是一门研究物质性质及物质变化规律的基础理论课程，因此，凡是要促使物质发生变化，以转变为具有优良性质的产品的众多专业，如化工（包括制药）、材料、轻工、冶金等都把物理化学课程的学习放在十分重要的地位。

为了学好物理化学课程，每位初学者都应该根据自己的经验摸索出一套适合自身特点的学习方法。下面的建议可供同学学习时参考。

首先要联系实际进行思考，并努力运用所学理论解释及解决实际问题。物理化学的许多概念，中学已经学过，如热、功、热容、反应速率等概念，只不过中学学习中讲得粗浅一些，在物理化学中讲得更深刻一些，故理解时要与中学的概念相互衔接。

另外，初学者往往会感到物理化学的概念多，理论抽象，公式繁多，难以捉摸，难以记忆。其实这些概念、理论都是从客观实际中概括、归纳出来的，学习时如能联系生活的客观现象进行思考、推理，则不但不会觉得难懂，而且会感到生动有趣。物理化学是一门逻辑性很强的学科，必须勤于思考，认真推理才有可能学好。在学习过程中，要仔细阅读教材，动笔练习公式的推导，理清理论系统的主次关系，在理解的基础上加以记忆。另外，要多做习题，通过做习题找出自己概念模糊之处。同一概念往往需要经过多次反复学习，才能逐渐加深理解，切不可忙于对答案。另外，还应记住，数学是工具，本书应用大量的数学推导而得出在不同条件下使用的一些结论，数学的推导过程是让我们明白公式的由来，它只是获得结果的必要手段，而不是目的，故不要将精力放在繁杂的推导过程，而要注意结论的使用条件以及物理意义。除重要的公式外，对一般公式及其推导过程，只要求理解而一般不要求强记。

为了帮助你准备考试，建议你要弄清楚书中黑体字所有术语的意义；记住一些基本公式；重做你过去感到困难的课后习题；为了增加训练，做一些未指定的习题或习题解答中的一些补充习题。

物理化学是理论与实验并重的学科，理论的发展离不开实验的启示和检验。物理化学实验方法往往是物理的方法，所用到的仪器较多，只能采用循环方式安排实验，课程进程与实验不一致是必然的，这就要求同学们在实验前充分预习，了解实验的目的是什么，它验证哪个公式或说明什么问题。做到实验前心中有数，实验后联系理论公式做好报告的处理。实验中要开动脑筋，积极思考问题，动手解决问题，掌握好物理化学的基本实验技能。

要知道，你的学习能力和理解能力是有限的，最好承认这个事实，即有些内容，可能是你永远不能充分理解的，没有人能对每样事都充分理解。即使是这方面的专家，也有一些问题是要进行研究和探讨的，甚至等待相当长的时间还得不到解决。

第四节　物理化学在医药学中的应用

物理化学的理论是从生产实践中概括出来的，因此，反过来它将为生产和科研服务。随着医疗技术的发展和医药研究的深入，学科之间的相互渗透与相互联系越来越多，药学与物理化学的结合也越来越紧密。

天然药物中有效成分的提取和分离是继承和发扬祖国医药学遗产的一个重要方面。我国科学家屠呦呦因发现青蒿素获得诺贝尔生理学或医学奖（2015 年）。在这项工作中，经常需要采用蒸馏、萃取、乳化、吸附等操作，这就需要掌握有关热力学、相平衡、表面现象、胶体化学等方面的知识。

在药物生产中，**选择合适的工艺路线、工艺条件、探索制药反应机理、研究药物稳定性、药物保存条件和期限**等，就需要掌握化学热力学和化学动力学的有关理论知识。如化学反应能否进行？如果能进行，其反应速率如何？各种因素，如温度、反应物浓度、催化剂等怎样影响化学反应速率，等等。

在药物合成的研究中，应了解药物的结构与性质的关系，以便寻找最有效的药物，这就需要掌握物质结构方面的知识。而合成的过程中，也需要化学动力学方面的知识。

在药物制剂方面，研究剂型的改革时，应了解表面现象方面的内容，了解分散程度对药物性能的影响，同样的药物，颗粒越细小，药效越好。如纳米技术的发展必将对药物剂型的改革起着十分重要的作用。

从发展的趋势来看，药学的各个领域正日益深入地结合着物理化学，掌握好物理化学的原理和方法，对药学工作者来说是非常必要的。

第五节　气　体

热力学规律是十分普遍的，而且不涉及所研究系统的特殊性。在开始研究这些规律之前，我们感到最方便的是描述一种特殊系统即理想气体的性质，然后举例说明热力学规律对理想气体的应用。因为气体是物质聚集状态中最为简单的，最容易用分子模型进行研究的。

一、理想气体状态方程

长期以来，人们对于气体观察的结果，在 17 世纪、18 世纪就总结了若干经验规律。例如波义耳（R.Boyle，1662 年）定律，它可表述为：**在恒定温度下，一定量气体的体积和压力成反比**；盖·吕萨克（J.Gay-Lussac，1808 年）定律，它可表述为：**在恒定的压力下，一定量气体的体积与绝对温度成正比**；阿伏伽德罗（A.Avogadro，1811 年）定律，它可表述为：**任意两种气体当温度相同时，具有相同的平均动能，同时可得到推论，同温同压下，同体积的各种气体所含的分子个数相同。**这些定律都是描述在不同的特定条件下，气体物质的量 n 与它们的压力 p、体积 V 和温度 T 几个性质间的相互关系，是对各种气体都普遍适用的，其数学式分别为：

波义耳定律　　pV=常数　　(n、T 恒定)

盖·吕萨克定律　　V/T=常数　　(n、p 恒定)

阿伏伽德罗定律　　V/n=常数　　(p、T 恒定)

上述经验规律都是在温度不太低、压力不太高的情况下总结出来的，受当时实验条件限制，测量的精度虽不高，但三个定律都客观地反映了低压气体服从的 p、V、T 简单关系，将三个定律合并，可整理得理想气体状态方程：

$$pV=nRT \tag{0-1}$$

压力越低，温度越高，气体越能符合这个关系式。我们把任何压力、任何温度下分子间无相互作用力、分子体积为零，都能严格遵从式 0-1 的气体称为理想气体。理想气体实际上是一个科学的抽象概念。客观上并不存在理想气体，它只能看作是实际气体在压力很低时的一种极限情况。但是引入理想气体这样一个概念是很有用的。一方面它反映了任何气体在低压下的共性；另一方面，各种不同的气体各有其特殊性，而理想气体的 p、V、T 之间的关系比较简单。根据理想气体公式来处理问题所导出的一些关系式，只要适当地加以修正，就能用之于任意气体。

所谓理想气体是分子间相互作用力、分子体积为零，完全符合状态方程 $pV=nRT$ 的气体。在很低压力下，实际气体分子相距足够远，因此分子之间的相互作用力可忽略不计，而分子本身的体积比之气体所占有的体积也可忽略不计，可近似为理想气体，符合上述方程。

在理想气体的定义式中除有 p、V、T、n 四个物理量以外，还有一个常数 R，是理想气体状态方程中的一个普遍适用的比例常数，称摩尔气体常数，或简称为气体常数。式中 p、V、T、n 分别采用国家法定单位 Pa(帕斯卡，Pascal) ($N \cdot m^{-2}$)、m^3(米^3)、K(开尔文，Kelvin) 和 mol(摩尔，mole) 时，R 的单位为 $J \cdot mol^{-1} \cdot K^{-1}$(焦·摩$^{-1}$·开$^{-1}$)。

二、摩尔气体常数 R

准确测定理想气体状态方程式中的摩尔气体常数 R 很重要。原则上，可以对一定量的气体直接测定 p、V、T 之值，然后代入 $R=\dfrac{pV}{nT}$一式来计算 R。但由于用于测量的气体均为实际气体，当压力很小时体积很大，实验数据就不易测准确，所以需要用外推法，将实际气体在不同压力 p 下的 pV 值，外推到 $p\to0$ 的 $(pV)_{p\to0}$值，这时实际气体的 pV 值就严格遵守理想气体公式。

研究表明：不同的气体，无论温度如何，当压力趋向于零时，$(pV_m/T)_{p\to0}$值均趋于一个共同的极限值 R，R 即称为摩尔气体常数，通过作图得到的外推值可计算出 R 的数值，$R=8.314J \cdot mol^{-1} \cdot K^{-1}$。

要确定 R 的单位，就需要确定 n、p、V、T 的单位，其中 pV 的单位可用压力和体积的乘积来表示，也可用能量单位来描述。如以前用大气压·升、毫米汞柱·毫升、卡等，现在统一用焦耳为单位。R 是一个很重要的常数，不但在计算气体的 n、p、V、T 之值时要用到，在物理化学的许多问题的计算中都要用到，应熟记 R 的数值与单位，它的数值与单位有关。

【例 0-1】　某制氧机每小时可生产 100kPa、298.15K 的纯氧 6000m^3，试求一天能生产多少吨氧？

解：设每小时能生产的氧的物质的量为 n

$$n=\frac{pV}{RT}=\frac{100\times10^3\times6000}{8.314\times298.15}=2.42\times10^5(\text{mol})$$

质量为

$$m = n \cdot M_{O_2} = 2.42 \times 10^5 \times 32 = 7.74 \times 10^6 (g) = 7.74 \ (t)$$

即每天能生产纯氧 7.74×24=186 (t)。

三、混合理想气体定律

在生产和科研工作中遇到的气体往往是多组分的混合物。例如制氧过程中要液化的空气，就是 N_2、O_2、CO_2、Ar 等的混合气体，合成氨工业中遇到的是 N_2、H_2、NH_3 的混合气体。因此也会提出这样的问题：混合气体内各个组分对系统的某些性质（例如压力）的贡献有多少？通过研究混合气体的 p、V、T 性质，道尔顿（J. Dalton）与阿马格（Amagat）分别提出分压力与分体积的概念。

（一）道尔顿（J. Dalton）定律与分压力

1810 年，道尔顿发现**混合气体的总压力等于把每种气体单独置于容器内所产生压力的和**（这个规律只有在零压的极限情况下才是准确的）。假设我们有 n_1 摩尔的气体 1，如果把它单独置于容器内，则气体 1 产生的压力为 n_1RT/V（这里我们假设压力低得足以使气体基本呈现理想性）。道尔顿定律认为混合气体的总压力 p 为：

$$\begin{aligned} p &= \frac{n_1RT}{V} + \frac{n_2RT}{V} + \cdots \\ &= (n_1 + n_2 + \cdots)\frac{RT}{V} = \frac{nRT}{V} \end{aligned} \tag{0-2}$$

则

$$pV = nRT$$

或

$$p = p_1 + p_2 + \cdots$$

这就是道尔顿分压定律，即混合气体的总压等于各气体分压之和。所谓分压，就是在同一温度下，个别气体单独存在而且占有与混合气体相同体积时，所具有的压力。

道尔顿定律可由气体的分子模型来解释。理想气体分子间没有相互作用，所以气体2、3…的存在对气体 1 没有影响，而且它对总压的贡献和它单独存在时是相同的。每种气体都是独立起作用的，总压是各个分压力的和。对于真实气体，由于分子间存在相互作用力，道尔顿定律不能准确地成立。能满足道尔顿定律的气体混合物叫作理想气体的理想混合物。

鉴于热力学计算的需要，人们还提出一个既适用于理想气体混合物，也适用于非理想气体混合物的分压力定义，即在总压力为 p 的混合气体中，任一组分 i 的分压力 p_i 是它在气体中的摩尔分数 y_i 与混合气体总压力 p 之积，即

$$p_i = y_i p \tag{0-3}$$

若对混合气体中各组分的分压力求和，因 $\sum y_i = 1$，必得

$$\sum p_i = p \tag{0-4}$$

即任意的混合气体中，各组分分压力之和与总压力相等。

（二）阿马格（Amagat）定律与分体积

19 世纪阿马格在对低压混合气体的实验研究中，总结出阿马格定律及混合气体中各组分的分体积概念。他定义：**混合气体中任一组分 i 的分体积 V_i 是所含 n_i 的 i 组分单独存在于混合气体的温度、总压力条件下占有的体积。**他的实验结果表明，混合气体中各组分的分体积之和与总

体积相等。此结论即为阿马格定律，其数学式为：

$$V_1+V_2+\cdots=\sum V_i=V \tag{0-5}$$

阿马格定律仍然是理想气体 p、V、T 性质的必然结果，因为理想气体在一定温度、压力下的体积仅取决于气体的物质的量，而与气体的种类无关。按理想气体状态方程，T、p 条件下混合气体中的物质的量为 n_i 的任一组分 i 的分体积 V_i 应为

$$V_i=n_i\frac{RT}{p} \tag{0-6}$$

对理想混合气体中各组分 i 的分体积求和，得

$$\sum_i V_i=(\sum_i n_i)\frac{RT}{p}=\frac{nRT}{p}=V \tag{0-7}$$

若把式 0-6 与 0-7 相结合，可得

$$\frac{V_i}{V}=\frac{n_i}{n}=y_i \tag{0-8}$$

表明理想混合气体中任一组分 i 的体积分数（V_i/V）等于该组分的摩尔分数 y_i。

由于低压混合气体近似符合理想气体模型，就可以用式 0-5 至式 0-8 近似处理低压混合气体。如果混合气体的 p、V、T 性质已不能用理想气体状态方程来描述，这并不妨碍把分体积的定义应用于其中的各组分，其数值可用实验直接测定，或由适用的其他状态方程来计算。在这种情况下，式 0-5 所示的阿马格定律及式 0-8 所示的关系式应当都不再成立，但有时人们仍用阿马格定律作为一种近似的假设，对非理想混合气体某些性质进行估算。

【例 0-2】 使 32.0cm^3 的 CH_4、H_2 和 N_2 的气体混合物与 61.0cm^3 的 O_2 发生爆炸反应，残余气体的体积为 34.5cm^3，其中 24.1cm^3 被烧碱吸收，试确定混合气体中 CH_4、H_2 和 N_2 的体积百分数。

解：该爆炸反应是在定温定压条件下进行的，系统总体积为分体积之和。混合气体的爆炸反应式分别为：

$$CH_4(g)+2O_2(g)=2H_2O(l)+CO_2(g)$$

$$2H_2(g)+O_2(g)=2H_2O(l)$$

$$V_{CH_4}=V_{CO_2}=\text{被烧碱吸收的体积}=24.1\text{cm}^3$$

$$V_{H_2}+V_{N_2}=V_{\text{混}}-V_{CH_4}=32-24.1=7.9(\text{cm}^3)$$

从反应式可看出，被烧碱吸收的是 CO_2，产生 24.1cm^3 CO_2 要消耗 48.2cm^3 O_2，H_2 的体积小于 7.9cm^3，消耗 O_2 的体积小于 3.95cm^3，所以氧气的用量是过量的，残余气体中含有 N_2、O_2、CO_2，则

$$V_{O_2}+V_{N_2}=V_{\text{残}}-V_{CO_2}=34.5-24.1=10.4(\text{cm}^3)$$

$$2V_{CH_4}+\frac{1}{2}V_{H_2}+V_{O_2}=61(\text{cm}^3)$$

$$\frac{1}{2}V_{H_2}+V_{O_2}=61-2\times24.1=12.8(\text{cm}^3)$$

联合求解得：$V_{H_2}=6.87\text{cm}^3$；$V_{N_2}=1.03\text{cm}^3$；

原混合气体的体积百分数为：

$$CH_4 \quad \frac{24.1}{32}\times100\%=75.3\%$$

$$H_2 \quad \frac{6.87}{32}\times 100\% = 21.5\%$$

$$N_2 \quad \frac{1.03}{32}\times 100\% = 3.2\%$$

四、实际气体的范德华方程式

实验发现，在低温、高压时，真实气体的行为将偏离理想气体的行为。因为此时气体的密度增大，分子之间的距离减小，分子间的相互作用以及分子本身的体积就不能忽略，因此理想气体的分子运动模型需要予以修正。在对 CO、CH_4、H_2、He 等气体进行研究时，获得了以下的实验结果。如图 0-1 所示。

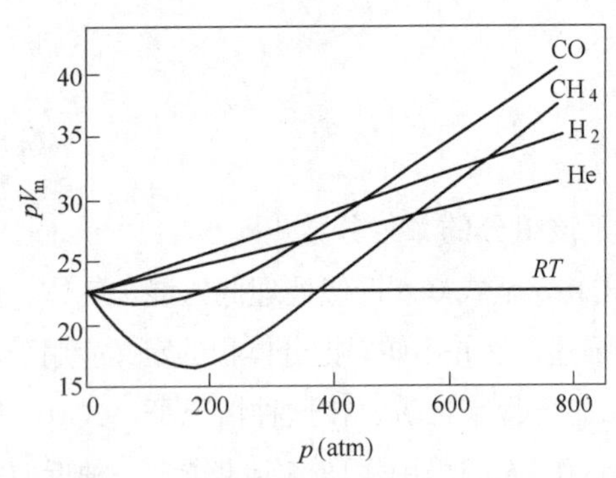

图 0-1　273K 时几种气体的 pV_m-p 图

图 0-1 是温度为 273K 时几种气体的 pV_m-p 等温线图。对理想气体来说，由于其 pV_m 值恒等于 RT，在一定温度下 pV_m 值不随压力 p 而改变，故在图上为一条水平线。但对实际气体来说，则表现出随着压力 p 的变化，pV_m 值或多或少总是偏离 RT 那一条水平线。对 H_2 及 He 来说，尽管偏离 RT 的程度不同，但表现出其 pV_m 值总是大于 RT，随着压力 p 的增大，其偏离程度也增大。而对 CO 和 CH_4 来说，在压力较低的范围内，pV_m 值要小于 RT，而在压力较高的范围内，则 pV_m 值大于 RT。由此可看出，在某一温度下，不同气体偏离理想气体行为的情况和程度是各不相同的。

为了更好地反映实际气体的 p、V_m、T 之间的关系，必须对理想气体状态方程进行修正。到目前为止，人们所提出的实际气体状态方程有 200 多个，且还在不断发展。我们在此只介绍其中最著名的范德华（Van der Waals）方程式。

范德华采用了硬球模型来处理实际气体，提出了用压力修正项$\frac{a}{V_m^2}$及体积修正项 b 来修正理想气体状态方程，使之适用于实际气体。他认为引力是客观存在的，在气体内部的分子，由于在其周围各个方向都受到其他分子的吸引，所以引力是处于平衡状态，对于分子运动并不产生什么特殊的影响。但对于靠近器壁的分子来说，内部的分子对它施加吸引力，趋向于把分子向内拉回。所以气体施于器壁的压力要比忽略引力时小。这个差额叫作内压力，并推出，内压力大小为$\frac{a}{V_m^2}$。他还认为，1mol 气体分子的自由活动空间应小于它的摩尔体积 V_m，为（V_m-b）。把这两项修正后的表达式代入理想气体状态方程中的对应项，即得

$$\left(p+\frac{a}{V_m^2}\right)(V_m-b)=RT \tag{0-9}$$

该式即为适用于 1mol 气体的范德华方程。上式两端均乘以 n，并用（V/n）来替代 V_m，就得出式 0-10 所示适用于气体物质的量为 n 的范德华方程

$$\left(p+\frac{n^2a}{V^2}\right)(V-nb)=nRT \tag{0-10}$$

式 0-9 中内压力项$\frac{a}{V_m^2}$表明，分子间相互吸引力的影响反比于 V_m^2，也就是反比于分子间距离

r 的六次方。比例常数 a 称作范德华常数，是与气体种类有关的一种特性常数。一般说来，分子间引力越大，则 a 值越大。在 SI 单位制中，a 的常用单位是 $Pa \cdot m^6 \cdot mol^{-2}$。范德华还认为，常数 a 只与气体种类有关，与温度条件无关。

式 0-9 中的体积修正项 b 也称作范德华常数，表示每摩尔实际气体因分子本身占有体积而使分子自由活动空间减小的数值。显然，常数 b 应与气体性质有关，也是物质的一种特性常数。在 SI 单位制中，b 的常用单位是 $m^3 \cdot mol^{-1}$，并认为常数 b 与气体的温度无关。

从现代观点来看，范德华对于内压力反比于 V_m^2，以及 b 的导出等观点都不尽完善，所以范德华方程还只是一种被简化了的实际气体的数学模型。人们常常把任何温度、压力条件下均服从范德华方程的气体称作范德华气体。各种实际气体的范德华常数 a 与 b，可由实验测定的 p、V_m、T 数据拟合得出。某些常用纯气体的范德华常数列于表0-1中。

由范德华方程可知，若实际气体压力趋于零，V_m 应趋于无穷大，相应使$\left(p+\frac{a}{V_m^2}\right)$及（$V_m-b$）两项分别化简为 p 及 V_m，表明压力趋于零时，范德华方程将还原成理想气体状态方程，即

$$\lim_{p\to 0}(p+a/V_m^2)(V_m-b)=pV_m=RT$$

使用范德华方程求解实际气体 p、V、T 的性质时，首先要有该气体的范德华常数 a 与 b。在此情况下，p、V_m、T 三个变量中已知任意两个，就可求解第三个变量。

表 0-1 某些纯气体的范德华常数

气体	$a\times10/(Pa \cdot m^6 \cdot mol^{-2})$	$b\times10^4/(m^3 \cdot mol^{-1})$
H_2	0.2476	0.2661
N_2	1.408	0.3913
O_2	1.378	0.3183
CO_2	3.640	0.4267
H_2O	5.536	0.3049
CH_4	2.283	0.4278
NH_3	4.170	0.3710

【例 0-3】 设有 2mol NH_3 气体，其体积为 $5000cm^3$，温度为 300K 时，试计算其压力为多少？

（1）用理想气体状态方程计算；

（2）用范德华方程计算。

解：（1）用理想气体状态方程

$$p=\frac{nRT}{V}=\frac{2\times 8.314\times 300}{5000\times 10^{-6}}=9.98\times 10^5(Pa)$$

（2）用范德华方程

由表查得氨的 $a=4.17\times10^{-1}(Pa \cdot m^6 \cdot mol^{-2})$，$b=0.0371\times10^{-3}(m^3 \cdot mol^{-1})$代入范德华方程

$$p=\frac{nRT}{V-nb}-\frac{n^2a}{V^2}=\frac{2\times 8.314\times 300}{(5.000-2\times 0.0371)\times 10^{-3}}-\frac{2^2\times 4.17\times 10^{-1}}{(5.000\times 10^{-3})^2}=9.46\times 10^5(Pa)$$

范德华方程提供了一种实际气体的简化模型，常数 a、b 又是从各种气体实测的 p、V、T 数据拟合得出。所以该方程在相当于几个兆帕斯卡（几十个大气压）的中压范围内，精度要比理想气体状态方程高。但是，该方程对实际气体提出的模型过于简化，故其计算结果还难以满足工程

上对高压气体数值计算的需要。值得指出的是，范德华提出了从分子间相互作用力与分子本身体积两方面来修正其 p、V、T 行为的概念与方法，为建立某些更准确的实际气体状态方程奠定了一定的基础。

关于其他实际气体状态方程在此就不一一介绍了。

习 题

1. 装氧的钢筒体积为 20L，温度在 15℃时压力为 100kPa，经使用后，压力降低到 25kPa。问共使用了多少千克氧？

（2.0×10^{-2}kg）

2. 87mg 理想气体样品在 60.8kPa 压力下，体积增至二倍，绝对温度增至三倍，求最终压力。

（91.2kPa）

3. 干燥空气中主要成分（体积百分数）为：氮 78.03%；氧 20.99%；氩 0.93%；二氧化碳 0.03%。如果总压力为 100kPa，求各气体的分压。

（78.03kPa；20.99kPa；0.93kPa；0.03kPa）

4. 某化合物具有下列的重量百分比组成：C 14.3%，H 1.2%，Cl 84.5%，将 1g 该物质在 120℃及 100kPa 压力下，完全汽化为蒸气，体积为 0.194L。通过计算写出该化合物的分子式。

（$C_2H_2Cl_4$）

5. CO_2 气体在 40℃时的摩尔体积为 0.381$dm^3\cdot mol^{-1}$。设 CO_2 为范德华气体，试求其压力，并与实验值 5066.3kPa 作比较。

（5184.0Pa；相对误差 2.32%）

6. 用一根可忽略体积的管子把两个等体积的球连起来，两球内充以氮气，当两球浸入沸水中时，球内气体的压力为 500kPa。然后，将一球浸入冰水混合物中，另一球仍保持在沸水中，求系统的压力为多少？

（423kPa）

7. 一个 15L 的氧气瓶中装有 1.20kg 氧，若钢瓶能经受的最大压力是 1.5×10^4kPa，问此瓶能热至多少度（用范德华方程计算）？如用理想气体状态方程计算，误差多大？

（702K；722K；2.85%）

第一章
热力学第一定律和热化学

扫一扫，查阅本章数字资源，含PPT、音视频、图片等

第一节　热力学概论

一、热力学的研究对象及内容

热力学的形成和建立经历了一个漫长的历史时期，直到 19 世纪中叶人们在总结了大量实验的基础上，才建立了热力学的理论。化学热力学是物理化学的重要内容之一。

热力学（thermodynamics）是研究宏观系统能量相互转换过程中所遵循的规律的科学。广义上讲，热力学是研究系统宏观性质变化之间的关系；研究在各种化学变化和物理变化过程中所发生的能量效应；研究在一定条件下某种过程变化的方向和限度等问题。

热力学的理论基础主要是热力学第一定律和热力学第二定律。这两个定律是人类大量经验的总结，有着非常牢固的实验基础，它的正确性和可靠性已由无数事实证实，属于物理化学中最基本的定律。

应用热力学基本原理和方法来研究化学变化及与化学变化相关的物理现象，就称为**化学热力学**（chemical thermodynamics）。化学热力学主要研究的内容是应用热力学第一定律来研究化学变化和相变化中的热效应问题，即热化学；应用热力学第二定律来解决各种变化的方向和限度问题，以及相平衡和化学平衡问题。热力学第三定律是物质的熵的绝对值定律，它在化学平衡的计算中起着重要作用。

二、热力学的研究方法与局限性

热力学的研究方法是采用严格的数理逻辑的推理方法。热力学研究大量微观粒子所组成的系统的宏观性质，对于物质的微观性质即个别或少数微观粒子的行为，无法作出解答，所得结论只反映微观粒子的平均行为，具有统计意义。热力学无须知道物质的微观结构和反应机理，只需知道系统的始态和终态及过程进行的外界条件，就可进行相应的计算和判断。热力学的研究方法虽然只知道其宏观结果而不知其微观结构，但却可靠易行，这正是热力学能得到广泛应用的重要原因。此外，热力学只研究系统变化的可能性及限度问题，不研究变化的现实性问题，不涉及时间概念，不考虑反应进行的细节，因而无法预测变化的速率和过程进行的机理。以上特点既是热力学方法的优点也是它的局限性。

三、热力学的作用及发展

热力学在科学研究和生产实践中都具有重要的指导作用。例如 20 世纪末，人们试图用石墨

来制造金刚石，但无数次的实验都以失败而告终。后来热力学的研究指出，只有当压力超过大气压力15000倍时，石墨才有可能转变成金刚石。人造金刚石的制造成功，充分显示了热力学在解决实际问题中的重要指导作用。

化学热力学在药物合成的可能性及最高产率的确定中，在中药制药、制剂配制、药物制剂的稳定性以及中药成分的提取和分离等方面，都具有重要的作用。

热力学经过一百多年的发展，在研究平衡态热力学方面已形成一套完整的理论和方法。如把统计力学的方法应用到经典热力学中，不仅从系统的质点微观状态出发导出了宏观性质，而且还能预测一些物质的特性，从而发展成为统计热力学。如今，它已经从平衡态热力学发展到非平衡态热力学。非平衡态热力学是研究敞开系统中，处于不平衡状态下系统的变化方向问题，其主要有两大理论，一是由出生于挪威的美国化学家昂萨格（Onsager）提出的“倒易关系”，二是比利时化学家普里高京（I. Prigogine）提出的“耗散结构理论”，他们分别在1968年和1977年获Nobel化学奖。21世纪化学热力学的热点研究领域有生物热力学和热化学研究，如细胞生长过程的热化学研究、蛋白质的定点切割反应和生物膜分子的热力学研究等，利用精密微量量热计测量微量热效应，使微量量热技术得到了快速发展。随着“科学技术是第一生产力”的引领，科技创新正在不断改变世界格局，我们只有树立科技强国的理念，重视基础理论研究，人生才会有所建树。

本章是《物理化学》课程中系统学习化学热力学的开端，因而一开始就要介绍热力学中某些常用的基本概念和术语。准确掌握这些基本概念，将是正确、灵活地解决实际问题的基础，初学者必须引起充分重视。这些基本概念，也将在不断地学习中逐步加深理解，这种情况也是学习理论性较强的课程都可能遇到的。

第二节　热力学基本概念

一、系统与环境

在热力学中，将一部分物质从其他部分中划分出来作为研究的对象，这一部分物质就称为系统（system）或体系。而将与系统密切相关的部分称为环境（surroundings）。系统与环境之间可有实际存在或假想的界面。根据系统与环境之间物质交换和能量传递的不同情况，将系统分为三种：

（一）敞开系统（open system）

系统与环境之间既有物质的交换，又有能量的传递。实验及生产中常遇到一些连续进料、出料的装置，若把装置中的物质与空间确定为系统，则系统与环境间的进、出料就构成了二者之间的物质交换和能量交换，这种系统就是敞开系统。

（二）封闭系统（closed system）

系统与环境之间没有物质的交换，只有能量的传递。物质被封闭于实有容器间壁内或假想的边界内，使系统仅能通过界面与环境有热、功等形式的能量交换，应属于封闭系统。封闭系统比较简单，所以它是热力学研究的基础。本书的内容，除有特殊注明外，均以封闭系统为我们的研究对象。

（三）孤立系统（isolated system）

系统与环境之间既无物质的交换，也无能量的传递（亦称隔离系统）。 实际上自然界并不存在真正的孤立系统。但是为了研究问题的需要和方便，热力学上有时将系统和环境作为一个整体来对待，这个整体就视为孤立系统。

二、系统的性质

能描述系统状态的物理量，如温度、压力、体积、黏度、表面张力等称为系统的性质，或称为**热力学变量**。可将系统的性质分为两类：

（一）广度性质（extensive properties）

其数值与系统中所含物质的量成正比，又称容量性质或广延量。 如体积、质量、热容、热力学能和熵等。广度性质具有加和性，即整个系统的某种广度性质是系统中各部分该种性质的总和。例如，系统的体积即为系统的各部分体积之和。

（二）强度性质（intensive properties）

其数值仅取决于系统的特性而与系统所含物质的量无关，又称强度量。 如温度、压力、密度、黏度等。强度性质不具有加和性，即整个系统的强度性质的数值与各个部分的强度性质的数值相同，例如，两杯 298K 的水混合后，水温仍为 298K。

通常系统的广度性质与强度性质之间有如下关系：

$$\text{广度性质(体积 }V\text{)}\times\text{强度性质(密度 }d\text{)}=\text{广度性质(质量 }m\text{)}$$

$$\frac{\text{广度性质(体积 }V\text{)}}{\text{广度性质(物质的量 }n\text{)}}=\text{强度性质(摩尔体积 }V_{\mathrm{m}}\text{)}$$

三、热力学平衡态

如果把处于某状态下的系统与其环境之间的一切联系均被隔绝，它的状态仍能不随时间而变化，则该状态应是系统的平衡态。要使系统处于热力学平衡态，一般来说应满足以下几个条件：

（一）力平衡

系统各部分之间没有不平衡的力存在，譬如各处压力相等。若系统内有刚性壁隔开，间壁两边压力差也不会再引起系统的状态变化。

（二）热平衡

系统各部分温度相等。

（三）化学平衡

系统中化学反应达到平衡后，系统的组成不随时间而改变。

（四）相平衡

系统中各相的数量和组成不随时间而变化。

若不特别说明，当系统处于某种状态（定态），即指系统处于这种热力学平衡状态。

四、状态与状态函数

（一）状态

系统的状态即为系统一切性质的综合表现。当系统处于某一确定的状态时，系统的性质就具有确定的值。当系统的所有性质如组成、温度、压力、体积、密度、黏度等都确定时，系统就处于确定的状态。当系统的任一性质发生变化时，系统的状态也就发生改变。一般将系统变化前的状态称为始态，变化后的状态称为终态。

由于系统的许多性质之间有一定的联系，例如 $pV=nRT$ 就描述了理想气体的 p、V、n、T 四个量之间的关系，所以描述系统的状态并不需要罗列出它所有的性质。热力学不能指出最少需要指定哪几个性质，系统才处于定态。但广泛的实验事实证明：对于没有化学变化，只含有一种化合物的均相封闭系统，一般说来，只要指定两个强度性质，其他强度性质也就随之而定了。如果再知道系统的总量，则广度性质也就一定了。例如从摩尔体积和系统的物质的量，就可算出系统的总体积。

（二）状态函数

如前所述，热力学中，系统的状态与性质之间是单值对应关系。将**只由系统状态确定的系统的各种热力学性质，称为系统的状态函数。**如温度、压力、体积、密度等都是状态函数。可以这样说，系统的性质都是状态的函数，但有时为了讨论问题的方便，习惯上把一些容易测量的性质作为状态变量，而把一些难于测量的性质作为状态函数。

状态函数具有下列特性：

1. 状态函数是系统状态的单值函数，系统的状态确定后，状态函数就具有确定的数值，而与系统如何形成和将来怎样变化均无关系。

2. 系统由始态变到终态，状态函数的变化值仅取决于系统的始、终态，而与变化的途径无关。若系统变化经历一循环后又重新恢复到原态，则状态函数必定恢复原值，其改变值为零。

3. 状态函数的微小变化在数学上是全微分。

例如一定量的理想气体的体积是温度和压力的函数，即

$$V=f(T,\ p)$$

状态函数体积 V 的全微分即可写成：

$$\mathrm{d}V=\left(\frac{\partial V}{\partial T}\right)_p\mathrm{d}T+\left(\frac{\partial V}{\partial p}\right)_T\mathrm{d}p$$

体积的微小改变量 $\mathrm{d}V$ 是两项偏微分之和。根据数学定理，任何全微分的环路积分等于零，即

$$\oint \mathrm{d}V=0$$

由此可见，当系统经历一个循环过程回到原态时，状态函数的值应无改变。上述关系的逆定理也是成立的，即当某函数的全微分的环路积分为零时，则此函数必定是状态函数。

4. 状态函数的集合（和、差、积、商）也是状态函数。

总结之：“状态函数有特征，状态一定值一定；殊途同归变化等，周而复始变化零。”

五、过程与途径

（一）过程

系统状态发生了任何变化称为过程。例如，若系统仅发生温度、压力和体积的变化（即无相变和化学变化），则称为单纯状态变化过程；若系统仅是化学组成发生变化，称为化学过程；若系统仅是聚集态发生变化，称为相变过程。人们常用定温（恒温）、定压、定外压等名词来描述系统状态变化所经历的途径的特征，说明了该途径中系统的某些性质保持恒定值。另外，热力学中还常遇到循环过程与绝热过程两个特殊情况。这些变化过程有如下定义：

1. 定温过程（isothermal process）：系统状态变化时温度保持不变并等于环境温度的过程。
2. 定压过程（isobaric process）：系统状态变化时压力保持不变并等于环境压力的过程。
3. 定容过程（isochoric process）：系统状态变化时体积保持不变的过程。
4. 绝热过程（adiabatic process）：系统状态变化时与环境交换的热为零的过程。
5. 循环过程（cyclic process）：系统从某一状态出发，经一系列变化，又恢复到原来状态的过程，所以系统经一循环过程后全部状态函数的增量均为零。

（二）途径

完成某一过程的具体步骤（或历程）称为途径。由同一始态到同一终态的不同方式称为不同的途径。例如，某一系统由始态（273.15K，1×10^5Pa）变到终态（373.15K，5×10^5Pa），可有两条途径：

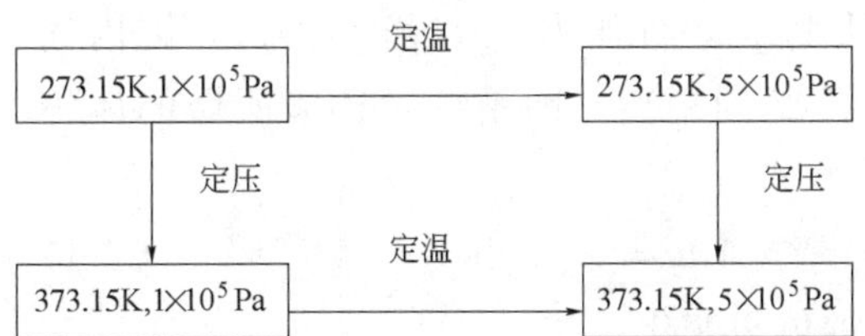

途径一：先经定压过程，再经定温过程；途径二：先经定温过程，再经定压过程。即同一过程，可经过多种不同途径到达。

六、热和功

热和功是系统的状态发生变化时与环境交换和传递能量的两种形式。也就是说，仅当系统经历某种过程时才会以热和功的形式与环境交换能量。热与功均有能量单位，如焦耳（J）、千焦（kJ）等。

（一）热

由系统与环境之间的温度差引起的能量交换称为热（heat），用符号 Q 表示。通常规定，系统吸热为正，$Q>0$；系统放热为负，$Q<0$。由于物质的温度能反映其内部粒子无序运动的平均强度，所以热就是系统与环境间因内部粒子无序运动强度不同而交换的能量。

系统进行不同过程所伴随的热，常冠以不同的名称：如均相系统单纯从环境吸热或向环境放热，使系统温度升高或降低，则根据体积或压力是否变化称为定容热或定压热；系统因发生化学反应过程而吸收或放出的热称为化学反应热，同样也有定容反应热与定压反应热；系统因相态的

变化与环境交换热则称为相变潜热（如汽化热、熔化热、升华热等）；物质在溶解过程产生的热则称为溶解热等等。

（二）功

在热力学中，**除热以外，在系统与环境之间其他一切形式的能量传递称为功**（work），用符号 W 表示。功的符号采用 IUPAC 1990 年推荐的方法：系统对环境做功为负，$W<0$；系统从环境得到功为正，$W>0$。我国国家标准（GB）用法也是如此。功有多种形式，一般说来，各种形式的功都可表示为强度性质与广度性质改变量的乘积，例如：

机械功$=F$(力)$\times \mathrm{d}l$(位移)

体积功$=-p_e$(外压)$\times \mathrm{d}V$(体积的改变)

表面功$=\sigma$(表面张力)$\times \mathrm{d}A$(表面积的改变)

电功$=E$(电位)$\times \mathrm{d}q$(电量的改变)

式中 p_e、σ、E 为广义力，$\mathrm{d}V$、$\mathrm{d}A$、$\mathrm{d}q$ 为广义位移。所以功亦即为广义力与广义位移的乘积。

热力学中涉及的功可以分为两类：由于系统体积变化而与环境交换的功称体积功（W）；除此以外的功统称为非体积功（W'）或其他功。对于发生化学反应的系统，常遇到的是体积功，因而体积功在化学热力学中具有重要的意义。

体积功的计算如图 1-1 所示。将一定量的气体置于横截面为 A 的气缸中，并假定活塞的重量、活塞与气缸壁之间的摩擦力均可忽略不计。气缸内气体的压力为 p_i，外压为 p_e，若 $p_i>p_e$，缸内气体膨胀，设活塞向上移动了 $\mathrm{d}l$ 的距离，则系统对环境所做的体积功可表示为

图 1-1 气体体积功

$$\delta W = -p_e A\mathrm{d}l = -p_e \mathrm{d}V \tag{1-1}$$

式中 $\mathrm{d}V=A\mathrm{d}l$ 是系统的体积变化。

若体积从系统的始态 V_1，变化到终态 V_2，则系统的总体积功为

$$W=-\int_{V_1}^{V_2} p_e \mathrm{d}V \tag{1-2}$$

由上式可见，当气体膨胀 $\mathrm{d}V>0$，则 $W<0$，即系统对环境做膨胀功；当气体受到压缩 $\mathrm{d}V<0$，则 $W>0$，即环境对系统做压缩功。若外压为零，这种过程称为自由膨胀，$p_e=0$，所以 $W=0$，即系统对外不做功。

关于体积功应特别注意，不论系统是膨胀还是被压缩，体积功都用 $-p_e\mathrm{d}V$ 来计算，所采用的压力均为外压力。

应该指出，热和功是能量传递和交换的两种形式，故其与系统发生变化的具体途径相联系，没有途径就没有热和功。因此热和功都不是系统固有的性质，它们的数值与变化时所采取的途径有关。即**热和功都不是状态函数**，不具有全微分性质，为区别起见，它们的微小变化采用 δQ 和 δW 来表示。

第三节　热力学第一定律

自然界的所有物质都具有能量，能量有多种形式。实践证明，能量可以从一种形式转变为另一种形式，但在转变过程中，能量既不能凭空创造也不能无形消灭，即总能量保持不变，这就是能量守恒原理，它是人们通过无数次实验和实践总结出来的。特别是焦耳（Joule）做了大量的热功转换实验，建立了热功当量转化关系，即 1cal（卡）＝4.184J（焦），从而为能量守恒原理提供了科学依据。将能量守恒原理应用到宏观的热力学系统即为热力学第一定律。

一、热力学第一定律的经验叙述

热力学第一定律有多种表述方法，但都是说明一个问题，即能量守恒。常见的说法有如下几种：

1. 热力学第一定律就是能量守恒定律。

2. 自然界的一切物质都具有能量，能量有各种不同形式，能够从一种形式转化为另一种形式，在转化中能量的总量保持不变。

3. 不供给能量而可连续不断对外做功的第一类永动机是不可能造成的。

无数事实都说明了热力学第一定律的正确性，它无需用任何原理去证明，因为第一类永动机永远不能造成的事实就是最有力的证明。

二、热力学能

热力学能又称为内能。它是系统内所有粒子除整体势能及整体动能外，全部能量的总和，以符号 U 表示，具有能量单位。系统内每个粒子的能量是粒子的微观性质，热力学能是这种微观性质的总体表现，应当是系统的一种宏观性质，应为宏观状态的函数。显然，在确定的温度、压力下系统的热力学能值应当是系统内各部分能量之和，或者说它具有加和性，所以热力学能是系统的广度性质。

热力学能是系统的性质，当系统处于确定的状态，热力学能就具有确定的值。它的改变值只取决于系统的始、终态，而与变化的途径无关，**即热力学能是状态函数**。可如下证明：

如图 1-2 所示，系统由状态 1 变到状态 2，有两条途径，分别为 A 和 B。若热力学能不是状态函数，则两条途径的热力学能改变值 ΔU 会不相等。假设 $\Delta U_A > \Delta U_B$，令系统从状态 1 经途径 A 到状态 2，再循途径 B 的逆过程又回到状态 1（此时为 $-\Delta U_B$）。经过循环一周系统回到原态，总能量的变化 $\Delta U = \Delta U_A + (-\Delta U_B) > 0$。即系统循环一周后回到原态，却凭空得到了剩余能量。如此经过若干次循环过程，就会创造出大量的能量。这样，第一类永动机就可造成了，显然这是违反热力学第一定律的。因此，原假设 $\Delta U_A > \Delta U_B$ 不能成立。同理，假设 $\Delta U_B > \Delta U_A$ 也是不能成立的。因此，由状态 1 到状态 2，尽管有多条途径，只要状态 1 和状态 2 一定，则热力学能的变化值 ΔU 就是定值，即 $\Delta U_A = \Delta U_B$。这是状态函数的特征，所以热力学能是系统的状态函数。

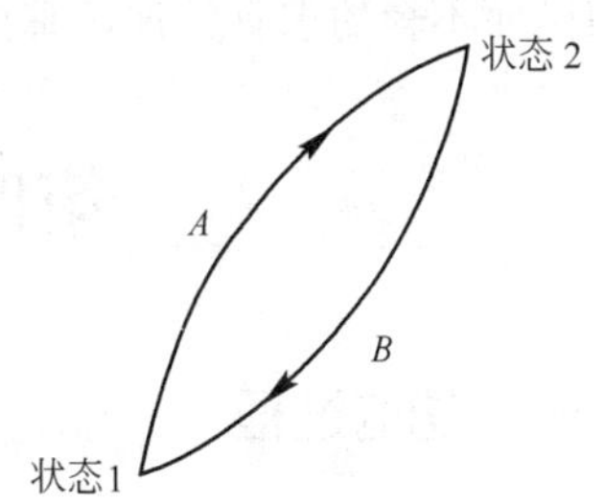

图 1-2　不同途径热力学能变化

鉴于热力学能是系统的状态函数，所以系统状态变化时热力学能的增量 ΔU 仅与始、终态有

关而与过程的具体途径无关。如果系统发生微小的状态变化，热力学能的微小变化就可用全微分 dU 表示，并由下式得出

$$U=f(T,V)$$

全微分可写成

$$dU=\left(\frac{\partial U}{\partial T}\right)_V dT+\left(\frac{\partial U}{\partial V}\right)_T dV$$

或

$$U=f(T,p)$$

$$dU=\left(\frac{\partial U}{\partial T}\right)_p dT+\left(\frac{\partial U}{\partial p}\right)_T dp$$

系统内部粒子的运动方式及相互作用极其复杂，人们对此尚无完整认识，所以系统在某种状态下热力学能的绝对值无法确定。热力学能的这种特性并不妨碍热力学能概念的实际应用，因为热力学计算中只需要知道系统进行某过程时的热力学能变化 ΔU，而不需要知道各状态下热力学能的绝对值。

三、热力学第一定律的数学式

对于一个封闭系统，当系统的状态发生变化时，若系统从环境吸收了 Q 的热，并对环境做了 W 的功，根据热力学第一定律，系统热力学能的变化为

$$\Delta U=U_2-U_1=Q+W \tag{1-3}$$

U_1、U_2 分别为系统始态和终态的热力学能。若系统发生微小变化，则

$$dU=\delta Q+\delta W \tag{1-4}$$

式 1-3 和式 1-4 即为封闭系统的热力学第一定律数学表达式。它表明了热力学能、热、功相互转化时的数量关系。若系统吸的热大于它对环境所做的功时，因为能量不能无形消失，则系统热力学能增加，$\Delta U>0$；若系统吸的热小于它对环境所做的功时，因为能量不能凭空创造，则系统热力学能减少，$\Delta U<0$。对于孤立系统，$Q=-W=0$，则 $\Delta U=0$，即孤立系统的热力学能始终保持不变。

该式是德国的克劳修斯（Clansius R）于 1850 年提出的，主要依据迈尔（J. R. Mayer）和焦耳在 1840～1849 年间验证“能量守恒”的几百次实验。我们在学习知识的同时，更要学习科学家们锲而不舍的求真精神，掌握归纳问题的方法，创造无愧于时代的业绩。

第四节　功的过程与可逆过程

一、功的过程

功不是状态函数，其数值与具体过程有关。一定量的气体从始态体积 V_1，膨胀到终态体积 V_2，若所经历的过程不同，则所做的功也不相同。

（一）定外压膨胀

若外压 p_e 保持恒定不变，体积从 V_1 膨胀到 V_2，系统所做的功为

$$W_1=-\int_{V_1}^{V_2} p_e dV=-p_e(V_2-V_1)$$

W_1 的绝对值相当于图 1-3（a）中阴影部分的面积。

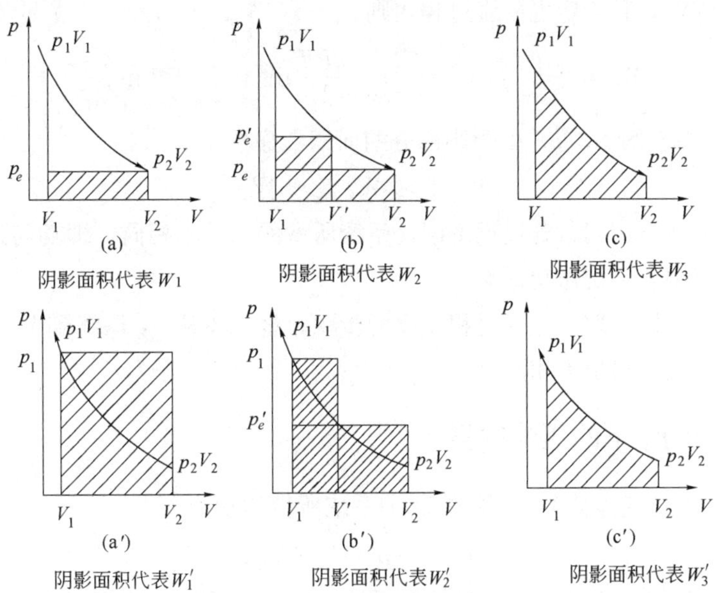

图 1-3　几种过程的体积功

（二）多次定外压膨胀

若系统先在恒定外压为 p_e'时，体积从 V_1 膨胀到 V'，体积变化为（$V'-V_1$）；然后在外压恒定为 p_e 时，体积从 V'膨胀到 V_2，体积变化为（V_2-V'）。则整个过程系统所做的功即为二次膨胀的体积功之和：

$$W_2=-p_e'(V'-V_1)-p_e(V_2-V')$$

W_2 的绝对值相当于图 1-3(b) 中阴影部分的面积。

显然，$|W_2|>|W_1|$。依此类推，在相同始、终态间分步越多，系统对外所做的体积功就越大。

（三）准静态膨胀过程

在整个膨胀过程中，若始终保持外压 p_e 比气体的内压 p_i 小一个无限小量 $\mathrm{d}p$，即 $p_e=p_i-\mathrm{d}p$。则体积无限缓慢地从 V_1 膨胀到 V_2，如图 1-4 所示。在活塞上放上一堆极细的细砂代表外压，若取下一粒细砂，外压就减少 $\mathrm{d}p$，则系统的体积就膨胀了 $\mathrm{d}V$，此时 p_i 降至 p_e；同样又取下一粒细砂，又使系统的体积膨胀了 $\mathrm{d}V$。如此重复，直至系统的体积膨胀到 V_2 为止。在整个膨胀过程中 $p_e=p_i-\mathrm{d}p$，所以在这无限缓慢的膨胀过程中，系统所做的功为

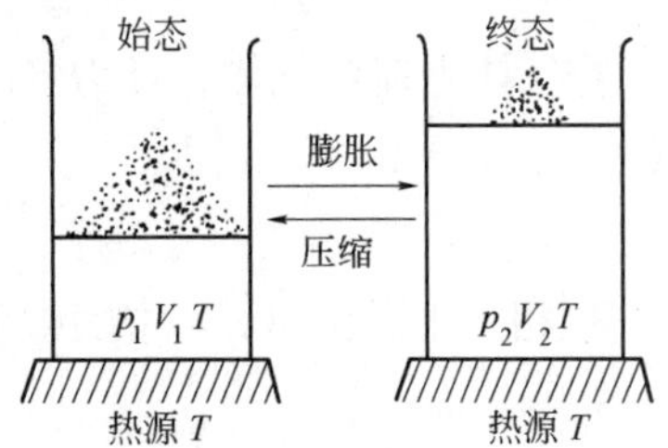

图 1-4　气体可逆膨胀（压缩）

$$W_3=-\int_{V_1}^{V_2}p_e\mathrm{d}V=-\int_{V_1}^{V_2}(p_i-\mathrm{d}p)\mathrm{d}V=-\int_{V_1}^{V_2}p_i\mathrm{d}V \tag{1-5}$$

式中略去了二级无限小值 $\mathrm{d}p\mathrm{d}V$，即可用内压 p_i 近似代替外压 p_e。

在上述这种无限缓慢的膨胀过程中，系统在任一瞬间的状态都极接近于平衡状态，整个过程可以看作是由一系列极接近于平衡的状态所构成。因此，这种过程称为**准静态过程**（quasistatic process)。

若气体为理想气体，且为定温膨胀过程，则

$$W_3=-\int_{V_1}^{V_2} p_i \mathrm{d}V=-\int_{V_1}^{V_2} \frac{nRT}{V}\mathrm{d}V=-nRT\ln\frac{V_2}{V_1} \tag{1-6}$$

W_3 的绝对值相当于图 1-3(c) 中阴影部分的面积。显然，

$$|W_3|>|W_2|>|W_1|$$

由此可见，始、终态相同，若过程不同，系统所做的功就不相同，即功与过程密切相关。显然在准静态膨胀过程中，系统做功最大。

再考虑压缩过程，即采取与上述过程相反的步骤，将气体从 V_2 压缩到 V_1。同理，压缩过程不同，环境对系统所做的功也不相同。

（四）定外压为 p_1 下的压缩过程

在恒定外压 p_1 下将气体从 V_2 压缩到 V_1，系统所得的功为

$$W'_1=-p_1(V_1-V_2)$$

因为 $V_2>V_1$，故 W'_1为正值，表示环境对系统做功。功的绝对值相当于图 1-3(a′) 中阴影部分的面积。

（五）二次定外压的压缩过程

先在恒定外压 p'_e 下，使体积从 V_2 压缩到 V'。再在恒定外压 p_1 下，使体积从 V'压缩到 V_1，则系统所得的功为

$$W'_2=-p_e'(V'-V_2)-p_1(V_1-V')$$

W'_2相当于图 1-3（b′）中阴影部分的面积。

（六）准静态下的压缩过程

如果将取下的细砂再一粒粒重新加到活塞上，使外压 p_e 始终比气体压力 p_i 大 $\mathrm{d}p$，即在 $p_e=p_i+\mathrm{d}p$ 的情况下，使系统的体积从 V_2 压缩至 V_1，则系统所得的功为

$$W'_3=-\int_{V_2}^{V_1} p_e \mathrm{d}V=-\int_{V_2}^{V_1}(p_i+\mathrm{d}p)\mathrm{d}V=-\int_{V_2}^{V_1} p_i \mathrm{d}V \tag{1-7}$$

若气体为理想气体，且为定温压缩，则

$$W'_3=-\int_{V_2}^{V_1}\frac{nRT}{V}\mathrm{d}V=-nRT\ln\frac{V_1}{V_2} \tag{1-8}$$

W'_3相当于图 1-3(c′) 中阴影部分的面积。显然，

$$W'_1>W'_2>W'_3$$

由此可见，压缩时分步越多，系统所得的功越少。即在准静态压缩过程中，系统所得的功最小。

二、可逆过程

上述的准静态过程是热力学中一种极为重要的过程。如果将图 1-3 中的（c）与（c′）及式 1-5 与式 1-7 相比较，显然，准静态膨胀过程所做之功 W_3 和准静态压缩过程所做之功W'_3，大小相等，符号相反。这就是说，当系统回复到原来状态时，在环境中没有功的得失。由于系统回到原

态，$\Delta U=0$。根据热力学第一定律 $\Delta U=Q+W$，故$Q=-W$。所以，在环境中亦无热的得失，即当系统回复到原态时，环境也回复到原态。

某系统经一过程由状态 1 变到状态 2 后，如果能使系统和环境都完全复原，则该过程就称为可逆过程（reversible process）。反之，系统经一过程之后，如果用任何方法都不能使系统和环境完全复原，则该过程称为**不可逆过程**（irreversible process）。

上述的准静态膨胀或压缩过程，在没有因摩擦而造成能量散失的情况下就是一种可逆过程。可以想象，若将准静态膨胀时系统所做的功全部收集起来，然后用作准静态的压缩过程，若无摩擦等能量损耗，这些功恰好能使系统回复到原态，同时将膨胀时所吸收的热还给环境。也就是说，经过一次无限缓慢的膨胀与压缩循环后，系统和环境都恢复原态而不留下任何影响。而在恒定外压定温膨胀过程，系统恢复原态后，环境总是失去功而得到热，即环境无法复原，故为不可逆过程。

综上所述，热力学可逆过程具有以下特点：

1. 过程是以无限小的变化进行，系统始终无限接近于平衡态。即整个过程是由一系列无限接近于平衡的状态所构成，（近似 $P_e=P_i$）。

2. 循环过程沿原来途径相反方向进行，可使系统和环境都完全恢复原态。

3. 系统在可逆过程中做最大功（绝对值），环境在可逆过程中做最小功（绝对值）。即可逆过程效率最高。

可逆过程是一种理想的过程，是一种科学的抽象。实际上，自然界并不真正存在可逆过程，实际过程只能无限地趋近于它。但可逆过程的概念却很重要，就像科学中其他理想的概念如理想气体等一样，具有重大的理论意义和现实意义。

除气体的膨胀和压缩外，还有很多过程接近于可逆过程。例如，物质在平衡态下的相变过程，在平衡条件下的化学反应，可逆电池在电动势差无限小时的充电与放电等都可近似地视为可逆过程。

【例 1-1】 在 298.15K 时，2mol O_2 的体积为 $1.80\times10^{-2}m^3$，若此气体定温下经下列过程膨胀至终态体积为 $5.00\times10^{-2}m^3$，试计算下列各过程的功（O_2 可视为理想气体）。

（1）自由膨胀。

（2）反抗恒定外压 100kPa 膨胀。

（3）可逆膨胀。

解：（1）自由膨胀过程：因为外压 $p_e=0$，故 $W=0$

（2）此过程为恒定外压不可逆膨胀过程：

$$W=-p_e(V_2-V_1)=-100\times(5.00-1.80)\times10^{-2}=-3.20(\text{kJ})$$

（3）理想气体定温可逆膨胀过程：

$$W=-nRT\ln\frac{V_2}{V_1}=-2\times8.314\times298.15\ \ln\frac{50}{18}=-5065\ (\text{J})=-5.07(\text{kJ})$$

计算结果表明，可逆过程系统做功最大。

【例 1-2】 1mol 乙醇在其沸点 351.50K 下蒸发成气体，求此过程所做的功。

解：乙醇在其沸点时的蒸发，可视为定温定压下的可逆相变过程，则

$$W=-\int_{V_1}^{V_2}p_e\mathrm{d}V=-\int_{V_1}^{V_2}p_i\mathrm{d}V$$

即

$$W=-p_i(V_2-V_1)=-p_i(V_g-V_l)$$

式中 p 为两相平衡时的压力，V_g 为蒸气体积，V_l 为液体体积，显然 $V_g \gg V_l$，故 $W \approx -pV_g$。若将乙醇蒸气视为理想气体，则

$$W \approx -p_i V_g = -nRT = -1 \times 8.314 \times 351.50 \times 10^{-3} = -2.92\,(\text{kJ})$$

第五节 焓

热不是系统的性质，但是在一定条件下，某些特定过程的热却可变成仅取决于始、终态而与途径无关的一个定值。由于大多数化学反应都是在非体积功为零且定压的条件下进行，所以引进状态函数焓将会给热效应的计算带来很大方便。

一、定容热

因定容过程，$dV=0$，所以过程的体积功为零，如果过程中没有非体积功交换，热力学第一定律可写为

$$dU = \delta Q_V$$

或

$$\Delta U = Q_V \tag{1-9}$$

式中 Q_V 为定容过程的热效应，由于热力学能是状态函数，其增量 ΔU 只取决于系统的始态和终态，所以定容热 Q_V 也必然只取决于系统的始态和终态，与过程的具体途径无关。式 1-9 表示，**在非体积功为零的条件下，封闭系统经一定容过程，所吸收的热全部用于增加系统的热力学能**。因此，可以由实验测定的 Q_V 来确定系统的 ΔU 值。

二、定压热

对只做体积功的封闭系统，在定压过程中（$p_1 = p_2 = p_e =$ 常数），系统从状态 1 变到状态 2，热力学第一定律可写成

$$\Delta U = U_2 - U_1 = Q_p - p_e(V_2 - V_1)$$

$$U_2 - U_1 = Q_p - p_2V_2 + p_1V_1$$

或

$$Q_p = (U_2 + p_2V_2) - (U_1 + p_1V_1) \tag{1-10}$$

由于 U、p、V 均是系统的状态性质，是状态函数，因此（$U+pV$）也是一个状态性质，是状态函数，它的改变量仅取决于系统的始、终态。在热力学上将这一新的状态性质（$U+pV$）定义为**焓**（enthalpy），用 H 表示，即

$$H = U + pV \tag{1-11}$$

将式 1-11 代入式 1-10 得

$$Q_p = H_2 - H_1$$

$$\Delta H = Q_p \tag{1-12}$$

对于微小变化，则

$$dH = \delta Q_p \tag{1-13}$$

式中 Q_p 为定压过程的热效应。因为焓是状态函数，只取决于系统的始态和终态，所以定压热 Q_p 也必然只取决于系统的始态和终态。式 1-12 表明，**在非体积功为零的条件下，封闭系统经一定压过程，系统所吸收的热全部用以增加系统的焓**。因而可通过实验测定的 Q_p 来确定系统的 ΔH 值。

因为无法确定热力学能的绝对值，所以也不能确定焓的绝对值。由于 U 和 pV 都是广度性

质，所以 H 也是广度性质，并具能量的量纲。

虽然系统热力学能和焓的绝对值现在尚无法知道，但是在特定条件下，我们能够从系统和环境间交换传递的热量来求得系统热力学能和焓的改变值，即 $\Delta U=Q_V$，$\Delta H=Q_p$。由于化学反应大多是在定压下进行的，所以焓具有更重要的实用意义。

【例 1-3】　已知在 100kPa 和 1173K 下，1mol $CaCO_3(s)$分解为 $CaO(s)$和 $CO_2(g)$时吸热 178kJ。试计算此过程的 W、Q、ΔU 和 ΔH。

解：由于此过程为定温定压下的化学反应：

$$CaCO_3(s)=CaO(s)+CO_2(g)$$

且非体积功，$W'=0$，故　$\Delta H=Q_p=178\text{kJ}$

$$W=-p(V_2-V_1)=-p(V_{产物}-V_{反应物})\approx -pV(CO_2)\quad (因为\ V_g \gg V_s)$$

若将 CO_2 气体视为理想气体，则

$$W=-pV(CO_2)=-nRT=-1\times 8.314\times 1173=-9752\ (\text{J})$$

$$\Delta U=Q+W=178-9.752=168\ (\text{kJ})$$

第六节　热　容

摩尔热容是由实验测定的一种基础热数据，用来计算系统发生单纯状态变化时的定容热、定压热及这类变化中系统的 ΔU 及 ΔH。

一、热容的概念

在非体积功为零的条件下，一个不发生化学变化和相变化的均相封闭系统，若从环境吸收热量 Q，系统的温度从 T_1 升高到 T_2，则系统的平均热容定义为

$$\overline{C}=\frac{Q}{T_2-T_1}=\frac{Q}{\Delta T} \tag{1-14}$$

$\overline{C}$ 称为平均热容，即系统在 ΔT 范围内温度平均升高 1K 时所需吸收的热量。已知热容随温度而变，若温度变化无限小，则可写作

$$C=\frac{\delta Q}{\mathrm{d}T} \tag{1-15}$$

热容的单位是 $\text{J}\cdot\text{K}^{-1}$。由于热容与系统所含物质的量有关，因此常用的有比热容和摩尔热容。1kg 物质的热容称为比热容（或比热），单位是 $\text{J}\cdot\text{K}^{-1}\cdot\text{kg}^{-1}$；1mol 物质的热容称为摩尔热容，用 C_m 表示，单位是 $\text{J}\cdot\text{K}^{-1}\cdot\text{mol}^{-1}$。

由于热不是状态函数，Q 的值与过程有关，因而系统的热容也与过程有关。

二、定容热容

定容摩尔热容 $C_{V,\mathrm{m}}$是 1mol 物质在定容、非体积功为零的条件下，仅因温度升高 1K 所需要的热。实验对各种物质的 $C_{V,\mathrm{m}}$测定结果表明，它不仅随物种及其聚集状态不同而不同，还随温度而变化。$C_{V,\mathrm{m}}$定义的数学表达式为

$$C_{V,\mathrm{m}}=\frac{\delta Q_V}{\mathrm{d}T} \tag{1-16}$$

对于 1mol 物质，$\delta Q_V=\mathrm{d}U_\mathrm{m}$，代入上式得

$$C_{V,\mathrm{m}}=\frac{\delta Q_V}{\mathrm{d}T}=\left(\frac{\partial U_\mathrm{m}}{\partial T}\right)_V \tag{1-17}$$

可见，$C_{V,\mathrm{m}}$等于在$W'=0$的定容过程中热力学能随温度的变化率。从上式可得

$$\mathrm{d}U_\mathrm{m}=C_{V,\mathrm{m}}\mathrm{d}T$$

$$\Delta U_\mathrm{m}=Q_V=\int_{T_1}^{T_2}C_{V,\mathrm{m}}\mathrm{d}T \tag{1-18}$$

因为$C_V=nC_{V,\mathrm{m}}$，所以上式也可写成

$$\Delta U=Q_V=n\int_{T_1}^{T_2}C_{V,\mathrm{m}}\mathrm{d}T \tag{1-19}$$

式 1-19 提供了计算无化学变化和无相变化，且只做体积功的封闭系统热力学能的改变值的有效方法。若在积分温度范围内，$C_{V,\mathrm{m}}$可视为常数，则式 1-19 可写成

$$\Delta U=Q_V=nC_{V,\mathrm{m}}(T_2-T_1) \tag{1-20}$$

三、定压热容

定压摩尔热容$C_{p,\mathrm{m}}$是 1mol 物质在定压、非体积功为零的条件下，仅因温度升高 1K 所需要的热。$C_{p,\mathrm{m}}$与$C_{V,\mathrm{m}}$的单位相同，它随物种、相态及温度而变化的性质与$C_{V,\mathrm{m}}$类似。$C_{p,\mathrm{m}}$定义的数学表达式为

$$C_{p,\mathrm{m}}=\frac{\delta Q_p}{\mathrm{d}T} \tag{1-21}$$

对于 1mol 物质，$\delta Q_p=\mathrm{d}H_\mathrm{m}$，代入上式得

$$C_{p,\mathrm{m}}=\frac{\delta Q_p}{\mathrm{d}T}=\left(\frac{\partial H_\mathrm{m}}{\partial T}\right)_p \tag{1-22}$$

可见，$C_{p,\mathrm{m}}$等于在定压过程中焓随温度的变化率。从上式可得

$$\mathrm{d}H_\mathrm{m}=C_{p,\mathrm{m}}\mathrm{d}T \tag{1-23}$$

$$\Delta H_\mathrm{m}=Q_p=\int_{T_1}^{T_2}C_{p,\mathrm{m}}\mathrm{d}T \tag{1-24}$$

因为$C_p=nC_{p,\mathrm{m}}$，所以上式也可写成

$$\Delta H=Q_p=n\int_{T_1}^{T_2}C_{p,\mathrm{m}}\mathrm{d}T \tag{1-25}$$

式 1-25 提供了计算无化学变化和相变化，且只做体积功的封闭系统焓的改变值的有效方法。若在积分温度范围内，$C_{p,\mathrm{m}}$可视为常数，则式 1-25 可写成

$$\Delta H=Q_p=nC_{p,\mathrm{m}}(T_2-T_1) \tag{1-26}$$

四、热容与温度的关系

热容随温度的变化是通过实验测定的。由于$C_{V,\mathrm{m}}$与$C_{p,\mathrm{m}}$间存在着一定的关系，只要测得其中一种变化关系就可以推出另一种变化关系。在各种化工、化学手册中，可以查到各种物质的$C_{p,\mathrm{m}}$，还有的是数据表、图的形式表示，以方便计算。最常用的经验公式有如下两种形式：

$$C_{p,\mathrm{m}}=a+bT+cT^2 \tag{1-27}$$

$$C_{p,\mathrm{m}}=a+bT+\frac{c'}{T^2} \tag{1-28}$$

式中$C_{p,\mathrm{m}}$是定压摩尔热容；T是绝对温度；a、b、c、c'是经验常数，它们随物质及温度范围的不同而异。一些物质的$C_{p,\mathrm{m}}$经验常数可参见附录。

若 $C_{p,\mathrm{m}}$ 随温度而变，则可由下式计算 Q_p 或 ΔH

$$\begin{aligned}\Delta H = Q_p &= n\int_{T_1}^{T_2} C_{p,\mathrm{m}}\mathrm{d}T \\ &= n\int_{T_1}^{T_2}(a + bT + cT^2)\mathrm{d}T\end{aligned} \tag{1-29}$$

【例 1-4】 试计算在 100kPa 下，1mol O_2 从 298K 升温到 473K 时所吸收的热。

解： 由于上述过程为定压过程，则所需吸收的热为

$$\Delta H = Q_p = n\int_{T_1}^{T_2} C_{p,\mathrm{m}}\mathrm{d}T$$

查表可得 O_2 的 $C_{p,\mathrm{m}}$ 随温度变化的经验常数并代入式 1-29 积分得

$$\begin{aligned}Q_p &= \int_{298}^{473}(31.46 + 3.34\times10^{-3}T - \frac{3.77\times10^5}{T^2})\mathrm{d}T \\ &= 31.46\times(473-298) + \frac{1}{2}\times3.34\times10^{-3}\times[(473)^2-(298)^2] \\ &\quad - \frac{3.77\times10^5(473-298)}{473\times298} \\ &= 5506 + 225 - 468 = 5263\ (\mathrm{J})\end{aligned}$$

【例 1-5】 在 100kPa 恒定压力下，2mol 50℃的水变成 150℃的水蒸气，试计算此过程吸收的热。已知水和水蒸气的平均摩尔定压热容分别为 75.3 和 33.6J·mol⁻¹·K⁻¹。水在 100℃及 100kPa压力下，由液态水变成水蒸气的汽化热为40.64kJ·mol⁻¹。

解： 由 50℃的水变成 100℃的水，则

$$Q_{p,1} = nC_{p,\mathrm{m(l)}}(T_2 - T_1) = 2\times75.3\times(373.15-323.15)\approx7530(\mathrm{J}) = 7.53(\mathrm{kJ})$$

由 100℃的水变成 100℃的水蒸气时的相变热为

$$Q_{p,2} = n\Delta H_{汽化} = 2\times40.64 = 81.28\ (\mathrm{kJ})$$

由 100℃的水蒸气变成 150℃的水蒸气：

$$Q_{p,3} = nC_{p,\mathrm{m(g)}}(T_2 - T_1) = 2\times33.6\times(423.15-373.15) = 3360\ (\mathrm{J}) = 3.36\ (\mathrm{kJ})$$

全过程所吸收的热为

$$Q_p = Q_{p,1} + Q_{p,2} + Q_{p,3} = 7.53 + 81.28 + 3.36 = 92.2\ (\mathrm{kJ})$$

第七节　热力学第一定律对理想气体的应用

一、理想气体的热力学能和焓——焦耳实验

1843 年焦耳用图 1-5 所示的装置进行下述实验：将两个容量相等且中间以旋塞相连的容器置于有绝热壁的水浴中。在 A 容器中充以空气，压力最高不超过 100kPa，B 容器抽成真空。待达热平衡后，打开中间旋塞，使气体向真空膨胀（或自由膨胀），直到整个容器中压力均匀一致。实验结果未发现水浴中水的温度有明显变化。

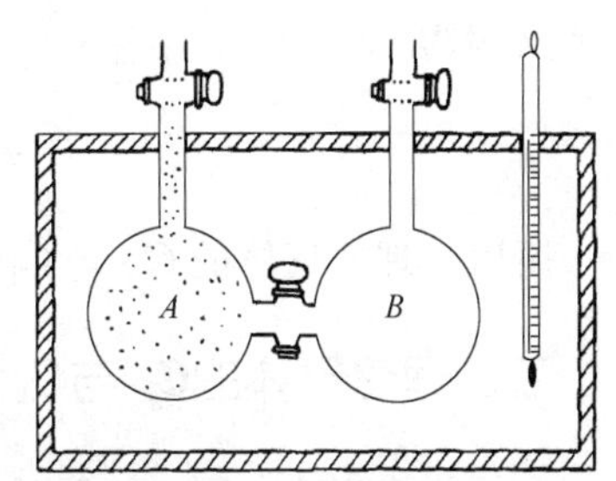

图 1-5　焦耳实验装置示意图

焦耳实验的结果可以由热力学第一定律进一步引申。因测得此过程水浴的温度没有变化，即 $\Delta T=0$。以气体为系统，水浴为环境，由于 $\Delta T=0$，说明在此过程中系统与环境之间没有

热传递，即 $Q=0$。又因为此过程为向真空膨胀，故 $p_e=0$，$W=0$。根据热力学第一定律：

$$\Delta U=Q+W=0$$

可见，气体向真空膨胀时，温度不变，则热力学能保持不变。

对一定量的纯物质，热力学能可表示为温度和体积的函数，其全微分为

$$\mathrm{d}U=\left(\frac{\partial U}{\partial T}\right)_V \mathrm{d}T+\left(\frac{\partial U}{\partial V}\right)_T \mathrm{d}V$$

实验测得 $\mathrm{d}T=0$，又因为 $\mathrm{d}U=0$，所以

$$\left(\frac{\partial U}{\partial V}\right)_T \mathrm{d}V=0$$

而气体体积发生了变化，$\mathrm{d}V\neq 0$，所以只能是

$$\left(\frac{\partial U}{\partial V}\right)_T=0 \tag{1-30}$$

上式表明，在定温下，气体的热力学能不随体积而变。同样可以证明：

$$\left(\frac{\partial U}{\partial p}\right)_T=0 \tag{1-31}$$

即在定温下，上述实验气体的热力学能不随压力而变。从式 1-30 和式 1-31 可知，上述气体的热力学能仅是温度的函数，而与体积、压力无关，即

$$U=f(T) \tag{1-32}$$

实际上，上述实验不够精确，由于水浴中水的热容量很大，而且当时的测温仪器精度不高，因此无法测得水温的微小变化。进一步的实验表明，实际气体向真空膨胀时，温度会发生微小变化，而且这种温度变化是随着气体起始压力的降低而变小。因此，可以推论，只有当气体的起始压力趋于零，即气体趋于理想气体时，上述焦耳实验的结论才是完全正确的。所以，**只有理想气体的热力学能仅是温度的函数，与体积或压力无关。**

上述结论不难理解，由于理想气体分子之间没有作用力，因此在温度一定下增大体积使分子间距离增大时，不需要克服分子间引力而消耗分子的动能，故其温度不变，此时气体膨胀不需吸收能量，所以热力学能保持不变，即理想气体的热力学能只是温度的函数，与压力、体积无关。对于实际气体，分子间有作用力，因此，在一定温度下增大体积时，为克服分子间作用力需消耗分子的动能而使温度降低，为保持温度恒定就需要吸收能量，所以热力学能增加而发生变化。

对于理想气体的焓：

$$H=U+pV=U+nRT=f(T) \tag{1-33}$$

即理想气体的焓也仅是温度的函数，与体积或压力无关：

$$\left(\frac{\partial H}{\partial V}\right)_T=0, \qquad \left(\frac{\partial H}{\partial p}\right)_T=0$$

又因为

$$C_p=\left(\frac{\partial H}{\partial T}\right)_p, \qquad C_V=\left(\frac{\partial U}{\partial T}\right)_V$$

所以，理想气体的 C_p 与 C_V 也仅是温度的函数。

二、理想气体的C_p 与C_V 的关系

在同样温度下，同一物质的 C_p 与 C_V 常常数值不同，气体物质更是如此。按照两种热容的定义，可推导它们之间的关系如下：

对于任意没有相变化和化学变化且只做体积功的封闭系统，C_p 与 C_V 之差为

$$C_p - C_V = \left(\frac{\partial H}{\partial T}\right)_p - \left(\frac{\partial U}{\partial T}\right)_V$$
$$= \left[\frac{\partial (U+pV)}{\partial T}\right]_p - \left(\frac{\partial U}{\partial T}\right)_V$$
$$= \left(\frac{\partial U}{\partial T}\right)_p + p\left(\frac{\partial V}{\partial T}\right)_p - \left(\frac{\partial U}{\partial T}\right)_V \tag{1-34}$$

设 $U=f(T, V)$，则 U 的全微分为

$$\mathrm{d}U = \left(\frac{\partial U}{\partial T}\right)_V \mathrm{d}T + \left(\frac{\partial U}{\partial V}\right)_T \mathrm{d}V$$

定压下上式对 T 求导：

$$\left(\frac{\partial U}{\partial T}\right)_p = \left(\frac{\partial U}{\partial T}\right)_V + \left(\frac{\partial U}{\partial V}\right)_T \left(\frac{\partial V}{\partial T}\right)_p$$

将上式代入式 1-34 得

$$C_p - C_V = \left(\frac{\partial U}{\partial V}\right)_T \left(\frac{\partial V}{\partial T}\right)_p + p\left(\frac{\partial V}{\partial T}\right)_p = \left[\left(\frac{\partial U}{\partial V}\right)_T + p\right]\left(\frac{\partial V}{\partial T}\right)_p \tag{1-35}$$

推演到此，没有引进任何条件，因此式 1-35 是一个一般化的公式，能使用于任何均匀的系统。对于液体或固体系统，因为其体积随温度变化很小，$\left(\frac{\partial V}{\partial T}\right)_p$ 近似为零，故 $C_p \approx C_V$。

对于理想气体，因为

$$\left(\frac{\partial U}{\partial V}\right)_T = 0, \qquad \left(\frac{\partial V}{\partial T}\right)_p = \frac{nR}{p}$$

代入式 1-35 得

$$C_p - C_V = nR \tag{1-36}$$

对于 1mol 理想气体：

$$C_{p,\mathrm{m}} - C_{V,\mathrm{m}} = R \tag{1-37}$$

上式表明，任何理想气体的定压摩尔热容与定容摩尔热容均相差一个常数，即摩尔气体常数 R 值。可以证明其物理意义是：1mol 理想气体升温 1K 时，在定压下所做的功。显然，可利用 R 进行 $C_{p,\mathrm{m}}$ 与 $C_{V,\mathrm{m}}$ 的相互换算。

根据统计热力学可以证明，理想气体在常温下，单原子分子的 $C_{V,\mathrm{m}}=\frac{3}{2}R$，$C_{p,\mathrm{m}}=\frac{5}{2}R$；双原子分子（或线性分子）的 $C_{V,\mathrm{m}}=\frac{5}{2}R$，$C_{p,\mathrm{m}}=\frac{7}{2}R$；多原子分子（非线性）的 $C_{V,\mathrm{m}}=3R$，$C_{p,\mathrm{m}}=4R$。可见，在常温下理想气体的 $C_{V,\mathrm{m}}$ 和 $C_{p,\mathrm{m}}$ 均为常数。

【例 1-6】 今有 1mol 单原子分子理想气体，在 273.2K，1.0×10^5Pa 时发生一变化过程，体积增大一倍，$Q=1674$J，$\Delta H=2092$J。试求：

（1）终态的温度、压力和此过程的 W 及 ΔU。

（2）若该气体经定温和定容两步可逆过程到达上述终态，求 Q、W、ΔU 和 ΔH。

解：（1）由 $\Delta H = Q_p = nC_{p,\mathrm{m}}(T_2 - T_1)$ 得

$$T_2 = \frac{\Delta H}{nC_{p,\mathrm{m}}} + T_1 = \frac{\Delta H}{\frac{5}{2}R} + T_1$$

$$= \frac{2092}{2.5\times8.314} + 273.2 = 373.8(\mathrm{K})$$

$$p_2 = \frac{p_1 V_1 T_2}{T_1 V_2} = \frac{10^5 \times 373.8}{273.2 \times 2} = 6.84 \times 10^4 (\text{Pa})$$

$$\Delta U = Q_V = nC_{V,\text{m}}(T_2 - T_1) = \frac{3}{2}R(T_2 - T_1)$$

$$= 1.5 \times 8.314 \times (373.8 - 273.2) = 1255\ (\text{J})$$

$$W = \Delta U - Q = 1255 - 1674 = -419\ (\text{J})$$

（2）因始、终态与（1）相同，所以状态函数的改变值与（1）相同，即 $\Delta U = 1255\text{J}$，$\Delta H = 2092\text{J}$。第一步为定温可逆过程：

$$W_1 = -nRT_1 \ln \frac{V_2}{V_1} = -8.314 \times 273.2 \times \ln 2 = -1574(\text{J})$$

第二步为定容可逆过程，$W_2 = 0$，所以：

$$W = W_1 + W_2 = -1574\ (\text{J})$$

$$Q = \Delta U - W = 1255 + 1574 = 2829\ (\text{J})$$

三、理想气体的定温过程

因为理想气体的热力学能和焓都仅是温度的函数，所以对理想气体的定温过程，则

$$\Delta U = 0, \qquad \Delta H = 0$$

又因为 $$\Delta U = Q + W$$

所以 $$Q = -W$$

因为热和功都与过程有关，所以不同的过程，Q 和 W 的值也不相同。

对于理想气体的定温可逆膨胀过程，系统从环境所吸收的热量 Q，全部用于对环境做膨胀功，此时气体做的最大功为

$$Q_R = -W_R = nRT \ln \frac{V_2}{V_1} = nRT \ln \frac{p_1}{p_2} \tag{1-38}$$

在定温下理想气体经一可逆循环过程，系统与环境都完全恢复原来状态，则状态函数热力学能和焓的改变值 ΔU 和 ΔH 都等于零，可逆循环过程的热和功也等于零，即

$$Q_R = -W_R = 0$$

系统在循环过程中，只要其中有一步不可逆，则此循环过程即为不可逆循环过程。在定温不可逆循环过程中：

$$Q_{IR} = -W_{IR} \neq 0$$

即环境对系统做了净功，而系统将净热传给环境。

四、理想气体的绝热过程

（一）绝热可逆过程方程式

绝热过程 $\delta Q = 0$，根据热力学第一定律可得

$$\mathrm{d}U = \delta W \tag{1-39}$$

此式表明，在绝热过程中系统对环境作功，则系统的热力学能减少，温度降低；若环境对系统做功，则系统的热力学能增加，温度升高。

对理想气体的绝热可逆过程，若只做体积功，即 $W' = 0$，则

$$\delta W=-p_e\mathrm{d}V=-p_i\mathrm{d}V=-\frac{nRT}{V}\mathrm{d}V$$

又因为对理想气体　　　　　　$\mathrm{d}U=C_V\mathrm{d}T$

所以式 1-39 可写成

$$-\frac{nR\mathrm{d}V}{V}=C_V\frac{\mathrm{d}T}{T}$$

积分得

$$\int_{V_1}^{V_2}\frac{nR\mathrm{d}V}{V}=-\int_{T_1}^{T_2}C_V\frac{\mathrm{d}T}{T}$$

$$nR\ln\frac{V_2}{V_1}=-C_V\ln\frac{T_2}{T_1}$$

因为理想气体的 $C_p-C_V=nR$，代入上式得

$$(C_p-C_V)\ln\frac{V_2}{V_1}=C_V\ln\frac{T_1}{T_2}$$

等式两边同除以 C_V，并令 $C_p/C_V=C_{p,\mathrm{m}}/C_{V,\mathrm{m}}=\gamma$（绝热指数），于是上式可写成：

$$(\gamma-1)\ln\frac{V_2}{V_1}=\ln\frac{T_1}{T_2}$$

所以

$$T_1V_1^{\gamma-1}=T_2V_2^{\gamma-1}$$

或

$$TV^{\gamma-1}=\text{常数} \tag{1-40}$$

若将 $T=\dfrac{pV}{nR}$代入上式得

$$pV^{\gamma}=\text{常数} \tag{1-41}$$

若 $V=\dfrac{nRT}{p}$，将其代入式 1-40 得

$$T^{\gamma}p^{1-\gamma}=\text{常数} \tag{1-42}$$

式 1-40、式 1-41、式 1-42 均为**理想气体在 $W'=0$ 条件下的绝热可逆过程中的过程方程式。**它们表示了理想气体在绝热可逆过程中 p、V、T 之间的关系。

（二）绝热过程功的计算

在绝热过程中，$\delta Q=0$，则

$$\delta W=\mathrm{d}U$$

对理想气体

$$\mathrm{d}U=C_V\mathrm{d}T$$

所以，绝热过程所做的功为

$$W=\int\delta W=\int_{T_1}^{T_2}C_V\mathrm{d}T$$

若 C_V 为常数，积分得

$$W=C_V(T_2-T_1) \tag{1-43}$$

又因为

$$C_p-C_V=nR,\qquad C_p/C_V=\gamma$$

则
$$\gamma-1=\frac{nR}{C_V}$$

所以式 1-43 又可写成

$$W=\frac{nR(T_2-T_1)}{\gamma-1}=\frac{p_2V_2-p_1V_1}{\gamma-1} \tag{1-44}$$

式 1-43 和式 1-44 均可以用来计算理想气体的绝热功。

绝热可逆过程与定温可逆过程中的功的比较可用图 1-6 表示。图中绝热可逆过程曲线（*AC* 线）在定温可逆过程曲线（*AB* 线）之下，即同样从体积 V_1 膨胀到 V_2，在绝热可逆膨胀过程中，气体压力的降低要比在定温可逆膨胀过程中更为显著。这是因为在定温可逆膨胀过程中，气体的压力仅随体积的增大而降低。而在绝热可逆膨胀过程中，则有气体的体积增大和气体的温度降低两个因素使压力降低，故而气体的压力降低更快。理想气体从 p_1V_1 经定温可逆和绝热可逆膨胀到 V_2 所做的功如图所示，*AB* 和 *AC* 曲线下面的面积分别代表定温可逆和绝热可逆过程系统所做的功。

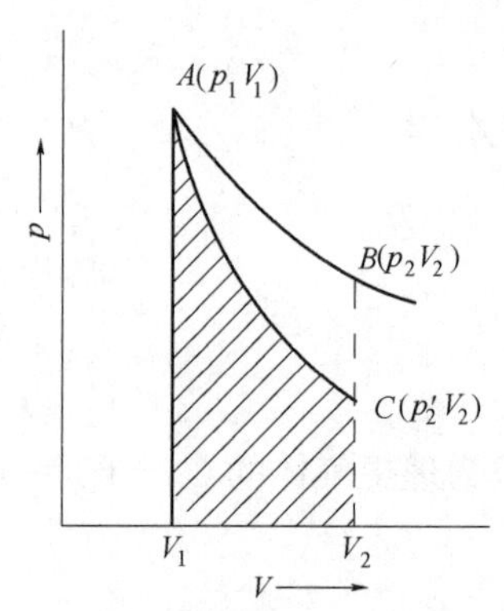

图 1-6　绝热可逆过程（*AC*）与定温可逆过程（*AB*）功的图

【例 1-7】 今有 3mol 单原子分子理想气体从 400kPa、300K 膨胀到最后压力为 200kPa。若分别经：(1) 绝热可逆膨胀；(2) 在定外压 200kPa 下绝热不可逆膨胀。试计算两过程的 Q、W、ΔU 和 ΔH。

解：(1) 此过程的始、终态可表示如下：

$n=3\text{mol}$，$T_1=300\text{K}$ $p_1=400\text{kPa}$	—绝热可逆膨胀→	$n=3\text{mol}$，$T_2=?$ $p_2=200\text{kPa}$

对于单原子分子理想气体：

$$\gamma=\frac{C_{p,\text{m}}}{C_{V,\text{m}}}=\frac{5/2R}{3/2R}=\frac{5}{3}=1.67$$

由理想气体的绝热可逆过程方程求终态温度 T_2：

$$T_1^{\gamma}p_1^{1-\gamma}=T_2^{\gamma}p_2^{1-\gamma}$$

将已知数据代入上式：

$$300^{1.67}\times400^{1-1.67}=T_2^{1.67}\times200^{1-1.67}$$

求得
$$T_2=227\text{K}$$

因是绝热过程 $Q=0$，所以系统所做的功为

$$W=nC_{V,\text{m}}(T_2-T_1)=3\times\frac{3}{2}\times8.314\times(227-300)=-2731\ (\text{J})$$

$$\Delta U=Q+W=W=-2731\ \text{J}$$

$$\Delta H=nC_{p,\text{m}}(T_2-T_1)=3\times\frac{5}{2}\times8.314\times(227-300)=-4.55\ (\text{kJ})$$

(2) 此过程为绝热不可逆过程，始、终态如下所示：

$n=3\text{mol}$，$T_1=300\text{K}$ $p_1=400\text{kPa}$	—绝热定外压膨胀→	$n=3\text{mol}$，$T_2=?$ $p_2=200\text{kPa}$

由于此过程是绝热不可逆过程，故不能用理想气体绝热可逆过程方程求终态温度 T_2。

因为绝热过程，$Q=0$，则 $\Delta U=W$

又因为
$$\Delta U=C_V(T_2-T_1)$$
$$W=-p_e(V_2-V_1)=-p_2(V_2-V_1)$$

所以
$$C_V(T_2-T_1)=-p_2(V_2-V_1)$$
$$nC_{V,\mathrm{m}}(T_2-T_1)=-p_2\left(\frac{nRT_2}{p_2}-\frac{nRT_1}{p_1}\right)$$
$$3\times\frac{3}{2}\times8.314\times(T_2-300)=-3\times8.314\times T_2+\frac{200}{400}\times3\times8.314\times300$$

求得
$$T_2=240\mathrm{K}$$

因为是绝热过程，$Q=0$，所以
$$W=C_V(T_2-T_1)=nC_{V,\mathrm{m}}(T_2-T_1)$$
$$=3\times\frac{3}{2}\times8.314\times(240-300)=-2245\ (\mathrm{J})$$
$$\Delta U=W=-2245\ \mathrm{J}$$
$$\Delta H=nC_{p,\mathrm{m}}(T_2-T_1)=3\times\frac{5}{2}\times8.314\times(240-300)=-3741\ (\mathrm{J})$$

比较此题（1）与（2）的结果可知，从同一始态出发，经绝热可逆和绝热不可逆过程，达不到相同的终态。当两过程终态的压力相同时，由于可逆过程所做的功大，则热力学能降低得更多些，导致终态的温度也更低些。

第八节　化学反应的热效应

化学变化常常伴有放热或吸热现象，对于这些热效应进行精密的测定，并作详尽的讨论，成为物理化学上的一个分支，称为**热化学**（Thermochemistry）。热化学实际上是热力学第一定律在化学过程中的具体应用。

热化学数据对实际工作和理论研究都具有重要的作用。例如反应热的多少，就与实际生产中的机械设备、热量交换以及经济价值等问题有关。另一方面，反应热的数据，在计算平衡常数和其他热力学量时很有用处。此外，在药物制剂的生产和稳定性的研究中，以及生物体内的生化反应和食物热值的测定等，都需要应用热化学的知识。

一、定容反应热与定压反应热

只做体积功的封闭系统中发生某化学反应之后，使反应产物的温度回到反应前原始物质的温度，系统吸收或放出的热量，称为该反应的热效应，亦称为反应热。热效应可用如下方法测定：使物质在量热计中做绝热变化，从量热计的温度改变，可以计算出应从量热计中取出或加入多少热才能恢复到变化前的温度。所得结果就是定温变化中的定容热效应。同样，热化学中仍规定，系统吸热为正值，放热为负值。

因为热与途径有关，所以通常化学反应的热效应又分为定容反应热和定压反应热。**在定容下化学反应的反应热称为定容反应热**，用 Q_V 表示。根据状态函数的特点：

$$Q_V = \Delta_r U = (\sum U)_{产物} - (\sum U)_{反应物} \tag{1-45}$$

此式表明：定容反应热等于产物的总热力学能与反应物的总热力学能之差，亦即只做体积功的封闭系统在定容下反应前后的热力学能变 $\Delta_r U$。

在定压下化学反应的反应热称为定压反应热， 用 Q_p 表示。

$$Q_p = \Delta_r H = (\sum H)_{产物} - (\sum H)_{反应物} \tag{1-46}$$

此式表明：定压反应热等于产物的总焓与反应物的总焓之差，亦即只作体积功的封闭系统在定压下反应前后的焓变为 $\Delta_r H$。

由上可见，在非体积功为零的定容或定压特定条件下，一个化学反应的反应热可用状态函数热力学能和焓的改变值 $\Delta_r U$ 和 $\Delta_r H$ 表示。一般量热计测得的反应热是定容反应热，而通常化学反应是在定压下进行的，因此需要知道 Q_V 与 Q_p 之间的关系。设某化学反应分别经定温定压和定温定容两条途径进行：

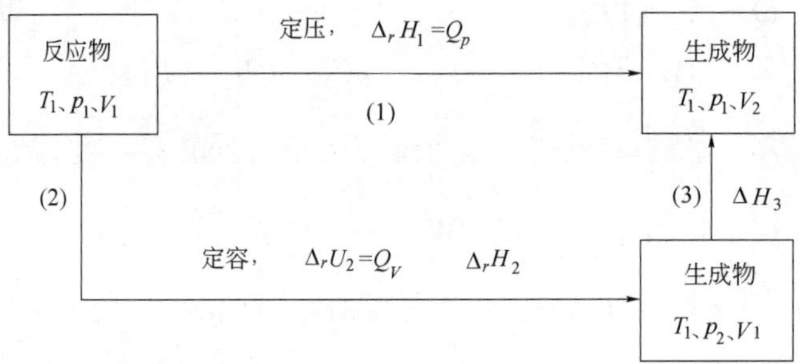

上述（1）（2）两个过程的生成物虽然相同，但生成物的状态不同（即 p、V 不同）。反应过程（2）的产物的状态再经由过程（3）即可到达过程（1）的产物的状态。

因为焓是状态函数，所以：

$$\Delta_r H_1 = \Delta_r H_2 + \Delta H_3 = \Delta_r U_2 + \Delta(pV)_2 + \Delta H_3$$

式中 $\Delta(pV)_2$ 代表反应过程（2）始态和终态的 pV 之差，即

$$\Delta(pV)_2 = (pV)_{2,终态} - (pV)_{2,始态}$$

对于凝聚系统（液态或固态物质），由于反应前后的 pV 值相差不大，可忽略不计，ΔH_3 虽不一定等于零，但其数值与化学反应热相比较，则微不足道，可以忽略不计，故有 $Q_p = Q_V$。若是有气体参加反应，则 pV 之差主要由气体组分引起，若假设气体可视为理想气体，则

$$\Delta(pV)_2 = p_2 V_1 - p_1 V_1 = (\Delta n) R T_1$$

式中 Δn 是气体产物与气体反应物的物质的量之差，或反应前后气体物质的计量系数之差。

对于理想气体，焓仅是温度的函数，故定温过程（3）的 $\Delta H_3 = 0$。对于产物中的固态与液态物质，ΔH_3 虽不一定为零，但其数值与化学反应的 $\Delta_r H$ 相比要小得多，一般可忽略不计，因此得到

$$\Delta_r H = \Delta_r U + (\Delta n) R T \tag{1-47}$$

或

$$Q_p = Q_V + (\Delta n) R T \tag{1-48}$$

【例 1-8】 在温度 298.2K 下，将正庚烷置于密闭的容器中燃烧，测得定容反应热为 $-4.807 \times 10^6 \mathrm{J \cdot mol^{-1}}$，求定压反应热 Q_p。

解：根据题意，从反应式可求出 Δn：

$$C_7H_{16}(l) + 11O_2(g) = 7CO_2(g) + 8H_2O(l)$$

$$\Delta n = 7 - 11 = -4$$

$$\begin{aligned} Q_p &= Q_V + (\Delta n) R T \\ &= -4.807 \times 10^6 - 4 \times 8.314 \times 298.2 \\ &= -4.817 \times 10^6 (\mathrm{J \cdot mol^{-1}}) \end{aligned}$$

二、热化学方程式

表示化学反应与热效应关系的方程式称为热化学方程式。因为 U、H 都与系统的状态有关，所以在写热化学方程式时，应明确地注明物态、温度、压力、组成等。通常气态用（g）表示，液态用（l）表示，固态用（s）表示，水溶液用（aq）表示。对于固态还应注明晶型，如 C（石墨）、C（金刚石）。习惯上，若没有注明压力和温度，一般都是指压力为 100kPa，温度为 298K。除写出化学方程式外，还须在其后写出反应热的数值。如果反应是在标准压力（$p^{\ominus}=100\text{kPa}$）和温度 T 下进行，反应热可写成 $\Delta_r H_m^{\ominus}(T)$，称为标准反应热。

应该注意，在热化学中所写的反应方程式都是表示一个已经完成了的反应，即按反应的计量方程完成了一个进度的反应。如：

(1) $N_2(g)+3H_2(g)=2NH_3(g)$　　$\Delta_r H_m^{\ominus}=-92.22\ \text{kJ}\cdot\text{mol}^{-1}$

(2) $\frac{1}{2}N_2(g)+\frac{3}{2}H_2(g)=NH_3(g)$　　$\Delta_r H_m^{\ominus}=-46.11\ \text{kJ}\cdot\text{mol}^{-1}$

(3) $H_2(g)+I_2(s)=2HI(g)$　　$\Delta_r H_m^{\ominus}=52.96\ \text{kJ}\cdot\text{mol}^{-1}$

(4) $2HI(g)=H_2(g)+I_2(s)$　　$\Delta_r H_m^{\ominus}=-52.96\ \text{kJ}\cdot\text{mol}^{-1}$

(5) $H_2(g)+I_2(g)=2HI(g)$　　$\Delta_r H_m^{\ominus}=-9.48\ \text{kJ}\cdot\text{mol}^{-1}$

$\Delta_r H_m^{\ominus}(T)$ 表示反应完全时所产生的热效应。$\Delta_r H_m^{\ominus}(T)>0$，为吸热反应，$\Delta_r H_m^{\ominus}(T)<0$，为放热反应。由上述各例可见，物质的物态、反应进行的方向和化学计量数等不同时，则 $\Delta_r H_m^{\ominus}(T)$的数值和符号就不相同，在书写和计算时应加以注意。

三、盖斯定律

俄国化学家盖斯（Гecc）在总结了大量实验结果的基础上，于 1840 年提出了盖斯定律：**一个化学反应，不论是一步完成还是分几步完成，其热效应总是相同的。**意即反应的热效应只与反应的始态和终态有关，而与变化的途径无关。

盖斯定律是热力学第一定律的必然结果。因为在非体积功为零的条件下，对于定容反应，$Q_V=\Delta U$，对于定压反应 $Q_p=\Delta H$。而热力学能和焓都是状态函数，只要化学反应的始态和终态确定，则 ΔU（即 Q_V）或 ΔH（即 Q_p）就具有定值，而与反应的途径无关。所以不论反应是一步完成还是分几步完成，其热效应总值相同，如下图所示：

$$
\begin{array}{ccc}
\text{反应物A}\ (T,p) & \xrightarrow{\Delta H} & \text{产物B}\ (T,p) \\
\downarrow \Delta H_1 & & \uparrow \Delta H_3 \\
\text{C} & \xrightarrow{\Delta H_2} & \text{D}
\end{array}
$$

上图表明，某化学反应有两条不同途径，因反应的始、终态相同，所以两条途径的反应热相等，即

$$\Delta H=\Delta H_1+\Delta H_2+\Delta H_3$$

盖斯定律是热化学的基本定律，根据盖斯定律可以使热化学方程式像普通代数方程式那样进行运算，从而可根据已知的反应热，来间接求得那些难于测准或无法测量的反应热。

【例 1-9】 计算反应 C（s）$+\frac{1}{2}O_2$（g）$=$CO（g）的反应热 $\Delta_r H_m$

解：该反应的反应热是很难直接测得的，因为很难控制 CO 不继续氧化生成 CO_2，即产物中有 CO_2。但可根据盖斯定律间接求算。已知：

(1) $C(s)+O_2(g)=CO_2(g)$　　　　$\Delta_r H_m(1)=-393.5kJ\cdot mol^{-1}$

(2) $C(s)+\frac{1}{2}O_2(g)=CO(g)$　　　　$\Delta_r H_m(2)$

(3) $CO(g)+\frac{1}{2}O_2(g)=CO_2(g)$　　　　$\Delta_r H_m(3)=-283.0kJ\cdot mol^{-1}$

反应（1）可由（2）和（3）两步来完成，其热效应总值应相等，即

$$\Delta_r H_m(1)=\Delta_r H_m(2)+\Delta_r H_m(3)$$

$$\Delta_r H_m(2)=\Delta_r H_m(1)-\Delta_r H_m(3)=-393.5-(-283.0)=-110.5(kJ\cdot mol^{-1})$$

第九节　几种热效应

定温定压下化学反应的热效应 ΔH 等于产物焓的总和减去反应物焓的总和，即

$$\Delta_r H=Q_p=(\sum H)_{产物}-(\sum H)_{反应物}$$

因此，如果能知道各个物质焓的绝对值，利用上式就可方便地求得任何反应的反应热。但如前所述，焓的绝对值是无法测定的。为此，就采用一种相对标准焓求出焓的改变量，而生成热与燃烧热即是两种求焓变的相对标准，利用它们再结合盖斯定律，就可方便地求算反应的 $\Delta_r H$。通常物质在溶解时也会产生热效应。故此介绍生成热、燃烧热和溶解热的概念和计算。

由于反应热 $\Delta_r H$ 与反应前后系统中各物质的状态（温度、压力、物态等）有关，因此在热力学中，定义了物质的标准状态（简称标准态）。

纯液体和纯固体的标准态定义为在标准压力 $p^{\ominus}$ 及温度为 T 时的纯液体和纯固体。

气体物质（纯气体或混合气体中）的标准态定义为在标准压力 $p^{\ominus}$ 及温度为 T 时且具有理想气体性质的纯气体。

标准压力 $p^{\ominus}$ 规定为 100kPa。由于温度 T 没有给定，因此每个温度 T 都存在一个标准态。通常国内外采用 298.15K 为规定温度，本书附录四均采用温度为 298.15K 时的数据。

一、生成热

生成热是指由元素的单质化合成单一化合物时的反应热。在标准压力 $p^{\ominus}$ 和指定温度 T 时，由最稳定单质生成标准状态下 1mol 化合物时的焓变（定压反应热），称为该化合物的标准摩尔生成焓，或称为标准摩尔生成热，用符号 $\Delta_f H_m^{\ominus}$ 表示。

上述定义中的最稳定单质是指在标准压力 $p^{\ominus}$ 和指定温度 T 时元素所处的最稳定形态。例如，碳有石墨、金刚石和无定形碳三种单质，而最稳定的单质是石墨。根据上述定义，规定**最稳定单质的标准摩尔生成焓为零。**

例如，在标准状态下，温度为 298.15K 时氢气与氧气生成 1mol 液态水的反应

$$H_2(g,\ p^{\ominus})+\frac{1}{2}O_2(g,\ p^{\ominus})=H_2O(l,\ p^{\ominus})$$

$$\Delta_r H_m^{\ominus}=-285.8\ kJ\cdot mol^{-1}$$

根据上述定义，显然该反应热就是水的标准摩尔生成焓，即

$$\Delta_r H_m^{\ominus}(298.15K)=\Delta_f H_m^{\ominus}(H_2O,\ l,\ 298.15K)=-285.8kJ\cdot mol^{-1}$$

可见，一个化合物的生成焓并不是这个化合物的焓的绝对值，而是相对于生成它的稳定单质的相对焓。一些物质在 298.15K 时的标准摩尔生成焓见附录。

由物质的标准摩尔生成焓，可方便地计算在标准状态下的化学反应的热效应。例如，在标准状态下，对于某化学反应，可图示如下：

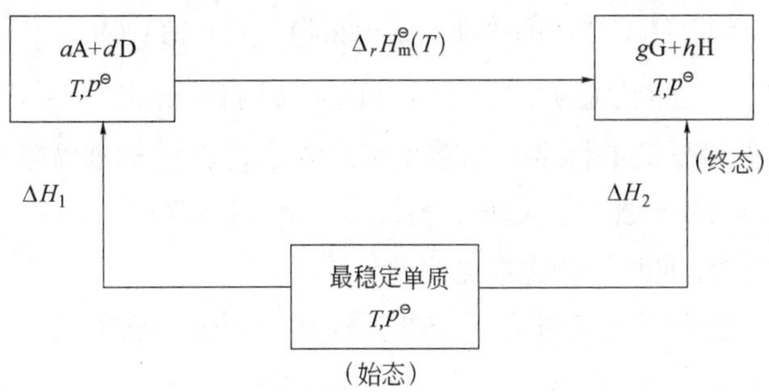

因为焓是状态函数，系统从同一始态到同一终态的两条途径的焓变值应相等，即

$$\Delta H_1 + \Delta_r H_m^{\ominus}(T) = \Delta H_2$$

所以

$$\Delta_r H_m^{\ominus}(T) = \Delta H_2 - \Delta H_1 \tag{1-49}$$

而

$$\Delta H_1 = a\Delta_f H_m^{\ominus}(\mathrm{A}) + d\Delta_f H_m^{\ominus}(\mathrm{D}) = \sum_{\mathrm{B}} (\nu_{\mathrm{B}}\Delta_f \mathrm{H}_m^{\ominus})_{\text{反应物}}$$

$$\Delta H_2 = g\Delta_f H_m^{\ominus}(\mathrm{G}) + h\Delta_f H_m^{\ominus}(\mathrm{H}) = \sum_{\mathrm{B}} (\nu_{\mathrm{B}}\Delta_f H_m^{\ominus})_{\text{产物}}$$

代入式 1-49 得

$$\Delta_r H_m^{\ominus}(T) = \sum_{\mathrm{B}} (\nu_{\mathrm{B}}\Delta_f H_m^{\ominus})_{\text{产物}} - \sum_{\mathrm{B}} (\nu_{\mathrm{B}}\Delta_f H_m^{\ominus})_{\text{反应物}}$$

$$= \sum_{\mathrm{B}} \nu_{\mathrm{B}}\Delta_f H_m^{\ominus}(\mathrm{B}) \tag{1-50}$$

ν_B 是化学计量方程式中各物质的计量系数，对反应物为负，对产物为正。

式 1-50 表明：任一反应的标准摩尔焓变（定压反应热）$\Delta_r H_m^{\ominus}$，等于产物的标准摩尔生成焓乘以其系数的总和减去反应物的标准摩尔生成焓乘以其系数的总和。由于 $\Delta_f H_m^{\ominus}$ 一般为 298.15K 的值，所以通过上式可求得化学反应在 298.15K 时的 $\Delta_r H_m^{\ominus}$(298.15K)。

【例 1-10】 试由生成焓数据计算下列反应：

$$CH_4(g) + 2O_2(g) = CO_2(g) + 2H_2O(l)$$

在 298.15K 和 100kPa 下的反应热 $\Delta_r H_m^{\ominus}$（298.15K）。

解： 从附录中查得各物质在 298.15K 的标准摩尔生成焓如下：

	$CH_4(g)$	$+2O_2(g)$	$=CO_2(g)$	$+2H_2O(l)$
$\Delta_f H_m^{\ominus}/\mathrm{kJ\cdot mol^{-1}}$	−74.8	0	−393.5	−285.8

将数据代入式 1-50 得

$$\Delta_r H_m^{\ominus}(298.15K) = -393.5 + 2\times(-285.8) - (-74.8) = -890(\mathrm{kJ\cdot mol^{-1}})$$

二、燃烧热

绝大多数的有机化合物无法由稳定单质直接合成。因此，其标准摩尔生成焓不能直接测得。但有机化合物容易燃烧，故由实验可测得其燃烧过程的热效应。**物质完全燃烧（氧化）时的反应热称为燃烧热。** 在标准压力 $p^{\ominus}$ 和指定温度 T 的标准状态下，1mol 物质完全燃烧时的定压反应热，称为该物质的标准摩尔燃烧焓，或称为标准摩尔燃烧热，用符号 $\Delta_c H_m^{\ominus}$ 表示。

上述定义中的完全燃烧是指被燃烧的物质变成最稳定的完全燃烧产物，如化合物中的C变为$CO_2(g)$，H变为$H_2O(l)$，N变为$N_2(g)$，S变为$SO_2(g)$，Cl变为HCl(aq)。根据上述定义，规定这些**最稳定产物的标准摩尔燃烧焓为零。**

例如在标准状态下，298.15K时下列反应：

$$C_2H_5OH(l)+3O_2(g)=2CO_2(g)+3H_2O(l)$$

$$\Delta_r H_m^{\ominus}(298.15K)=-1366.8(kJ\cdot mol^{-1})$$

根据上述定义，显然该反应的标准摩尔焓变就是液态乙醇的标准摩尔燃烧焓，即

$$\Delta_r H_m^{\ominus}(298.15K)=\Delta_c H_m^{\ominus}(C_2H_5OH，l，298.15K)=-1366.8kJ\cdot mol^{-1}$$

一些物质在298.15K时的标准摩尔燃烧焓见附录。

从已知物质的燃烧焓也可以计算化学反应的反应热。对任一化学反应，可图示如下：

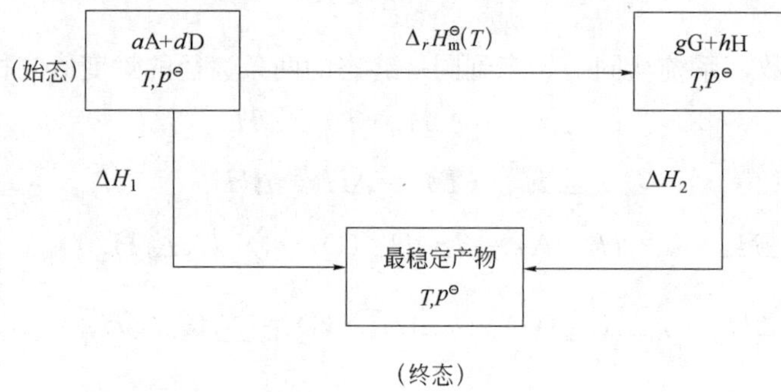

因为焓是状态函数，显然：

$$\Delta_r H_m^{\ominus}(T)+\Delta H_2=\Delta H_1$$

所以：

$$\Delta_r H_m^{\ominus}(T)=\Delta H_1-\Delta H_2 \tag{1-51}$$

而

$$\Delta H_1=\sum_B(\nu_B\Delta_c H_m^{\ominus})_{反应物}$$

$$\Delta H_2=\sum_B(\nu_B\Delta_c H_m^{\ominus})_{产物}$$

代入式1-51得

$$\Delta_r H_m^{\ominus}(T)=\sum_B(\nu_B\Delta_c H_m^{\ominus})_{反应物}-\sum_B(\nu_B\Delta_c H_m^{\ominus})_{产物}$$

$$=-\sum_B \nu_B\Delta_c H_m^{\ominus}(B) \tag{1-52}$$

上式表明：任一反应的反应热$\Delta_r H_m^{\ominus}$，等于反应物的标准摩尔燃烧焓乘以其系数的总和减去产物的标准摩尔燃烧焓乘以其系数的总和。计算时应注意式中相减次序与式1-50不同。

淀粉、蛋白质、糖和脂肪等都可作为生物体的能源。因此，这些物质的燃烧焓在营养学的研究中是一个重要的数据。此外，药物氧化反应热的测定，对药物稳定性的研究也很有用处。

【例1-11】 在标准压力$p^{\ominus}$及298.15K时，$H_2(g)$、C（石墨）和环丙烷的标准摩尔燃烧焓分别为$-285.8kJ\cdot mol^{-1}$、$-393.5kJ\cdot mol^{-1}$和$-2091kJ\cdot mol^{-1}$。已知298.15K时丙烯的$\Delta_f H_m^{\ominus}=20.6kJ\cdot mol^{-1}$，试分别求算：

(1) 在298.15K时环丙烷的$\Delta_f H_m^{\ominus}$。

(2) 在298.15K时环丙烷异构为丙烯反应的$\Delta_r H_m^{\ominus}$。

解：(1) 环丙烷的生成反应为

$$3C（石墨，p^{\ominus}）+3H_2（g，p^{\ominus}）=C_3H_6（环丙烷，p^{\ominus}）$$

显然：

$$\Delta_r H_m^{\ominus}(T)=\Delta_f H_m^{\ominus}(环丙烷)=-\sum_B \nu_B \Delta_c H_m^{\ominus}(B)$$

$$=3\times(-393.5)+3\times(-285.8)-1\times(-2091)=53.1\ (kJ\cdot mol^{-1})$$

（2）环丙烷异构为丙烯的反应为

$$C_3H_6（环丙烷）\rightarrow CH_3-CH=CH_2$$

$$\Delta_r H_m^{\ominus}=\sum_B \nu_B \Delta_f H_m^{\ominus}(B)$$

$$=20.6-53.1=-32.5(kJ\cdot mol^{-1})$$

三、溶解热

在定温定压下，**一定量的物质溶于一定量的溶剂中所产生的热效应称为该物质的溶解热。**溶解热包括破坏溶质晶格的晶格能、解离能及溶剂化热等的总和。溶解热不但与溶质及溶剂的量有关，而且还与系统所处的温度及压力有关。如不注明则通常指 298.15K 及 100kPa。

溶解热又分为积分溶解热和微分溶解热。在定温定压下，**1mol 溶质溶于一定量溶剂中形成某浓度溶液时的热效应，称为该浓度溶液的积分溶解热**，用符号 $\Delta_s H_m$ 表示，单位为$kJ\cdot mol^{-1}$。例如，1mol KOH 溶于 0.5kg 水中，溶液的浓度由零开始逐渐变为 $2mol\cdot kg^{-1}$，此时所产生的热效应即为积分溶解热。

在定温定压下，物质的积分溶解热可随溶剂量（n_0）的增加而增大，即积分溶解热 $\Delta_s H_m$ 可表示为溶剂 n_0 的函数：

$$(\Delta_s H_m)_{T,\ p,\ n}=f(n_0)$$

若以 $\Delta_s H_m$ 对 n_0 作图，所得曲线如图 1-7 所示。由图可见，随着溶剂 n_0 值的逐渐增大，即溶液的浓度逐渐变稀，则 $\Delta_s H_m$ 逐渐增大，最后趋于一定值（曲线与横轴平行），此时的溶解热称为该物质的无限稀释积分溶解热。

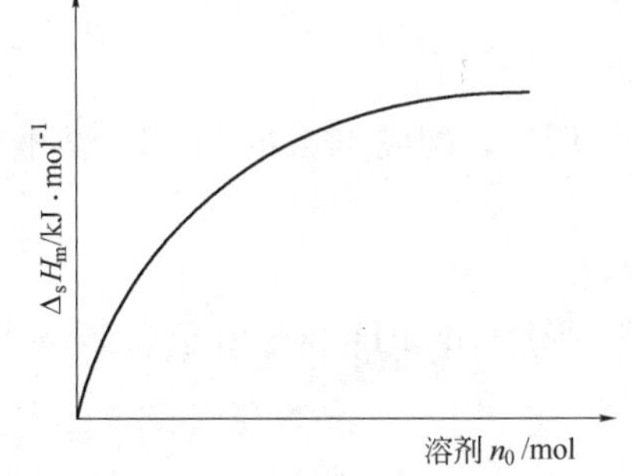

图 1-7 积分溶解热示意图

若在定温定压下，**加 1mol 溶质于大量的某浓度溶液（浓度视为不变）中时所产生的热效应，称为微分溶解热。**因为溶液量很大，所以尽管加入 1mol 溶质，但浓度仍可视为不变。

微分溶解热是一个偏微分量，用数学式可以表示为

$$\left(\frac{\partial \Delta H}{\partial n}\right)_{T,\ p,\ n_0} \tag{1-53}$$

该式的意义是在定温定压及给定浓度的溶液中，加入微量溶质 dn，此时所产生的微量热效应与 dn 的比值。由于加入溶质的量很少，故溶液的浓度可视为不变。

微分溶解热不能用量热法直接测定。根据式1-53，为获得微分溶解热，可测定不同数量的溶质在一定量的溶剂中的积分溶解热，再绘制图 1-8，曲线上某点的斜率即为该浓度溶液的微分溶解热。

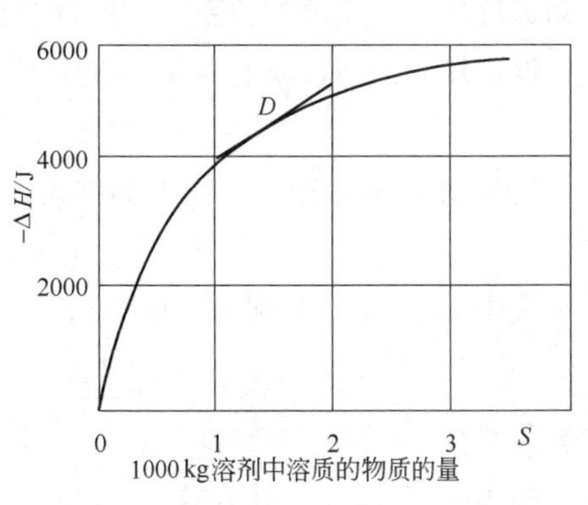

图 1-8 积分溶解热和微分溶解热

【例 1-12】 由实验测得 1mol H_2SO_4 溶于 n_0 mol

水中时，放出热量 $\Delta_s H_m$ 可用下式表示（当 n_0<20mol 时）：

$$\Delta_s H_m = \frac{-74.73 n_0}{n_0 + 1.798}\ \mathrm{kJ \cdot mol^{-1}}$$

试计算：(1) 1mol H_2SO_4 溶于 10mol 及 20mol 水中时的积分溶解热 $\Delta_s H_m$。

(2) 0.200kg H_2SO_4 溶于水中形成质量分数为 40%溶液时的积分溶解热 $\Delta_s H_m$。

解：(1) 当 n_0=10mol 时：

$$\Delta_s H_m = \frac{-74.73 \times 10}{10 + 1.798} = -63.34(\mathrm{kJ \cdot mol^{-1}})$$

当 n_0=20mol 时：

$$\Delta_s H_m = \frac{-74.73 \times 20}{20 + 1.798} = -68.57(\mathrm{kJ \cdot mol^{-1}})$$

可见，物质的积分溶解热随溶剂量的增加而增大。

(2) 设 0.200kg H_2SO_4 配成 40%的硫酸水溶液时应加入水的质量为 $m$kg，则

$$\frac{0.200}{0.200 + m} = 40\%$$

解得：m=0.300kg

设加入水的物质的量和 H_2SO_4 的物质的量分别为 n 和 n'，则

$$n = \frac{m}{M_{(H_2O)}} = \frac{0.300}{0.018} = 16.7(\mathrm{mol})$$

$$n' = \frac{m(H_2SO_4)}{M(H_2SO_4)} = \frac{0.200}{0.098} = 2.04(\mathrm{mol})$$

所以，配成 40%的 H_2SO_4 溶液时，每 1mol H_2SO_4 需加入水的量 n_0 为

$$n_0 = \frac{n}{n'} = \frac{16.7}{2.04} = 8.18(\mathrm{mol})$$

则每 1mol H_2SO_4 溶于 8.17mol 水中时的 $\Delta_s H_m$ 为

$$\Delta_s H_m = \frac{-74.73 \times 8.18}{8.17 + 1.798} = -61.3(\mathrm{kJ \cdot mol^{-1}})$$

第十节 反应热与温度的关系——基尔霍夫定律

化学反应的反应热随温度而变化。通常从热力学手册中只能查得 298.15K 时的数据，从而能方便地求出 298.15K 时的反应热。然而绝大多数的化学反应并非在 298.15K 时进行，所以必须知道反应热与温度的关系，才能计算出同一反应在其他温度下的反应热。

设在压力为 p，温度为 T 时的任一化学反应为：

$$\mathrm{A} \longrightarrow \mathrm{B}$$

反应物 A 为始态，产物 B 为终态，则此反应的定压反应热为：

$$\Delta_r H = H_B - H_A$$

式中 H_A、H_B 分别为反应物和产物的焓。将上式在定压下对温度 T 微分得

$$\left(\frac{\partial \Delta_r H}{\partial T}\right)_p = \left(\frac{\partial H_B}{\partial T}\right)_p - \left(\frac{\partial H_A}{\partial T}\right)_p$$

因为 $\left(\frac{\partial H}{\partial T}\right)_p = C_p$ 　　C_p 为定压热容，所以上式可写成

$$\left(\frac{\partial \Delta_r H}{\partial T}\right)_p = (C_p)_B - (C_p)_A = \Delta C_p \tag{1-54}$$

上式表示了化学反应的定压反应热与温度的关系，称为基尔霍夫方程，亦称为基尔霍夫定律。式中 ΔC_p 是产物与反应物的定压热容之差。

由式 1-54 可知，化学反应的热效应随温度而变化是由于产物与反应物的热容不同所致。若 $\Delta C_p > 0$，即产物的热容大于反应物的热容，则 $\left(\frac{\partial \Delta_r H}{\partial T}\right)_p > 0$，即当温度升高时，定压反应热将随温度升高而增大。反之，若 $\Delta C_p < 0$，即产物的热容小于反应物的热容，则 $\left(\frac{\partial \Delta_r H}{\partial T}\right)_p < 0$，即当温度升高时，定压反应热随温度升高而减小。若 $\Delta C_p = 0$，则反应热不随温度而变。

将式 1-54 在温度 T_1 与 T_2 之间积分，即

$$\int_{\Delta H(T_1)}^{\Delta H(T_2)} \mathrm{d}(\Delta_r H) = \Delta_r H(T_2) - \Delta_r H(T_1) = \int_{T_1}^{T_2} \Delta C_p \mathrm{d}T \tag{1-55}$$

式中 $\Delta_r H(T_1)$、$\Delta_r H(T_2)$ 分别为温度 T_1 与 T_2 时的定压反应热。若温度变化范围不大时，可将 ΔC_p 视为与温度无关的常数，则上式可以写成：

$$\Delta_r H(T_2) = \Delta_r H(T_1) + \Delta C_p (T_2 - T_1) \tag{1-56}$$

此时各物质的 C_p 为在 $T_1 \sim T_2$ 温度范围内的平均定压热容。若已知 T_1 温度时的 $\Delta_r H$（T_1），利用上式即可求得同一反应在另一温度 T_2 时的 $\Delta_r H(T_2)$。

如果反应物和产物的定压热容与温度有关，其函数关系采用下式表示，即

$$C_{p,\mathrm{m}} = a + bT + cT^2$$

则

$$\Delta C_p = \Delta a + \Delta b T + \Delta c T^2 \tag{1-57}$$

式中：

$$\Delta a = \sum_B \nu_B a \text{ (B)}$$

$$\Delta b = \sum_B \nu_B b \text{ (B)}$$

$$\Delta c = \sum_B \nu_B c \text{ (B)}$$

将式 1-57 代入式 1-55 积分得到：

$$\Delta_r H(T_2) = \Delta_r H(T_1) + \Delta a (T_2 - T_1) + \frac{1}{2}\Delta b (T_2^2 - T_1^2) + \frac{1}{3}\Delta c (T_2^3 - T_1^3) \tag{1-58}$$

【例 1-13】 葡萄糖在细胞呼吸中的氧化反应如下：

$$C_6H_{12}O_6(s) + 6O_2(g) = 6H_2O(l) + 6CO_2(g)$$

已知在 298.15K 时，$O_2(g)$、$CO_2(g)$、$H_2O(l)$、$C_6H_{12}O_6(s)$ 的 $C_{p,m}$ 分别为 29.36J·mol^{-1}·K^{-1}、37.20J·mol^{-1}·K^{-1}、75.29J·mol^{-1}·K^{-1}、218.9 J·mol^{-1}·K^{-1}。该反应的 $\Delta_r H_m^{\ominus}$（298.15K）＝－2801.7kJ·mol^{-1}。假设各物质的 $C_{p,m}$ 在 298.15K 至 310.15K 温度范围内不变，求在生理温度 310K 时该反应的反应热。

解：

$$\Delta C_p = \sum_B \nu_B C_{p,\mathrm{m}}(\mathrm{B})$$

$$= 6 \times 75.29 + 6 \times 37.20 - 218.9 - 6 \times 29.36 = 279.9(\mathrm{J \cdot mol^{-1} \cdot K^{-1}})$$

$$\Delta_r H_{\mathrm{m}}(310.15\mathrm{K}) = \Delta_r H_{\mathrm{m}}^{\ominus}(298.15\mathrm{K}) + \Delta C_p (T_2 - T_1)$$

$$= -2801.7 + 279.9 \times (310.15 - 298.15) \times 10^{-3} = -2798(\mathrm{kJ \cdot mol^{-1}})$$

【例 1-14】 已知在 298.15K 时下列反应的定压反应热 $\Delta_r H_m^{\ominus}$（298.15K）和各物质的 $C_{p,m}$ 如下：

$$N_2(g)+3H_2(g)=2NH_3(g)$$

$$\Delta_r H_m^{\ominus}(298.15K)=-92.22kJ \cdot mol^{-1}$$

$$C_{p,m}(N_2)=27.32+6.226\times10^{-3}T-0.9502\times10^{-6}T^2 \quad (J \cdot K^{-1} \cdot mol^{-1})$$

$$C_{p,m}(H_2)=29.09+0.836\times10^{-3}T-0.3265\times10^{-6}T^2 \quad (J \cdot K^{-1} \cdot mol^{-1})$$

$$C_{p,m}(NH_3)=25.89+33.00\times10^{-3}T-3.046\times10^{-6}T^2 \quad (J \cdot K^{-1} \cdot mol^{-1})$$

试计算在 398.15K 时该反应的定压反应热 $\Delta_r H_m^{\ominus}$（398.15K）。

解：

$$\Delta a=(2\times25.89)-27.32-(3\times29.09)=-62.81$$

$$\Delta b=(2\times33.00-6.226-3\times0.836)\times10^{-3}=57.27\times10^{-3}$$

$$\Delta c=[-(2\times3.046)+0.9502+3\times0.3265]\times10^{-6}=-4.162\times10^{-6}$$

将上述数据带入式 1-58 得

$$\begin{aligned}\Delta_r H_m^{\ominus}(398.15K)&=-92.22\times10^3+[-62.81\times(398.15-298.15)+28.64\times10^{-3}\\&\quad\times(398.15^2-298.15^2)-1.387\times10^{-6}(398.15^3-298.15^3)]\\&=-92.22\times10^3-4.34\times10^3\\&=-96.56(kJ \cdot mol^{-1})\end{aligned}$$

本章小结

热力学的方法是宏观的方法，它在处理问题时，不必知道研究对象的内部结构及变化过程的细节，只需知道其变化的始态和终态，通过宏观性质的变化即可预测变化进行的方向和限度。

热力学第一定律是热力学的基本定律之一，也称为能量守恒定律，数学式为 ΔU＝Q＋W，利用它可以解决化学过程的能量衡算问题。本章介绍了热力学能 U（即内能）、焓 H 两个状态函数，Q、W 两个途径函数，它们都具有能量单位。在热力学的计算中，状态函数是非常重要的概念，系统的状态函数的改变仅取决于始、终态，而与变化的具体途径无关，利用这一点通过设计可逆途径就能很方便地解决过程的能量计算。从热力学第一定律可以看出，本章主要讨论的是热和功的计算，在单纯状态变化时，热的计算式只有两个：定容热与定压热，分别为 $\delta Q_V=C_V dT$、$\delta Q_p=C_p dT$，有相变或化学变化时标准热效应可在手册上查阅；本章功的计算本章只涉及体积功，计算式为 $\delta W=-p_e dV$。功和热的计算均与途径有关，故在不同的途径可以得到不同的计算式。功、热虽然是途径函数，但在特定的条件下具有状态函数的性质。因此，在定容过程和非体积功为零条件下，热与热力学能的变化值相等，即 $Q_V=\Delta U$；在定压过程和非体积功为零条件下，热与焓的变化值相等，即$Q_p=\Delta H$。

可逆过程是一个抽象过程，在可逆过程中，系统内部及系统与环境在任何瞬间均无限接近平衡（即各种物理量的改变只能无限小），当系统沿可逆途径逆转返回到原来状态时，系统与环境均能完全复原。可逆过程是热力学中非常重要的过程。

本章还介绍了一些基础热数据，即物质的摩尔定容热容 $C_{V,m}$ 与摩尔定压热容 $C_{p,m}$，物质的标准摩尔生成焓 $\Delta_f H_m^{\ominus}$，标准摩尔燃烧焓 $\Delta_c H_m^{\ominus}$。有了这些数据即可进行单纯状态变化、相变化、化学变化时热力学数据的计算。

思考题

1. 区分下列基本概念，并举例说明之。

①系统与环境；②状态与状态函数；③功和热；④热和温度：⑤热力学能和焓；⑥标准摩尔反应焓与标准摩尔反应热力学能变；⑦标准摩尔生成焓与标准摩尔燃烧焓。

2. 状态函数的基本特征是什么？T、p、V、Q、m、n 中哪些是状态函数？哪些属于强度性质？哪些属于广度性质？

3. 等量的气体自同一始态出发，分别经恒温可逆膨胀或恒温不可逆膨胀，达到相同的终态。由于可逆膨胀过程所做的功 $|W_R|$ 大于不可逆膨胀过程的功 $|W_{IR}|$，所以，$Q_R > Q_{IR}$。对吗？为什么？

4. $H_2O(l)$ 的标准摩尔生成焓等于 $H_2(g)$ 的标准燃烧焓吗？

5. 反应 $Fe + CuSO_4(aq) \longrightarrow FeSO_4(aq) + Cu$ 可经以下两种不同途径完成。一条途径是让其在烧杯中自动进行，此时放热 Q_1，焓变为 ΔH_1；另一条途径是使其在可逆电池中进行，此时放热 Q_2，焓变为 ΔH_2，试问 Q_1 与 Q_2 是否相等？ΔH_1 与 ΔH_2 是否相等？

6. 有人说：系统的温度越高，其热量越大。这句话对吗？

7. 因为 $\Delta H = Q_p$，所以焓就是恒压热对吗？

习　题

1. 设有一电炉丝，浸于绝热箱内的水中。以未通电为始态，通电一段时间后为终态。如将下列情况作为系统，试问 ΔU、Q 及 W 为正、为负还是为零？

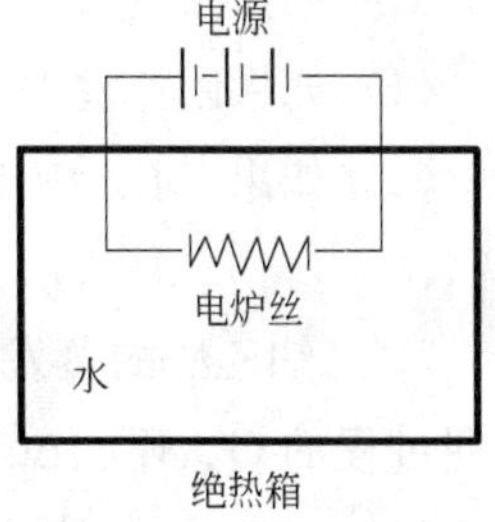

(1) 以电炉丝为系统；

(2) 以电炉丝及水为系统；

(3) 以电炉丝、水、电源及其他一切有影响的部分为系统。

($\Delta U > 0$，$Q < 0$，$W > 0$；$\Delta U > 0$，$Q = 0$，$W > 0$；$\Delta U = 0$，$Q = 0$，$W = 0$)

2. 系统状态如发生下列变化，试问各变化过程的 Q、W、ΔU 和 ΔH 为正、为负还是为零？

(1) 理想气体自由膨胀；

(2) 理想气体定压膨胀 ($\Delta V > 0$)；

(3) 理想气体定温可逆膨胀；

(4) 在充满氧气的定容绝热反应器中，石墨剧烈燃烧，以反应器及其中所有物质为系统；

(5) 水蒸气通过蒸汽机对外做一定量的功后恢复原状，以水蒸气为系统。

(均为零；$W < 0$，其他均大于零；$Q > 0$，$W < 0$，$\Delta U = 0$，$\Delta H = 0$；$\Delta H > 0$，其余均为零；$\Delta U = 0$，$Q > 0$，$W < 0$，$\Delta H = 0$)

3. 计算 1mol 理想气体在下列过程中所做的功。已知气体的始态体积为 $0.0500m^3$，终态为 $0.200m^3$，始态和终态的温度均为 100℃。

(1) 向真空膨胀；

(2) 在外压恒定为气体终态的压力下膨胀；

(3) 开始膨胀时，在外压恒定为气体体积等于 $0.10m^3$ 的平衡压力下膨胀，当膨胀至 $0.100m^3$ 后（此时温度仍为 100℃），再在外压减小至气体体积等于 $0.200m^3$ 时的平衡压力下膨胀；

(4) 定温可逆膨胀；

(5) 试将上述过程所做的功加以比较，结果说明什么问题？

（0；−2.33kJ；−3.10kJ；−4.30kJ）

4. 1mol 单原子理想气体，经由左图所示的（a）、（b）及（c）三个可逆过程组成一个循环（已知：状态 1 为 405.3kPa，11.2L，273℃；状态 2 为 202.65kPa，11.2L，0℃；状态 3 为 202.65kPa，22.4L，273℃）。试求：

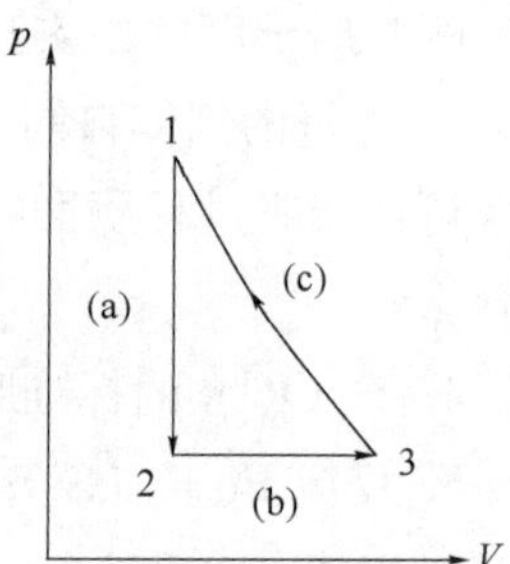

(1) 每一过程的 Q、W 和 ΔU；

(2) 整个循环过程的 Q、W 和 ΔU。

（−3.40kJ，0，−3.40kJ；+5.67kJ，−22.7kJ，3.40kJ；−3.15kJ，+3.15kJ，0；−878J，+878J，0）

5. 已知水和冰的密度分别为 $1000kg \cdot m^{-3}$ 和 $920kg \cdot m^{-3}$，现有 1mol 的水发生如下变化（假设密度与温度无关）：

(1) 在 100℃和标准压力下蒸发为水蒸气（假设水蒸气为理想气体）；

(2) 在 0℃和标准压力下凝结为冰。

试求上述两过程系统所做的体积功。

（−3.10kJ；−0.16J）

6. 一礼堂中有 950 人在开会，每人平均每小时向周围散发出 420kJ 的热量。

(1) 如果以礼堂中空气和椅子等为系统，则在开会时的 20min 内系统热力学能增加了多少？

(2) 如果以礼堂中的空气、人和其他所有的东西为系统，则其热力学能的增加又为多少？

（1.33×10^8J，0）

7. 已知乙醇的蒸发热为 $858 \times 10^3 J \cdot kg^{-1}$，每 0.001kg 蒸气的体积为 $607 \times 10^{-6} m^3$。试计算下列过程的 Q、W、ΔU 和 ΔH：

(1) 0.020kg 液体乙醇在标准压力、温度 78.4℃（乙醇沸点）下蒸发为气体（计算时可忽略液体体积）；

(2) 若将标准压力下、温度 78.4℃下 0.02kg 的液体乙醇突然移放到定温 78.4℃的真空容器中，乙醇立即蒸发并充满容器，最后使气体的压力为 100kPa。

（17.2kJ，−1.21kJ，15.9kJ，17.2kJ；15.9kJ，0，15.9kJ，17.2kJ）

8. 已知水的汽化热为 $2259J \cdot g^{-1}$。现将 115V、5A 的电流通过浸在 100℃、装在绝热筒中的水中的电加热器，电流通了 1h。试计算：

(1) 有多少水变成水蒸气？

(2) 将做出多少功？

(3) 以水和蒸气为系统，求 ΔU。

（916g；-1.58×10^5J；1.91×10^6J）

9. 1mol 单原子理想气体，始态压力为 202.65kPa，体积为 $0.0112m^3$，经过 pT=常数的可逆压缩过程至终态为 405.3kPa，试求：

(1) 终态的体积和温度；

（2）ΔU 和 ΔH；

（3）该过程系统所做的功。

（0.0028m^3，136.5K；$-$1.70kJ，$-$2.84kJ；+2.27kJ）

10. 已知氢气的定压摩尔热容 $C_{p,\mathrm{m}}$：

$$C_{p,\mathrm{m}}=26.88+4.347\times10^{-3}T-0.3265\times10^{-6}T^2(\mathrm{J\cdot K^{-1}\cdot mol^{-1}})$$

试求：

（1）温度为 800K 时的 $C_{p,\mathrm{m}}$ 值；

（2）定压下 1mol 氢气的温度从 300K 升到 800K 时需要多少热；若在定容下升温，需要多少热；

（3）在上述温度范围内氢的平均定压摩尔热容。

（30.15J·K^{-1}·mol^{-1}；14583J，10426J；29.17J·K^{-1}·mol^{-1}）

11. 1mol 双原子分子理想气体从 0.002m^3，1000kPa，经（a）定温可逆膨胀到 500kPa；或经（b）绝热可逆膨胀到 500kPa。试求：

（1）过程（a）和（b）的 Q、W、ΔU 和 ΔH；

（2）画出两过程在 p-V 图上的形状示意图；

（3）在 p-V 图上画出第三过程，即将（a）和（b）两过程相连，则该过程为定容过程还是定压过程。

（1.39kJ，$-$1.39kJ，0，0；0，$-$900J，$-$900J，$-$1.26kJ）

12. 某理想气体的 $C_{p,\mathrm{m}}$=29.10J·K^{-1}·mol^{-1}。

（1）当 1mol 此气体在 25℃、1200kPa 时做绝热可逆膨胀到最后压力为 400kPa；

（2）当此气体在外压恒定为 400kPa 时做绝热膨胀。

试分别求算上述两过程终态的温度和体积以及过程的 W、ΔU 和 ΔH。

（218K，4.53L，$-$1663J，$-$1663J，$-$2328J；
241K，5.01L，$-$1185J，$-$1185J，$-$1659J）

13. 已知下列反应在 25℃时的热效应：

（1）$\mathrm{Na(s)}+\frac{1}{2}\mathrm{Cl_2(g)}=\mathrm{NaCl(s)}$，$\Delta_r H_{\mathrm{m}}=-411\mathrm{kJ}$

（2）$\mathrm{2Na(s)+S(s)+2O_2(g)=Na_2SO_4(s)}$，$\Delta_r H_{\mathrm{m}}=-1383\mathrm{kJ}$

（3）$\frac{1}{2}\mathrm{H_2(g)}+\frac{1}{2}\mathrm{Cl_2(g)}=\mathrm{HCl(g)}$，$\Delta_r H_{\mathrm{m}}=-92.3\mathrm{kJ}$

（4）$\mathrm{H_2(g)+S(s)+2O_2(g)=H_2SO_4(l)}$，$\Delta_r H_{\mathrm{m}}=-811.3\mathrm{kJ}$

求反应 $\mathrm{2NaCl(s)+H_2SO_4(l)=Na_2SO_4(s)+2HCl(g)}$ 在 25℃时的 $\Delta_r U_{\mathrm{m}}$ 和 $\Delta_r H_{\mathrm{m}}$。

（60.7kJ；65.7kJ）

14. 计算下列反应的 $\Delta_r H_{\mathrm{m}}^{\ominus}$（298K）。

$\mathrm{C_2H_5OH}$（l）$+3\mathrm{O_2}$（g）$=2\mathrm{CO_2}$（g）$+3\mathrm{H_2O}$（l）

已知：$\mathrm{C_2H_5OH}$（l）、$\mathrm{CO_2}$（g）和 $\mathrm{H_2O}$（l）的 $\Delta_f H_{\mathrm{m}}^{\ominus}$（298K）分别为：$-$277.7kJ·mol^{-1}、$-$393.5kJ·mol^{-1}和$-$285.8kJ·mol^{-1}。

（$-$1367kJ·mol^{-1}）

15. 试证明：

（1）$\left(\frac{\partial U}{\partial T}\right)_p=C_p-p\left(\frac{\partial V}{\partial T}\right)_p$　　（2）$\left(\frac{\partial U}{\partial p}\right)_V=C_V\left(\frac{\partial T}{\partial p}\right)_V$

16. 试证明：

(1) $\left(\frac{\partial H}{\partial T}\right)_V=C_V+V\left(\frac{\partial p}{\partial T}\right)_V$ (2) $\left(\frac{\partial H}{\partial T}\right)_V=C_p+\left(\frac{\partial H}{\partial p}\right)_T\left(\frac{\partial p}{\partial T}\right)_V$

17. 在 25℃和标准压力下，测得葡萄糖和麦芽糖的燃烧热 $\Delta_c H_m^{\ominus}$ 为 $-2816\text{kJ}\cdot\text{mol}^{-1}$ 和 $-5648\text{kJ}\cdot\text{mol}^{-1}$。试求此条件下，0.018kg 葡萄糖按下列反应方程式转化为麦芽糖的焓变是多少？

$$2C_6H_{12}O_6(s)\longrightarrow C_{12}H_{22}O_{11}(s)+H_2O(l)$$

(800J)

18. 人体内产生的尿素是一系列酶催化反应的结果，可用下列反应式来表示（设为 25℃）：

$$2NH_3(g)+CO_2(g)\xrightarrow{\text{酶}}NH_2CONH_2(s)+H_2O(l)$$

计算此反应的 $\Delta_r U_m$ 和 $\Delta_r H_m$。（已知尿素的 $\Delta_f H_m^{\ominus}=-333.51\text{kJ}\cdot\text{mol}^{-1}$）

$(-126.2\text{kJ}\cdot\text{mol}^{-1}, -133.6\text{kJ}\cdot\text{mol}^{-1})$

19. 在 25℃时，液态水的生成热为 $-285.8\text{kJ}\cdot\text{mol}^{-1}$。已知在 25℃～100℃的温度区间内，$H_2(g)$、$O_2(g)$和 $H_2O(l)$的平均定压摩尔热容分别为 $28.82\ \text{J}\cdot\text{K}^{-1}\cdot\text{mol}^{-1}$、$29.36\ \text{J}\cdot\text{K}^{-1}\cdot\text{mol}^{-1}$和 $75.29\ \text{J}\cdot\text{K}^{-1}\cdot\text{mol}^{-1}$，试计算在 100℃时液体水的生成热。

(−283.4kJ)

20. 假设下列所有反应物和产物均为 25℃下的正常状态，问哪一个反应的 ΔU 和 ΔH 有较大差别，并指出哪个反应的 ΔU 大于 ΔH，哪个反应的 ΔU 小于 ΔH。

(1) 蔗糖（$C_{12}H_{22}O_{11}$）的完全燃烧；

(2) 萘（$C_{10}H_8$）被氧气完全氧化成邻苯二甲酸［$C_6H_4(COOH)_2$］；

(3) 乙醇（C_2H_5OH）的完全燃烧；

(4) PbS 与 O_2 完全燃烧，氧化成 PbO 和 SO_2。

($\Delta U=\Delta H$；$\Delta U>\Delta H$；$\Delta U>\Delta H$；$\Delta U>\Delta H$)

21. 设有压力为 100kPa、温度为 293K 的理想气体 6dm^3，在等压下加热，直到最后的温度为 373K 为止。计算过程中的 Q、W、ΔU 和 ΔH。已知该气体的等压摩尔热容 $C_{p,m}=27.28\text{J}\cdot\text{K}^{-1}\cdot\text{mol}^{-1}$。

(537J;−164J;373J;537J)

22. 已知 $CH_3OH(l)$在 298K 时的燃烧热为 $-726.1\text{kJ}\cdot\text{mol}^{-1}$，$CO_2(g)$和 $H_2O(l)$在 298K 时的生成热 $\Delta_f H_m(CO_2)=-393.5\text{kJ}\cdot\text{mol}^{-1}$，$\Delta_f H_m(H_2O)(l)=-285.8\text{kJ}\cdot\text{mol}^{-1}$，求 CH_3OH(l) 在 298K 时的生成热。

$(-239\text{kJ}\cdot\text{mol}^{-1})$

第二章
热力学第二定律

热力学第一定律反映了过程的能量守恒，但不违背热力学第一定律的过程是否一定能够实现呢？回答是否定的。大量事实证明，自然界的宏观过程在一定条件下都有确定的方向和限度。如高温物体与低温物体直接接触，热必定从高温物体传向低温物体，直至两物体的温度相等为止；而在相同条件下，要使热从低温物体传给高温物体是不可能实现的。高处物体能自动地落于地面，相反过程，地面物体自动地升到高处，却从未见到。对于一些简单的过程，人们利用经验就可以判断其进行的方向及限度。有些过程非常复杂，不那么直观，如化学反应 $N_2+3H_2 = 2NH_3$，在 500℃，30MPa 及催化剂存在下给定气体含 N_2 25%，H_2 65%，NH_3 3%，惰性气体 7%，那么它进行的方向是什么？平衡时 N_2、H_2 和 NH_3 的含量各是多少？这些问题涉及过程进行的方向和限度，热力学第一定律不能做出回答。要想确定过程进行的方向和限度，要由热力学第二定律来解决。

热力学第二定律与第一定律一样，是人类经验的总结，它的正确性不能用数学逻辑证明，但由它出发推演出的无数结论，无一与实验事实相违背，因而其可靠性是毋庸置疑的。

第一节　热力学第二定律

一、自发过程的共同特征

热力学上的**自发过程**（spontaneous process）是指无需外力帮助，任其自然就可发生的过程。像前述传热、重物降落等现象皆是自发过程。

实践表明，自然界一切自发过程都有确定的方向和限度，都具有变化方向的单一性。如热量自发地从高温物体传向低温物体，直至两物体温度相等为止；气体自发地从高压区流向低压区，直至压力相等为止；水自发地从高处流向低处，直至两处水位相等为止。我们从来没有看到这些过程逆转是自动进行的。

自发过程都具有不可逆性，都是不可逆过程，这就是一切自发过程的共同特征。所谓不可逆性并不是不能逆向进行，而是说，如果借助外力的帮助，让它逆向进行时，系统完全复原，则环境不能复原，一定在环境中留下了不能消灭的痕迹，这种痕迹无论用什么曲折的办法都不可能消除。例如，气体向真空膨胀是一自发过程，在此自发过程中 $Q=0$、$W=0$、$\Delta U=0$、$\Delta T=0$，若要使膨胀后的气体恢复原状，经定温可逆压缩过程压回原状，但在此压缩过程中，环境必须对气体做功 W，同时气体向环境放热 Q，由热力学第一定律可知 $-W=Q$，即在系统恢复原状时，环境损失了功 W，而得到热 Q。可见，要使环境也恢复原状，在于环境中得到的热能否无条件的全

部转变为功。再比如，化学反应 Cd(s) + $PbCl_2$(aq)══ $CdCl_2$(aq) + Pb(s)正反应是自发过程，反应放热 Q。要使系统恢复原状，需对系统进行电解，电解时做电功 W，同时放热 Q'。结果当系统恢复原状时，环境损失功 W，而得到了热 $Q+Q'$，由热力学第一定律可知 $-W=Q+Q'$。同样地，要使环境也恢复原状，在于环境中得到的热能否无条件地全部转变为功。无数实验表明，任一自发过程，让其返回时，环境无一例外地付出代价，即环境不可能完全恢复原状。热与功的转化也是有方向性的，功可以自发地全部转变为热，但在不引起其他变化条件下，热不能全部转变为功。要使热全部转变为功，必然引起其他变化。

自发过程具有做功的潜力，配上适宜的装置，原则上一切自发过程都可以用来做功。而随自发过程的进行，其高度差、压力差、温度差等逐渐减小，直至达到平衡。如长江之水在未筑三峡大坝之前，水力资源被浪费掉，而筑起三峡大坝后，可利用其落差发电，将水力资源转化为电能。

二、热力学第二定律经验叙述

在长期实践基础上，人们从自发过程的共同特征出发，总结出热力学第二定律，下面介绍它的两种经验叙述：

克劳修斯（Clausius R.）叙述：**“不可能把热由低温物体传给高温物体而不引起其他变化。”**

开尔文（Kelvin L.）叙述：**“不可能从单一热源取热使之完全转化为功而不发生其他变化。”**为了与第一类永动机区别，从单一热源取热而完全转化为功的机器称为第二类永动机，它并不违背热力学第一定律。所以开尔文的叙述也可简化为**“第二类永动机不可能造成”**。

以上两种叙述的形式虽然不同，但所阐明的规律是一致的。若热能自动从低温物体流向高温物体，那么就可以从高温物体取热向低温物体放热而做功，同时低温物体所获得的热又能自动流向高温物体，于是低温物体复原，等于从单一高温热源取热使之完全转化为功而不发生其他变化，这样就可以设计出一种机器即第二类永动机，它可从大海或空气这样的巨大单一热源中，源源不断取出热转化为功，则功的获得将是十分经济的。但实践证明，它是不可能造成的。

原则上，我们可以直接运用热力学第二定律判别一个过程的方向，但实际上这样做难度很大。因此，能否像热力学第一定律用内能 U 和焓 H 这样的热力学函数的变化表征过程能量变化那样，寻找一个热力学函数，通过计算这些热力学函数的变化来判断过程的方向性及限度呢？克劳修斯从分析卡诺循环过程中的热功转化关系入手，最终发现了热力学第二定律中最基本的状态函数——熵。

第二节 卡诺循环与卡诺定理

一、卡诺循环

热机（heat engine）是将热能转换为功的机器。工作原理是从高温热源吸热，一部分对环境做功，剩余的热传给低温热源。蒸汽机发明并应用于生产后，人们竞相研究如何提高热机的效率。1824 年，法国工程师卡诺（S. Carnot）在一篇题为《论火的动力》的论文中提出，热机在最理想的情况下，也不能把从高温热源吸收的热全部转化为功，热机效率并不能无限制地提高，而是存在着一个极限。卡诺设计了一种在两个热源间工作的理想热机，这种热机以理想气体为工作物质，工作时由两个定温可逆过程和两个绝热可逆过程构成一个循环过程，这种循环过程称为

卡诺循环（图 2-1）。

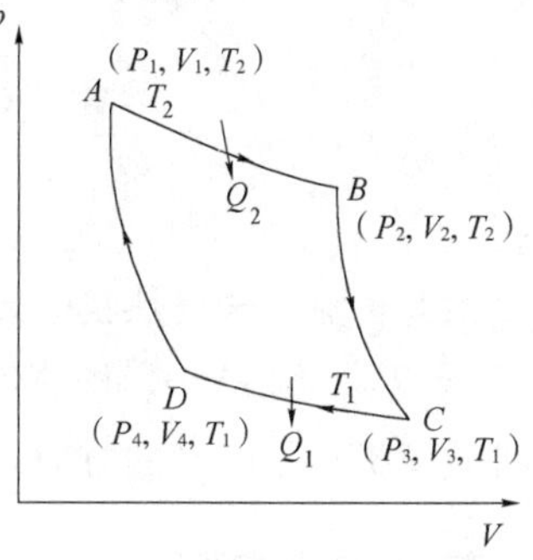

图 2-1　卡诺循环示意图

（1）$A \rightarrow B$：定温可逆膨胀：状态为 $A(p_1, V_1, T_2)$ 的理想气体，与高温热源（T_2）接触，经定温可逆膨胀到状态 $B(p_2, V_2, T_2)$，系统从高温热源吸热 Q_2 且对环境做功 W_1，因 $\Delta U=0$，则

$$Q_2=-W_1=\int_{V_1}^{V_2} p\,\mathrm{d}V=nRT_2\ln\frac{V_2}{V_1} \tag{2-1}$$

（2）$B \rightarrow C$：绝热可逆膨胀：状态 B 经绝热可逆膨胀到状态 $C(p_3, V_3, T_1)$，系统温度由 T_2 降至 T_1 且对环境做功 W_2，因 $Q=0$，则

$$W_2=\Delta U_2=\int_{T_2}^{T_1} C_V\,\mathrm{d}T \tag{2-2}$$

（3）$C \rightarrow D$：定温可逆压缩：使系统与低温热源（T_1）接触，状态 C 经定温可逆压缩到状态 $D(p_4, V_4, T_1)$，系统得到 W_3 的功，并向低温热源（T_1）放热 Q_1，因 $\Delta U_3=0$，则

$$Q_1=-W_3=\int_{V_3}^{V_4} p\,\mathrm{d}V=nRT_1\ln\frac{V_4}{V_3} \tag{2-3}$$

（4）$D \rightarrow A$：绝热可逆压缩：状态 D 经绝热可逆压缩回到始态 A，系统得功 W_4，温度由 T_1 升至 T_2，因 $Q=0$，则

$$W_4=\Delta U_4=\int_{T_1}^{T_2} C_V\,\mathrm{d}T \tag{2-4}$$

以上四步构成了一个可逆循环，系统恢复原来状态。在这个循环中系统对环境所做的总功为 W，等于 $ABCD$ 四条线所包围的面积，即

$$\begin{aligned}W&=W_1+W_2+W_3+W_4\\&=-nRT_2\ln\frac{V_2}{V_1}+\int_{T_2}^{T_1} C_V\,\mathrm{d}T-nRT_1\ln\frac{V_4}{V_3}+\int_{T_1}^{T_2} C_V\,\mathrm{d}T\\&=-nRT_2\ln\frac{V_2}{V_1}-nRT_1\ln\frac{V_4}{V_3}\end{aligned}$$

因过程（2）和（4）都是理想气体的绝热可逆过程，根据式 1-40，则

$$T_2V_2^{\gamma-1}=T_1V_3^{\gamma-1}$$

$$T_2V_1^{\gamma-1}=T_1V_4^{\gamma-1}$$

两式相除得

$$\frac{V_2}{V_1}=\frac{V_3}{V_4}$$

代入总功表达式，得

$$W=-nRT_2\ln\frac{V_2}{V_1}+nRT_1\ln\frac{V_2}{V_1}=-nR(T_2-T_1)\ln\frac{V_2}{V_1} \tag{2-5}$$

由于系统复原，$\Delta U=0$，所以卡诺循环中系统与环境所交换的总功等于系统总的热效应，即

$$-W=Q_2+Q_1 \tag{2-6}$$

热机对环境所做的功（$-W$）与从高温热源取出的热 Q_2 与之比称为热机效率，用 η 表示

$$\eta=\frac{-W}{Q_2}=\frac{Q_2+Q_1}{Q_2} \tag{2-7}$$

对于卡诺循环，其热机效率为

$$\eta_R = \frac{-W}{Q_2} = \frac{Q_2 + Q_1}{Q_2} = \frac{nR(T_2 - T_1)\ln\dfrac{V_2}{V_1}}{nRT_2\ln\dfrac{V_2}{V_1}} = \frac{T_2 - T_1}{T_2} = 1 - \frac{T_1}{T_2} \tag{2-8}$$

由此可见，**卡诺热机的效率只与两热源的温度有关**，两热源的温差越大，热机的效率越大；若 $T_1 = T_2$，则 $\eta = 0$，即热不能转化为功；T 不能为 0K，则热机效率总是小于 1。这就给提高热机效率提出了明确的方向。

二、卡诺定理

卡诺热机是一个可逆热机，在此基础上，卡诺提出著名的**卡诺定理：①所有工作于两个相同的高温热源与低温热源之间的热机，以可逆热机的效率最大；②卡诺热机的效率仅与两热源的温度有关，而与工作物质的本性无关。**

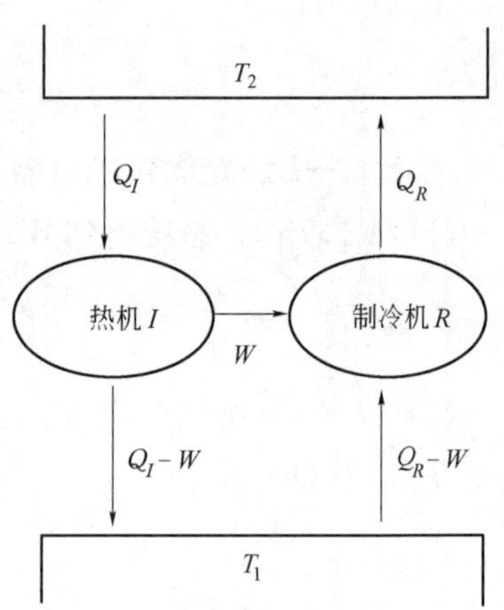

图 2-2 可逆热机效率最大证明

若在高温热源 T_2 和低温热源 T_1 之间，有任意热机 I 和可逆热机 R，它们都可从高温热源取出热，并做功，再放热给低温热源。现调节两热机使之做功相同，但取热与放热可以不同。若将两热机联合运行，如图 2-2 所示。任意热机的工作物质进行一个循环后，从高温热源吸热为 Q_I，做功为 W_I，放热 $Q_I + W_I$ 到低温热源，其效率为 η_I，则

$$\eta_I = \frac{-W_I}{Q_I}$$

让任意热机所做出的功 W_I 提供给可逆热机，以此功 $W_I(W_I = W_R)$ 令可逆热机逆向运行。它为了向高温热源放出 Q_R 的热，单靠得到的功 W_R 还不够，还需从低温热源吸热 $Q_R + W_R$。可逆热机的效率为

$$\eta_R = \frac{-W_R}{Q_R}$$

如果假设 $\eta_I > \eta_R$，即 $-W_I/Q_I > -W_R/Q_R$，因此有 $Q_R > Q_I$，即循环完成时，两个热机（系统）都恢复了原来的状态，但高温热源得到了 $Q_R - Q_I$ 的热，低温热源取出了 $Q_R - Q_I$ 的热。这就是说，在无外界干扰下，只要将这样的两个热机联合运行，就可把 $Q_R - Q_I$ 的热从低温热源传给高温热源而不引起其他变化，这表明联合热机是一部第二类永动机。显然，这是违背热力学第二定律的，故假设是错误的。因此有 $\eta_R \geqslant \eta_I$。用同样的方法可证明卡诺定理的第二条内容。

依据卡诺定理 $\eta_R \geqslant \eta_I$，可得

$$\frac{T_2 - T_1}{T_2} \geqslant \frac{Q_2 + Q_1}{Q_2} \tag{2-9}$$

式中，大于号用于不可逆热机，等号用于可逆热机。卡诺定理在公式中引入了不等号，将可逆循环与不可逆循环定量地区别开来。正是这个不等号最终解决了过程的方向与限度问题，为另一个新的状态函数——熵的发现奠定了基础。

第三节　熵的概念——熵与熵增原理

一、可逆循环过程与可逆过程的热温商

由卡诺定理可知，若系统作可逆循环，式 2-9 取等号，则

$$\frac{T_2-T_1}{T_2}=\frac{Q_2+Q_1}{Q_2}$$

上式整理后可得

$$\frac{Q_1}{T_1}+\frac{Q_2}{T_2}=0 \tag{2-10}$$

式中$\frac{Q_i}{T_i}$称为过程的“热温商”。其中$\frac{Q_2}{T_2}$为可逆等温膨胀过程中系统自热源 T_2 所吸收的热量与热源温度之比，而$\frac{Q_1}{T_1}$为可逆等温压缩过程中系统放给热源 T_1 的热量与热源温度之比。应该注意：T_i 为热源的温度，只有在可逆过程中才可以看成是系统的温度，在这种情况下二者相等。

式 2-10 表明：在卡诺循环中，过程的热温商之和为零。

对于任意的可逆循环来说，热源有许多个，如图2-3所示，图中 ABA 代表任意可逆循环。此时可用大量极接近的可逆定温线和可逆绝热线，将整个封闭曲线分割成许多小的卡诺循环。这样，图中虚线部分由于在相邻卡诺循环中作功相等而抵消。当图中的小的卡诺循环趋于无穷多个时，则封闭的折线与封闭的曲线重合，即可用一连串的极小的卡诺循环来代替原来的任意可逆循环。

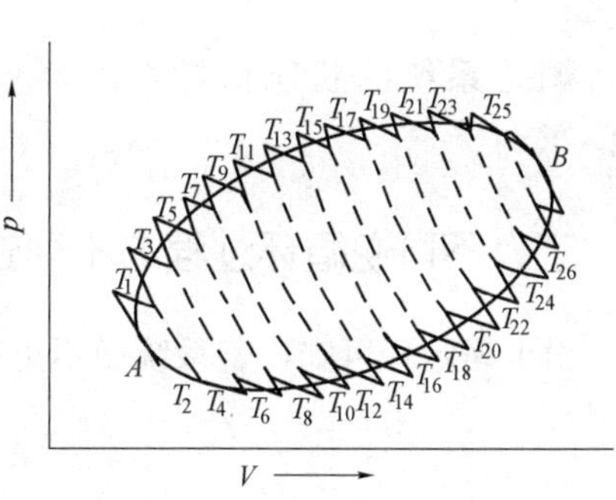

图 2-3　任意可逆循环与卡诺循环关系

对于每个小的卡诺循环，其热温商之和为零，则

$$\frac{(\delta Q_1)_R}{T_1}+\frac{(\delta Q_2)_R}{T_2}=0 \quad \frac{(\delta Q_3)_R}{T_3}+\frac{(\delta Q_4)_R}{T_4}=0 \quad \cdots\cdots$$

$$\frac{(\delta Q_i)_R}{T_i}+\frac{(\delta Q_{i+1})_R}{T_{i+1}}=0$$

上列各式相加，得

$$\frac{(\delta Q_1)_R}{T_1}+\frac{(\delta Q_2)_R}{T_2}+\frac{(\delta Q_3)_R}{T_3}+\frac{(\delta Q_4)_R}{T_4}+\cdots+\frac{(\delta Q_i)_R}{T_i}+\frac{(\delta Q_{i+1})R}{T_{i+1}}=0$$

或

$$\sum\frac{(\delta Q_i)_R}{T_i}=0$$

推广为

$$\oint\frac{(\delta Q_i)_R}{T_i}=0 \tag{2-11}$$

式中符号$\oint$代表环径积分。

由此可见，在任意的可逆循环中，过程的热温商之和为零。

如果将任一可逆循环过程 ABA 看作是由两个可逆过程（Ⅰ）和（Ⅱ）构成，则式 2-11 可看

作是两项积分之和，即

$$\int_A^B \left(\frac{\delta Q_R}{T}\right)_{\text{I}} + \int_B^A \left(\frac{\delta Q_R}{T}\right)_{\text{II}} = 0$$

则

$$\int_A^B \left(\frac{\delta Q_R}{T}\right)_{\text{I}} = -\int_B^A \left(\frac{\delta Q_R}{T}\right)_{\text{II}} = \int_A^B \left(\frac{\delta Q_R}{T}\right)_{\text{II}}$$

此式表示从 A 到 B 沿途径（Ⅰ）与沿途径（Ⅱ）的积分相等，说明这一积分值只取决于系统的始终态，而与变化途径无关，说明它反映出系统某个状态性质的变化，并与该项性质密切联系着。据此，克劳修斯定义了一个新的热力学函数——熵（entropy），用符号 S 表示。

当系统的状态由 A 变到状态 B 时，熵的变化为

$$\Delta S = S_B - S_A = \int_A^B \frac{\delta Q_R}{T} \tag{2-12}$$

对于微小过程，其熵变为

$$\mathrm{d}S = \frac{\delta Q_R}{T} \tag{2-13}$$

熵是系统的状态函数，为容量性质，与内能 U、体积 V 一样，具有加和性，其单位为$\mathrm{J \cdot K^{-1}}$。

二、不可逆循环过程与不可逆过程的热温商

由卡诺定理可知，若系统做不可逆循环，式 2-9 取大于号，即

$$\frac{T_2 - T_1}{T_2} > \frac{Q_2 + Q_1}{Q_2}$$

整理可得

$$\frac{Q_1}{T_1} + \frac{Q_2}{T_2} < 0 \tag{2-14}$$

因此对于任意不可逆循环来说，必有

$$\sum \frac{(\delta Q_i)}{T_i} < 0 \tag{2-15}$$

由此说明，不可逆循环过程的热温商之和小于零。

假定系统由状态 A 经不可逆过程到达状态 B，再经一可逆过程回到 A，那么整个循环属于不可逆循环，因而有

$$\sum_A^B \frac{\delta Q_i}{T_i} + \sum_B^A \frac{(\delta Q_i)_R}{T_i} < 0$$

又因为

$$\sum_B^A \frac{(\delta Q_i)_R}{T_i} = S_A - S_B$$

则

$$\Delta S = S_B - S_A > \sum_A^B \frac{\delta Q_i}{T_i} \tag{2-16}$$

上式指出，不可逆过程的热温商之和小于系统的熵变。

应当注意：在相同始终态间的变化过程，存在着可逆过程与不可逆过程。按定义，只有沿着可逆过程的热温商之和才等于系统的熵变，而沿着不可逆过程的热温商之和并不等于系统的熵变！

综上所述，**在相同的始终态之间，如果进行可逆过程，其热温商之和等于系统的熵变；如果进行不可逆过程，其热温商之和小于系统的熵变。**用数学式表示为

$$\Delta S_{A\to B} \geqslant \sum_{A}^{B} \frac{\delta Q_i}{T_i}$$

$$\text{或 } \mathrm{d}S \geqslant \frac{\delta Q}{T} \begin{matrix}\text{不可逆}\\ \text{可　逆}\end{matrix} \tag{2-17}$$

式 2-17 称作克劳修斯不等式，即热力学第二定律的数学表达式。$\mathrm{d}S$ 是系统的熵变，δQ 是过程中交换的热，T 是热源的温度，$\frac{\delta Q}{T}$是过程的热温商。式中等号用于可逆过程，不等号用于不可逆过程。将 ΔS 与过程的 $\sum \frac{\delta Q_i}{T_i}$ 相比较，就可以判断过程是否可逆。而且作为可逆性判据的克劳修斯不等式就是不可逆程度的度量，过程的热温商比系统的熵变小得越多，说明过程的不可逆程度越大。

三、熵增原理

对于绝热系统中所发生的任何过程，有

$$\sum \delta Q_i = 0$$

所以

$$\Delta S_{\text{绝热}} \geqslant 0 \begin{matrix}\text{不可逆}\\ \text{可　逆}\end{matrix} \tag{2-18}$$

由此可得出一个重要的结论，在绝热系统中，若发生一个可逆过程，则系统的熵值不变；若发生一个不可逆过程，则系统的熵值必然增加，即**绝热系统的熵值永不减少**，这就是著名的熵增加原理。

对于孤立系统，系统与环境间既无热的交换也无功的交换，即系统与环境不发生相互作用，过程的推动力蕴藏在系统内部，因而在孤立系统中发生的不可逆过程必定是自发过程，当熵值不再增加时即处于平衡态，则

$$\Delta S_{\text{孤立}} \geqslant 0 \begin{matrix}\text{自发}\\ \text{平衡}\end{matrix} \tag{2-19}$$

通常系统和环境多少总有些联系，不可能完全隔离，如果把系统及与系统密切相关的环境包括在一起，当作一个孤立系统，由于熵具有加和性，则

$$\Delta S_{\text{孤立}} = \Delta S_{\text{系统}} + \Delta S_{\text{环境}} \geqslant 0 \begin{matrix}\text{自发}\\ \text{平衡}\end{matrix} \tag{2-20}$$

由此可见，孤立系统中自发过程的方向总是朝着熵值增大的方向进行，直到在该条件下系统熵值达到最大为止，即孤立系统中过程的限度就是其熵值达到最大。这是熵增加原理在孤立系统的推广，**孤立系统中熵值永不减少。**

式 2-19 称为熵判据，在实际生产和科学研究中，常用来判断过程进行的方向与限度，它也是热力学第二定律的另一种表现形式。

综上所述，我们对熵函数应有如下的理解：

（1）熵是系统的状态函数，其改变值仅与系统的始终态有关，与变化的途径无关。始终态确定后，熵变的值是定值，由可逆过程的热温商度量。

（2）熵是容量性质，具有加和性，系统的熵是各个部分熵的总和。

(3) 要判断过程进行的方向及限度，应把系统熵变和环境熵变的总和计算出来。

(4) 系统或环境的熵可增加，也可减少，但孤立系统内不可能发生总熵减少的变化。

历史上出现的“热寂论”主观上将熵增原理应用于整个宇宙。学习中我们要用辩证唯物主义观点理解熵增原理。

第四节　熵变的计算

系统熵变的计算：熵是系统的状态函数，系统由指定的始态到指定的终态，熵变 $\Delta S_{系统}$ 为一定值，与过程的可逆与否无关。因此，不管实际过程的性质如何，只要始态和终态一定，我们总可以设计一个或几个可逆过程来计算实际过程的熵变，故系统熵变计算的基本式为

$$\Delta S_{系统}=\int_A^B \frac{\delta Q_R}{T} \tag{2-21}$$

对于任意实际过程，系统熵变计算的常用步骤为：①确定系统始态 A 和终态 B；②设计由 A 至 B 的可逆过程；③由式 2-21 计算系统熵变。

环境熵变的计算：与系统相比，环境很大，通常由大量的不发生相变和化学变化的物质构成，它处于热力学平衡态。当环境与系统间交换有限量的热和功时，其温度和压力仅发生了极其微小的变化，甚至可以看作不变，在这种情况下，虽然实际过程是不可逆的，但环境吸热或放热的过程可以当作是以可逆方式进行，而环境吸收或放出的热与系统放出或吸收的热在数值上是相等的，只是符号相反，所以，环境的熵变计算为

$$\Delta S_{环境}=-\frac{Q_{实际}}{T_{环}} \tag{2-22}$$

一、理想气体定温过程的熵变

在定温过程中，$\Delta U=0$，$\Delta H=0$，$Q_R=-W_R$

则有：$\Delta S=\dfrac{Q_R}{T}=\dfrac{-W_{\max}}{T}=nR\ln\dfrac{V_2}{V_1}=nR\ln\dfrac{p_1}{p_2}$

【例 2-1】 1mol 理想气体，300K 下由 100kPa 定温可逆膨胀至 10kPa，计算过程的熵变。若该气体从同一始态经一向真空膨胀过程变化到相同的终态，过程的熵变又为多少？

解：(1) 过程Ⅰ是定温可逆过程，$Q_R=-W_{\max}$，则

$$\Delta S_{\mathrm{I}}=nR\ln\frac{p_1}{p_2}=1\times 8.314\times \ln\frac{100}{10}=19.14(\mathrm{J\cdot K^{-1}})$$

环境的熵变与系统的熵变的值相等，但符号相反，即：

$$\Delta S_{环}=-\Delta S_{\mathrm{I}}=-19.14\mathrm{J\cdot K^{-1}}。$$

(2) 过程Ⅱ的始终态与过程Ⅰ相同，因熵是状态函数，ΔS 只决定于始终态，与途径无关，所以

$$\Delta S_{\mathrm{II}}=\Delta S_{\mathrm{I}}=19.14\mathrm{J\cdot K^{-1}}$$

由于 $p_e=0$，有 $Q=-W=0$，则 $\Delta S_{环境}=-\dfrac{Q_{实际}}{T_{环}}=0$

$$\Delta S_{孤}=\Delta S_{\mathrm{II}}+\Delta S_{环}=19.14\mathrm{J\cdot K^{-1}}>0$$

即过程Ⅱ为不可逆过程。

二、变温过程的熵变

当系统温度发生变化时，其熵也要改变，从热容的定义，有 $\delta Q = C\mathrm{d}T$，则

$$\mathrm{d}S = \frac{C\mathrm{d}T}{T}$$

若为定压变温过程，可得

$$\Delta S = \int_{T_1}^{T_2} C_p \frac{\mathrm{d}T}{T} \tag{2-23}$$

同理，定容变温过程：

$$\Delta S = \int_{T_1}^{T_2} C_V \frac{\mathrm{d}T}{T} \tag{2-24}$$

如果在变温区间内有平均热容，它们可以提到积分符号之外，则

$$\Delta S = \overline{C}_p \ln \frac{T_2}{T_1} = n\overline{C}_{p,\mathrm{m}} \ln \frac{T_2}{T_1}$$

$$\Delta S = \overline{C}_V \ln \frac{T_2}{T_1} = n\overline{C}_{V,\mathrm{m}} \ln \frac{T_2}{T_1}$$

可见，当 $T_2 > T_1$，则 $\Delta S > 0$，因此 $S_{高温} > S_{低温}$。

【例 2-2】 1mol 金属银在定容下由 273.2K 加热到 303.2K，求 ΔS。已知在该区间内银的 $\overline{C}_{V,\mathrm{m}} = 24.48\mathrm{J \cdot K^{-1} \cdot mol^{-1}}$。

解： $\Delta S = \overline{C}_V \ln \frac{T_2}{T_1} = n\overline{C}_{V,\mathrm{m}} \ln \frac{T_2}{T_1}$

$$= 1 \times 24.48 \times \ln \frac{303.2}{273.2} = 62.44(\mathrm{J \cdot K^{-1}})$$

三、理想气体 p、V、T 均变化过程的熵变

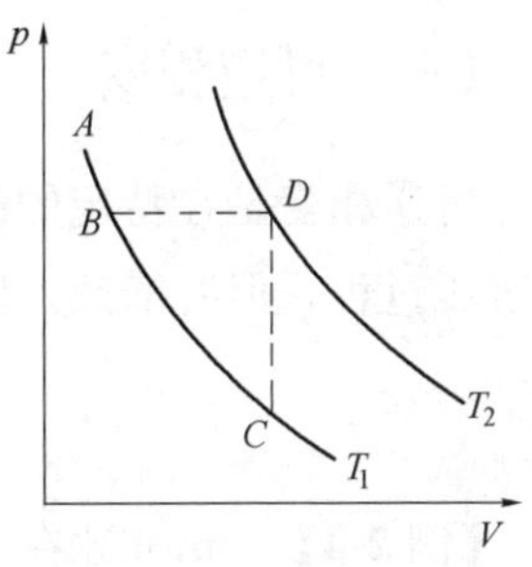

图 2-4　理想气体状态变化途径

1mol 理想气体，从始态 $A(p_1, V_1, T_1)$ 变化到终态 $D(p_2, V_2, T_2)$ 的熵变，可设计两种不同的可逆过程，如图 2-4 所示：

途径 1，使系统从始态 A 先经定温变容过程到中间态 C，再经定容变温过程到终态 D。

途径 2，使系统从始态 A 先经定温变压过程到 B，再经定压变温过程到终态 D。

两过程所得系统的熵变相同。

此外，从热力学第一定律可知，当 $\delta W' = 0$ 时，理想气体 p、V、T 均变化时可逆过程的热为

$$\delta Q_R = \mathrm{d}U + p\mathrm{d}V = nC_{V,\mathrm{m}}\mathrm{d}T + p\mathrm{d}V$$

代入熵变的计算式中，得

$$\mathrm{d}S = \frac{\delta Q_R}{T} = \frac{nC_{V,\mathrm{m}}\mathrm{d}T}{T} + \frac{nR\mathrm{d}V}{V} \tag{2-25}$$

当 $C_{V,\mathrm{m}}$ 视为常数时，积分，可得

$$\Delta S = nC_{V,\mathrm{m}} \ln \frac{T_2}{T_1} + nR \ln \frac{V_2}{V_1} \tag{2-26}$$

将理想气体状态方程 $pV = nRT$ 代入上式可得

$$\Delta S = nC_{p,\ \mathrm{m}}\ln\frac{T_2}{T_1} - nR\ln\frac{p_2}{p_1} \tag{2-27}$$

$$\Delta S = nC_{V,\ \mathrm{m}}\ln\frac{p_2}{p_1} + nC_{p,\ \mathrm{m}}\ln\frac{V_2}{V_1} \tag{2-28}$$

式 2-26、式 2-27、式 2-28 为理想气体 pVT 变化过程熵变的普遍公式，三式计算结果相同。由此也可得出理想气体。

定温过程的熵变：$\Delta S = nR\ln\frac{V_2}{V_1} = nR\ln\frac{p_1}{p_2}$

定容变温过程的熵变：$\Delta S = nC_{V,\ \mathrm{m}}\ln\frac{T_2}{T_1}$

定压变温过程的熵变：$\Delta S = nC_{p,\ \mathrm{m}}\ln\frac{T_2}{T_1}$

【例 2-3】 体积为 $2.50\times10^{-2}\ \mathrm{m^3}$ 的 2mol 的某气体从 300K 加热到 600K，其体积为 $0.100\mathrm{m^3}$。计算 ΔS（已知 $C_{V,\mathrm{m}}=19.37+3.39\times10^{-3}T\mathrm{J\cdot K^{-1}\cdot mol^{-1}}$）。

解：由于摩尔热容不为平均值，不能视为常数，故式 2-25 的积分式为

$$\begin{aligned}\Delta S &= \int_{T_1}^{T_2} nC_{V,\ \mathrm{m}}\frac{\mathrm{d}T}{T} + nR\ln\frac{V_2}{V_1}\\ &= 2\times\int_{300}^{600}\frac{19.37+3.39\times10^{-3}T}{T}\mathrm{d}T + 2\times8.314\times\ln\frac{0.1}{2.5\times10^{-2}}\\ &= 51.93(\mathrm{J\cdot K^{-1}})\end{aligned}$$

四、相变过程的熵变

（一）可逆相变

可逆相变是在特定的温度以及对应压力下，纯物质由一相转变为另一相的过程。此过程是定温定压过程，但有潜热。因此

$$\Delta S = \frac{Q_R}{T} = \frac{Q_p}{T} = \frac{\Delta_\alpha^\beta H}{T} \tag{2-29}$$

【例 2-4】 1mol 冰在 0℃熔化成水，熔化热为 $6008\mathrm{J\cdot mol^{-1}}$，求熵变。

解：$\Delta S = \frac{\Delta_\alpha^\beta H}{T} = \frac{6008}{273.2} = 21.99(\mathrm{J\cdot K^{-1}})$

（二）不可逆相变

不是在相平衡温度或相平衡压力下的相变即为不可逆相变。如在常压、低于凝固点的温度下过冷液体凝固成固体的过程；在一定温度、低于液体饱和蒸气压力下液体蒸发为蒸气的过程；在一定温度、高于液体饱和蒸气压力下过饱和蒸气凝结为液体的过程；在一定压力、高于沸点的温度下过热液体蒸发的过程等，皆属于不可逆相变过程。要计算该类过程的熵变，通常需要设计一条包括有可逆相变步骤在内的可逆途径，这个可逆途径的热温商就是不可逆相变过程的熵变。

【例 2-5】 已知水的正常凝固点为 273.2K，水的凝固热为 $-6008\mathrm{J\cdot mol^{-1}}$，水和冰的平均摩尔定压热容分别为 $75.3\mathrm{J\cdot K^{-1}\cdot mol^{-1}}$ 和 $37.1\mathrm{J\cdot K^{-1}\cdot mol^{-1}}$，试计算 263.2K、$p^\ominus$下 1mol 水

凝结成冰的熵变，并判断此过程的可逆性。

解：263.2K、$p^{\ominus}$下水凝结成冰为非正常相变，是一个不可逆过程，要计算此过程的熵变，需设计一个定压可逆过程。

$$\begin{array}{ccc} 水(l,263.2K) & \xrightarrow{\Delta S} & 水(s,263.2K) \\ \downarrow \Delta S_1 & & \uparrow \Delta S_3 \\ 水(l,273.2K) & \xrightarrow{\Delta S_2} & 水(s,273.2K) \end{array}$$

$$\Delta S_1 = C_{p,l}\ln\frac{T_2}{T_1} = 1\times 75.3\times\ln\frac{273.2}{263.2} = 2.81\ (J\cdot K^{-1})$$

$$\Delta S_2 = \frac{\Delta_l^s H_m}{T_2} = \frac{-6008}{273.2} = -21.99(J\cdot K^{-1})$$

$$\Delta S_3 = C_{p,s}\ln\frac{T_1}{T_2} = 1\times 37.1\times\ln\frac{263.2}{273.2} = -1.38(J\cdot K^{-1})$$

$$\Delta S = \Delta S_1 + \Delta S_2 + \Delta S_3 = 2.81 - 21.99 - 1.38 = -20.56(J\cdot K^{-1})$$

系统的熵变小于零，但不能据此得出过程不能进行，应当再计算环境的熵变。

对于实际凝固过程的热效应，因是定压过程，$Q_p = \Delta H$，而焓是状态函数，可用基尔霍夫公式计算。

$$\begin{aligned}\Delta H &= \Delta H_1 + \Delta H_2 + \Delta H_3 \\ &= \int_{263.2}^{273.2} C_{p,l}\,dT + \Delta_l^s H + \int_{273.2}^{263.2} C_{p,s}\,dT \\ &= 1\times 75.3\times(273.2-263.2) - 1\times 6008 + 1\times 37.1\times(263.2-273.2) \\ &= -5626(J)\end{aligned}$$

$$\Delta S_{环境} = -\frac{Q_{实际}}{T_{环}} = -\frac{\Delta H}{T_{环}} = \frac{5626}{263.2} = 21.38(J\cdot K^{-1})$$

$$\Delta S_{孤} = \Delta S_{体} + \Delta S_{环} = -20.56 + 21.38 = 0.82(J\cdot K^{-1}) > 0$$

说明 263.2K、$p^{\ominus}$下水凝结成冰为自发过程。

五、理想气体混合过程的熵变

理想气体分子间无作用力，某气体的存在不影响另一气体的行为。因而在一定温度下，混合两种压力相等的理想气体，可以看成是两个绝热自由膨胀过程同时进行。即 n_A 由 V_A 绝热膨胀至 $V = V_A + V_B$，n_B 由 V_B 绝热膨胀至 $V = V_A + V_B$，混合过程的熵变是两个绝热自由膨胀过程的熵变之和。即

$$\Delta S = n_A R\ln\frac{V_A + V_B}{V_A} + n_B R\ln\frac{V_A + V_B}{V_B} = -n_A R\ln x_A - n_B R\ln x_B \tag{2-30}$$

【例 2-6】 设在 0℃时，用一隔板将绝热容器分割为两部分，一边装有 0.500mol、100kPa 的 O_2，另一边是 0.500mol、100kPa 的 N_2，抽去隔板后，两气体混合均匀，试求混合熵，并判断过程的可逆性。(O_2 和 N_2 可视为理想气体)

解：混合前，O_2 和 N_2 的体积分别为 $V_{O_2} = \frac{n_{O_2}RT}{p}$，$V_{N_2} = \frac{n_{N_2}RT}{p}$，故

$$\Delta S = n_{O_2} R\ln\frac{V_{O_2}+V_{N_2}}{V_{O_2}} + n_{N_2} R\ln\frac{V_{O_2}+V_{N_2}}{V_{N_2}}$$

$$= n_{O_2} R\ln\frac{n_{O_2}+n_{N_2}}{n_{O_2}} + n_{N_2} R\ln\frac{n_{O_2}+n_{N_2}}{n_{N_2}}$$

$$= 0.50\times 8.314\times \ln\frac{0.50+0.50}{0.50} + 0.50\times 8.314\times \ln\frac{0.50+0.50}{0.50}$$

$$= 5.76(\mathrm{J\cdot K^{-1}})$$

因混合过程的 $Q=0$，故 $\Delta S_{环}=0$

$$\Delta S_{弧} = \Delta S_{体} + \Delta S_{环} = 5.76(\mathrm{J\cdot K^{-1}}) > 0$$

可见气体混合过程是一个自发过程。

六、摩尔熵的计算

（一）热力学第三定律

根据熵变的计算可知，纯物质 $S_{气}>S_{液}>S_{固}$，且 $S_{高温}>S_{低温}$。固态的熵最小；当固态的温度进一步下降时，其熵值也进一步降低。20 世纪初，科学家根据一系列低温实验，总结出热力学第三定律：**0K 时，任何纯物质完美晶体的熵等于零**，即

$$S_{0K} = \lim_{T\to 0} S_T = 0 \tag{2-31}$$

热力学第三定律除了温度 0K 条件外，还有两个规定，纯物质及完美晶体。如果物质含有杂质，其熵值会增加；完美晶体即晶体中应无缺陷、错位，原子或分子只有一种排列方式，例如 NO 的完美晶体排列顺序应为 NO NO NO…，若排列为 NO NO ON…则不能认为是完美晶体。

（二）规定熵

定压条件下，纯物质的熵值与温度的关系为

$$\Delta S = S_T - S_{0K} = S_T = \int_0^T \mathrm{d}S = \int_0^T \frac{C_p \mathrm{d}T}{T} \tag{2-32a}$$

根据热力学第三定律，完美晶体在 0K 时熵值等于零，故任意温度下物质的熵值 S_T 原则为

$$S_T = \int_0^T \frac{C_p \mathrm{d}T}{T} \tag{2-32b}$$

式中 S_T 通常称为该物质在指定状态下的**规定熵**（conventional entropy）。

如果在升温过程中，物质有相变化，如

$$固相\,\alpha \xrightarrow{T_{trs}} 固相\,\beta \xrightarrow{T_f} 液相 \xrightarrow{T_b} 气相$$

则在温度 T 时的规定熵 S_T 为

$$S_T = \int_0^{T_{trs}} \frac{C_p(\mathrm{s},\ \alpha)\mathrm{d}T}{T} + \frac{\Delta_\alpha^\beta H}{T_{trs}} + \int_{T_{trs}}^{T_f} \frac{C_p(\mathrm{s},\ \beta)\mathrm{d}T}{T} + \frac{\Delta_\beta^{\mathrm{l}} H}{T_f}$$

$$+ \int_{T_f}^{T_b} \frac{C_p(\mathrm{l})\mathrm{d}T}{T} + \frac{\Delta_{\mathrm{l}}^{\mathrm{g}} H}{T_b} + \int_{T_b}^{T} \frac{C_p(\mathrm{g})\mathrm{d}T}{T} \tag{2-33}$$

1mol 纯物质 B 在标准状态（$P^{\ominus}$），温度 T 下的规定熵称为该物质 B 的标准摩尔熵，用 $S_{\mathrm{m},B}^{\ominus}(\mathrm{T})$ 表示。本书在附录中列出部分物质的标准摩尔熵。

（三）化学反应过程的熵变

在标准状态下，化学反应的摩尔熵变 $\Delta_r S_m^{\ominus}(298.15K)$ 可查表由下式计算

$$\Delta_r S_m^{\ominus}(298.15K) = \sum \nu_B S_{m,B}^{\ominus} \tag{2-34}$$

其中 $S_{m,B}^{\ominus}$为物质 B 的标准摩尔熵，ν_B 为化学计量式中 B 物质的计量系数。

对于非 298.15K 下化学反应的摩尔熵变 $\Delta_r S_m^{\ominus}(T)$ 则为

$$\Delta_r S_m^{\ominus}(T) = \Delta_r S_m^{\ominus}(298.15K) + \int_{298.15}^{T} \frac{\sum \nu_B C_{p,m}^{\ominus} dT}{T} \tag{2-35}$$

【例 2-7】 计算反应 $H_2(g) + \frac{1}{2}O_2(g) \longrightarrow H_2O(g)$在 298.15K 及标准压力下的熵变。

解:查表可得,在 298.15K 及标准压力下各物质的标准摩尔熵为

$$S_m^{\ominus}(H_2, g) = 130.7J \cdot K^{-1} \cdot mol^{-1}$$

$$S_m^{\ominus}(O_2, g) = 205.2J \cdot K^{-1} \cdot mol^{-1}$$

$$S_m^{\ominus}(H_2O, g) = 188.8J \cdot K^{-1} \cdot mol^{-1}$$

$$\Delta_r S_m^{\ominus}(298.15K) = \sum \nu_B S_{m,B}^{\ominus} = \left(1 \times 188.8 - 1 \times 130.7 - \frac{1}{2} \times 205.2\right)$$
$$= -44.5(J \cdot K^{-1} \cdot mol^{-1})$$

第五节　热力学第二定律的本质——熵的统计意义

热力学系统是由大量分子组成的集合体，系统的宏观性质是大量分子微观性质集合的体现。解释宏观热力学性质的微观意义，虽不是热力学本身的任务，但对于更深入了解热力学函数的物理意义是有益的。如热力学能是系统中大量分子的平均能量，温度与系统中大量分子的平均动能有关，那么如何从微观角度来理解系统的宏观性质熵呢？

一、热力学第二定律的本质

热力学第二定律指出，凡是自发过程都是不可逆过程，而且一切不可逆过程都可以与热功转换相联系（即不能从单一热源吸取热量使之全部变为功而不发生其他变化）。人们总是希望多得到一些功，希望热量可以完全变为功，但实际上在没有其他影响的条件下办不到。人们知道，热是分子混乱运动的一种表现，分子相互碰撞的结果混乱的程度只会增加；而功则是与有方向的运动相联系，是有秩序的运动，所以功转变为热的过程是由规则运动转化为无规则的热运动，是向混乱度增加的方向进行。而有秩序的运动会自动地变为无秩序的运动。反之，无秩序的运动却不会自动地变为有秩序的运动。因此一切不可逆过程都是向混乱度增加的方向进行。这就是热力学第二定律所阐明的不可逆过程的本质。

从熵变计算，物质从固态经液态到气态，系统中大量分子有序性减小，分子运动的混乱程度依次增加，熵值增加；当物质温度升高时，分子热运动增加，分子的有序性减小，混乱程度增加，熵值增加；两种气体的扩散混合，混合前就其中某种气体而言，运动空间范围较小，混合后运动空间范围增大，分子空间分布较无序，混乱程度增大，熵值增加。可见熵是系统混乱程度的量度。从熵判据式 2-20 可知，不可逆过程都是熵增加的过程。因此，自发过程的方向是从熵值

较小的有序状态向着熵值较大的无序状态的方向进行，直至在该条件下混乱度最大的状态，即熵值最大的状态。

二、熵和热力学几率——玻兹曼公式

大量分子构成的孤立系统，处于热力学平衡的宏观状态，由于分子运动的微观状态瞬息万变，即对应于一确定的热力学平衡态，可出现许多的微观状态，与某宏观状态所对应的微观状态数称作**热力学几率**（probability of thermodynamics），以 Ω 表示。如在一体积相等的左右两密闭容器中放 4 个分子 A、B、C、D，当将两室连通后，其微观状态及热力学几率与数学几率见表 2-1。

表 2-1　分子在等分容器中的微观状态及热力学几率

分布方式	微观状态		热力学几率(Ω)	某种分布的数学几率
	左室	右室		
4,0	$ABCD$	/	1	1/16
3,1	ABC	D	4	4/16
	ABD	C		
	ACD	B		
	BCD	A		
2,2	AB	CD	6	6/16
	AC	BD		
	AD	BC		
	BC	AD		
	BD	AC		
	CD	AB		
1,3	A	BCD	4	4/16
	B	ACD		
	C	ABD		
	D	ABC		
0,4	/	$ABCD$	1	1/16

若在同样的密闭容器中，一侧放入理想气体，另一侧为真空，抽掉隔板，气体便充满整个容器，这是一自发过程。那么变化后所有分子集中于一侧的几率可以说为零，而均匀分布于整个容器的几率最大，此时微观状态数也最多。因此，宏观状态所对应的微观状态数（Ω）越多，该宏观状态出现的可能性也越大，这正是统计力学的观点，即平衡态是分布最均匀的状态。

推而广之，在孤立系统中，自发过程总是由热力学几率小的状态，向着热力学几率较大的状态变化。系统的热力学几率 Ω 和系统的熵 S 有着相同的变化方向，则系统的 S 与 Ω 必定有某种函数关系，即 $S=f(\Omega)$。

设一系统由 A、B 两部分组成，其热力学几率分别为 Ω_A、Ω_B，相应的熵为 $S_A=f(\Omega_A)$、$S_B=f(\Omega_B)$。对于整个系统，根据几率定理，系统的总几率应等于各个部分几率的乘积，即 $\Omega=\Omega_A \cdot \Omega_B$，相应的整个系统的熵等于各部分熵之和，则

$$S=S_A+S_B=f(\Omega_A)+f(\Omega_B)=f(\Omega_A \cdot \Omega_B)=f(\Omega) \tag{2-36}$$

能够满足上述关系的只有对数函数，即 S 与 Ω 符合对数函数关系，$S \propto \ln\Omega$，写成等式形式为

$$S=k\ln\Omega \tag{2-37}$$

这就是著名的**玻兹曼**（Boltzmann）公式。式中 k 为玻兹曼常数。

在对微观状态数的讨论中，我们应注意，除了由于空间位置的混乱排布而形成不同的微观状态外，分子的平动、转动、原子的振动及其所处能级的不同等也可构成不同的微观状态。

综上所述，从微观的角度来看，熵具有统计性质，它是大量粒子构成系统的微观状态数的一种量度，系统的熵值小，表示所处状态的微观状态数少，混乱程度低；系统的熵值大，表示所处状态的微观状态数多，混乱程度高。孤立系统中，从熵值小的状态（混乱程度小）向熵值大的状态（混乱程度大）变化，直到在该条件下系统熵值最大的状态为止，这就是自发过程方向。

第六节　亥姆霍兹自由能与吉布斯自由能

熵增原理给出了系统变化过程的方向和限度，但应用此判据时除了要计算系统的熵变外，还要计算环境的熵变。而大多数化学变化、混合过程等是在定温定压或定温定容两种条件下进行的。能否像在热化学中我们为了简便而引入焓这个状态函数一样，引入新的状态函数，利用系统自身的此种函数的变化值就可以判定过程进行的方向及限度，而无需再考虑环境呢？为此，**亥姆霍兹**（Helmholtz）和**吉布斯**（Gibbs）又定义了两个新的状态函数：亥姆霍兹自由能与吉布斯自由能。

一、亥姆霍兹自由能

将热力学第一定律写为：

$$\delta Q = \mathrm{d}U - \delta W$$

代入克劳修斯不等式 $\mathrm{d}S \geqslant \frac{\delta Q}{T}$ 中，得

$$\mathrm{d}S \geqslant \frac{\mathrm{d}U - \delta W}{T}$$

或

$$T\mathrm{d}S - \mathrm{d}U \geqslant -\delta W \tag{2-38}$$

在定温条件下，有 $T_1 = T_2 = T_{环}$，式 2-38 变为

$$\mathrm{d}(TS) - \mathrm{d}U \geqslant -\delta W$$

即

$$-\mathrm{d}(U - TS) \geqslant -\delta W \tag{2-39}$$

U、T、S 均为状态函数，它们的组合也应是一个状态函数，故令

$$F = U - TS \tag{2-40}$$

称 F 为亥姆霍兹自由能。

将式 2-40 代入式 2-39，则

$$-\mathrm{d}F \geqslant -\delta W \quad \begin{matrix}\text{不可逆}\\ \text{可　逆}\end{matrix}$$

即

$$-\Delta F \geqslant -W \quad \begin{matrix}\text{不可逆}\\ \text{可　逆}\end{matrix} \tag{2-41}$$

式 2-41 表明，在定温条件下，若过程是可逆的，系统所做的功（为最大功）等于亥姆霍兹自由能的减少；若过程是不可逆的，系统所做的功小于亥姆霍兹自由能的减少。因此，**亥姆霍兹自由能的减少代表了在定温条件下系统做功的能力**，故常把亥姆霍兹自由能称为功函。亥姆霍兹自由能是系统的性质，是状态函数，故 ΔF 值只决定系统的始终态，与变化的途径无关。但只有在定温的可逆过程中，系统功函的减少才等于对外所做的最大功。因此可利用式 2-41 判断过程的可逆性。

若系统在定温定容且不做非体积功的条件下，式 2-41 可写为：

$$-\mathrm{d}F \geqslant 0 \quad (T、V一定，W'=0)$$

即

$$\Delta F \leqslant 0 \begin{matrix}\text{自发}\\\text{平衡}\end{matrix} \quad (T、V一定，W'=0) \tag{2-42}$$

式 2-42 表示，封闭系统在定温、定容和非体积功为零的条件下，只有使系统亥姆霍兹自由能减小的过程才会自动发生，且一直进行到该条件下所允许的最小值，此时系统达到平衡状态。在定温定容和非体积功为零的条件下，不能自动发生 $\mathrm{d}F>0$ 的过程。因此，式 2-42 是定温定容和非体积功为零的条件下自发过程的判据，称为亥姆霍兹自由能判据。

二、吉布斯自由能

在定温定压条件下，有 $T_1=T_2=T_{环}$，$p_1=p_2=p_e$，式 2-38 变为

$$\mathrm{d}(TS)-\mathrm{d}U-\mathrm{d}(pV)\geqslant-\delta W'$$

即

$$-\mathrm{d}(U+pV-TS)\geqslant-\delta W' \tag{2-43}$$

U、T、S、p、V 均为状态函数，它们的组合也应是一个状态函数，故令

$$G=U+pV-TS=H-TS \tag{2-44}$$

称 G 为吉布斯自由能。

将式 2-44 代入式 2-43，则

$$-(\mathrm{d}G)_{T,\ p}\geqslant-\delta W' \begin{matrix}\text{不可逆}\\\text{可　逆}\end{matrix}$$

即

$$-\Delta G_{T,\ p}\geqslant-W' \begin{matrix}\text{不可逆}\\\text{可　逆}\end{matrix} \tag{2-45}$$

式 2-45 表明，在定温定压条件下，对可逆过程，系统所做的功（为最大功）等于吉布斯自由能的减少；对不可逆过程，系统所做的功小于吉布斯自由能的减少。因此，**吉布斯自由能的减少代表了在定温定压条件下系统做有效功（非体积功）的能力**，这就是吉布斯自由能的物理意义。这里同样应注意：吉布斯自由能是系统的状态自由能，其改变量 ΔG 只由系统的始终态决定，而与变化途径无关。与熵相同，亥姆霍兹自由能、吉布斯自由能的变化可通过可逆过程求算。

同样地，若无非体积功，即 $\delta W'=0$，有

$$-\mathrm{d}G\geqslant 0 \quad (T、p一定，W'=0)$$

即

$$\Delta G\leqslant 0 \begin{matrix}\text{自发}\\\text{平衡}\end{matrix} \quad (T、p一定，W'=0) \tag{2-46}$$

式 2-46 表示，封闭系统在定温、定压和非体积功为零的条件下，只有使系统吉布斯自由能减小的过程才会自动发生，且一直进行到该条件下所允许的最小值，此时系统达到平衡状态。在定温定压和非体积功为零的条件下，不能发生 $\mathrm{d}G>0$ 的过程。因此，式 2-46 是定温定压和非体积功为零的条件下自发过程的判据，称为吉布斯自由能判据。

判断自发过程进行的方向和限度是热力学第二定律的核心。至此，我们已经介绍了 U、H、S、F 和 G 五个热力学函数，在不同的特定条件下，S、F 和 G 都可以成为过程进行的方向和限度的判据。而亥姆霍兹自由能和吉布斯自由能判据是直接用系统的热力学量变化进行判断，不用再考虑环境的热力学量的变化。它们既能判断过程进行的方式是可逆还是不可逆，又可判断过程的方向和限度。

三、ΔG 的计算

吉布斯自由能在化学中是应用得最广泛的热力学函数，ΔG 的计算在一定程度上比 ΔS 的计算更重要。因为 G 是状态函数，在指定的始终态之间 ΔG 为定值，所以，无论过程是否可逆，总是设计始终态相同的可逆过程来计算 ΔG。

（一）理想气体的定温过程

对仅有体积功的系统，则

$$T\mathrm{d}S=\delta Q_R=\mathrm{d}U-\delta W_R=\mathrm{d}U+p\mathrm{d}V$$

变形得

$$\mathrm{d}U=T\mathrm{d}S-p\mathrm{d}V$$

代入吉布斯自由能定义式的微分式

$$\mathrm{d}G=\mathrm{d}U+p\mathrm{d}V+V\mathrm{d}p-T\mathrm{d}S-S\mathrm{d}T$$

得

$$\mathrm{d}G=-S\mathrm{d}T+V\mathrm{d}p \tag{2-47}$$

对理想气体，定温下单纯状态变化，由上式可得

$$\Delta G=\int_{p_1}^{p_2}V\mathrm{d}p=\int_{p_1}^{p_2}\frac{nRT}{p}\mathrm{d}p=nRT\ln\frac{p_2}{p_1} \tag{2-48}$$

【例 2-8】 在 25℃、1mol 理想气体由 10kPa 定温膨胀至 1.0kPa，试计算此过程的 ΔU、ΔH、ΔS、ΔF 和 ΔG。

解： 对理想气体，定温过程，$\Delta U=0$，$\Delta H=0$

$$\Delta G=\int_{p_1}^{p_2}V\mathrm{d}p=\int_{p_1}^{p_2}\frac{nRT}{p}\mathrm{d}p=nRT\ln\frac{p_2}{p_1}=1\times 8.314\times 298.15\times\ln\frac{1.0}{10}=-5708(\mathrm{J})$$

$$Q_R=-W_R=\int_{V_1}^{V_2}p\mathrm{d}V=\int_{V_1}^{V_2}\frac{nRT}{V}\mathrm{d}V=nRT\ln\frac{V_2}{V_1}=nRT\ln\frac{p_1}{p_2}=5708\mathrm{J}$$

$$\Delta S=\frac{Q_R}{T}=\frac{5708}{298.15}=19.14(\mathrm{J\cdot K^{-1}})$$

$$\Delta F=\Delta U-T\Delta S=-5708\mathrm{J}$$

（二）相变过程

可逆相变是一个定温定压且无非体积功的过程，因此，根据吉布斯自由能判据，$\Delta G=0$。不可逆相变过程的 ΔG 值必须设计一可逆过程进行计算。

【例 2-9】 计算在 373.15K，26664Pa 条件下，1mol 水转变为同温同压下的水蒸气的 ΔG，并判断过程的自发性。

解： 因不是可逆相变，需要设计若干个可逆过程进行计算。

$$\begin{array}{ccc}
H_2O\ (\mathrm{l},\ 373.15\mathrm{K},\ 26664\mathrm{Pa}) & \xrightarrow{\Delta G} & H_2O\ (\mathrm{g},\ 373.15\mathrm{K},\ 26664\mathrm{Pa}) \\
\downarrow \Delta G_1 & & \uparrow \Delta G_3 \\
H_2O\ (\mathrm{l},\ 373.15\mathrm{K},\ 101325\mathrm{Pa}) & \xrightarrow{\Delta G_2} & H_2O\ (\mathrm{g},\ 373.15\mathrm{K},\ 101325\mathrm{Pa})
\end{array}$$

$$\Delta G_1=\int_{p_1}^{p_2}V_1\mathrm{d}p=nV_{\mathrm{m}}(p_2-p_1)=1\times 1.8\times 10^{-5}\times(101325-26664)=1.34(\mathrm{J})$$

$\Delta G_2 = 0$

$\Delta G_3 = \int_{p_1}^{p_2} V_g dp = nRT\ln\frac{p_2}{p_1} = 1\times 8.314\times 373.15\times \ln\frac{26664}{101325} = -4141.7(\text{J})$

$\Delta G = \Delta G_1 + \Delta G_2 + \Delta G_3 = -4140.36\text{J}$

$\Delta G < 0$，该过程可自发进行。

（三）化学反应的 $\Delta_r G_m^{\ominus}$

根据吉布斯自由能的定义式 $G=H-TS$，定温下，有

$$\Delta G = \Delta H - T\Delta S \tag{2-49}$$

对一定温定压下的化学反应，相应为

$$\Delta_r G_m^{\ominus} = \Delta_r H_m^{\ominus} - T\Delta_r S_m^{\ominus}$$

上式表明，$\Delta_r G_m^{\ominus}$ 值由等式右边两项因素决定。若一个反应是一焓减（放热反应）和熵增（$\Delta_r S_m^{\ominus}>0$）的过程，则 $\Delta_r G_m^{\ominus}<0$，必定是自发过程；若反应是焓减和熵减过程，或者是焓增和熵增过程，则要看两项的相对大小，才能确定过程的自发性。

【例 2-10】 已知甲醇脱氢反应：$CH_3OH(g) \longrightarrow HCHO(g) + H_2(g)$，在 25℃和各物质处于标准态下的 $\Delta_r H_m^{\ominus} = 85.27\text{kJ}\cdot\text{mol}^{-1}$，$\Delta_r S_m^{\ominus} = 113.01\text{J}\cdot\text{K}^{-1}\cdot\text{mol}^{-1}$。计算进行反应所需的最低温度。

解： 在 25℃和各物质处于标准态下进行，为一定温定压过程，所以

$\Delta_r G_m^{\ominus} = \Delta_r H_m^{\ominus} - T\Delta_r S_m^{\ominus} = 85.27\times 10^3 - (273.15+25)\times 113.01 = 51.58(\text{kJ}\cdot\text{mol}^{-1}) > 0$ 说明在上述条件下反应不能自发进行。

由于 $\Delta_r H_m^{\ominus}>0$，$\Delta_r S_m^{\ominus}>0$，且一般情况下它们的值随温度的变化很小，从式 2-46 可以看出，使甲醇脱氢反应能够自发进行的关键条件是提高反应温度。因此，当 $\Delta_r G_m^{\ominus}(T)=0$，就可估算出反应进行的最低温度，即

$$\Delta_r G_m^{\ominus}(T) = \Delta_r H_m^{\ominus} - T\Delta_r S_m^{\ominus} = 0，\text{ 则}$$

$$T = \frac{\Delta_r H_m^{\ominus}}{\Delta_r S_m^{\ominus}} = \frac{85270}{113.01} = 754(\text{K})$$

（四）ΔG 随温度 T 的变化——吉布斯-亥姆霍兹公式

在化学反应中，298.15K 时反应的 ΔG 是较容易求出的，那么其他温度下的 ΔG 又如何计算呢？这就要求了解 ΔG 与温度的关系。依式 2-47 可得

$$\left(\frac{\partial G}{\partial T}\right)_p = -S$$

则

$$\left(\frac{\partial \Delta G}{\partial T}\right)_p = \left(\frac{\partial G_2}{\partial T}\right)_p - \left(\frac{\partial G_1}{\partial T}\right)_p = -\Delta S$$

在温度 T 时 $\Delta G=\Delta H-T\Delta S$ 代入上式，有

$$\left(\frac{\partial \Delta G}{\partial T}\right)_p = \frac{\Delta G - \Delta H}{T}$$

变形为

$$\frac{1}{T}\left(\frac{\partial \Delta G}{\partial T}\right)_p - \frac{\Delta G}{T^2} = -\frac{\Delta H}{T^2}$$

上式左方是$\left(\frac{\Delta G}{T}\right)$对 T 的微商，即

$$\left[\frac{\partial(\Delta G/T)}{\partial T}\right]_p=-\frac{\Delta H}{T^2} \tag{2-50}$$

式 2-50 称为**吉布斯-亥姆霍兹**（Gibbs-Helmholtz）公式。从 $T_1 \to T_2$ 进行积分，则

$$\frac{\Delta G_2}{T_2}-\frac{\Delta G_1}{T_1}=-\int_{T_1}^{T_2}\frac{\Delta H}{T^2}\mathrm{d}T \tag{2-51}$$

若 ΔH 不随温度而变，则为

$$\frac{\Delta G_2}{T_2}-\frac{\Delta G_1}{T_1}=\Delta H\left(\frac{1}{T_2}-\frac{1}{T_1}\right) \tag{2-52}$$

显然，有了这个公式，就可由某一温度 T_1 下的 ΔG_1 求算另一温度 T_2 下的 ΔG_2。

第七节　热力学状态函数之间的关系

在热力学第一定律和第二定律中，介绍了五个状态函数：U、H、S、F、G，其中 U 和 S 有明确的物理意义，而 H、F、G 只有在特定的条件下才具有一定的物理意义。根据定义，它们之间存在着如下关系

$$H=U+pV$$

$$F=U-TS$$

$$G=H-TS=U+pV-TS$$

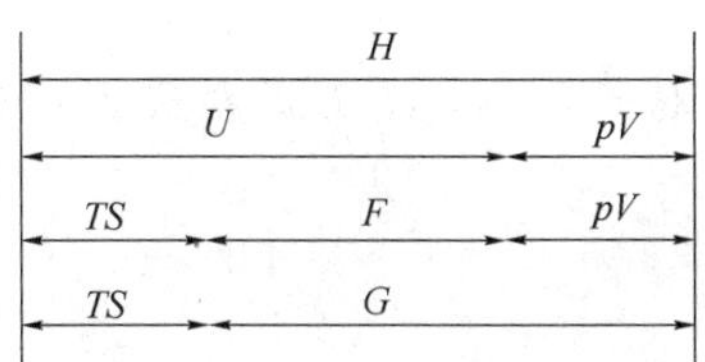

图 2-5　热力学函数间的关系

这些热力学函数间的关系可用图 2-5 表示。

一、热力学基本关系式

在封闭系统中，当仅有体积功时，热力学第一、第二定律的联立可得

$$\mathrm{d}U=T\mathrm{d}S-p\mathrm{d}V \tag{2-53}$$

根据 $H=U+pV$，微分后再代入式 2-53，可得

$$\mathrm{d}H=T\mathrm{d}S+V\mathrm{d}p \tag{2-54}$$

同法可得

$$\mathrm{d}F=-S\mathrm{d}T-p\mathrm{d}V \tag{2-55}$$

$$\mathrm{d}G=-S\mathrm{d}T+V\mathrm{d}p \tag{2-56}$$

式 2-53 至式 2-56 四个式子称为热力学基本公式，其适用的条件为：内部平衡的，无非体积功的封闭系统。在推导中引用了可逆过程的条件，但导出的关系式中所有的物理量均为状态函数，在始终态相同时，其变量为定值，与过程是否可逆无关。

由这四个公式可以导出很多有用的关系式，例如：

$$T=\left(\frac{\partial U}{\partial S}\right)_V=\left(\frac{\partial H}{\partial S}\right)_p \tag{2-57}$$

$$V=\left(\frac{\partial H}{\partial p}\right)_S=\left(\frac{\partial G}{\partial p}\right)_T \tag{2-58}$$

$$p=-\left(\frac{\partial U}{\partial V}\right)_S=-\left(\frac{\partial F}{\partial V}\right)_T \tag{2-59}$$

$$S=-\left(\frac{\partial F}{\partial T}\right)_V=-\left(\frac{\partial G}{\partial T}\right)_p \tag{2-60}$$

二、麦克斯韦关系式

对于组成不变、只作体积功的封闭系统，状态函数仅需两个状态变量就可确定，即存在函数关系，并且这种函数具有全微分的性质。例如内能可以说是熵和体积的函数，有全微分。那么，式 2-53 也应是全微分，即

$$\mathrm{d}U=\left(\frac{\partial U}{\partial S}\right)_V\mathrm{d}S+\left(\frac{\partial U}{\partial V}\right)_S\mathrm{d}V=T\mathrm{d}S-p\mathrm{d}V$$

式中 T 和 p 也分别是 S 和 V 的函数，将 T 和 p 分别对 S 和 V 再偏微分一次，有

$$\left(\frac{\partial T}{\partial V}\right)_S=\frac{\partial^2 U}{\partial S\cdot\partial V}\qquad -\left(\frac{\partial p}{\partial S}\right)_V=\frac{\partial^2 U}{\partial V\cdot\partial S}$$

以上两式的右端相等，所以有

$$\left(\frac{\partial T}{\partial V}\right)_S=-\left(\frac{\partial p}{\partial S}\right)_V \tag{2-61}$$

对式 2-54、式 2-55 及式 2-56 同样处理，可得

$$\left(\frac{\partial S}{\partial p}\right)_T=-\left(\frac{\partial V}{\partial T}\right)_p \tag{2-62}$$

$$\left(\frac{\partial V}{\partial S}\right)_p=\left(\frac{\partial T}{\partial p}\right)_S \tag{2-63}$$

$$\left(\frac{\partial S}{\partial V}\right)_T=\left(\frac{\partial p}{\partial T}\right)_V \tag{2-64}$$

式 2-61 至式 2-64 称为麦克斯韦（Maxwell）关系式。它们的用途是把不能直接测量的物理量转化为可直接测量的物理量。例如在式 2-62 中，变化率$\left(\frac{\partial S}{\partial p}\right)_T$难于测定，而$\left(\frac{\partial V}{\partial T}\right)_p$代表体积热膨胀情况，可直接测定。

第八节　多组分系统热力学

一、混合物和溶液

多组分系统是指由两种或两种以上的物质组成的，它可以是单相的，也可以是多相的。为了讨论方便，可以把多组分系统分为几个单相系统来研究，因此这一节主要讨论多组分单相封闭系统热力学。

多组分单相封闭系统可以分为两大类：一类是混合物，另一类是溶液。

1. 混合物　多组分均相系统中各组分在热力学上可以用相同的处理方法，它们都有相同的标准态，有相同的化学势的表示式，服从相同的经验定律等。

混合物中组分之间性质十分相似，各组分分子间作用能几乎相等，可以按任意比例混合，对任意组分热力学的处理结果也适用于其他组分。混合物可分为气态、液态和固态。如二氧化碳和氧气、甲苯和苯的均相系统可视为混合物。

2. 溶液　多组分均相系统中不同的组分在热力学上用不同的处理方法，有不同的标准态或者服从不同的经验定律等。

如果是气体或固体溶入液体中所形成的均相系统，则将气体或固体称为溶质，液体称为溶剂。如果是液体溶入液体中，则将数量少的称为溶质，数量多的称为溶剂。溶液分为液态溶液（如乙醇水溶液）和固态溶液（如锌溶在铜中形成均匀溶液，称之为合金），但无气态溶液。

溶液又分为稀溶液和浓溶液，本节主要讨论稀溶液。稀溶液还分为理想稀溶液和非理想稀溶液。

在前面所学的热力学基本定律中，系统一般都是单组分或组成不变的封闭，物质的量均看作是常数，因此描述一个系统的状态，只涉及两个状态性质（如 T 和 p）就可以了。但在研究化学问题的过程中，常常会遇到多组分系统，如发生化学反应或相变化等，组成也发生变化，仅规定了系统的温度和压力，系统的状态并不能确定，还必须规定系统中每一物质的数量，方能确定系统的状态。这是因为在某一组成的均相混合物中，系统的某一热力学量并不等于物质在纯态时的热力学量之和。例如在 25℃、$p^{\ominus}$ 时，100mL 的水和 100mL 乙醇混合，溶液的总体积不等于 200mL，而是为 192mL；将 150mL 的水和 50mL 的乙醇混合，总体积为 195mL；将 50mL 的水和 150mL 的乙醇混合，总体积为 193mL，与上两种情况又不同。这就说明，对乙醇和水的混合物来说，虽然规定了此系统的温度和压力，而且亦规定了水和乙醇在纯态的总体积为 200mL，但混合系统的某个状态性质如体积并不能确定，亦即系统的状态还不能确定。如果规定了乙醇在水中的浓度，例如含 20%乙醇的溶液 100mL 与另一含 20%乙醇的溶液 100mL 混合，则结果一定得 200mL 的乙醇溶液，此时系统的状态方能确定，亦即此时系统的体积方有加和性。所以说要描述一多组分单相系统的状态，除规定系统的温度和压力以外，还必须规定系统中每一物质的数量。为此，引入两个新的概念——偏摩尔量和化学势。

二、偏摩尔量

在由组分 A、B、C…形成的均匀的多组分系统中，任一广延量 X 是 T、p、n_A、n_B、n_C…的函数，即

$$X = X(T,\ p,\ n_A,\ n_B,\ n_C\cdots) \tag{2-65}$$

全微分，有

$$\mathrm{d}X = \left(\frac{\partial X}{\partial T}\right)_{p,n_A,n_B,n_C\cdots}\mathrm{d}T + \left(\frac{\partial X}{\partial p}\right)_{T,n_A,n_B,n_C\cdots}\mathrm{d}p + \left(\frac{\partial X}{\partial n_A}\right)_{T,p,n_B,n_C\cdots}\mathrm{d}n_A + \left(\frac{\partial X}{\partial n_B}\right)_{T,p,n_A,n_C\cdots}\mathrm{d}n_B + \cdots \tag{2-66}$$

若令

$$X_B = \left(\frac{\partial X}{\partial n_B}\right)_{T,p,n_i\neq n_B} \tag{2-67}$$

式中下标 n_B 表示任意组分，$n_i \neq n_B$ 表示除 n_B 外的其他所有组分的量均不改变。

X_B 称为组分 B 的某广延量 X 的偏摩尔量。

式 2-67 也可写成

$$X_B = \frac{\mathrm{d}X}{\mathrm{d}n_B} \quad (T,\ p,\ n_A,\ n_C\cdots \text{一定}) \tag{2-68}$$

当系统在定温定压下变化，式 2-66 可写成

$$\mathrm{d}X = X_A\mathrm{d}n_A + X_B\mathrm{d}n_B + \cdots = \sum_B X_B\mathrm{d}n_B \tag{2-69}$$

因 X 是代表混合系统的 U、H、S、F、G、V 等广延量，所以对物质 B 来说也相应有偏摩尔内能 U_B、偏摩尔焓 H_B、偏摩尔熵 S_B、偏摩尔亥姆霍兹自由能 F_B 和偏摩尔吉布斯自由能 G_B 等。

如果在定温定压及溶液浓度不变的条件下，同时向溶液中加入各组分，以维持溶液浓度不变，则各组分的偏摩尔量也不变，将式 2-69 积分，有

$$X=\int_0^X \mathrm{d}X=\int_0^{n_A} X_A \mathrm{d}n_A+\int_0^{n_B} X_B \mathrm{d}n_B+\cdots=n_A X_A+n_B X_B+\cdots=\sum_B n_B X_B \tag{2-70}$$

此式说明多组分系统中各物质的偏摩尔量具有加和性。式 2-70 称为**偏摩尔集合公式。**

对式 2-70 微分，有

$$\mathrm{d}X=\sum_B X_B \mathrm{d}n_B+\sum_B n_B \mathrm{d}X_B$$

将此式代入式 2-69，则

$$\sum_B n_B \mathrm{d}X_B=0 \tag{2-71}$$

式 2-71 称为**吉布斯-杜亥姆公式**。它表示了在 T、p 一定时，各组分偏摩尔量变化的相互关系。对仅有 A、B 两个组分的系统，如果已知一个组分的 X_A 随组成的变化，用此式就可求出另一组分的 X_B 随组成的变化。

偏摩尔量是强度量，与混合物中各组分的物质的量有关，与混合物的总量无关。它表示在定温定压下，在各组分的物质的量确定的极大系统中，除 n_B 外所有其他的物质的量都保持不变时，因加入 1mol 物质 B 而引起系统广延量 X 的改变量；或者在一个有限的混合系统中，加入无限小量 $\mathrm{d}n_B$ 的物质 B，所引起系统广延量 X 的改变量 $\mathrm{d}X$ 与 $\mathrm{d}n_B$ 之比值，此即为物质 B 的某种偏摩尔量。

这里要强调指出，$\left(\frac{\partial X}{\partial n_B}\right)_{T,p,n_i\neq n_B}$ 是以 T、p 保持定值为条件的。只有在 T、p、组成保持不变下，才有偏摩尔量可言。偏摩尔量同样也是 T、p 的函数，在一定的 T、p、组成下有一个值，在另一个 T、p、组成下有不同的值。

对于纯物质 B，偏摩尔量 X_B 与摩尔量 X_m 相同。为了与混合物中 B 的偏摩尔量 X_B 有所区别，纯物质的偏摩尔量或其摩尔量以后用 X_B^* 来表示。

三、化学势

（一）化学势的定义

在所有的偏摩尔数量之中，以偏摩尔吉布斯自由能 G_B 应用最广泛，它是最重要的热力学函数之一。

多组分系统中组分 B 的偏摩尔吉布斯自由能G_B 又称“化学势”，以符号 μ_B 表示之，即

$$\mu_B=G_B=\left(\frac{\partial G}{\partial n_B}\right)_{T,p,n_i\neq n_B} \tag{2-72}$$

这就是化学势的定义式。

在多组分系统中，吉布斯自由能 G 可表示成是 T、p 和各组分的物质的量 n_A、$n_B\cdots$的函数，即

$$G=G(T,p,n_A,n_B,n_C\cdots)$$

全微分式为

$$\mathrm{d}G=\left(\frac{\partial G}{\partial T}\right)_{p,n_A,n_B,n_C\cdots}\mathrm{d}T+\left(\frac{\partial G}{\partial p}\right)_{T,n_A,n_B,n_C\cdots}\mathrm{d}p$$
$$+\left(\frac{\partial G}{\partial n_A}\right)_{T,p,n_B,n_C\cdots}\mathrm{d}n_A+\left(\frac{\partial G}{\partial n_B}\right)_{T,p,n_A,n_C\cdots}\mathrm{d}n_B+\cdots$$

在组成不变的情况下，有

$$\left(\frac{\partial G}{\partial T}\right)_{p,n_A,n_B,n_C\cdots}=-S,\ \left(\frac{\partial G}{\partial p}\right)_{T,n_A,n_B,n_C\cdots}=V$$

所以

$$dG=-SdT+Vdp+\sum_B\mu_B dn_B \tag{2-73}$$

将式 2-73 代入热力学函数间关系式的微分形式中，则有

$$dU=TdS-pdV+\sum_B\mu_B dn_B \tag{2-74}$$

$$dH=TdS+Vdp+\sum_B\mu_B dn_B \tag{2-75}$$

$$dF=-SdT-pdV+\sum_B\mu_B dn_B \tag{2-76}$$

式 2-73、式 2-74、式 2-75、式 2-76 不仅适用于组成变化的封闭系统，也适用于敞开系统，是多组分、多相系统的热力学基本方程。

将上述四式与其对应的全微分方程式进行比较，则有

$$\mu_B=\left(\frac{\partial G}{\partial n_B}\right)_{T,p,n_i\neq n_B}=\left(\frac{\partial U}{\partial n_B}\right)_{S,V,n_i\neq n_B}=\left(\frac{\partial H}{\partial n_B}\right)_{S,p,n_i\neq n_B}=\left(\frac{\partial F}{\partial n_B}\right)_{T,V,n_i\neq n_B}$$

上述几个等式均为化学势，不过后三种化学势的表示法用得较少。应注意其中只有 $\left(\frac{\partial G}{\partial n_B}\right)_{T,p,n_i\neq n_B}$ 为偏摩尔量。

（二）化学势判据及其应用

在定温定压及非体积功为零的条件下，可以用 dG 作为自发过程方向和限度的判据，即

$$\Delta G_{T,\ p,\ W'=0}\leqslant 0\ \begin{matrix}\text{自发}\\ \text{平衡}\end{matrix}$$

由式 2-73 可知，在定温定压及非体积功为零的条件下，系统 dG 取决于物质数量增减引起的化学势变化，即

$$dG_{T,p,W'=0}=\sum_B\mu_B dn_B \tag{2-77}$$

两式结合，有

$$\sum_B\mu_B dn_B\leqslant 0\ \begin{matrix}\text{自发}\\ \text{平衡}\end{matrix} \tag{2-78}$$

上式表明，在定温定压及非体积功为零条件下，系统总是自发地从化学势高的状态往化学势低的状态变化，直到化学势最低点（平衡态）为其限度。通过 dF 判据同样可以证明在定温定容及非体积功为零的条件下上式仍然成立。可见 μ_B 是一个普遍化的判据，其作用与重力场中的势能类似，故称之为“化学势”。

式 2-78 称为化学势判据，是研究自发化学变化和相变化时最常用的一个关系式。

下面以相变和化学变化为例讨论化学势的应用。

（1）化学势在多相平衡中的应用

设多组分系统有 α 和 β 两相。在定温定压下 β 相有微量的物质 B 转移到 α 相中，则系统吉布

斯自由能变为

$$dG = \mu_B^\alpha dn_B^\alpha + \mu_B^\beta dn_B^\beta$$

α 相所得等于 β 相所失

$$dn_B^\alpha = -dn_B^\beta$$

若上述物质迁移是自发进行的，根据吉布斯自由能判据，其 $dG<0$，即

$$dG = \mu_B^\alpha dn_B^\alpha + \mu_B^\beta dn_B^\beta = \mu_B^\beta dn_B^\beta - \mu_B^\alpha dn_B^\beta = (\mu_B^\beta - \mu_B^\alpha) dn_B^\beta < 0$$

又 $dn_B^\beta<0$，故

$$\mu_B^\beta - \mu_B^\alpha > 0，即\ \mu_B^\beta > \mu_B^\alpha$$

若两相间达到平衡，$dG=0$，同理可得

$$\mu_B^\beta = \mu_B^\alpha$$

由此可见，在相转过程中，物质总是自发地从化学势较高的相转到化学势较低的相，直到两相中某物质的化学势相等为止（即达平衡）。

（2）化学势在化学平衡中的应用

对于反应

$$N_2 + 3H_2 \rightleftharpoons 2NH_3$$

在定温定压下向右进行微小的变化，当有 dn mol 的 N_2 消失时，一定有 $3dn$ mol 的 H_2 随之消失，同时有 $2dn$ mol 的 NH_3 生成。反应的吉布斯自由能变为

$$dG = \sum_B \mu_B dn_B = 2\mu_{NH_3} dn - \mu_{N_2} dn - 3\mu_{H_2} dn$$

由吉布斯自由能判据 $dG\leqslant 0$ 可知，

$$2\mu_{NH_3} dn - \mu_{N_2} dn - 3\mu_{H_2} dn \leqslant 0$$

或

$$2\mu_{NH_3} \leqslant \mu_{N_2} + 3\mu_{H_2} \quad \begin{matrix}\text{自发}\\ \text{平衡}\end{matrix}$$

上式表明，若产物的化学势总和小于反应物化学势总和，则反应向右自发进行；若两者相等，反应已达平衡。

推广到任意反应，则为

$$\left.\begin{aligned} &(\sum \nu_B \mu_B)_{\text{产物}} = (\sum \nu_B \mu_B)_{\text{反应物}} && \text{平\qquad 衡} \\ &(\sum \nu_B \mu_B)_{\text{产物}} < (\sum \nu_B \mu_B)_{\text{反应物}} && \text{正向反应自发进行} \\ &(\sum \nu_B \mu_B)_{\text{产物}} > (\sum \nu_B \mu_B)_{\text{反应物}} && \text{逆向反应自发进行} \end{aligned}\right\} \tag{2-79}$$

（三）气体的化学势

1. 理想气体的化学势

对于单组分理想气体，$\mu^* = G_m^*$，有

$$\left(\frac{\partial \mu^*}{\partial p}\right)_T = \left(\frac{\partial G_m^*}{\partial p}\right)_T = V_m^*$$

如果压力从 p_1 变到 p_2，将 $V_m^* = RT/p$ 代入，积分，则

$$\mu_2-\mu_1=RT\ln\frac{p_2}{p_1}$$

由于吉布斯自由能的绝对值无法测得，故任何系统的化学势的绝对值也无法测得。因此，假设以 100kPa($p^{\ominus}$) 的理想气体作为标准态，并规定标准态的化学势为 $\mu^{\ominus}$，那么上式就变为

$$\mu^{*}=\mu^{\ominus}(T)+RT\ln\frac{p}{p^{\ominus}} \tag{2-80}$$

式 2-80 就是单组分理想气体的化学势表达式。式中 $\mu^{\ominus}(T)$ 为 $p^{\ominus}=100\text{kPa}$ 时理想气体的化学势。由于压力已指定为 100kPa，所以 $\mu^{\ominus}(T)$ 只是取决于温度的一个常数。

对于多组分混合理想气体，由于理想气体分子之间除弹性碰撞外无其他相互作用力，所以某 B 在多组分理想气体中，与它单独存在并占有相同体积时的行为完全一样。因此多组分理想气体中组分 B 的化学势表示式应与它单独存在时的表示式相同，即

$$\mu_B=\mu_B^{\ominus}(T)+RT\ln\frac{p_B}{p^{\ominus}} \tag{2-81}$$

式中 p_B 为多组分理想气体组分 B 的分压，而不是混合气体的总压。$\mu_B^{\ominus}(T)$ 是该气体温度为 T、分压为 $p^{\ominus}$ 时的化学势，它也是温度的函数。

2. 实际气体的化学势

对于单组分实际气体，根据式 $\left(\frac{\partial\mu}{\partial p}\right)_T=\left(\frac{\partial G_m}{\partial p}\right)_T=V_m$，若把 V_m 和 p 的关系代入积分，也可得出 $\mu=\mu^{\ominus}(T)+\int_{p^{\ominus}}^{p}V_m\mathrm{d}p$ 的表达式，但是由于实际气体的状态方程式比较复杂，且又因气体而异，很难得出一个通用简单的化学势表达式。为了让实际气体的化学势表达式保持与理想气体化学势表达式相似的简单的形式，路易斯（Lewis）用一新的热力学函数 f 代替压力 p，于是实际气体的化学势表示式为

$$\mu=\mu^{\ominus}(T)+RT\ln\frac{f}{p^{\ominus}} \tag{2-82}$$

f 称为逸度，它与压力之间的关系为

$$f=\gamma p \tag{2-83}$$

且有

$$\lim_{p\to 0}\frac{f}{p}=1 \tag{2-84}$$

γ 称为逸度系数，其数值不仅与气体的特性有关，还与气体所处的温度和压力有关。当压力趋于零时，这时真实气体的行为接近于理想气体的行为，逸度的数值就趋近于压力的数值，故 $\gamma\to 1$。显然，逸度相当于一种“修正压力”，逸度系数相当于“修正因子”。

当压力为 $p^{\ominus}=100\text{kPa}$ 时，任何实际气体对理想气体都存在着偏差，则各实际气体的标准态也各不相同。为了统一，将实际气体的标准态选定为温度为 T，压力为 $p^{\ominus}$ 的理想气体。

（四）溶液中各组分的化学势

1. 理想液态混合物中各组分的化学势

（1）拉乌尔定律

1887 年，拉乌尔（Roult）根据稀溶液中溶剂的蒸气压较纯溶剂的蒸气压低的实验结果，总结出：在指定温度和压力下，溶液中溶剂 A 的饱和蒸气压 p_A 等于纯溶剂的饱和蒸气压 p_A^* 乘以

它在溶液中的摩尔分数 x_A，即

$$p_A = p_A^* x_A \tag{2-85}$$

式 2-85 称为拉乌尔定律，它不仅适用于两种物质构成的溶液，也可适用于多种物质组成的溶液。对于二组分溶液来说，因为 $1-x_A=x_B$，所以拉乌尔定律也可表示为

$$\frac{p_A^* - p_A}{p_A^*} = x_B \tag{2-86}$$

实际上只有理想液态混合物才符合这个规律。因为理想液态混合物中各种分子之间的相互作用力大小相同，当由几种纯物质混合而构成一理想液态混合物时，必然没有热效应（$\Delta H=0$），也没有体积变化（$\Delta V=0$）。在这种情况下，处于理想液态混合物中的任何分子的处境才与它在纯物质中的处境完全相同，因此又把**溶液中任一组分在全部浓度范围内都遵守拉乌尔定律的液态混合物称为理想液态混合物。**

理想液态混合物和理想气体一样，亦是一个极限的概念，它能以极为简单的形式总结液态混合物的一般规律。虽然没有一种气体能在任意温度和压力下均遵守理想气体定律，可是确有在任意浓度下均遵守拉乌尔定律的非常类似理想液态混合物的存在。如果有两种物质的化学结构及其性质非常相似，当它们组成液态混合物时，就有符合理想液态混合物条件的基础。例如苯和甲苯的混合物；正己烷和正庚烷的混合物都非常类似理想液态混合物。

(2) 理想液态混合物中各组分的化学势

在定温定压下，理想液态混合物中任一组分 B 与液面上蒸气（视为理想气体）达到平衡时，根据多相平衡的条件可知，它在气液两相中的化学势相等，即

$$\mu_B(\mathrm{l},T,p)=\mu_B(\mathrm{g},T,p)$$

设组分 B 的分压为 p_B，由式 2-81 可得

$$\mu_B(\mathrm{l},\ T,\ p)=\mu_B(\mathrm{g},\ T,\ p)=\mu_B^{\ominus}(\mathrm{g},\ T)+RT\ln\frac{p_B}{p^{\ominus}}$$

代入拉乌尔定律，则

$$\mu_B(\mathrm{l},\ T,\ p)=\mu_B^{\ominus}(\mathrm{g},\ T)+RT\ln\frac{p_B^* x_B}{p^{\ominus}}=\mu_B^{\ominus}(\mathrm{g},\ T)+RT\ln\frac{p_B^*}{p^{\ominus}}+RT\ln x_B$$

对仅有液体 B 的系统，有

$$\mu_B^*(\mathrm{l},\ T,\ p)=\mu_B^*(\mathrm{g},\ T,\ p)=\mu_B^{\ominus}(\mathrm{g},\ T)+RT\ln\frac{p_B^*}{p^{\ominus}}$$

因此理想液态混合物中任意组分 B 的化学势为

$$\mu_B(\mathrm{l},\ T,\ p)=\mu_B^*(\mathrm{l},\ T,\ p)+RT\ln x_B \tag{2-87}$$

式中 $\mu_B^*(\mathrm{l},T,p)$ 是 $x_B=1$ 即纯液体 B 在温度 T、压力 p（不是 $p^{\ominus}$）时的化学势。

2. 稀溶液中各组分的化学势

(1) 亨利定律

1803 年，亨利（Henry）从实验中总结出一条稀溶液中涉及挥发性溶质性质的重要规律：在定温下，稀溶液中挥发性溶质的平衡分压（p_B）与该溶质在溶液中的浓度成正比。

若溶质 B 的浓度用摩尔分数 x_B 表示，则亨利定律的数学式为

$$p_B = k_x x_B \tag{2-88}$$

式中 k_x 称为亨利系数（比例常数）。应用亨利定律时须注意，溶质在气相和溶液中的分子状态必须相同。例如，将 HCl 溶于水中，HCl 在液相中解离为 H^+ 和 Cl^-，而在气相中则为 HCl

分子，这时亨利定律不适用。

（2）稀溶液各组分的化学势

在 A、B 组成的二组分溶液中，以 A 代表溶剂，以 B 代表溶质。由于稀溶液的溶剂 A 遵守拉乌尔定律，因此，稀溶液中溶剂的化学势为

$$\mu_A(\mathrm{l},T,p)=\mu_A^*(\mathrm{l},T,p)+RT\ln x_A$$

对于稀溶液的溶质 B 来说，在溶液与其上方蒸气达成平衡时，则

$$\mu_B(\mathrm{l},T,p)=\mu_B(\mathrm{g},T,p)=\mu_B^{\ominus}(\mathrm{g},T)+RT\ln\frac{p_B}{p^{\ominus}}$$

$$=\mu_B^{\ominus}(\mathrm{g},T)+RT\ln\frac{k_x}{p^{\ominus}}+RT\ln x_B$$

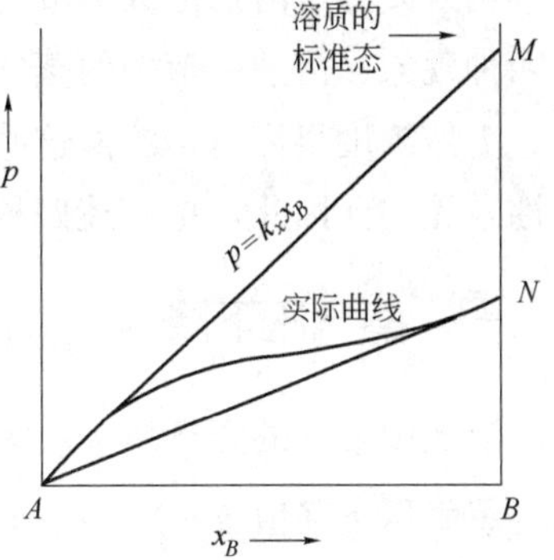

图 2-6　稀溶液的标准态是假想的状态

令

$$\mu_{B,x}^*(T,p)=\mu_B^{\ominus}(\mathrm{g},T)+RT\ln\frac{k_x}{p^{\ominus}} \qquad (2\text{-}89)$$

则溶质 B 的化学势为

$$\mu_B(\mathrm{l},T,p)=\mu_{B,x}^*(T,p)+RT\ln x_B \qquad (2\text{-}90)$$

$\mu_{B,x}^*(T,p)$ 为溶质的标准态，即在温度 T、压力 p 下，$x_B\to1$ 时仍能遵守亨利定律的假想状态。由于 $x_B\to1$ 时溶液中挥发性溶质 B 的蒸气压已不符合亨利定律，即，$p_B\neq k_x x_B$，所以溶质 B 的标准态是一种虚拟的假想状态。如图 2-6 中 M 点所示。

3. 非理想液态混合物中各组分的化学势

对于非理想液态混合物，其溶剂 A 不遵守拉乌尔定律，溶质 B 也不遵守亨利定律。为了使非理想液态混合物中各物质的化学势表示仍具简单形式，路易斯（Lewis）引入活度的概念，将非理想液态混合物的偏差全部集中在对非理想液态混合物的浓度校正上。其定义为

$$a_{x,B}=\gamma_{x,B}x_B$$

式中 $a_{x,B}$ 为 B 组分用摩尔分数表示的活度，量纲为 1，$\gamma_{x,B}$ 为 B 组成用摩尔分数表示的活度系数（也称活度因子），它表示在实际溶液中，B 组分的摩尔分数与理想液态混合物的偏差。活度相当于某种形式的“校正浓度”。即把非理想液态混合物中各组分的性质校正到遵守拉乌尔定律，且当 x_B 趋近于 1 时，活度系数 $\gamma_{x,B}$ 趋近于 1，活度 $a_{x,B}$ 等于浓度 x_B。

对于理想液态混合物中各组分的化学势为

$$\mu_B(\mathrm{l},T,p)=\mu_B^*(\mathrm{l},T,p)+RT\ln x_B \qquad (2\text{-}91)$$

在获得这个公式时，引用了拉乌尔定律，而对于非理想液态混合物，拉乌尔定律应修正为

$$p_B=p_B^*\gamma_{x,B}x_B=p_B^*a_{x,B}$$

对于非理想液态混合物中组分 B 的化学势为

$$\mu_B(\mathrm{l},T,p)=\mu_B^*(T,p)+RT\ln a_B \qquad (2\text{-}92)$$

对于理想液态混合物，$\gamma_{x,B}=1$，$a_{x,B}=x_B$，则式 2-91 与式 2-92 相同。但式 2-91 更具有普遍意义，它可以用于任何系统。凡是由理想液态混合物所导出的一些热力学方程式，将其中 x_B 换为 $a_{x,B}$ 就能扩大使用范围，用于非理想液态混合物，剩下的问题就是如何求活度系数了。

第九节 化学势在稀溶液中的应用

当溶质溶于溶剂形成溶液时，若溶质是不挥发的，并且不溶于固体溶剂中，那么溶液将会产生四种现象：溶液中溶剂的蒸气压下降，沸点升高，凝固点降低（都与纯溶剂比较）及产生渗透压。溶液浓度很稀时，溶液这些性质的变化仅与溶液中溶质的质点数有关，而与溶质的种类（即本性）无关。因此，把上述四种性质称为稀溶液的依数性。

一、蒸气压下降

溶液中溶剂的蒸气压 p_A 低于同温度下纯溶剂的饱和蒸气压 p_A^*，这一现象称为蒸气压下降。溶剂蒸气压下降值 $\Delta p_A=p_A^*-p_A$。对稀溶液，将拉乌尔定律 $p_A=p_A^*x_A$ 代入，得

$$\Delta p_A=p_A^*-p_A=p_A^*-p_A^*x_A=p_A^*(1-x_A)$$

则

$$\Delta p_A=p_A^*x_B \tag{2-93}$$

式 2-93 说明稀溶液的蒸气压下降值 Δp_A 与溶液中溶质的摩尔分数 x_B 成正比，而与溶质的种类（本性）无关。

二、沸点升高

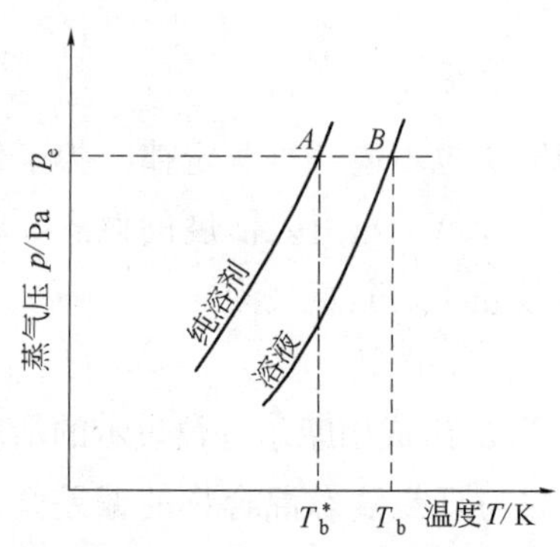

图 2-7 稀溶液的沸点升高

沸点是指液体的饱和蒸气压与外压相等时的温度。根据溶液蒸气压下降的讨论可知，在含非挥发性溶质的稀溶液中，溶液的蒸气压较液体纯溶剂的蒸气压低。因此，当纯溶剂的蒸气压等于外压 $p_e(p^\ominus)$ 时，纯溶剂开始沸腾，沸点为 T_b^*；而在此温度下溶液的蒸气压仍小于外压 p_e，并不沸腾，要使溶液蒸气压等于外压，就需要把温度提高到 T_b，如图 2-7 所示。可见，溶液的沸点 T_b 较纯溶剂的沸点 T_b^* 为高，这种现象称为沸点升高。溶液的沸点升高值为$\Delta T_b=T_b-T_b^*$。

压力一定，一非挥发性溶质溶于挥发性溶剂中形成二组分稀溶液，在沸点 T_b 时溶液中的溶剂与其蒸气达成平衡，则气相中溶剂的化学势 $\mu_A^*(\mathrm{g},T_b,p)$ 与稀溶液中溶剂的化学势 $\mu_A(\mathrm{l},T_b,p)$ 相等，即

$$\mu_A^*(\mathrm{g},\ T_b,\ p)=\mu_A(\mathrm{l},\ T_b,\ p)=\mu_A^*(\mathrm{l},\ T_b,\ p)+RT_b\ln x_A$$

变形为

$$\ln x_A=\frac{\mu_A^*(\mathrm{g},\ T_b,\ p)-\mu_A^*(\mathrm{l},\ T_b,\ p)}{RT_b}=\frac{\Delta_\mathrm{l}^\mathrm{g}G_\mathrm{m}(T_b)}{RT_b}$$

其中 $\Delta_\mathrm{l}^\mathrm{g}G_\mathrm{m}(T_b)$ 为纯溶剂在温度 T_b 时由液态变为气态的摩尔吉布斯自由能变化。

当 $x_A=1$ 时，平衡的温度就是纯溶剂的沸点 T_b^*，上式相应变化为

$$\ln 1=\frac{\mu_A^*(\mathrm{g},\ T_b^*,\ p)-\mu_A^*(\mathrm{l},\ T_b^*,\ p)}{RT_b^*}=\frac{\Delta_\mathrm{l}^\mathrm{g}G_\mathrm{m}(T_b^*)}{RT_b^*}$$

将两式相减，得

$$\ln x_A - \ln 1 = \frac{\Delta_l^g G_m(T_b)}{RT_b} - \frac{\Delta_l^g G_m(T_b^*)}{RT_b^*}$$

将 $\Delta_l^g G_m = \Delta_l^g H_m - T\Delta_l^g S_m$，代入得

$$\ln x_A = \frac{\Delta_l^g H_m(T_b)}{RT_b} - \frac{\Delta_l^g S_m(T_b)}{R} - \frac{\Delta_l^g H_m(T_b^*)}{RT_b^*} + \frac{\Delta_l^g S_m(T_b^*)}{R}$$

对于稀溶液，x_B 很小，即 $x_B \ll 1$，则

$$\ln x_A = \ln(1-x_B) = -x_B - \frac{x_B^2}{2} - \frac{x_B^3}{3} - \cdots \approx -x_B$$

在此情况下溶液沸点升高也很少，则 $\Delta_l^g H_m(T_b) \approx \Delta_l^g H_m(T_b^*)$，$\Delta_l^g S_m(T_b) \approx \Delta_l^g S_m(T_b^*)$，上式变为

$$-x_B = \frac{\Delta_l^g H_m(T_b^*)}{R}\left(\frac{1}{T_b} - \frac{1}{T_b^*}\right) = \frac{\Delta_l^g H_m(T_b^*)}{RT_b T_b^*}(T_b^* - T_b)$$

因 T_b 与 T_b^* 接近，令 $\Delta T_b = T_b - T_b^*$，则有

$$\Delta T_b = \frac{RT_b^{*2} x_B}{\Delta_l^g H_m(T_b^*)} \tag{2-94}$$

式 2-94 说明，溶液沸点升高值 ΔT_b 与溶液中溶质的摩尔分数 x_B 成正比，而与溶质的种类（本性）无关。由于在稀溶液时

$$x_B = \frac{n_B}{n_A + n_B} \approx \frac{n_B}{n_A} = \frac{n_B}{m_A/M_A} = M_A b_B$$

代入式 2-94，则

$$\Delta T_b = \frac{RT_b^{*2} M_A b_B}{\Delta_l^g H_m(T_b^*)} \tag{2-95}$$

令 $k_b = \dfrac{RT_b^{*2} M_A}{\Delta_l^g H_m(T_b^*)}$，称为溶剂的沸点升高常数，$k_b$ 仅与溶剂的性质有关，其单位为 kg·K·mol^{-1}。则

$$\Delta T_b = k_b b_B \tag{2-96}$$

若已知 k_b 值，再由实验测出 ΔT_b，就可计算溶质的摩尔质量 M_B。

$$M_B = \frac{k_b}{\Delta T_b} \cdot \frac{m_B}{m_A} \tag{2-97}$$

一些常见溶剂的沸点升高常数 k_b 值列于表 2-2 中。

表 2-2　几种常见溶剂的 k_b 值

溶剂	水	甲醇	乙醇	乙醚	丙酮	苯	氯仿	四氯化碳
K_b/kg·K·mol^{-1}	0.52	0.80	1.20	2.11	1.72	2.57	3.88	5.02

【例 2-11】 在 9.68×10^{-2}kg CCl_4 中，溶解一非挥发的物质 2.50×10^{-4}kg，经实验测定此溶液的沸点比纯 CCl_4 的沸点高 0.055K。求此未知物质的摩尔质量。

解：查表知 CCl_4 的 k_b = 5.02 kg·K·mol^{-1}，则

$$M_B = \frac{5.02\times(2.50\times10^{-4})}{(9.68\times10^{-2})\times0.055}$$

$$= 0.236(\text{kg}\cdot\text{mol}^{-1})$$

三、凝固点降低

凝固点是指在一定压力下固态纯溶剂与液态溶液呈平衡的温度。如果将非挥发性的溶质溶于液态纯溶剂，形成液体溶液（不形成固态溶液），当温度降低时，从溶液中析出固态纯溶剂的温度（即溶液的凝固点），就比纯溶剂的凝固点为低，这就是凝固点降低现象。根据相平衡原理可知，在凝固点时，液态纯溶剂与固态纯溶剂的蒸气压是相等的。

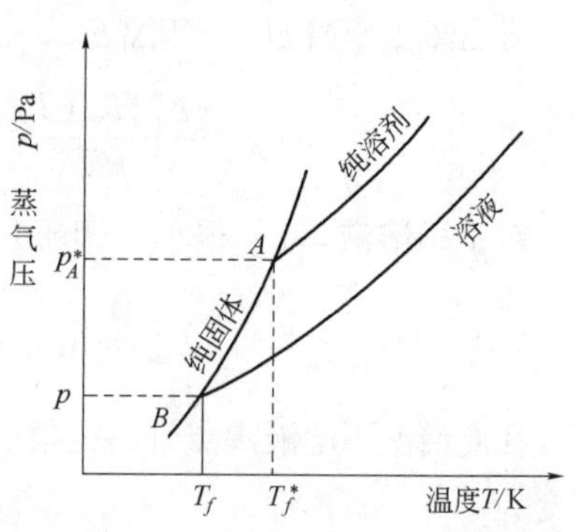

图 2-8 稀溶液的凝固点降低示意图

图 2-8 示意地绘出凝固点降低原理。根据相平衡原理可知，在凝固点时液态纯溶剂与固态纯溶剂的蒸气压是相等的，在液态纯溶剂蒸气压曲线与固态纯溶剂蒸气压曲线相交的 A 点（蒸气压都为 p_A^*），这时的温度 T_f^*，就是纯溶剂的凝固点。从拉乌尔定律可知，在同温度下，溶液中溶剂的蒸气压低于纯溶剂的蒸气压，溶液的蒸气压曲线应在液态纯溶剂蒸气压曲线下面。因此溶液与固态纯溶剂蒸气压曲线交于 B 点（蒸气压都为 p，液-固平衡），这时的温度 T_f 称为溶液的凝固点。由此可见，溶液的凝固点 T_f 比纯溶剂的凝固点 T_f^* 为低，$\Delta T_f = T_f^* - T_f$ 称为溶液的凝固点降低值。

应用推导沸点升高的相同方法，可得到溶液的凝固点降低值 ΔT_f 相应的关系式。

$$\Delta T_f = \frac{RT_f^{*2} x_B}{\Delta_l^s H_m(T_f^*)} \tag{2-98}$$

$$\Delta T_f = k_f b_B \tag{2-99}$$

式中 $k_f = \dfrac{RT_f^{*2} M_A}{\Delta_l^s H_m(T_f^*)}$，称为溶剂的凝固点降低常数，$k_f$ 仅与溶剂的性质有关，其单位为 $kg \cdot K \cdot mol^{-1}$。

由此可见，溶液凝固点降低值 ΔT_f 与溶液中溶质的摩尔分数 x_B 成正比，而与溶质的种类（本性）无关。

若已知 k_f 值，再由实验测出 ΔT_f，同样可计算溶质的摩尔质量 M_B。

$$M_B = \frac{k_f}{\Delta T_f} \cdot \frac{m_B}{m_A} \tag{2-100}$$

一些常见溶剂的凝固点降低常数 k_f 值列于表 2-3 中。

表 2-3 几种常见溶剂的 k_f 值

溶剂	水	乙酸	苯	环己烷	酚	萘	樟脑
$k_f/kg \cdot K \cdot mol^{-1}$	1.86	3.90	5.10	20	7.27	7.0	40

四、渗透压

自然界中有一类物质，只能让溶剂分子通过而不能让溶质分子通过（或只能让小分子通过不让大分子通过）。这类物质称为“半透膜”。动物的组织膜如膀胱膜、精制肠衣等物质属天然的半透膜，用溶于乙醚-乙醇混合溶剂中的硝化纤维，待溶剂挥发后制成的胶袋等物质则属人工半透膜。

在一定温度下，用半透膜把纯溶剂与溶液隔开，溶剂就会自动地通过半透膜渗透到溶液中，

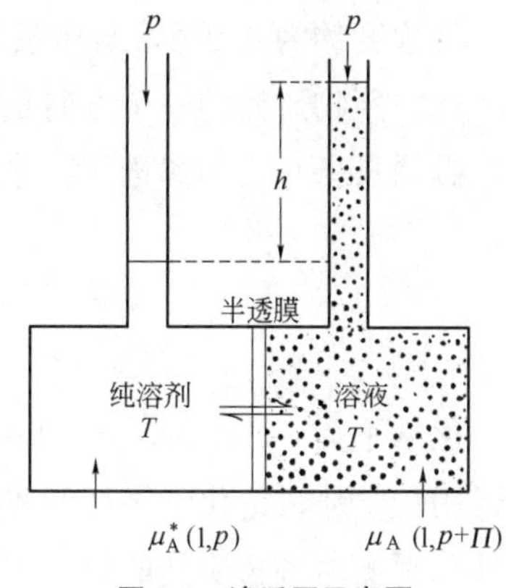

图 2-9　渗透压示意图

从而使溶液液面上升，直到溶液液面上升到一定的高度达到平衡，渗透现象才停止，这种对于溶剂的膜平衡称为渗透平衡。**这一阻止纯溶剂进入溶液所施加的压力（液柱重力）称为渗透压**，用 Π 表示。如图 2-9 所示。

渗透压的产生可用热力学原理来解释。在一定温度下，用半透膜将两纯溶剂隔开时，两者处于平衡状态，其化学势相等。如果在膜右边的纯溶剂中加入溶质，形成溶液，因溶质的混乱分布，使溶液中溶剂的化学势减小，根据相平衡原则，物质必自化学势高的相自动转移到化学势低的相，于是纯溶剂水就有自动进入溶液的趋势，这就是渗透现象产生的原因。化学势是随压力而增加的，当溶液自渗透开始到达平衡，压力由 p 增加到 $p+\Pi$，使溶液中溶剂的化学势 $\mu_A(l,p+\Pi,x_A)$ 逐渐增加，最后达到和液面压力为 p 的纯溶剂的化学势 $\mu_A^*(l,p)$ 相等，宏观上渗透现象就停止了。利用化学势，可推导出渗透压与溶液浓度的关系。

对于稀溶液，温度 T、压力 $p+\Pi$ 时溶剂的化学势为

$$\mu_A(l,\ T,\ p+\Pi)=\mu_A^*(l,\ T,\ p+\Pi)+RT\ln x_A=\mu_A^*(l,\ T,\ p)+\int_p^{p+\Pi}V_m^*\,dp+RT\ln x_A$$

对于纯溶剂，温度 T、压力 p 时的化学势为 $\mu_A^*(l,T,p)$。当渗透达平衡时，两者化学势相等 $\mu_A(l,T,p+\Pi)=\mu_A^*(l,T,p)$，则

$$\int_p^{p+\Pi}V_m^*\,dp=-RT\ln x_A$$

稀溶液有 $\ln x_A=\ln(1-x_B)\approx -x_B$，且纯溶剂的摩尔体积 V_m^* 在压力变化不大时可视为常数，上式积分，得

$$\Pi V_m^*=RTx_B \tag{2-101}$$

对稀溶液，$x_B\approx\dfrac{n_B}{n_A}$，溶液的体积 $V\approx n_AV_m^*$，浓度 $c_B=\dfrac{n_B}{V}$，代入式 2-101，得

$$\Pi=c_BRT \tag{2-102}$$

式 2-102 称为范特霍夫（van't Hoff）的稀溶液渗透压公式，式中 c_B 的单位为 $mol\cdot m^{-3}$，Π 的单位为 Pa。该式说明，在定温下，溶液的渗透压与溶质的浓度成正比。溶液愈稀，公式愈准确。通过渗透压的测定可求出溶质的摩尔质量。

当施加在溶液与纯溶剂上的压力大于溶液的渗透压时，则将使溶液中的溶剂通过半透膜渗透到纯溶剂中，这种现象称为**反渗透**。反渗透最初用于海水的淡化，后来又用于工业废水的处理。

应当注意，渗透现象不仅在溶液与溶剂之间存在，在不同浓度的溶液间同样存在。人们把具有相等渗透压的溶液彼此称为**等渗溶液**。对于渗透压不相等的两种溶液，渗透压相对较高的叫**高渗溶液**；渗透压相对较低的叫作**低渗溶液**。

当渗透压不相等的两溶液用半透膜隔开时，则水总是由低渗溶液向高渗溶液中转移。使高渗溶液浓度逐渐变小，而低渗溶液浓度逐渐变大，直到高渗溶液上方产生的液柱高度等于渗透压为止。

等渗溶液在药学上有重要意义，如眼药水必须与眼球组织内的液体具有相同的渗透压，否则会引起眼睛疼痛；静脉注射用的盐水与血浆是等渗溶液，若为高渗溶液（比血浆的渗透压高）则血红细胞（其细胞膜为半透膜）中的水分向血红细胞外渗透，而引起血红细胞萎缩；若为低渗溶液，则水分向血红细胞内渗透，会引起血红细胞肿胀，最后细胞胀破。大量静脉注射的生理盐

水，其浓度约为 0.9%，与血浆等渗。

现在药物研究的一个方向是利用药用植物进行组织培养获得有效成分。对于植物组织的培养液，必须具备一定的渗透压，才能适宜于组织生长。

第十节 化学平衡

化学平衡（chemical equilibrium）是热力学第二定律在化学反应中的具体应用。其主要内容是运用化学势讨论化学平衡的实质，由热力学数据计算化学平衡常数，以确定反应的方向、平衡条件和平衡时各物质间的数量关系，并研究温度、压力等因素对化学平衡的影响。

没有达到平衡的化学反应，在一定条件下均有向一定方向进行的趋势，即该类反应过程存在一定的推动力。随着反应的进行，过程推动力逐渐减少，最后下降为零，这时反应达到最大限度，反应系统的组成不再变化，达到化学平衡状态。从宏观上看，化学平衡表现为静止状态，而实际上是一种动态平衡，它是化学反应进行的限度。

在化工和药物生产中，总是希望一定数量的原料（反应物）能转化为较多的产物。但在给定条件下，化学反应是否能够进行？反应的极限产率（即平衡时的产率）有多大？以及在什么条件下可以得到更大的产率？这些都是化学平衡所要解决的问题。掌握这些资料，对于寻找新产品的合成路线、了解提高产率潜力等都有着重大的意义。

一、化学反应的方向和平衡条件

（一）反应进度

任一化学反应

$$aA+dD=gG+hH$$

某时刻 t 向右进行微小变化，若反应物 A 减少了 dn_A，则反应物 D 减少为 dn_D，产物 G 增加为 dn_G，产物 H 增加为 dn_H，它们之间具有一定的关系，为此，我们定义为

$$d\xi=-\frac{dn_A}{a}=-\frac{dn_D}{d}=\frac{dn_G}{g}=\frac{dn_H}{h}$$

用通式表示为

$$d\xi=\frac{dn_B}{\nu_B} \tag{2-103}$$

或

$$\xi=\frac{\Delta n_B}{\nu_B}$$

ξ 称为**反应进度**（advancement of reaction）。式中 B 表示反应系统中的任意物质，ν_B 为物质 B 的化学计量系数，ν_B 对反应物为负值，对产物为正值。

由式 2-103 可知，ξ 的 SI 单位为 mol。在反应进行到任一时刻，用任一反应物或产物的变化量表示的反应进度总是相等的。当 $\Delta n_B=0$ 时，$\xi=0$；当 $\Delta n_B=\nu_B$ 时，$\xi=1$，表示 a 摩尔的 A 与 d 摩尔的 D 完全反应生成 g 摩尔的 G 和 h 摩尔的 H，即化学反应按计量方程式进行了一个单位的反应。当 ξ 在 0 到 1 之间变化时，A、D、G、H 四种物质都存在，且其量都在变化；当 ξ 的值一定，则 A、D、G、H 都有确定的量。

（二）反应的方向和平衡的条件

设封闭系统中有一化学反应

$$a\mathrm{A}+d\mathrm{D}=g\mathrm{G}+h\mathrm{H}$$

在定温定压的条件下，反应向右进行了无限小量，则系统的吉布斯自由能变为

$$\mathrm{d}G_{T,\ p}=\sum_{\mathrm{B}}\mu_B\mathrm{d}n_B$$

因 $\mathrm{d}n_B=\nu_B\mathrm{d}\xi$，代入上式得

$$\mathrm{d}G_{T,\ p}=\sum_{\mathrm{B}}\mu_B\mathrm{d}n_B=\sum_{\mathrm{B}}\nu_B\mu_B\mathrm{d}\xi=\left(\sum_{\mathrm{B}}\nu_B\mu_B\right)\mathrm{d}\xi$$

由此得出：

$$\Delta_r G_{\mathrm{m}}=\left(\frac{\partial G}{\partial \xi}\right)_{T,p}=\sum_{\mathrm{B}}\nu_B\mu_B \tag{2-104}$$

式中 $\Delta_{\mathrm{r}}G_m$ 称为**反应的吉布斯自由能变**，它表示在定温定压下，在无限大量的系统中发生一个单位反应（μ_B 近似不变）时系统吉布斯自由能的改变；或者说，在有限量的系统中，在定温定压及反应进度为 ξ 时，反应再进行 $\mathrm{d}\xi$（极小）的变化，此时 μ_B 也可当作不变，系统吉布斯自由能随反应的变化率 $\left(\frac{\partial G}{\partial \xi}\right)_{T,p}$ 就是 $\Delta_r G_{\mathrm{m}}$。

根据吉布斯自由能的判据，系统不作非体积功时

$$\Delta_r G_{\mathrm{m}}=\left(\frac{\partial G}{\partial \xi}\right)_{T,p}=\sum_{\mathrm{B}}\nu_B\mu_B \begin{cases} <0 & \text{正向反应自发进行} \\ =0 & \text{化学平衡} \\ >0 & \text{逆向反应自发进行} \end{cases} \tag{2-105}$$

以上几种情况可用图 2-10 表示。即以系统的 G 对 ξ 作图，得一条曲线，曲线上任一点的斜率都代表 G 对 ξ 的变化率$(\partial G/\partial \xi)_{T,p}$。当 ξ 进行到一定值（$\xi^{\mathrm{eq}}\neq 1$）时，G 趋于最小，曲线出现最低点，此时$(\partial G/\partial \xi)_{T,p}=0$，反应达到平衡。

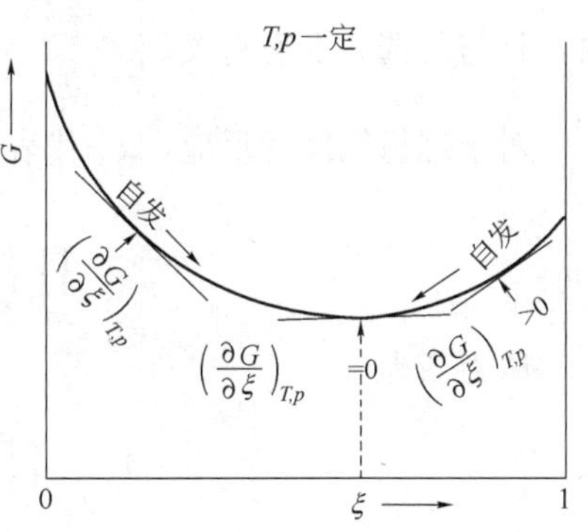

图 2-10 定温定压下 $G\sim\xi$ 曲线

为什么化学反应总会出现化学平衡而不能进行到底（反应物不能全部变为产物）呢？因为在定温定压下，化学反应总是自发向系统吉布斯自由能减小的状态变化。反应时，一旦有产物生成，产物与反应物的混合必定引起混合熵，其值 $\Delta S_{\mathrm{mix}}>0$。由$\Delta G_{\mathrm{m}}=\Delta H_{\mathrm{m}}-T\Delta S_{\mathrm{m}}$ 可知，混合熵的存在导致 G 进一步减小，当 G 减至最小时，反应达到平衡，这时系统中或多或少还有反应物存在。这就是说，反应只能进行到某一程度，而不是全部的反应物都变为产物。

二、化学反应等温方程

封闭系统中任一化学反应

$$\mathrm{a}A+\mathrm{d}D=\mathrm{g}G+\mathrm{h}H$$

定温定压下反应进行无限小量的变化时，由式 2-104 可知 $\Delta_r G_{\mathrm{m}}=\sum_{B}\nu_{\mathrm{B}}\mu_{\mathrm{B}}$，代入化学势的表达式通式$\mu_B=\mu_B^{\ominus}(T)+RT\ln a_B$，则

$$\Delta_r G_m = \sum_B \nu_B \mu_B = \sum \nu_B [\mu_B^{\ominus}(T) + RT\ln a_B]$$

$$= \sum_B \nu_B \mu_B^{\ominus}(T) + RT\ln \prod_B (a_B)^{\nu_B}$$

当反应达平衡时，$\Delta_r G_m = 0$，则

$$\sum_B \nu_B \mu_B^{\ominus}(T) = -RT\ln \prod_B (a_B)_{eq}^{\nu_B}$$

由于 $\mu_B^{\ominus}$（T）在温度一定时为常数，所以 $\prod_B (a_B)_{eq}^{\nu_B}$ 也是常数，令此常数为 $K_a^{\ominus}$，则

$$\Delta_r G_m = -RT\ln K_a^{\ominus} + RT\ln \prod_B (a_B)^{\nu_B}$$

如令，$Q_a = \prod_B (a_B)^{\nu_B}$，$Q_a$ 称为**活度商**，即系统在定温下处于任意状态时，产物活度的幂的乘积与反应物活度的幂的乘积的比值。则

$$\Delta_r G_m = -RT\ln K_a^{\ominus} + RT\ln Q_a \tag{2-106}$$

式 2-106 称为**化学反应的等温方程**（reaction isotherm），也称范特霍夫（Van't Hoff）等温式。它的重要意义是用来判断反应进行的方向和限度，即

当 $K_a^{\ominus} > Q_a$ 时，$\Delta_r G_m < 0$，反应正方向自发进行；

当 $K_a^{\ominus} < Q_a$ 时，$\Delta_r G_m > 0$，反应逆方向自发进行；

当 $K_a^{\ominus} = Q_a$ 时，$\Delta_r G_m = 0$，反应达平衡。

$K_a^{\ominus}$ 称为标准平衡常数，即

$$K_a^{\ominus} = \prod_B (a_B)_{eq}^{\nu_B} = \left(\frac{a_G^g a_H^h}{a_A^a a_D^d}\right)_{eq} \tag{2-107}$$

表示化学反应达平衡时产物活度的幂的乘积与反应物活度的幂乘积的比值，它是温度的函数，且与所选标准态有关。

对于理想气体的反应，a_B 代表$\frac{p_B}{p^{\ominus}}$，则平衡常数为

$$K_p^{\ominus} = \prod_B \left(\frac{p_B}{p^{\ominus}}\right)_{eq}^{\nu_B} = \left[\frac{(p_G/p^{\ominus})^g (p_H/p^{\ominus})^h}{(p_A/p^{\ominus})^a (p_D/p^{\ominus})^d}\right]_{eq}$$

压力商为

$$Q_p = \prod_B \left(\frac{p_B}{p^{\ominus}}\right)^{\nu_B} = \frac{(p_G/p^{\ominus})^g (p_H/p^{\ominus})^h}{(p_A/p^{\ominus})^a (p_D/p^{\ominus})^d}$$

等温方程为

$$\Delta_r G_m = -RT\ln K_p^{\ominus} + RT\ln Q_p$$

同理，可写出实际气体、理想溶液和稀溶液等各类反应的等温方程。

【例 2-12】 已知 820℃反应：$H_2(g) + CO_2(g) \rightleftharpoons CO(g) + H_2O(g)$ 的 $K_p^{\ominus} = 1$。试判断当温度 820℃，H_2、CO_2、CO、H_2O 的分压分别为20.2kPa、20.2kPa、50.6kPa、10.1kPa 时，反应的自发性。如果把 CO_2 的分压提高到 40.4kPa 而 CO 的分压减少到30.4kPa时，情况又如何？

解：(1) 由于压力较低，可以看作是理想气体的反应，因此

$$Q_p = \frac{p_{CO} p_{H_2O}}{p_{H_2} p_{CO_2}} = \frac{50.6 \times 10.1}{20.2 \times 20.2} = 1.25$$

$$\Delta_r G_m = -RT\ln K_p^{\ominus} + RT\ln Q_p$$

$$=-8.314\times(820+273)\times(\ln 1-\ln 1.25)$$
$$=2030(\text{J}\cdot\text{mol}^{-1})>0$$

可见在该条件下正向反应不能自发进行。

(2)
$$\Delta_r G_m=-RT\ln K_p^{\ominus}+RT\ln Q_p$$
$$=-8.314\times(820+273)\times\left(\ln 1-\ln\frac{10.1\times 30.3}{20.2\times 40.4}\right)$$
$$=-8910(\text{J}\cdot\text{mol}^{-1})<0$$

该条件下正向反应可以自发进行。

三、多相反应的化学平衡

参与反应的物质不处于同一相的反应称为**多相反应**或**复相反应**。例如，碳酸钙的分解、乙醇的氧化：

$$CaCO_3(s) \rightleftharpoons CaO(s)+CO_2(g)$$
$$C_2H_5OH(l)+3O_2(g) \rightleftharpoons 3H_2O(g)+2CO_2(g)$$

若在密闭容器中，加热到某一温度，$CaCO_3$ 分解达平衡时，由式 2-107 可知

$$K_a^{\ominus}=\left(\frac{a_{CaO}a_{CO_2}}{a_{CaCO_3}}\right)_{eq}$$

在此平衡系统中，因压力不大，CO_2 可当作理想气体，即 $a_{CO_2}=\dfrac{p_{CO_2}}{p^{\ominus}}$；对纯固态$CaCO_3$、CaO，它们的活度等于 1（标准态选择），其饱和蒸气压相对极小（可忽略），上式可写为

$$K_p^{\ominus}=\frac{p_{CO_2}}{p^{\ominus}} \tag{2-108}$$

上式表明，在一定温度时，不论 $CaCO_3$ 和 CaO 的数量有多少，平衡时 CO_2 的分压总是定值。通常将平衡时 CO_2 的分压称为 $CaCO_3$ 分解反应的**分解压**。利用分解压与环境的压力的比较可判定反应进行的方向。由于空气中 CO_2 的分压小于 $CaCO_3$ 分解反应的分解压，所以，在煅烧石灰石时，石灰窑必需敞开而不能密闭。若在定温下，某纯固体或纯液体的分解产物不止一种气体，则产物中所有气体的总压力称为该物质的分解压。

由此可见，当化学反应在纯固相（或纯液相）与理想气体间进行时，其平衡常数仅与气体的压力有关，而与凝聚相无关。注意，若凝聚相构成溶液或固熔体，它的平衡常数则会相对复杂些。

【例 2-13】 已知 288K 时反应

$$NH_4COONH_2(s) \rightleftharpoons 2NH_3(g)+CO_2(g)$$

开始时的 CO_2 的分压为 $0.0259\times p^{\ominus}$，NH_3 的分压为 0；平衡时测定系统总压为$0.0639\times p^{\ominus}$。试计算 288K 时该反应的 $K_p^{\ominus}$。

解：此为多相反应的化学平衡，设平衡时分解产生的 CO_2 的压力为 p，则

$$NH_4COONH_2(s) \rightleftharpoons 2NH_3(g)+CO_2(g)$$

	NH_3	CO_2
开始	0	$0.0259\times p^{\ominus}$
平衡	$2p$	$0.0259\times p^{\ominus}+p$

平衡总压为　$0.0259\times p^{\ominus}+3p=0.0639\times p^{\ominus}$

得 $p=0.01267\times p^{\ominus}$

$$K_p^{\ominus}=\frac{p_{CO_2}p_{NH_3}^2}{(p^{\ominus})^3}=(0.0259+0.01267)\times(2\times0.01267)^2\times\frac{(p^{\ominus})^3}{(p^{\ominus})^3}=2.47\times10^{-5}$$

四、反应的标准摩尔吉布斯自由能变及平衡常数的计算

平衡常数是一个很重要的数据，但是由实验直接测定平衡常数具有一定的局限性，有些反应甚至无法直接测定。通常的方法是用热力学数据来进行计算。

（一）反应的标准摩尔吉布斯自由能变

封闭系统中任一化学反应

$$a\mathrm{A}+d\mathrm{D}=g\mathrm{G}+h\mathrm{H}$$

在温度 T 和 $p^{\ominus}$ 下，反应完全进行，则

$$\Delta_r G_m^{\ominus}=\sum_B \nu_B \mu_B^{\ominus}=\sum_B \nu_B G_{m,B}^{\ominus}$$

$\Delta_r G_m^{\ominus}$ 称为**反应的标准摩尔吉布斯自由能变**，它表示反应物和产物各自都处于温度 T 和标准压力 $p^{\ominus}$ 下，按化学反应计量式反应物完全变成产物时的 $\Delta_r G_m^{\ominus}$。$G_{m,B}^{\ominus}$ 为物质 B 的标准摩尔吉布斯自由能，它的值目前还无法测定。类似热化学中用生成热计算反应热的方法，规定稳定单质的 $G_{m,B}^{\ominus}$ 为零，则在温度 T 和 $p^{\ominus}$ 下，由稳定单质生成 1mol 某化合物 B 时反应的吉布斯自由能变就称为该化合物的**标准摩尔生成吉布斯自由能变**，用 $\Delta_f G_m^{\ominus}(B)$ 表示。按此定义，稳定单质的 $\Delta_f G_m^{\ominus}(B)=0$，其他物质的 $\Delta_f G_m^{\ominus}(B)$ 在数值上就与其自身的 $G_{m,B}^{\ominus}$ 相等。在附录中列出了部分物质 298.15K 时的 $\Delta_f G_m^{\ominus}(B)$ 值。所以 298.15K 任一反应的 $\Delta_r G_m^{\ominus}(B)$ 为

$$\Delta_r G_m^{\ominus}=\sum_B \nu_B \Delta_f G_m^{\ominus}(B) \tag{2-109}$$

对于其他温度下 $\Delta_r G_m^{\ominus}(\mathrm{T})$ 值可利用 Gibbs-Helmholtz 方程计算得到。

$\Delta_r G_m^{\ominus}$ 值具有特别重要的意义。例如：

（1）利用 $\Delta_r G_m^{\ominus}$ 估计反应的可能性

定温定压下，由化学反应的等温方程可得

$$\Delta_r G_m=\Delta_r G_m^{\ominus}+RT\ln Q_a$$

若 $\Delta_r G_m^{\ominus}$ 的绝对值很大，而实际 Q_a 变化不大，$\Delta_r G_m^{\ominus}$ 就决定了 $\Delta_r G_m$ 的符号，也就决定了化学反应能否自发进行。粗略估计，当 $\Delta_r G_m^{\ominus}<-42\mathrm{kJ\cdot mol^{-1}}$ 时，反应能自发进行；当 $\Delta_r G_m^{\ominus}>42\mathrm{kJ\cdot mol^{-1}}$ 时，反应不能自发进行。

（2）由有关反应的 $\Delta_r G_m^{\ominus}$ 求未知反应的 $\Delta_r G_m^{\ominus}$

有些反应的 $\Delta_r G_m^{\ominus}$ 不易由实验求得。但 $\Delta_r G_m^{\ominus}$ 是状态函数的改变量，可以类似盖斯定律计算反应热的方法进行运算。

（3）计算化学反应的平衡常数

$$\Delta_r G_m^{\ominus}=-RT\ln K_a^{\ominus} \tag{2-110}$$

（二）有关平衡常数的计算

平衡常数是化学平衡必定存在的一个特征，是衡量一个化学反应进行限度的标志。判断一个反应是否确已达到平衡，通常可以用下面几种方法：

1. 系统若已达平衡，则在外界条件不变的情况下，无论再经历多长时间，系统中各物质的

浓度均不再改变。

2. 从反应物开始正向进行反应，或者从生成物开始逆向进行反应，在达到平衡后，所得到的平衡常数应相等。

3. 定温下，任意改变参加反应各物质的最初浓度，达平衡后所得平衡常数相同。

平衡常数的计算，可利用物理方法测定平衡系统的折射率、电导率或吸光度等求出各组分的含量，或用化学分析法测定平衡系统中各物质的浓度，然后计算求得；也可以用 $\Delta_r G_m^\ominus$ 求得。

同样地，有了平衡常数，可计算反应平衡时各物质的浓度，进而可以求出该条件下的最大产率。企图获得更高的产率而超越平衡常数的限制是不可能的，只有在尊重平衡规律的条件下改变反应条件，才能谋取最大产率。

平衡转化率也称理论转化率或最高转化率（离解度），其定义为

$$\text{平衡转化率}(\alpha)=\frac{\text{平衡时某反应物消耗掉的量}}{\text{该反应物的原始量}}\times 100\% \tag{2-111}$$

若有副反应发生，反应物的一部分变为产品，另一部分变为副产品。工业上又常用“产率”（或称收率）这一概念，即

$$\text{平衡产量}=\frac{\text{平衡时转化为指定产物的某反应物的量}}{\text{该反应物的原始量}}\times 100\% \tag{2-112}$$

【例 2-14】 求 298.15K 时下列反应的平衡常数 $K_p^\ominus$

$$CH_4(g)+2H_2O(g) \rightleftharpoons CO_2(g)+4H_2(g)$$

已知有关物质在 298.15K 时的热力学数据如下

物　质	$CH_4(g)$	$H_2O(g)$	$CO_2(g)$	$H_2(g)$
$\Delta_f H_{m,B}^\ominus$ (kJ·mol^{-1})	−74.8	−241.8	−393.5	0
$S_{m,B}^\ominus$ (J·K^{-1}·mol^{-1})	187.9	188.8	213.8	130.7

解：

$$\begin{aligned}\Delta_r H_m^\ominus &= \sum_B \nu_B \Delta_f H_{m,B}^\ominus \\ &= -393.5+0-(-74.8)-2\times(-241.8) \\ &=164.9(\text{kJ}\cdot\text{mol}^{-1})\end{aligned}$$

$$\begin{aligned}\Delta_r S_m^\ominus &=\sum_B \nu_B S_{m,B}^\ominus \\ &=213.8+4\times130.7-187.9-2\times188.8 \\ &=171.1(\text{J}\cdot\text{K}^{-1}\cdot\text{mol}^{-1})\end{aligned}$$

$$\begin{aligned}\Delta_r G_m^\ominus &=\Delta_r H_m^\ominus - T\Delta_r S_m^\ominus \\ &=164.9-298.15\times171.1\times10^{-3} \\ &=113.9(\text{kJ}\cdot\text{mol}^{-1})\end{aligned}$$

$$\begin{aligned}K_p^\ominus &=\exp\left(-\frac{\Delta_r G_m^\ominus}{RT}\right) \\ &=\exp\left(-\frac{113.9\times10^3}{8.314\times298.15}\right) \\ &=1.11\times10^{-20}\end{aligned}$$

【例 2-15】 在 400K 时将0.0163mol 的 PCl_5 置于1.0L 容器中，当反应

$$PCl_5(g) \rightleftharpoons PCl_3(g)+Cl_2(g)$$

达平衡后（设为理想气体），测得压力为 $p=100$kPa。计算反应的离解度 α（转化率）和平

衡常数 $K_p^{\ominus}$。

解： $PCl_5(g) \rightleftharpoons PCl_3(g) + Cl_2(g)$

平衡量（mol）　$0.0163(1-\alpha)$　0.0163α　0.0163α

平衡总量（mol）　$\sum n = 0.0163 \times (1+\alpha)$

平衡时视为理想气体，则有　$pV = \sum n \cdot RT$

即　$100000 \times 1 \times 10^{-3} = 0.0163(1+\alpha) \times 8.314 \times 400$

则　$\alpha = 0.8844$

$$K_p^{\ominus} = \prod_B \left(\frac{p_B}{p^{\ominus}}\right)^{\nu_B} = \left(\frac{x_{PCl_3} \cdot x_{Cl_2}}{x_{PCl_5}}\right)\left(\frac{p}{p^{\ominus}}\right)^{\sum \nu_B}$$

$$= \frac{[\alpha/(1+\alpha)]^2}{(1-\alpha)/(1+\alpha)}\left(\frac{p}{p^{\ominus}}\right) = \frac{\alpha^2}{1-\alpha^2} \cdot \left(\frac{p}{p^{\ominus}}\right)$$

$$= \frac{0.844^2}{1-0.844^2} \times \frac{p^{\ominus}}{p^{\ominus}} = 2.48$$

【例 2-16】 乙苯脱氢生产苯乙烯的反应为

$$C_6H_5C_2H_5(g) \rightleftharpoons C_6H_5C_2H_3(g) + H_2(g)$$

900K 时 $K_p^{\ominus} = 2.7$。若反应开始时只有反应物乙苯 1mol，试计算平衡时：（1）在 $p^{\ominus}$ 下生成苯乙烯的量；（2）在 10kPa 下生成苯乙烯的量。

解： 设生成苯乙烯的量为 n mol

$$C_6H_5C_2H_5(g) \rightleftharpoons C_6H_5C_2H_3(g) + H_2(g)$$

平衡时（mol）　$1-n$　n　n

平衡总量（mol）　$\sum n = 1 + n$

$$K_p^{\ominus} = \left(\frac{x_{C_6H_5C_2H_3} \cdot x_{H_2}}{x_{C_6H_5C_2H_5}}\right)\left(\frac{p}{p^{\ominus}}\right)^{\sum \nu_B} = \frac{[n/(1+n)]^2}{(1-n)/(1+n)}\left(\frac{p}{p^{\ominus}}\right) = \frac{n^2}{1-n^2} \cdot \left(\frac{p}{p^{\ominus}}\right)$$

（1）当 $p = p^{\ominus}$ 时，解得 $n = 0.85$mol

（2）当 $p = 10$kpa 时，解得 $n = 0.98$mol

可见减小压力有利于产率的提高。

【例 2-17】 在 800K，$p^{\ominus}$ 下，1mol 的正戊烷异构化为异戊烷和新戊烷（副产物），反应如下

（1）　正-$C_5H_{12} \longrightarrow$ 异-C_5H_{12}　$K_{p_1}^{\ominus} = 1.795$

（2）　正-$C_5H_{12} \longrightarrow C(CH_3)_4$　$K_{p_2}^{\ominus} = 0.137$

请计算平衡时正戊烷的总转化率和生成异戊烷的产率。

解： 这是一个简单的平行反应，设平衡时生成 x mol 异戊烷和 y mol 新戊烷，则正戊烷的平衡量为（$1-x-y$）mol

根据反应（1）　$\dfrac{x}{1-x-y} = 1.795$

根据反应（2）　$\dfrac{y}{1-x-y} = 0.137$

联合解得　$x = 0.612$mol　$y = 0.0467$mol

正戊烷的总转化率　$\alpha = \dfrac{(0.612+0.0467)}{1} \times 100\% = 65.87\%$

异戊烷的产率$=\frac{0.612}{1}\times 100\%=61.2\%$

五、温度对化学平衡常数的影响

将一个反应的$\Delta_r G_m^{\ominus}=-RT\ln K^{\ominus}$代入 Gibbs-Helmholtz 方程

$$\left[\frac{\partial(\Delta_r G_m^{\ominus}/T)}{\partial T}\right]_p=-\frac{\Delta_r H_m^{\ominus}}{T^2}$$

可得下式

$$\left(\frac{\partial \ln K^{\ominus}}{\partial T}\right)_p=\frac{\Delta_r H_m^{\ominus}}{RT^2} \tag{2-113}$$

式 2-113 叫做**化学反应的等压方程**（reaction isobar），也叫 Van't Hoff 等压式。式中$\Delta_r H_m^{\ominus}$是各物质均处于标准态时的标准摩尔反应热，由此可见：

吸热反应，$\Delta_r H_m^{\ominus}>0$，$(\partial \ln K^{\ominus}/\partial T)_p>0$，即$K^{\ominus}$随升温而增大；

放热反应，$\Delta_r H_m^{\ominus}<0$，$(\partial \ln K^{\ominus}/\partial T)_p<0$，即$K^{\ominus}$随升温而降低。

故升温对吸热反应有利，对放热反应不利。对于吸热和放热的可逆反应平衡来说，升温可使平衡向吸热方向移动，降温则可使平衡向放热方向移动。如果反应不吸热也不放热（$\Delta_r H_m^{\ominus}=0$），则改变温度$K^{\ominus}$不受影响。

对不同类型的反应，如理想气体、实际气体、理想溶液或稀溶液等反应，式 2-113 中的$K^{\ominus}$分别用$K_p^{\ominus}$、$K_f^{\ominus}$、$K_x^{\ominus}$或$K_c^{\ominus}$等代替。

（一）$\Delta_r H_m^{\ominus}$为常数

如温度变化范围很小，可认为$\Delta_r H_m^{\ominus}$与温度无关，积分 2-113 式得

$$\ln\frac{K_2^{\ominus}}{K_1^{\ominus}}=-\frac{\Delta_r H_m^{\ominus}}{R}\left(\frac{1}{T_2}-\frac{1}{T_1}\right) \tag{2-114}$$

可见，已知T_1（如 298.15K）时的$K_1^{\ominus}$，就可由上式计算T_2时的$K_2^{\ominus}$。

若将式 2-113 作不定积分，则得

$$\ln K^{\ominus}=-\frac{\Delta_r H_m^{\ominus}}{RT}+C \tag{2-115}$$

式中C是积分常数，以$\ln K^{\ominus}$与$1/T$作图时，可得一条直线，其斜率等于$-\Delta_r H_m^{\ominus}/R$，截距为$C$，故由斜率可求得反应热$\Delta_r H_m^{\ominus}$。

（二）$\Delta_r H_m^{\ominus}$与温度有关

如温度变化范围较大，不能忽略温度对$\Delta_r H_m^{\ominus}$的影响，这时应先找出$\Delta_r H_m^{\ominus}$与T的关系

$$\mathrm{d}\Delta_r H_m^{\ominus}=\Delta C_{p,m}^{\ominus}\mathrm{d}T$$

积分有

$$\Delta_r H_m^{\ominus}=\Delta H_C+\Delta a\cdot T+\frac{1}{2}\Delta b\cdot T^2+\frac{1}{3}\Delta c\cdot T^3+\cdots$$

ΔH_C为积分常数，将某一温度T下的$\Delta_r H_m^{\ominus}$代入上式，即可求得ΔH_C。将上式代入式 2-113，不定积分后得

$$\ln K^{\ominus}=-\frac{\Delta H_C}{RT}+\frac{\Delta a}{R}\ln T+\frac{\Delta b}{2R}T+\frac{\Delta c}{6R}T^2+\cdots+I \tag{2-116}$$

式中 I 是积分常数，代入已知 T 时的 $K^{\ominus}$，即可求出 I。这样，用式 2-116 就可计算出任意温度 T 时的 $K^{\ominus}$ 值。

附：非平衡态热力学简介

经典热力学是描述平衡态系统的热力学理论，其处理对象为化学平衡、相平衡、电化学平衡以及系统从一个平衡态向另一平衡态过渡等问题。而对于非平衡系统，经典热力学是将其与平衡系统相比较，进而回答某一系统是否达到平衡，距平衡多远，或某一过程能否发生，发生的最终结果等问题，即所谓方向与限度。它不考虑过程变化的途径，不涉及变化的速率，故无法回答过程变化机理与速率。尽管如此，经典热力学在解释复杂系统自发趋于平衡和趋于无序的行为方面，已取得了巨大成功。但是趋于平衡和趋于无序并非自然界的普遍规律，如在生物界，根据达尔文生物进化学说，进化的结果总是导致种类繁多和结构复杂，即有序的增加。按照生物学的观点，在空间和功能两方面的有序是生命的基本特性。

从热力学的观点看，自然界有两类有序结构。一类是像晶体中出现的那种有序，它们是在分子水平上定义的有序，并且可以在孤立的环境下和平衡条件下维持，不需要与外界环境交换任何物质和能量；另一类可以呈现宏观上的时空有序，这类有序只有在非平衡条件下和与外界环境间交换物质和能量才能维持。生物中的有序是第二类有序结构的典型代表。

经典热力学可以解释第一类有序结构的起因，但无法解释第二类有序结构的起因。长期以来人们认为只有第一类有序结构是唯一可以从物理学原理解释的有序态，而第二类有序结构是生物体所特有的，需引入新的理论才能解释。但在非生命系统中仍可找到大量的第二类有序结构的例子。如蛋白组织现象，它们对经典热力学构成了挑战。

一、敞开系统、非平衡态

根据系统与外界是否有能量和物质交换将系统分为两类：孤立系统是指不受外界影响的系统，其变化是由系统内部相互作用引起的，为自发过程；敞开系统是指受环境影响的系统，其变化强烈依赖于外部条件，具有开放性。

在一定条件下，当系统状态函数不随时间变化，且系统内部不再有任何宏观过程，不存在物理量的宏观流动，如热流、粒子流等，这样的状态即为热力学平衡态。凡不具备以上特征的状态都称为非平衡态。孤立系统的状态皆为热力学平衡态，敞开系统的状态不一定为热力学平衡态。如一金属棒两端分别与两个不同温度的大恒温热源相接触，经过一定时间后，金属棒上各点温度不再随时间改变，达到了一定状态，但它不是平衡态，因金属棒内存在宏观的热流。只要维持两热源温度的外部条件，无论多长时间，金属棒永不会发展到热力学平衡态。

二、熵流、熵产生与耗散结构

根据熵增原理，孤立系统朝着熵增大的方向进行，直到具有最大熵值的热力学平衡态为止。1945 年比利时科学家普里高京（I. Prigoging）将熵增原理推广到任意系统（孤立系统，敞开系统），认为处于平衡的系统有确定的熵值，当状态变化时，系统的熵变可分为两部分之和，称为外熵变和内熵变。外熵变是由系统与环境通过界面进行热量交换与物质交换时进入或流出

系统的熵流（entropy flux），用 $\mathrm{d}_e S$ 表示，是系统与环境间的熵交换。内熵变是由系统内部的不可逆过程（如化学变化、扩散等）所引起的熵产生（entropy production），用 $\mathrm{d_i}S$ 表示，则

$$\mathrm{d}S=\mathrm{d}_e S+\mathrm{d}_i S$$

$\mathrm{d_e}S$ 可正、可负、亦可等于零；$d_i\mathrm{S}$ 则不能小于零，即 $\mathrm{d_i}S\geqslant 0$。

当系统随时间变化时，则

$$\frac{\mathrm{d}S}{\mathrm{d}t}=\frac{\mathrm{d}_e S}{\mathrm{d}t}+\frac{\mathrm{d}_i S}{\mathrm{d}t}$$

其中熵流项的一般形式为

$$\frac{\mathrm{d}_e S}{\mathrm{d}t}=\sum\frac{1}{T_B}\frac{\delta Q_B}{\mathrm{d}t}+\sum S_B\frac{\mathrm{d}n_B}{\mathrm{d}t}$$

式中 $\frac{\delta Q_B}{\mathrm{d}t}$ 是在 T_B 温度热量流入系统的速率，$\frac{\mathrm{d}n_B}{\mathrm{d}t}$ 是物质 B 流入系统的速率，S_B 是物质 B 的偏摩尔熵。则对任一系统，熵变化率可表示为

$$\frac{\mathrm{d}S}{\mathrm{d}t}=\sum\frac{1}{T_B}\frac{\delta Q_B}{\mathrm{d}t}+\sum S_B\frac{\mathrm{d}n_B}{\mathrm{d}t}+\frac{\mathrm{d}_i S}{\mathrm{d}t}$$

孤立系统因 $\frac{\delta Q_B}{\mathrm{d}t}=0$，$\frac{\mathrm{d}n_B}{\mathrm{d}t}=0$，则熵变化率为 $\frac{\mathrm{d}S}{\mathrm{d}t}=\frac{\mathrm{d}_i S}{\mathrm{d}t}$。由于 $\mathrm{d}_i S\geqslant 0$，表示系统的熵将趋于最大，生物将达到热力学平衡的死亡状态，这样的系统，生命无法生存。

敞开系统可出现两种情形。当系统向外流出的熵变与系统内部产生的熵变正好抵消，即 $-\frac{\mathrm{d}_e S}{\mathrm{d}t}=\frac{\mathrm{d}_i S}{\mathrm{d}t}$，系统可达到非平衡的稳定状态，成年的生命将维持有序不变；当系统向外流出的熵变大于系统内部产生的熵变，即 $-\frac{\mathrm{d}_e S}{\mathrm{d}t}>\frac{\mathrm{d}_i S}{\mathrm{d}t}$，系统将向更有序的方向发展，这就是生命的进化过程。第一种情形称之为稳态（steady state），第二种情形普里高京称之为耗散结构（dissipative structures），它的形成和维持需要消耗能量。

普里高京的非平衡态热力学是研究耗散结构的理论基础，由于这一重大贡献，他获得了1977年诺贝尔化学奖。

三、熵与生命

对于一个健康的生物体，属于热力学开放系统，基本处于非平衡态的稳态。生物体内有血液流动、扩散、生化变化等过程，体内熵产生 $\frac{\mathrm{d}_i S}{\mathrm{d}t}>0$。要达到稳态，则必 $\frac{\mathrm{d}_e S}{\mathrm{d}t}<0$，而该项包括热交换与物质交换两项。热交换取决于机体与环境的温差，物质交换则来源于生物体摄入食物、排出废物。摄入的食物为蛋白质、糖、脂肪等高度有序化、低熵值的大分子，排出的废物为无序的、高熵值的小分子物质，因此生物体从无序进入有序的耗散结构状态，与热力学第二定律并不相矛盾。

随着非平衡态热力学的发展及生命有序的深入研究，人们对建康、疾病等认识有了本质变化。以往将人体健康视为平衡态，疾病则是不平衡态，而新观点将健康视为非平衡系统的稳态，疾病则是对这种稳态的扰乱。人体若因某种内外因素使外熵流不畅通，体内积熵而引起疾病，即为熵病。中暑则是一种典型的熵病。目前开展了许多基于非平衡稳态的医药学理论及实践的研究活动。

本章小结

在经典热力学中，热力学理论是以第零、第一、第二、第三这四大定律为基础，借助平衡态模型，通过逻辑推理以数学知识为基础建立的一套理论，该理论认为系统总是自发地趋向平衡，趋向无序。它能对不需和外界环境进行物质和能量交换即孤立条件下和平衡条件下得以维持其结构的系统作出解释和预言，对人类科学技术的进步起了不可估量的推动作用。对与外界进行物质和能量交换在非平衡条件下得以维持并呈现宏观范围的时空有序的研究，使热力学从平衡态走向非平衡态，形成了不可逆过程热力学。

本章旨在阐明过程的方向和限度的判据及其应用问题。首先从自发过程的共同特征定性地论述过程变化的方向和限度，总结出热力学第二定律。为了判断过程的方向和限度，本章介绍了熵函数 S、亥姆霍兹自由能 F、吉布斯自由能 G。其中熵函数是热力学第二定律中最基本的状态函数，它是通过可逆过程的热温商定义的，即 $\mathrm{d}S=\frac{\delta Q_R}{T}$。定义了熵函数以后，克劳修斯在卡诺定理的基础上，得出了克劳修斯不等式 $\mathrm{d}S\geqslant\frac{\delta Q_R}{T}$，即热力学第二定律的数学式。将热力学第二定律的数学式应用到绝热过程（或孤立系统）就得到了熵判据 $\mathrm{d}S_{绝热}\geqslant 0$，如果是定容（或定压）、不做非体积功的过程就得到了亥姆霍兹自由能判据 $-\mathrm{d}F_{T,V,W'=0}\geqslant 0$ 和吉布斯自由能判据 $-\mathrm{d}G_{T,p,W'=0}\geqslant 0$。由于引入了 S、F、G 三个状态函数，使得定量讨论不同条件下过程变化的方向和限度成为可能。

熵变的计算就是利用定义，求可逆过程的热温商，对单纯状态变化则用 $\mathrm{d}S=\frac{C\mathrm{d}T}{T}$ 进行计算，如果相变过程则利用相变潜热 $\Delta S=\frac{n\Delta_\alpha^\beta H_\mathrm{m}}{T}$ 进行计算，如果化学变化则利用标准摩尔熵进行计算

$$\Delta_r S_\mathrm{m}^\ominus(T)=\Delta_r S_\mathrm{m}^\ominus(298.15\mathrm{K})+\int_{298.15}^{T}\frac{\sum\nu_\mathrm{B}C_{p,\mathrm{m}}\mathrm{d}T}{T}。$$

吉布斯自由能变主要利用定义式进行计算，$\mathrm{d}G=-S\mathrm{d}T+V\mathrm{d}p$，通常将实际过程设计成定温变压的可逆过程 $\mathrm{d}G=V\mathrm{d}p$，计算比较方便。对于化学变化的吉布斯自由能变的计算还可以借助于标准摩尔生成吉布斯自由能 $\Delta_f G_m^\ominus$ 来计算。

对于多组分系统，其摩尔数量不再适用，取而代之的是偏摩尔数量，纯物质在定温、定压下摩尔数量是一确定值（如摩尔体积），而多组分系统的摩尔数量则需要在定温、定压和定组成（即浓度）下是一确定值。其中最重要的是偏摩尔吉布斯自由能即化学势（狭义），$\mu_B=G_B=\left(\frac{\partial G}{\partial n_B}\right)_{T,p,n_i\neq n_B}$，因为在多组分系统中是通过化学势来判断过程的方向和限度。在定温、定压、定组成条件下，多组分系统只可能自发地由化学势较大的状态向化学势较小的状态进行，如果化学势相等，则系统达到平衡。

将化学势应用到稀溶液中，则得出稀溶液的依数性：蒸气压下降、沸点升高、凝固点降低、产生渗透压。即溶质的加入会导致溶剂的性质发生上述变化，而这些变化仅依赖于溶质的数量和温度，而与溶质的本质无关，因而称为依数性。

思考题

1. “在可逆过程中 $dS=\frac{\delta Q}{T}$，而在不可逆过程中 $dS>\frac{\delta Q}{T}$，所以可逆过程的熵变大于不可逆过程的熵变。”此说法是否正确，为什么？

2. 在 373K、100kPa 下水蒸发成水蒸气的过程是可逆过程，因为可逆过程的 $\Delta S=0$，所以此过程的 $\Delta S=0$。此说法是否正确，为什么？

3. 欲提高卡诺热机效率，可以增加两个热源的温差，若增加温差为 ΔT，问是保持 T_1 不变、升高 T_2 有利，还是保持 T_2 不变，降低 T_1 有利？

4. 1mol 理想气体温度为 TK，经绝热不可逆膨胀，体积增加 1 倍，没有对外做功，试问：①该气体的温度会不会改变？②此过程系统的熵变为多少？③环境熵有没有变化？

5. 下列两过程均为定温定压过程，根据公式 $dG=-SdT+Vdp$ 计算得 $\Delta G=0$，此结论对否？为什么？

（1）268K，$p^{\ominus}$ 冰→268K，$p^{\ominus}$ 水；

（2）373K，$p^{\ominus}$，$H_2O(l)$→373K，$p^{\ominus}$，$H_2O(g)$。

6. 偏摩尔量与摩尔量有什么区别？

7. 试解释下列现象。

（1）纯水可以在 0℃时完全变成冰，但糖水溶液中水却不可能在 0℃时结成冰，为什么？

（2）白雪皑皑的寒冬，松树的叶子却能常青而不冻，为什么？

（3）被火锅里的肉汤烫伤的程度要比被开水烫伤厉害得多。

8. 两只各装有 1000g 水的烧杯中，分别向第一个烧杯中加入 0.01mol 的蔗糖，向第二个烧杯中加入 0.01mol 的 NaCl，按同样的速率降温，则两杯同时结冰。这种说法正确吗？

9. 什么是反应进度？当反应进度 $\xi=1$ 时，是不是代表恰好生成 1mol 产物？

10. 为什么要定义标准摩尔生成吉布斯自由能？

习　题

1. 1L 理想气体在 298K 时压力为 151kPa，经等温可逆膨胀至体积变到 10L，计算该过程的 W、ΔH、ΔU、ΔS。

（348J；0；0；$1.17\mathrm{J\cdot K^{-1}}$）

2. 一个理想卡诺热机在温差为 100K 的两个热源之间工作，若热机效率为 25%，计算 T_1、T_2 和功。已知每一循环中 T_1 热源吸热 1000J，假定所做的功 W 以摩擦热形式完全消失在 T_2 热源上，求该热机每一循环后的熵变和环境的熵变。

（300K；400K；−333.3J；$\Delta S_{体}=0$；$\Delta S_{环}=0.83\mathrm{J\cdot K^{-1}}$）

3. 1mol N_2 在 27℃从体积为 1L 向真空膨胀至体积为 20L，求系统的熵变。若使该气体在 27℃从 1L 经恒温可逆膨胀至 20L 其熵变又为多少？

（$\Delta S_1=\Delta S_2=24.91\mathrm{J\cdot K^{-1}}$）

4. 1mol 水于 0.1MPa 下自 25℃升温至 50℃，求熵变及热温商，并判断过程可逆性。已知

$C_{p,m}=75.3J\cdot K^{-1}\cdot mol^{-1}$。①热源温度为750℃；②热源温度为150℃。

（6.07，−1.84，4.23，不可逆；6.07，−4.45，1.62，不可逆）

5. 1mol甲醇在64.6℃（沸点）和标准压力下向真空蒸发，变成64.6℃和标准压力下的甲醇蒸气，试计算此过程的$\Delta S_{系统}$、$\Delta S_{环境}$和$\Delta S_{总}$，并判断此过程是否自发。已知甲醇的摩尔汽化热为35.32kJ·mol^{-1}。

（104.6J·K^{-1}；−96.3J·K^{-1}；8.314J·K^{-1}，可自发）

6. 有一大恒温槽，其温度为98.9℃，室温为28.9℃，经过相当时间后，有4184J的热因恒温槽绝热不良而传给室内空气，试求：①恒温槽的熵变；②空气的熵变；③此过程是否可逆。

（−11.24J·K^{-1}；13.85J·K^{-1}；2.61J·K^{-1}，不可逆）

7. 在保温瓶中将10g沸水中加入1g 273.2K的冰，求该过程的Q、W、ΔU、ΔH、ΔS的值各为多少？已知冰的熔化热为6025J·mol^{-1}，水的热容$C_{p,m}=75.3J\cdot K^{-1}\cdot mol^{-1}$。

（0；0；0；0；0.462J·K^{-1}）

8. 253K，标准压力下的1mol过冷水在绝热容器中部分凝结形成273K的冰水两相共存的平衡系统，计算此过程ΔH及ΔS。已知冰在273K时摩尔熔化热$\Delta_{fus}H_m^{\ominus}=6008J\cdot mol^{-1}$，水的定压摩尔热容为75.3J·K^{-1}·mol^{-1}。

（0；0.21J·K^{-1}）

9. 1mol单原子理想气体的始态为298.2K和5.0×10^5Pa：

（1）经绝热可逆膨胀至气体压力为1.0×10^5Pa，由熵增原理知，此过程的熵变$\Delta S_1=0$。

（2）在外压1.0×10^5Pa下经定外压绝热膨胀至气体压力为1.0×10^5Pa，由熵增原理知，此过程的熵变$\Delta S_2>0$。

（3）将（2）过程的终态在外压5.0×10^5Pa下，经定外压绝热压缩至气体压力为5.0×10^5Pa，由熵增原理知，此过程的熵变$\Delta S_3>0$。

试问（a）：（1）过程与（2）过程的始态压力相同，终态压力也相同，为什么状态函数变化不同，即$\Delta S_1=0$，$\Delta S_2>0$。（b）：（3）过程是（2）过程的逆过程，为什么两者的熵变都大于0，即$\Delta S_2>0$，$\Delta S_3>0$。请通过计算加以说明。

（0，5.37J·K^{-1}；6.48J·K^{-1}）

10. 已知丙酮蒸气在298K时的标准摩尔熵值为$S_m^{\ominus}=294.9J\cdot K^{-1}\cdot mol^{-1}$，求它在1000K时的标准摩尔熵值。在273～1500K范围内，其蒸气的$C_{p,m}$与温度T的关系式为

$$C_{p,m}=22.47+201.8+10^{-3}T-63.5\times10^{-6}T^2(J\cdot K^{-1}\cdot mol^{-1})$$

（434.9J·K^{-1}·mol^{-1}）

11. 计算下列各定温过程的熵变：

（1） [1mol N_2] + [1mol Ar] ⟶ [1mol N_2 1mol Ar]

V 　 V 　 $2V$

（2） [1mol N_2] + [1mol Ar] ⟶ [1molN_2 1molAr]

V 　 V 　 V

（3）同（1），但将Ar换成N_2；

(4) 同 (2)，但将 Ar 换成 N_2。

(11.5J・K^{-1}；0；0；11.5J・K^{-1})

12. 指出在下述各过程中系统的 ΔU、ΔH、ΔS、ΔF、ΔG 何者为零?

(1) 理想气体卡诺循环。

(2) H_2 和 O_2 在绝热钢瓶中发生反应。

(3) 液态水在 373.15K 和 101.325kPa 下蒸发为水蒸气。

(4) 理想气体向真空自由膨胀。

(5) 理想气体绝热可逆膨胀。

(6) 理想气体等温可逆膨胀。

[(1) 均为零；(2) $Q=-W=\Delta U=0$；(3) $\Delta G=0$；(4) $Q=-W=\Delta U=0$，$\Delta H=0$；(5) $Q=0$，$\Delta S=0$；(6) $\Delta U=0$，$\Delta H=0$]

13. 1mol 单原子理想气体始态为 273K、$p^{\ominus}$，分别经历下列可逆变化：

(1) 定温下压力加倍；

(2) 定压下体积加倍；

(3) 定容下压力加倍；

(4) 绝热可逆膨胀至压力减少一半。

计算上述各过程的 Q、W、ΔU、ΔH、ΔS、ΔG、ΔF。(已知 273K、$p^{\ominus}$下该气体的摩尔熵为100J・K^{-1}・mol^{-1})

[(1) −1573J，+1573J，0，0，5.763J・K^{-1}，1573J，1573J；(2) 5674J，−2270J，3404J，5674J，14.41J・K^{-1}，-2.949×10^4J，-3.176×10^4J；(3) 3404J，0，3404J，5674J，8.644J・K^{-1}，-2.632×10^4J，-2.86×10^4J；(4) 0，−823.1J，−823.1J，−1372J，0，5228J，5777J]

14. 请计算 1mol 过冷水在 268K、$p^{\ominus}$时凝固为 268K、$p^{\ominus}$冰的过程中的 ΔG 及 ΔS。已知水在 273K 时摩尔熔化热 $\Delta_{fus}H_m^{\ominus}=6008$J・$mol^{-1}$，液态水和冰的饱和蒸气压分别为 422Pa 和 414Pa，水的定压摩尔热容为 75.3J・mol^{-1}・K^{-1}。

(−42.7J；−21.5J・K^{-1})

15. 1mol 乙醇在其沸点 351.5K 时蒸发为气体，求该过程中的 Q，W，ΔU，ΔH，ΔS，ΔG，ΔF。已知该温度下乙醇的汽化热为 38.92kJ・mol^{-1}。

(38.92kJ；−2922J；35998J；38.92kJ；110.7J・K^{-1}；0；−2913J)

16. 298K 和 $p^{\ominus}$ 下，金刚石与石墨的规定熵分别为 2.45J・mol^{-1}・K^{-1} 和 5.71 J・mol^{-1}・K^{-1}；其标准燃烧热分别为−395.40kJ・mol^{-1}和−393.51kJ・mol^{-1}。计算在此条件下，石墨→金刚石的 $\Delta_rG_m^{\ominus}$ 值，并说明此时哪种晶型较为稳定。

(2.862kJ・mol^{-1}，石墨稳定)

17. 试由上题的结果，求算需增大到多大压力才能使石墨变成金刚石? 已知在 25℃时石墨和金刚石的密度分别为 2.260×10^3kg・m^{-3}和 3.513×10^3kg・m^{-3}。

(1.51×10^9Pa)

18. 试求在等温条件下，理想气体内能随体积的变化及焓随压力的变化。(答案略)

19. "理想气体定温可逆膨胀过程 $\Delta U=0$，$Q=-W$。说明理想气体从单一热源过程的熵变。"此说法是否正确，为什么?

(答：不矛盾，因为理想气体状态已经发生变化。)

20. 在常温常压下，将一定量 n(mol) 的 NaCl 加在 1kg 水中，水的体积 $V(m^3)$ 随 n 的变化关系为：$V=1.0013\times10^{-3}+1.6625\times10^{-5}n+1.773\times10^{-6}n^{3/2}+1.194\times10^{-7}n^2$。求当 $n=2$mol 时 H_2O 和 NaCl 的偏摩尔体积。

($17.99\times10^{-6}m^3\cdot mol^{-1}$；$20.86\times10^{-6}m^3\cdot mol^{-1}$)

21. 乙醇蒸气在 25℃、$p^{\ominus}$时的标准生成吉布斯自由能 $\Delta_f G_m^{\ominus}=-168.5kJ\cdot mol^{-1}$，求算乙醇（液）的标准生成吉布斯自由能 $\Delta_f G_m^{\ominus}$，计算时假定乙醇蒸气为理想气体，已知 25℃时乙醇蒸气压为 9348Pa。

($-174.4kJ\cdot mol^{-1}$)

22. 指出下列式子中哪些是偏摩尔量，哪些是化学势？

(1) $(\partial H/\partial n_i)_{T,p,n_j}$ (2) $(\partial F/\partial n_i)_{T,p,n_j}$ (3) $(\partial U/\partial n_i)_{S,V,n_j}$

(4) $(\partial V/\partial n_i)_{T,p,n_j}$ (5) $(\partial G/\partial n_i)_{T,V,n_j}$ (6) $(\partial F/\partial n_i)_{T,V,n_j}$

(7) $(\partial G/\partial n_i)_{T,p,n_j}$ (8) $(\partial H/\partial n_i)_{S,p,n_j}$ (9) $(\partial S/\partial n_i)_{T,p,n_j}$

[偏摩尔量：(1)(2)(4)(7)(9)；化学势：(3)(6)(7)(8)]

23. 在温度 298K 时，氧气、氮气和二氧化碳的亨利常数分别为 $k_x(O_2)=43\times10^8$Pa；$k_x(N_2)=86\times10^8$Pa 和 $k_x(CO_2)=1.6\times10^8$Pa；若它们的分压为 $p_{O_2}=2.0\times10^4$Pa；$p_{N_2}=7.5\times10^4$Pa；$p_{CO_2}=5.0\times10^3$Pa，求它们在水中的溶解度。

($0.258mol\cdot m^{-3}$；$0.484mol\cdot m^{-3}$；$1.74mol\cdot m^{-3}$)

24. 试比较下列几种状态下水的化学势的大小。

(a) 373K，$p^{\ominus}$，$H_2O(l)$

(b) 373K，$p^{\ominus}$，$H_2O(g)$

(c) 373K，$2\times p^{\ominus}$，$H_2O(l)$

(d) 373K，$2\times p^{\ominus}$，$H_2O(g)$

(e) 374K，$p^{\ominus}$，$H_2O(l)$

(f) 374K，$p^{\ominus}$，$H_2O(g)$

a 与 b 比较，c 与 d 比较，e 与 f 比较，a 与 d 比较，d 与 f 比较。

($\mu_a=\mu_b$；$\mu_c<\mu_d$；$\mu_e>\mu_f$；$\mu_a<\mu_d$；$\mu_d>\mu_f$)

25. 在常压下，苯的沸点为 353.25K。将 0.01kg 固体物质 B 溶于 0.10kg 苯中，此溶液的沸点为 354.05K。已知苯的摩尔质量为 $M_A=0.07811kg\cdot mol^{-1}$，摩尔蒸发焓为 $30.8\ kJ\cdot mol^{-1}$，试求物质 B 的摩尔质量 M_B 及溶液的摩尔沸点升高常数。

($0.329kg\cdot mol^{-1}$；$2.63kg\cdot K\cdot mol^{-1}$)

26. 溶剂 A 摩尔质量为 $9.41\times10^{-1}kg\cdot mol^{-1}$，冰点为 318K，在 0.100kg 的溶剂中加入摩尔质量为 $1.101\times10^{-1}kg\cdot mol^{-1}$ 的溶质 5.55×10^{-4}kg，冰点下降了 0.382K。若再加入摩尔质量未知的溶质 4.372×10^{-4}kg，冰点又下降了 0.467K。试计算溶剂摩尔冰点下降常数、未知溶质的摩尔质量 M_B 和溶剂 A 的摩尔熔化热。

($7.58kg\cdot K\cdot mol^{-1}$；$7.096\times10^{-2}kg\cdot mol^{-1}$；$104.37kJ\cdot mol^{-1}$)

27. 把 68.4g 的蔗糖加入到 1000g 的水中，在 20℃时此溶液的比重为 1.024，求该溶液蒸气压和渗透压？（已知 20℃时水的饱和蒸气压为 2.34kPa）

(2.33kPa；4.67×10^5Pa)

28. 已知反应 $2NO_2(g)= 2NO(g) + O_2(g)$ 在 457K、总压力为 100kPa 时，NO_2 有 5%分

解，求此反应的 $K_p^{\ominus}$。

（6.756×10^{-5}）

29. 使 1mol HCl 与 0.48mol O_2 混合，在 660K 和 $p^{\ominus}$ 达成下列平衡时，生成 0.40mol 的 Cl_2。

$$4HCl(g)+O_2(g) \rightleftharpoons 2H_2O(g)+2Cl_2(g)$$

试求：(1) 各气体的平衡分压；(2) 平衡常数 $K_p^{\ominus}$，K_x，K_c（设为理想气体）。

[(1) $p(HCl)=15.6kPa$，$p(O_2)=21.8kPa$，$p(H_2O)=p(Cl_2)=31.2kPa$；(2) 73.4，$4.03mol^{-1}\cdot m^3$]

30. 反应 $2NO_2(g) \rightleftharpoons N_2O_4(g)$，在 298K 时，$\Delta_r G_m^{\ominus}=-4.77kJ\cdot mol^{-1}$。

试问：(1) 当混合物中 $p(NO_2)=2.67\times10^4 Pa$ 及 $p(N_2O_4)=1.07\times10^5 Pa$ 时，反应向什么方向自发进行？(2) 当混合物中 $p(NO_2)=1.07\times10^5 Pa$ 和 $p(N_2O_4)=2.67\times10^4 Pa$ 时，反应向什么方向进行？

（$K_p^{\ominus}=6.86$，$Q_p=15.0$，向左；$Q_p=0.23$，向右）

31. 反应 $N_2O_4(g) \rightleftharpoons 2NO_2(g)$ 在 298K 的 $K_p^{\ominus}=0.155$。求：

(1) 总压力为 $p^{\ominus}$ 时 N_2O_4 的解离度。

(2) 总压力为 $2\times p^{\ominus}$ 时 N_2O_4 的解离度。

(3) 总压力为 $p^{\ominus}$、离解前 N_2O_4 和 N_2（惰性气体）物质的量为 1∶1 时 N_2O_4 的解离度。

（0.193；0.138；0.255）

32. 合成氨时所用氢和氮的比例为 3∶1，在 673K、100kPa 压力下，平衡混合物中氨的摩尔分数为 0.0385。求：

(1) $N_2(g)+3H_2(g) \rightleftharpoons 2NH_3(g)$ 的 $K_p^{\ominus}$。

(2) 在此温度时，若要得到 5% 的氨，总压力应为多少？

（4.11×10^{-5}；$1.33\times10^6 Pa$）

33. 潮湿的 $Ag_2CO_3(s)$ 在 383K 下用空气流（100kPa）进行干燥。请问气流中 $CO_2(g)$ 的分压最低为多少时，才能避免 Ag_2CO_3 分解？已知 383K 时，$Ag_2CO_3(s) \rightleftharpoons Ag_2O(s)+CO_2(g)$ 的 $K_p^{\ominus}=9.5\times10^{-3}$。

（951Pa）

34. Ag 在空气中会变黑，这是由于发生了以下反应：

$$2Ag(s)+H_2S(g)=Ag_2S(s)+H_2(g)$$

在 25℃时若银变黑，试估计空气中 $H_2(g)$ 和 $H_2S(g)$ 的压力比最多是多少？已知 298K 时 $H_2S(g)$ 和 $Ag_2S(s)$ 的 $\Delta_f G_m^{\ominus}$ 分别为 $-33.60kJ\cdot mol^{-1}$ 和 $-40.25kJ\cdot mol^{-1}$。

（$p_{H_2}/p_{H_2S}<14.64$）

35. CO_2 与 H_2S 在高温下有如下反应：$CO_2(g)+H_2S(g)=COS(g)+H_2O(g)$

当 610K 时，将 $4.4\times10^{-3}kg$ 的 CO_2 加入 2.5L 体积的空瓶中，然后再充入硫化氢使总压力为 1000kPa。平衡后水气的摩尔分数为 0.02。

(1) 计算 610K 时的 $K^{\ominus}$；

(2) 求 610K 时的 $\Delta_r G_m^{\ominus}$。

（2.92×10^{-3}；$29.6kJ\cdot mol^{-1}$）

36. 在 298K 时，下列可逆反应的平衡常数 $K_c^{\ominus}=8.9\times10^{-5}$。

1,6-二磷酸果糖（FDP）=3-磷酸甘油醛（G-3-P）+二羟丙酮磷酸盐（DHAP）

试求：（1）反应的标准摩尔吉布斯自由能变 $\Delta_r G_m^\ominus$（298K）。（2）若 $c(\text{FDP})=1.0\times10^{-2}$ $\text{mol}\cdot\text{L}^{-1}$；$c(\text{G-3-P})=c(\text{DHAP})=1.0\times10^{-5}\text{mol}\cdot\text{L}^{-1}$时，反应的方向向哪边进行？（设 $c^\ominus=1\text{mol}\cdot\text{L}^{-1}$）。

（$23.1\text{kJ}\cdot\text{mol}^{-1}$，$1.0\times10^{-8}$；向右）

37. 已知 298K，CO(g)和 $CH_3OH(g)$ 标准摩尔生成焓 $\Delta_f H_m^\ominus$ 分别为 $-110.52\text{kJ}\cdot\text{mol}^{-1}$ 及 $-200.7\text{kJ}\cdot\text{mol}^{-1}$，CO(g)、$H_2(g)$、$CH_3OH(l)$ 的标准摩尔熵 $S_m^\ominus$ 分别为 $197.67\text{kJ}\cdot\text{mol}^{-1}\cdot\text{k}^{-1}$、$130.68\text{kJ}\cdot\text{mol}^{-1}\cdot\text{k}^{-1}$ 及 $127\text{J}\cdot\text{mol}^{-1}\cdot\text{K}^{-1}$。又知 298K 甲醇的饱和蒸气压为 16.59kPa，摩尔汽化热 $\Delta_{vap}H_m^\ominus$ 为 $38.0\text{kJ}\cdot\text{mol}^{-1}$，蒸气可视为理想气体。利用上述数据，求 298K 时，反应

$CO(g)+2H_2(g)\longrightarrow CH_3OH(g)$ 的 $\Delta_r G_m^\ominus$ 及 $K^\ominus$。

（$-24.74\text{kJ}\cdot\text{mol}^{-1}$；$2.16\times10^4$）

38. 关于生命起源有各种学说，其中包括由简单分子自发地形成动、植物的复杂分子的一些假设。例如，形成动物代谢产物的尿素 $(NH_2)_2CO$ 有下列反应：

$$CO_2(g)+2NH_3(g)=(NH_2)_2CO(s)+H_2O(l)$$

试问：（1）在 298K 时，若忽略 Q_a 的影响，该反应能否自发形成尿素？（2）假设 $\Delta_r S_m^\ominus$ 和 $\Delta_r H_m^\ominus$ 与温度无关，该反应进行的最高温度是多少？

（$-6.74\text{kJ}\cdot\text{mol}^{-1}$；313.9K）

39. 在 873K 时，下列反应的 $\Delta_r H_m^\ominus=-88\text{kJ}\cdot\text{mol}^{-1}$（设与温度无关）

$$C(\text{石墨},s)+2H_2(g)\longrightarrow CH_4(g)$$

试问：（1）若 873K 时 $K_p^\ominus=0.386$，试求 1073K 时的平衡常数。（2）为了获得 CH_4 的高产率，温度和压力是高一些好还是低一些好？

（4.03×10^{-2}；降温、升压）

40. 已知反应$(CH_3)_2CHOH(g)=(CH_3)_2CO(g)+H_2(g)$的 $\Delta_r C_p=16.74\text{J}\cdot\text{K}^{-1}\cdot\text{mol}^{-1}$，在 298.2K 时 $\Delta_r H_m^\ominus=61.50\text{kJ}\cdot\text{mol}^{-1}$；在 500K 时 $K_p^\ominus=1.5$。请求出 $\ln K_p^\ominus$ 与 T 的关系式和 600K 时的 $K_p^\ominus$。

（20.8）

第三章 相平衡

扫一扫，查阅本章数字资源，含PPT、音视频、图片等

自然界中物质聚集的状态有气态、液态和固态。物质聚集状态间的转变称为相变化或简称相变。

相变是一种物理变化，不会产生新的物质，也不会改变系统中物质的量。实验室和制药工业上常用的分离提纯操作过程，如蒸馏、萃取、结晶、层析等，都涉及相变过程，这类过程达到平衡后就称为**相平衡**（phase equilibrium）过程。

相平衡理论是应用热力学原理和方法，研究多相平衡系统的状态如何随温度、压力、组成变化的科学。相平衡理论中最基本的定律就是著名的吉布斯相律，它是物理化学中最具普遍性的定律之一。相律是多相系统中的相数、组分数与温度、压力、组成等因素相互依存与变化的规律。本章将推导相律并结合相律讨论单组分系统和双组分系统中一些变量之间的相互关系。由于多相系统的变化比较复杂，用函数形式很难表达，因而常用相图来表示。相图是根据实验中得到的数据，绘制出系统的聚集状态与温度、压力、组成间相互关系的几何图形。相图是研究相平衡的重要工具，由于相图具有直观的特点，所以各个变量之间的关系以及给定条件下相变化的方向和限度可以直接从图中了解。

相平衡的研究可为中草药研究以及药物制剂研究提供一定的理论指导。

第一节 基本概念

一、相

相（phase）是系统中物理性质和化学性质完全均匀的部分。在指定的条件下，相与相之间有着明显的界面。从宏观上看，在界面处，物理性质和化学性质发生突变。**系统中相的数目称为“相数”，**用符号“ϕ”来表示。

（一）气相

由于气体分子都能均匀地混合，不论有多少种气体，系统只有一个相。

（二）液相

均匀的溶液是一个相，对不同液体物质相混合的系统，则因液体的互溶程度不同，可以是一个相或者多相共存。

（三）固相

每一种固体都代表着一个相，并与它们的分散度无关，除非在固态时能形成固熔体（固态溶液），则为一个相。同一种物质若有不同的晶型（如石墨和金刚石等），每种晶型都是一个相。

没有气相的系统称为“凝聚”系统。有时气相虽然存在，但可以不予考虑，例如常压下25℃液态水，虽然上方有水蒸气，但并未与液态水达到气液平衡，故在相平衡系统中可以不考虑其气相。

二、独立组分数

平衡系统中所含的物质的数目称为**“物种数”**，用符号 S 表示。**足以确定平衡系统中所有各相组成所需的最少物种数，称独立组分数**或简称**组分数**（number of components），用符号 K 表示。

应当指出，物种数 S 和组分数 K 是两个不同的概念，二者数值是否相同要看系统中是否存在着化学平衡和其他限制条件。用下列实例来说明：

1. 系统中不存在化学反应，物种数等于组分数，即 $S=K$。

例如 NaCl 的水溶液，NaCl 和 H_2O 是物种，$S=K=2$。

2. 系统中有化学平衡存在，例如任意量 N_2、H_2 和 NH_3 混合后达到化学平衡：

$$N_2 + 3H_2 \rightleftharpoons 2NH_3$$

系统中的 $S=3$，$K=2$，因为要确定该系统的组成，只要知道两种物质在平衡时物质的量或者说是分压，第三种物质的量或分压便可由平衡常数确定，系统的组成就能够确定了。它们的关系可用下式表示：$K=S-R=3-1=2$，其中 R 为系统中独立存在的化学平衡关系式数目，也叫独立化学平衡数，要注意“独立”二字。

例如系统中有 $H_2O(g)$、$C(s)$、$CO(g)$、$CO_2(g)$、$H_2(g)$5 种物质，在它们之间可以有三个化学平衡关系式：

(1) $H_2O(g) + C(s) \rightleftharpoons CO(g) + H_2(g)$

(2) $CO_2(g) + H_2(g) \rightleftharpoons CO(g) + H_2O(g)$

(3) $CO_2(g) + C(s) \rightleftharpoons 2CO(g)$

其中只有两个反应是独立的，任意一个反应可由其他两个反应组合得到。如反应（3）可由反应（1）+(2）得到，故其独立化学平衡数 $R=2$，$K=S-R=5-2=3$。

3. 系统中存在浓度限制条件。在上述的 N_2、H_2、NH_3 的混合气体中，如果我们知道反应前 N_2 和 H_2 的投料比，即反应前混合气体中 N_2 和 H_2 的浓度，则描述这样的平衡系统组分数就不是 $K=2$，而是 $K=S-R-R'=3-1-1=1$，其中 R' 为浓度限制条件数。因为这时只要知道了一个物质的分压，如氮的分压，根据投料比，就能知道氢气的分压，再由平衡常数就能确定氨气的分压，系统的组成就确定了，即三种物质中只有一种物质是独立的。应当注意，浓度限制条件要在同一相中才能应用，不同相间不存在浓度限制条件。例如 $CaCO_3$ 的分解反应：

$$CaCO_3(s) \rightleftharpoons CaO(s) + CO_2(g)$$

虽然分解产生的 $CaO(s)$ 与 $CO_2(g)$ 的物质的量相同，但由于一个是固相，另一个是气相，其间不存在浓度限制关系，故组分数 $K=S-R=3-1=2$。

因此系统的组分数可用下列关系式表示：

组分数＝物种数－独立的化学平衡数－独立的浓度限制条件

即
$$K=S-R-R'$$

【例 3-1】 在一抽空容器中，放入一定量的 $NH_4HCO_3(s)$，加热时可发生下列反应：

$$NH_4HCO_3(s) \rightleftharpoons NH_3(g) + CO_2(g) + H_2O(g)$$

求平衡时系统的组分数。

解：物种数 $S=4$，系统中有一平衡分解反应，$R=1$。系统中还存在着浓度限制条件：$p_{NH_3}=p_{CO_2}=p_{H_2O}$，并且它们在同一相中，因此 $R'=2$。根据式 $K=S-R-R'$ 得 $K=4-1-2=1$，即只要知道平衡时任一物质的分压，便可确定气相的组成（或浓度）。

三、自由度

一个平衡系统中，在不引起旧相消失或新相产生的条件下，有限范围内可以任意改变的可变因素，称为**自由度**（degrees of freedom）。系统的自由度数是指系统的可变因素的数目，用符号 f 表示，如温度、压力和组成的数目。例如液相的水，可在一定范围内任意改变温度和压力，而仍然能保持为液相，即 $f=2$。水和水蒸气呈两相平衡时，系统的可变因素仍是温度和压力，但这二者之间存在函数关系，定温下蒸气压有定值，如果指定了温度就不能再指定压力，或者指定了压力就不能再指定温度。例如在 1 个大气压下，水的沸点为 100℃，若让水处在 110℃，则液态水将消失，只存在气态的水。由此可见温度和压力只有一个是独立可变的，即 $f=1$。自由度数是随相数、独立组分数而变化的，它们之间的关系可用相律描述。

四、相律

相律（phase rule）是描述多相平衡系统中的相数（ϕ）、组分数（K）及自由度数（f）之间关系的规律。相律的数学表达式是吉布斯（Gibbs）借助于热力学理论推导出来的。

设有一平衡系统，其中有 ϕ 相，S 种物质，且分配在每一相中，若用 1、2、3…S 代表各种物质，以 α、β、γ…ϕ 代表各个相。系统达到平衡时必须满足：

1. 各相间的温度相同　$T^{\alpha}=T^{\beta}=T^{\gamma}=\cdots=T^{\phi}=T$

2. 各相间的压力相等　$p^{\alpha}=p^{\beta}=p^{\gamma}=\cdots=p^{\phi}=p$

3. 各相间物质的化学势相等 $\mu_1^{\alpha}=\mu_1^{\beta}=\mu_1^{\gamma}=\cdots=\mu_1^{\phi}$

整个系统中所有各相都应具有相同的温度（T）和压力（p），而每一相中都有 S 个浓度，其中（$S-1$）个浓度是独立的，因 $\sum x_i=1$。在 ϕ 个相中就有 $\phi(S-1)$ 个浓度变量，加上 T、p 两个变量，则总变量数为［$\phi(S-1)+2$］。

由于系统达到相平衡的条件是各物质在各相中的化学势相等，即：

$$\mu_1^{\alpha}=\mu_1^{\beta}=\mu_1^{\gamma}=\cdots=\mu_1^{\phi}$$

$$\mu_2^{\alpha}=\mu_2^{\beta}=\mu_2^{\gamma}=\cdots=\mu_2^{\phi}$$

$$\vdots$$

$$\mu_S^{\alpha}=\mu_S^{\beta}=\mu_S^{\gamma}=\cdots=\mu_S^{\phi}$$

化学势的等式就是关联变量(浓度或组成)的关系式，因每一种物质在 ϕ 个相中，就有 $S(\phi-1)$ 个化学势相等的关系式，此外，若系统中还有 R 个独立化学平衡反应式存在，并有 R' 个浓度限制条件，则变量间的关系式数为$[S(\phi-1)+R+R']$。

要描述多相平衡系统的状态，需要指定独立变量的总数目，也就是自由度数。因此先找出描述系统状态的总变量数目，扣除不独立的因素，即为自由度数：

自由度数＝总变量数－变量间的关系式数

$$f=[\phi(S-1)+2]-[S(\phi-1)+R+R']=[S-R-R']-\phi+2$$

因为
$$K=S-R-R'$$

所以
$$f=K-\phi+2 \tag{3-1}$$

式 3-1 就是著名的吉布斯相律的数学表示式，式中的 f 为自由度数，K 为独立组分数，ϕ 为相数，式中的 2 是指温度和压力两个变量。相律是一切相平衡系统均能适用的规律，但是相律仅说明系统中包含相的数目或自由度数目，而无法知道各相中所包含物质的量。

在实际应用中如果指定了温度或压力则上式可写为

$$f^*=K-\phi+1$$

式中 f^* 称为条件自由度。有些平衡系统除温度和压力外，还可能考虑其他因素，如电场、磁场、重力场等共 n 个影响因素，因此相律也可写成

$$f=K-\phi+n$$

在上述推导中，曾经假设每一相中都含有 S 种物质，如果某一相中不含某种物质，并不会影响相律的形式。若第 i 种物质不在 β 相中，则该相的浓度变量就减少一个，即总变量数减 1，但在化学势的等式中也必然减少一个，所以自由度数不变，相律形式也不变。

【例 3-2】 试说明下列平衡系统的自由度数为若干？

(1) 25℃及标准压力下，KCl(s) 与其水溶液平衡共存；

(2) $I_2(s)$与$I_2(g)$呈平衡；

(3) 开始时用任意量的 HCl(g)和 $NH_3(g)$组成的系统中，反应

$HCl(g) + NH_3(g) = NH_4Cl(s)$达平衡。

解：(1) $K=2$，$\phi=2$，$f=K-\phi=2-2=0$

因指定温度、压力，故饱和 KCl 水溶液的浓度为定值，系统已无自由度。

(2) $K=1$，$\phi=2$，$f=K-\phi+2=1-2+2=1$

即系统的 p 和 T 之间有函数关系，二者之中只有一个独立可变。$I_2(s)$的平衡蒸气压与升华的温度有关。

(3) $S=3$，$R=1$，$R'=0$，$K=3-1=2$，$\phi=2$

$$f=K-\phi+2=2-2+2=2$$

温度、总压及任一气体的浓度中，有两个可独立变动。

第二节 单组分系统

对于单组分系统，相律可表示为 $f=K-\phi+2=1-\phi+2=3-\phi$ 。

当 $\phi=1$时，$f=2$，称双变量系统；当 $\phi=2$时，$f=1$，称单变量系统；当 $\phi=3$时，$f=0$，称无变量系统。单组分系统，f 最多为 2，即温度、压力均可变。故可以用 $p-T$ 平面图来描述系统的相平衡关系。下面以水为例，介绍单组分系统状态图。

一、水的相图

图 3-1 是根据实验数据绘制的水的相图（示意图）。

图中有 OA、OB、OC 三条曲线交于O 点，把平面分成三个区域，AOB、AOC 及 BOC 分别是固、液、气三个不同的单相区。这些区域中 $\phi=1$，$f=2$，即系统的温度和压力在一定范围内可同时改变而不会产生新相或消失旧相。

图中 OA、OC 及 OB 三条线分别代表固⇌液平衡、气⇌液平衡、气⇌固平衡，线上 $\phi=2$，$f=1$，系统的温度、压力只有一个独立可变，若指定了温度，则系统的平衡压力必然是曲线上对应的压力。反过来讲，如果指定了压力，则温度就只能是曲线上对应的温度。例如 100℃时水的蒸汽压必定是 101.325kPa，水的蒸汽压是 506.6kPa 时，温度必定是 151.1℃，而 25℃时水的蒸汽压是 3168Pa。

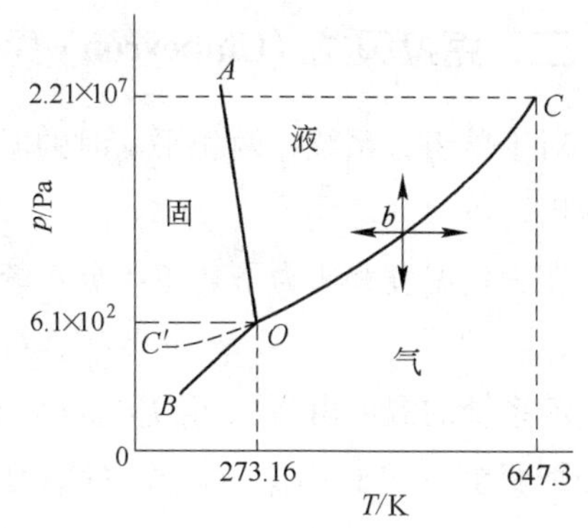

图 3-1　水的相图

图中 OC 线为液态水与其蒸汽平衡，称气液平衡线，即水在不同温度下的蒸汽压曲线。OC 线不能任意延伸，它终止于临界点 C，C 点的温度为 647.3K，对应的压力为 2.21×10^7Pa，在临界点水的密度和水蒸气的密度相等，气液二相的界面消失，温度超过这点时液态水就不复存在了。从 C 点作垂线，则垂线以左的气相区域的气体可以通过加压液化，而垂线右边的气相区域的气体不能被液化。

OB 线为冰与水蒸气两相平衡（即冰的升华线），线上的任意点表示冰和水蒸气平衡时蒸汽压与温度的关系，OB 线在理论上可延长到绝对零度附近。

OA 线为冰和水两相平衡，线上的任意点表示水和冰平衡时蒸汽压与温度（熔点）的关系。OA 线也不能无限向上延伸，因为延伸到压力为 2.0265×10^8Pa 时，状态图变得较复杂，有六种不同晶形结构的冰生成。

图中虚线 OC' 是 OC 线的延长线，表示过冷的水与水蒸气的亚稳平衡线，OC' 线在 OB 线之上，它的蒸汽压比同温度下处于稳定状态的冰的蒸汽压大，因此过冷水处于不稳定状态。若在此亚稳平衡的系统中加入少许冰作为晶种，或稍加搅拌，则过冷的水会立即凝固。

图中 O 点是三条曲线的交点，称为三相点（triple point）。在该点三相共存，$\phi=3$，$f=0$，即三相点的温度和压力皆由系统自定，不能任意改变。水的三相点的温度为 273.16K，压力为 610.6Pa。该值是由我国科学家黄子卿首先准确测得的。该温度测得后，绝对温标才真正确立。这里需说明的是，水的三相点与通常所说的水的冰点是不同的。三相点是严格的单组分系统，而冰点是在水中溶有空气和外压为 101.325kPa 时测得的数据。由于水中溶有空气，形成了稀溶液，冰点较三相点下降了 0.00242℃。其次，三相点时系统的蒸汽压是 0.6106kPa，而测冰点时系统的外压为 101.325kPa，由于压力的不同，冰点又下降了 0.00747℃，所以水的冰点比三相点下降了 0.00242＋0.00747≈0.01℃。如图 3-2 所示。

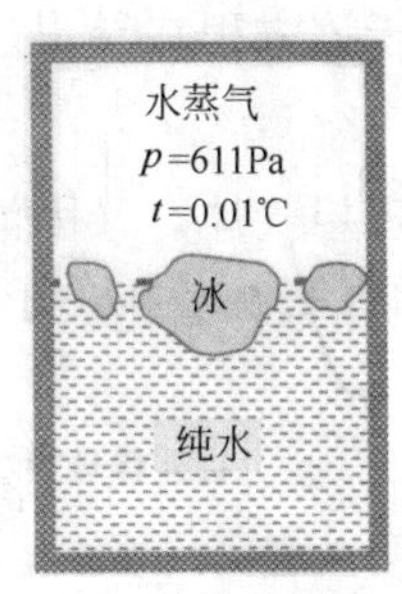

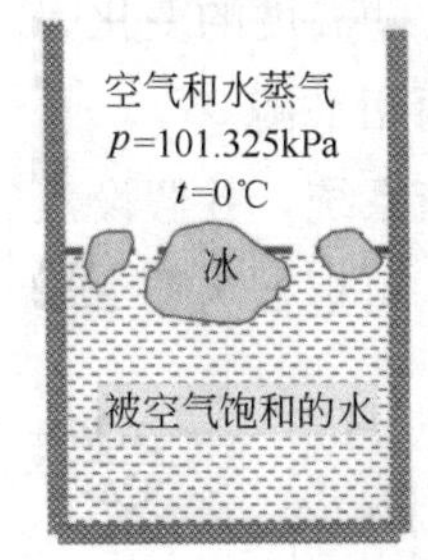

图 3-2　水的三相点与冰点的区别

由 OB 线可知，当温度和压力低于三相点时，固态冰可以不经过熔化而直接升华。升华在制药工艺上有重要应用，例如冷冻干燥法，将药物水溶液在短时间内快速深度冷冻成冰，同时将压力降至冰的饱和蒸汽压以下，使冰升华除去溶剂，密封后便得到可以长时间贮存的疏松的海绵状粉针剂。

二、克拉贝龙（Clapeyron）-克劳修斯（Clausius）方程

对于单组分系统，两相平衡时的温度和压力之间有一定的函数关系，这种关系可由相平衡条件导出。

在一定温度和压力下，单组分系统两相平衡时满足下列条件：

$$G_m^\alpha(T,p)=G_m^\beta(T,p)$$

若系统的温度由 T 变至 $T+dT$，相应的压力也由 p 变至 $p+dp$，则系统的摩尔吉布斯自由能分别变至 $G_m^\alpha+dG_m^\alpha$、$G_m^\beta+dG_m^\beta$，此时达到新的平衡，则有

$$G_m^\alpha+dG_m^\alpha=G_m^\beta+dG_m^\beta$$

因为 $$G_m^\alpha=G_m^\beta$$

所以 $$dG_m^\alpha=dG_m^\beta$$

从热力学的基本公式 $dG=-SdT+Vdp$ 得

$$dG_m^\alpha=-S_m^\alpha dT+V_m^\alpha dp$$

$$dG_m^\beta=-S_m^\beta dT+V_m^\beta dp$$

于是 $$-S_m^\alpha dT+V_m^\alpha dp=-S_m^\beta dT+V_m^\beta dp$$

移项 $$(V_m^\beta-V_m^\alpha)dp=(S_m^\beta-S_m^\alpha)dT$$

$$\frac{dp}{dT}=\frac{S_m^\beta-S_m^\alpha}{V_m^\beta-V_m^\alpha}=\frac{\Delta_\alpha^\beta S_m}{\Delta_\alpha^\beta V_m} \tag{3-2}$$

式中 S_m^α、S_m^β、V_m^α、V_m^β 分别为 α、β 相的摩尔熵、摩尔体积。

因为 $$\Delta_\alpha^\beta S_m=\frac{\Delta_\alpha^\beta H_m}{T}$$

代入式 3-2 即得 $$\frac{dp}{dT}=\frac{\Delta_\alpha^\beta H_m}{T\cdot\Delta_\alpha^\beta V_m} \tag{3-3}$$

式 3-3 称为克拉贝龙（Clapeyron）方程。

克拉贝龙方程表明了单组分系统两相平衡时的压力随温度的变化率。由于该方程在导出过程中，没有指定是何种相，所以它适用于任何纯物质的两相平衡。

若将克拉贝龙方程应用到气固两相平衡或气液平衡系统，并假设蒸气为理想气体，又因液相或固相的摩尔体积远小于气相的摩尔体积，所以 $\Delta_\alpha^\beta V_m$ 可近似为 V_m^g，克拉贝龙方程简化为

$$\frac{dp}{dT}=\frac{\Delta_\alpha^\beta H_m}{T\Delta_\alpha^\beta V_m}\approx\frac{\Delta_\alpha^\beta H_m}{T\cdot V_m^g}=\frac{\Delta_\alpha^\beta H_m}{T\left(\frac{RT}{p}\right)}=\frac{p\Delta_\alpha^\beta H_m}{RT^2} \tag{3-4}$$

或 $$\frac{d\ln p}{dT}=\frac{\Delta_\alpha^\beta H_m}{RT^2} \tag{3-5}$$

式 3-4 或式 3-5 称为**克拉贝龙-克劳修斯（Clapeyron-Clausius）方程**，此方程不仅适用于气液两相平衡，也适用于气固两相平衡，由于克拉贝龙-克劳修斯方程不需要 $\Delta_\alpha^\beta V_m$ 数据，比克拉贝龙方程方便，但此方程的精确度不如克拉贝龙方程。

如果将式 3-5 在 T_1 和 T_2 间进行定积分，得

$$\ln\frac{p_2}{p_1}=\frac{\Delta_\alpha^\beta H_m(T_2-T_1)}{RT_1T_2} \tag{3-6}$$

此式为克拉贝龙-克劳修斯方程的积分形式。该式可用来计算不同温度时的蒸气压、不同外压下的沸点或相变潜热。

若缺少液体蒸发时的摩尔焓变数据时，可以用**特鲁顿**（Trouton）经验规则进行估算。对于一般非极性液体来说：

$$\Delta_l^g H_m=T_b\Delta_l^g S_m\approx T_b\cdot 88\mathrm{J}\cdot\mathrm{mol}^{-1}\cdot\mathrm{K}^{-1} \tag{3-7}$$

式中 T_b 为该液体在外压为 101325Pa 时的沸点，$\Delta_l^g S_m$ 和 $\Delta_l^g H_m$ 分别表示该液体在蒸发时的摩尔熵变和摩尔焓变。此规则对极性大的液体因误差大而不适用。

【例 3-3】 在平均海拔为 4500m 的西藏高原上，大气压力只有 5.73×10^4Pa，试计算那里水的沸点。已知水的气化热为 $40.64\mathrm{kJ}\cdot\mathrm{mol}^{-1}$。

解：

$$\ln\frac{p_2}{p_1}=\frac{\Delta_\alpha^\beta H_m(T_2-T_1)}{RT_1T_2}$$

$$\ln\frac{101325}{57300}=\frac{40640(373-T_1)}{8.314\times373T_1}$$

解得 $$T_1=358\mathrm{K}=85℃$$

计算表明，那里的水的沸点仅为 85℃。

第三节 二组分气一液平衡系统

二组分系统，$K=2$，$f=K-\phi+2=2-\phi+2=4-\phi$。任何系统至少有一个相，当$\phi=1$时，$f=3$，即二组分系统最多可有三个独立变量，因此要完整地描述二组分系统的状态，必须用三维空间的立体图才能表达。立体图的绘制和应用都很不方便。通常是指定某一变量为常量，以另两个变量作为纵、横坐标制作平面相图表示二组分系统的状态。例如固定温度（T 一定）时，可绘制压力一组成图，即 p-x 图；当压力一定时，可绘制温度—组成图，即$T-x$图。

一、完全互溶理想液态混合物的 p-x 图

（一）液相线的绘制

凡两种液体混合时，既不吸热也不放热，即 $\Delta H=0$，并且混合前后体积不变，即 $\Delta V=0$，则这个溶液便称为理想液态混合物（ideal solution）。

对于理想液态混合物，任一组分在任何浓度范围内都符合拉乌尔定律。设液体 A 和液体 B 形成理想液态混合物，根据拉乌尔定律：

$$p_A=p_A^*x_A$$

$$p_B=p_B^*x_B$$

式中 p_A^*、p_B^* 分别为该温度时纯 A、纯 B 的蒸气压，x_A、x_B 分别为溶液中组分 A 和 B 的摩尔分数。溶液的总压为

$$p=p_A+p_B=p_A^*x_A+p_B^*x_B$$
$$=p_A^*(1-x_B)+p^*\,\mathrm{v}Bx_B=p_A^*+(p_B^*-p_A^*)x_B$$

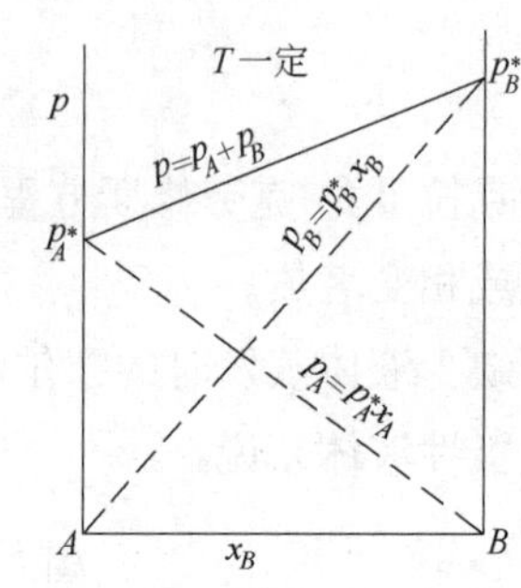

图 3-3　理想溶液的蒸气压组成图

如在定温下，以 x_B 为横坐标，以蒸气压为纵坐标，在 p-x 图上可分别表示出分压、总压与组成 x_B 的关系，见图 3-3。

（二）气相组成与液相组成的关系

设气相中的总蒸气压为 p，气液平衡时气相中组分 A 和组分 B 的摩尔分数分别为 y_A、y_B，根据道尔顿分压定律，有下列的关系：

$$p_A=p\cdot y_A \text{ 或 } y_A=\frac{p_A}{p} \tag{3-8}$$

$$p_B=p\cdot y_B \text{ 或 } y_B=\frac{p_B}{p} \tag{3-9}$$

将拉乌尔定律代入得 $y_A=\dfrac{p_A^*x_A}{p}$、$y_B=\dfrac{p_B^*x_B}{p}$

由式 3-8、式 3-9 可得气相中组分 A 和组分 B 的摩尔分数比为

$$\frac{y_A}{y_B}=\frac{p_A^*\cdot x_A}{p_B^*\cdot x_B}$$

若纯液体 B 比纯液体 A 易挥发，亦即

$$p_B^*>p_A^*，\text{则}\quad \frac{y_A}{y_B}<\frac{x_A}{x_B}$$

因为　$x_A+x_B=1\quad y_A+y_B=1$

所以　$\dfrac{1-y_B}{y_B}<\dfrac{1-x_B}{x_B}\quad y_B>x_B$

结论说明，在相同温度下有较高蒸气压的易挥发组分 B，在气相中的浓度要大于在液相中的浓度，对于有较低蒸气压的难挥发组分 A 则相反，这个规律称为**柯诺瓦洛夫**（Konowalov）**第一定律**。

（三）理想液态混合物的 p-x 图

如果要全面描述溶液蒸气压与气、液两相平衡组成的关系，可将平衡时蒸气压与气相组成的关系也绘入图 3-3 中，便可得到理想液态混合物的 p-x 图，见图 3-4。气相组成与液相组成的关系为

$$y_B=\frac{p_B}{p}=\frac{p_B^*x_B}{p_A^*+(p_B^*-p_A^*)x_B} \tag{3-10}$$

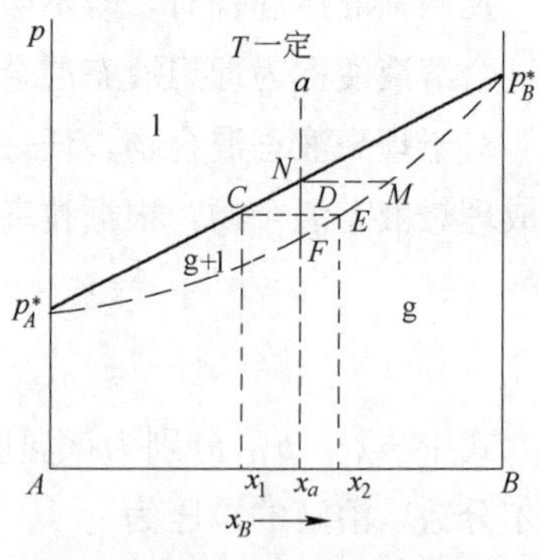

图 3-4　理想溶液的蒸气压组成图

取不同的 x_B 值代入式 3-10，求出相应的气相组成 y_B 值，连接起来构成气相线（虚线），它是气相组成 y_B 随总蒸气压变化的曲线。从图上还明显看出，当 $p_B^*>p_A^*$ 时，在气-液平衡

的系统中，$y_B > x_B$。液相线与气相线把全图分成 3 个区，液相线以上的区域为单一液相，在气相线以下的区域亦为单一气相，液相线与气相线之间则是气液平衡共存的两相区。在气液平衡区内，$\phi=2$，$f=1$，只有一个自由度，如果压力被指定，则两个平衡相的组成随之而定，反之亦然。

设有一带活塞的容器，盛有液体 A 和液体 B 构成的理想液态混合物，其组成为 x_a，相当于图 3-4 中的 a 点，在相图上这种**表示系统总组成**的点称为**物系点**。系统在定温下降低压力，物系点 a 将沿该组成的垂线向下移动，在到达 N 点前系统一直是液相，到达 N 点时为气液两相平衡，最初形成蒸气的状态是图中的 M 点；若继续降压，物系点进入两相平衡区内，当压力降至 D 点，系统呈液-气两相平衡，通过 D 点的水平线分别与液相线和气相线交于 C、E 两点，C、E 点分别**表示液相和气相的状态**，故称为**相点。两相点的连结线**称为**结线**，如 CE 线。若系统的压力继续下降，物系点向下移动到 F 点时，系统中溶液几乎全部蒸发成为蒸气而进入气相的单相区。

（四）杠杆规则

如果系统的物系点在两相平衡区内，则系统为液相与气相平衡共存，参看图 3-4，当物系点为 D 点时，液相点为 C，气相点为 E，物系点 D 把 CE 结线分成两个线段 CD 和 DE，液相的物质的量乘以 CD，等于气相的物质的量乘以 DE，这个关系就称为**杠杆规则**（lever rule）。

设物系点为 D 的系统总物质的量为 $n$mol，组成为 x_a，液相中物质的量为 $n_1$mol，液相的组成为 x_1，气相中物质的量为 $n_2$mol，气相的组成为 x_2，整个平衡系统中组分 B 的量必等于它在气相中和液相中的量之和，

即
$$nx_a = n_1x_1 + n_2x_2$$
因为
$$n = n_1 + n_2$$
所以
$$(n_1+n_2)x_a = n_1x_1 + n_2x_2$$
$$n_1x_a + n_2x_a = n_1x_1 + n_2x_2$$
$$n_1(x_a - x_1) = n_2(x_2 - x_a)$$
$$\frac{n_1}{n_2} = \frac{x_2 - x_a}{x_a - x_1} = \frac{\overline{DE}}{\overline{CD}} \tag{3-11}$$

式 3-11 即为杠杆规则，由于杠杆规则在推导过程中没有引进任何假定，所以具有普遍意义，对于任意两相平衡区都适用，系统浓度的表示方法不一定用摩尔分数，其他表示方法也适用。

二、完全互溶理想液态混合物的 T-x 图

通常蒸馏和精馏一般都是在恒压下进行的，因此二组分双液系的沸点和组成的关系的图形更有用，即 T-x 图比 p-x 图更实用，T-x 图可通过 p-x 图绘制，也可直接由实验数据来绘制。

绘制方法是：将不同浓度的液态混合物逐次加入沸点仪中加热至沸，记录各溶液的沸点，同时分别从冷凝管下端球形小室 D 中和圆底烧瓶的支管 L 中取样分析沸腾时气、液两相的组成，然后将沸点和组成数据描绘在 T-x 坐标系中，便得到如图 3-6 所示的 T-x 相图。图 3-5 是沸点仪的示意图。T-x 图的形状恰似倒转的 p-x 图形，蒸气压高的纯组分其沸点就低，蒸气压低的纯组分其沸点就高，虚线为气相线，实线为液相线，分别表示溶液的沸点与气相组成和液相组成的关系。在 T-x 图上气相线在上而液相线在下。气相线以上的区域为气相区，液相线以下的区域是液相区。在气相线和液相线所围成的梭形区内为气、液两相平衡区。T-x 图与 p-x 图不同之处就在于即使是理想溶液，在图 T-x 上的液相线也不是直线，而是曲线。

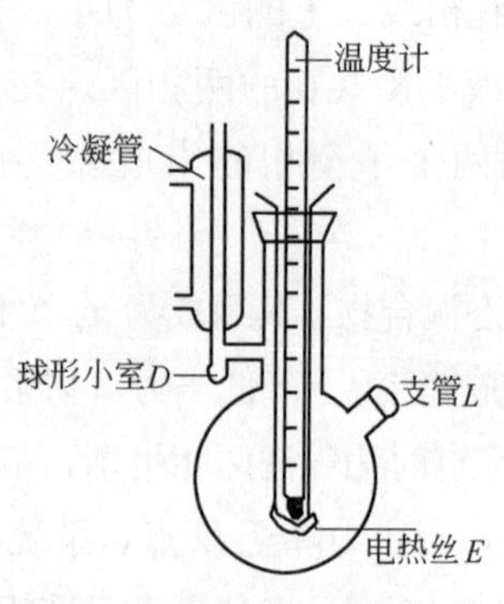

图 3-5 沸点仪示意图

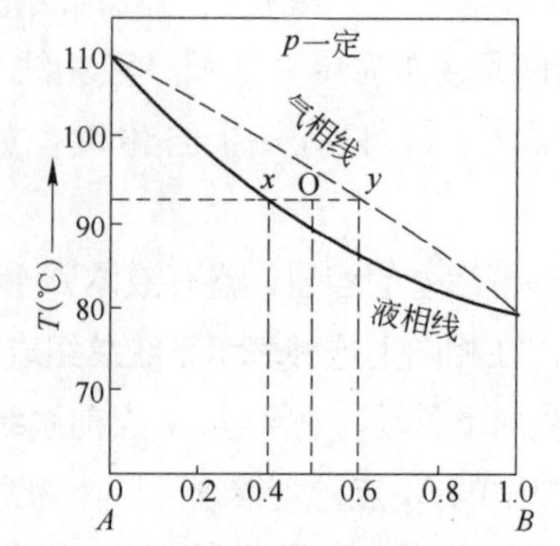

图 3-6 理想液态混合物的沸点-组成图

三、完全互溶非理想液态混合物的 p-x 图和 T-x 图

所谓**非理想液态混合物**，指的是**对拉乌尔定律产生偏差的液态混合物**，绝大多数液态混合物都或多或少对拉乌尔定律有一定的偏差。若真实液态混合物的实测值大于拉乌尔定律的计算值，则称**正偏差**。反之，实测值小于计算值，称为**负偏差**。偏差的程度与两种液体的性质以及所处的温度有关。

（一）产生正负偏差不大的系统

因为液态混合物的蒸气压与拉乌尔定律产生偏差，所以在 p-x 图上的蒸气压-组成之间已不再是直线关系，而是曲线关系。当正偏差较小时，液态混合物的总蒸气压介于两个纯组分蒸气压之间，见图 3-7。当负偏差较小时，液态混合物的总蒸气压也介于两个纯组分蒸气压之间，见图 3-8。图中的虚线表示液态混合物符合拉乌尔定律时的蒸气压-组成图，实线表示溶液偏离拉乌尔定律时的蒸气压-组成图。

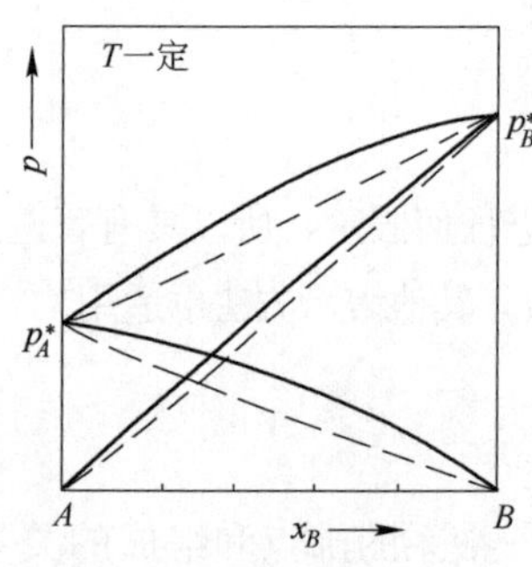

图 3-7 产生正偏差的 p-x 图

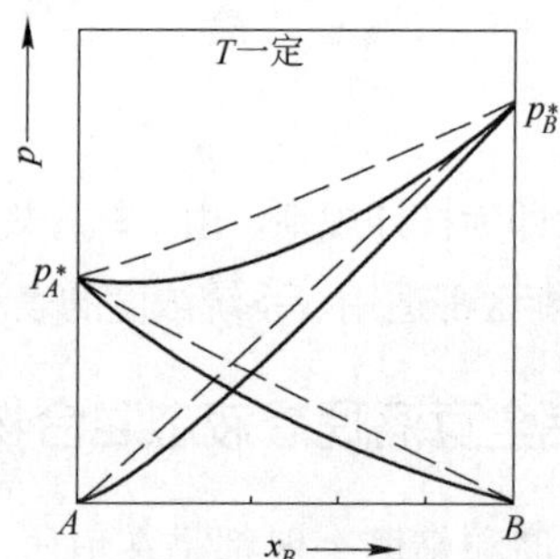

图 3-8 产生负偏差的 p-x 图

若将气相线也绘入上述图中，便得到完整描述非理想液态混合物的气-液平衡的 p-x 相图和 T-x 相图，见图 3-9 和图 3-10。

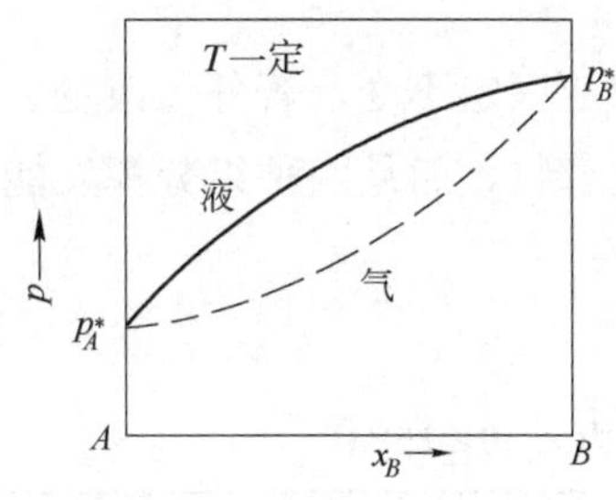

图 3-9 非理想溶液 p-x 图

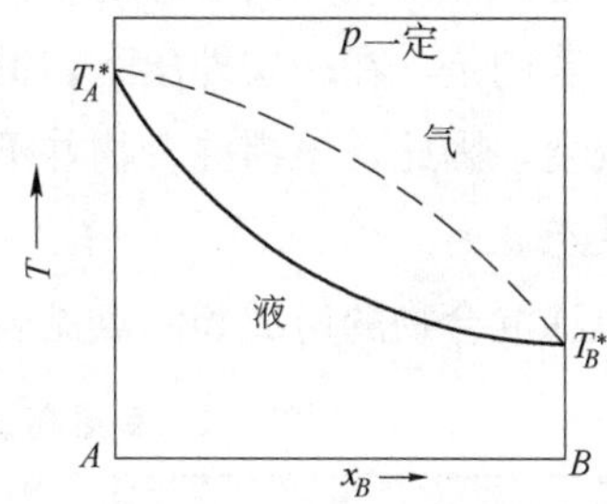

图 3-10 非理想溶液 T-x 图

（二）产生正、负偏差较大的系统

对拉乌尔定律具有较大正偏差的液态混合物，在某一定浓度范围内，液态混合物的总蒸气压会大于任何一个纯组分的蒸气压，在 p-x 相图上会出现最高点，见图 3-11(a)，在 T-x 图上将有最低点，如图 3-11(b)。如乙醇-水液态混合物系统。

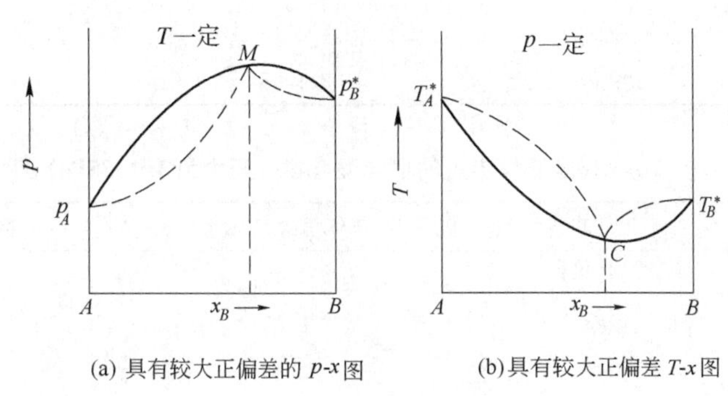

(a) 具有较大正偏差的 p-x 图　　(b) 具有较大正偏差 T-x 图

图 3-11

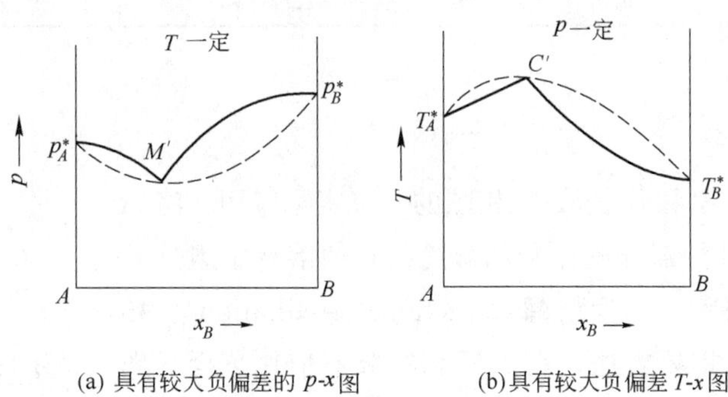

(a) 具有较大负偏差的 p-x 图　　(b) 具有较大负偏差 T-x 图

图 3-12

对拉乌尔定律具有较大负偏差的液态混合物，则在某一浓度范围内，液态混合物的总蒸气压会小于任何一个纯组分的蒸气压，在 p-x 相图上会出现最低点，见图 3-12(a)，在 T-x 图上将有最高点，如图 3-12(b)。如硝酸-水液态混合物系统。

这类液态混合物相图的特点是：

在 p-x 或 T-x 图上出现最高点或最低点，在该点处，气相线和液相线相切，说明在此点的气

相组成与液相组成相同，即 $y_B=x_B$，此规则称为**柯诺瓦洛夫第二定律**。此点的温度称为**最高恒沸点或最低恒沸点**，此点的液态混合物称作**恒沸混合物**。

应该注意的是，在一定外压下，恒沸混合物的沸点和组成固定不变，若外压改变，沸点和组成也随之改变，因此，恒沸混合物并不是具有确定组成的化合物，而是两种组分挥发能力暂时相等的一种状态。

各类恒沸混合物的组成和沸点见表 3-1 和表 3-2。

表 3-1 有最高恒沸点的恒沸混合物（压力为 101325Pa）

组分 A	组分 B	最高恒沸点/K	组分 B 的质量分数
水	HNO_3	393.65	0.68
水	HCl	381.65	0.2024
水	HBr	399.15	0.475
水	HI	400.15	0.57
水	HF	393.15	0.37
水	甲酸	380.25	0.77
氯仿	丙酮	337.85	0.20
吡啶	甲酸	422.15	0.18
HCl	甲醚	271.65	0.40

表 3-2 有最低恒沸点的恒沸混合物（压力为 101325Pa）

组分 A	组分 B	最低恒沸点/K	组分 B 的质量分数
水	C_2H_5OH	351.28	0.9557
四氯化碳	甲醇	328.85	0.2056
二硫化碳	丙酮	312.35	0.33
氯仿	甲醇	326.55	0.126
乙醇	苯	340.78	0.6824
乙醇	氯仿	332.55	0.93

四、精馏原理

通过蒸馏分离液体 A 和 B 是液-气相图的一个实际应用。将 A 和 B 构成的溶液反复进行部分汽化和部分冷凝，使溶液中组分 A 和组分 B 达到分离的操作，称为**精馏**（fractional distillation）。精馏是分离液体混合物的重要方法，在工厂和实验室应用广泛。图 3-13 是一种精馏塔的示意图。

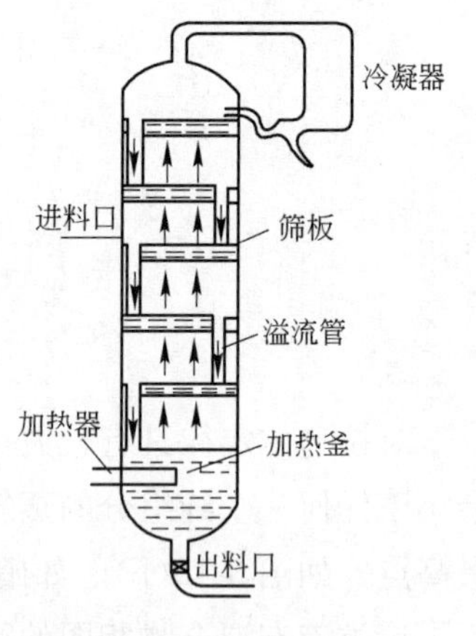

图 3-13 精馏塔的示意图

精馏塔主要由三部分组成：①底部的蒸馏釜，一般用蒸汽加热釜中的物料，使之沸腾并部分汽化。②塔身（实验室中叫精馏柱），其外壳是用保温物质隔热的，塔身内上下排列着多块塔板。例如筛板塔，上面有很多小孔，供上升气流通过，并有溢流管以便回流冷凝液进入下层塔板。③顶部的冷凝器，其使低沸点的蒸气最后自塔顶进入冷凝器，冷凝液部分回流入塔内以保持精馏塔的稳定操作，其余部分收集为低沸点产品。高沸点产品则流入加

热釜并从釜底排出，进料口的位置有选择地置于某层塔板上，以使原料与该层液体的浓度一致。

精馏操作均在定压下进行，故从沸点-组成图来讨论精馏原理较为合适。根据液态混合物沸点情况不同分别讨论如下。

（一）无最高和最低恒沸点的液态混合物

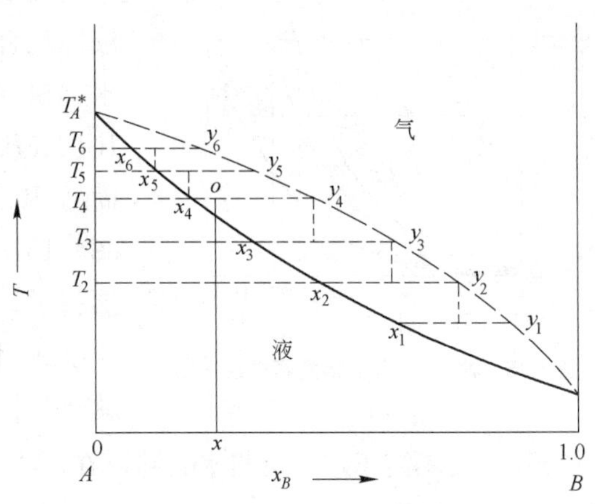

图 3-14　无最高和最低恒沸点溶液的 *T-x* 图

设原始液态混合物的组成为 x，在定压下达到温度 T_4，此时物系点的位置为 o 点，液气两相的组成分别为 x_4 和 y_4。先考虑气相部分，如果把组成为 y_4 的气相冷却到 T_3，则气相将部分地冷却为液体。得到的组成为 x_3 的液相和组成为 y_3 的气相。将组成为 y_3 的气相再部分冷凝到 T_2，就得到组成为 x_2 的液相和组成为 y_2 的气相。依此类推，从图 3-14 可见 $y_4<y_3<y_2<y_1$，如果继续下去，反复把气相部分冷凝，最后得到的蒸气组成接近于纯 B。

再考虑液相部分，如果将 x_4 的液相加热到 T_5，液相部分气化，此时气、液相的组成分别为 y_5 和 x_5，把组成为 x_5 的液相再部分气化，则得到组成为 y_6 的气相和组成为 x_6 的液相。显然，$x_6<x_5<x_4<x_3$，即液相中 A 的含量不断增加，液相组成沿液相线上升，最后趋近于纵轴，得到纯 A。总之，多次反复部分气化和部分冷凝的结果，使气相组成沿气相线下降，最后蒸出来的是纯 B，而液相组成沿液相线上升，最后剩余的是纯 A，这就是精馏的基本原理。上述部分冷凝和部分气化的过程是在精馏塔中连续进行的。对无最高和最低恒沸点的液态混合物可以通过精馏的方法使之完全分离。

精馏塔在稳定操作时，每块塔板上的温度和组成（或浓度）是恒定的，且自下而上温度逐渐降低，易挥发组分愈来愈富集于塔顶，难挥发组分愈来愈浓缩于塔底。

（二）具有最低或最高恒沸点的二组分系统

这类系统的液态混合物用普通精馏的方法不能将它们完全分离，只能得到一个纯组分和一个恒沸混合物。

例如水和乙醇就是这一类系统，在压力为 101325Pa 时，纯水的沸点为 373.15K，纯乙醇的沸点为 351.45K，此系统的最低恒沸点为 351.28K，恒沸点混合物中乙醇的质量分数为 0.9557，所以，如用质量分数小于 0.9557 的乙醇混合物进行精馏，就不可能得到纯乙醇，只能得到最低恒沸混合物。

对于形成恒沸混合物的系统，要对组分进行最终分离，必须采用其他特殊的方法和手段，如共沸蒸馏、萃取蒸馏等。

五、完全不互溶液体系统——水蒸气蒸馏

严格地讲，完全不互溶液体是不存在的，只是互相溶解度很小而已。如果两液体彼此之间的相互溶解度非常小，可忽略不计，这种系统可近似地看作完全不互溶，例如汞与水，水与烷烃，水与芳香烃等均属于这种系统。在这种不互溶的液体混合物系统中，每种组分的蒸气压与单独存在时相同，不受另一组分的存在及其量多少的影响。因此，这种系统的

总蒸气压等于互不相溶的两种液体在该温度下纯态的蒸气压之和，即

$$p=p_A^*+p_B^* \tag{3-12}$$

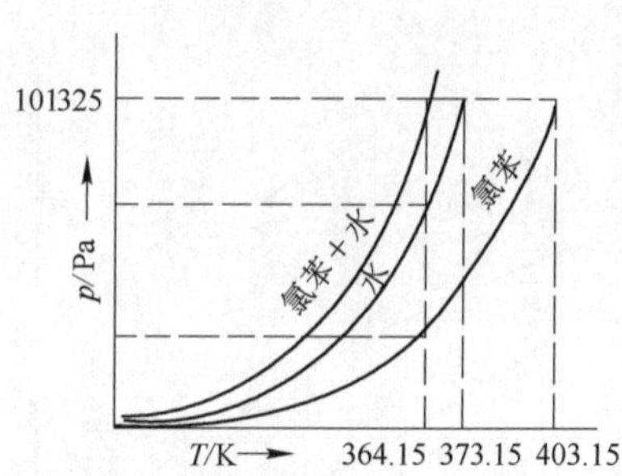

图 3-15 水-氯苯混合物的蒸气压曲线

由于蒸气总压比任何一纯组分的蒸气压高，所以两种液体混合物的沸点比任何一纯组分的沸点都低。图 3-15 是水、氯苯以及氯苯-水混合物的蒸气压曲线。当外压为 101325Pa 时水的沸点为 373.15K，氯苯的沸点为 403.15K，而水和氯苯混合物的沸点为 364.15K，这是因为在 364.15K 时水和氯苯的蒸气压之和已达到外压，混合物就沸腾了。这个温度比两种纯物质的沸点都低。某些有机化合物或因沸点较高，或因性质不稳定，在升温到沸点之前就会分解，因此不宜用普通的蒸馏方法进行提纯，这类有机化合物只要不溶于水，可与水共沸，在低于 100℃的温度下就可蒸出达到提纯的目的，这一过程称为**水蒸气蒸馏**。

馏出物可分成互不相溶的有机液层和水层，易于分离。实际进行水蒸气蒸馏时，常使水蒸气以气泡的形式通过高沸点液体，可以起到供热和搅拌的作用，水蒸气蒸馏尤其适用于从植物药中提取挥发性有效成分。

设水蒸气蒸馏时的蒸汽为理想气体，根据分压定律，有以下关系：

$$p_{H_2O}^*=py_{H_2O}=p\,\frac{n_{H_2O}}{n_B+n_{H_2O}}$$

$$p_B^*=py_B=p\,\frac{n_B}{n_B+n_{H_2O}}$$

两式相除，得

$$\frac{p_{H_2O}^*}{p_B^*}=\frac{n_{H_2O}}{n_B}=\frac{m_{H_2O}/M_{H_2O}}{m_B/M_B}=\frac{M_B\cdot m_{H_2O}}{M_{H_2O}\cdot m_B}$$

或

$$\frac{m_{H_2O}}{m_B}=\frac{p_{H_2O}^*M_{H_2O}}{p_B^*M_B} \tag{3-13}$$

式中：p 是系统的总蒸汽压，$p_{H_2O}^*$、p_B^* 分别表示纯水和纯有机物 B 的饱和蒸气压；M_{H_2O}、M_B 分别表示 H_2O 和有机物 B 的摩尔质量；m_{H_2O}、m_B 分别表示馏出物中水和有机物的质量。

$\frac{m_{H_2O}}{m_B}$表示馏出单位质量有机物 B 所需的水蒸气用量，称为**水蒸气消耗系数**，该系数越小，水蒸气蒸馏的效率越高。由式 3-13 可以看出，对于那些摩尔质量 M_B 较大，蒸气压 p_B^* 不太小的有机物，水蒸气消耗系数就小，用水蒸气蒸馏的效率就高。

水蒸气蒸馏的方法还可以用来测定与水完全不互溶的有机物的摩尔质量 M_B，由式 3-13 可得

$$M_B=M_{H_2O}\cdot\frac{p_{H_2O}^*\cdot m_B}{p_B^*\cdot m_{H_2O}} \tag{3-14}$$

【例 3-4】 在压力为 101325Pa 下，溴苯（C_6H_5Br）和水混合系统的沸点为 368.15K，在此温度时纯水的蒸汽压为 8.4505×10^4Pa，纯溴苯的蒸气压为 1.682×10^4Pa，如欲用水蒸气蒸馏法蒸出 1kg 溴苯，理论上需要多少千克水蒸气？

解： 根据式 3-13

$$\frac{m_{H_2O}}{m_{C_6H_5Br}}=\frac{p^*_{H_2O}\cdot M_{H_2O}}{p^*_{C_6H_5Br}\cdot M_{C_6H_5Br}}$$

有　$$m_{H_2O}=1\text{kg}\times\frac{18.02\times10^{-3}\text{kg}\times8.4505\times10^4\text{Pa}}{157\times10^{-3}\text{kg}\times(101325-84505)\text{Pa}}=0.577\text{kg}$$

理论上蒸馏 1kg 溴苯需要水蒸气 0.577kg。

【例 3-5】 某有机液体用水蒸气蒸馏时，在压力 101325Pa 下于 90℃沸腾。馏出物中水的质量分数为 0.240。已知 90℃时水的饱和蒸汽压为 7.01×10^4Pa，试求该有机液体的摩尔质量。

解： 现取 100g 馏出物，根据已知条件有：$m_{H_2O}=24.0\text{g}$　$m_B=76.0\text{g}$

$p^*_B+p^*_{H_2O}=101325\text{Pa}$　$p^*_B=101325\text{Pa}-7.01\times10^4\text{Pa}=3.12\times10^4\text{Pa}$

$$M_B=M_{H_2O}\cdot\frac{p^*_{H_2O}\cdot m_B}{p^*_B\cdot m_{H_2O}}=\left(18.0\times\frac{7.01\times76.0}{3.12\times24.0}\right)\text{g}\cdot\text{mol}^{-1}=128\text{g}\cdot\text{mol}^{-1}$$

该有机液体的摩尔质量是 $128\text{g}\cdot\text{mol}^{-1}$。

第四节　二组分液－液平衡系统

液体在液体中的溶解也适用相似相溶的规律，凡是组成、结构、极性和分子大小近似的液体往往可以互溶。例如乙醇和水，甘油和水，甲醇和乙醇等均是无限互溶的系统。如果两种液体由于极性等性质有显著的差别，它们构成的系统与拉乌尔定律有较大的偏差，在一定温度范围内，两液体只能有条件地相互溶解，产生部分溶解现象，浓度超过一定范围就要分层形成两个液相，即只能溶解一部分而达到饱和，形成两个饱和液相，**这对彼此互相饱和的两溶液**称为**共轭溶液**(conjugated solution)。根据温度对这类系统的影响，可以归为下面几种情况。

一、具有最高临界溶解温度的系统

水-苯胺的系统是具有最高临界溶解温度的系统。该系统的溶解度图如 3-16 所示。图中帽形曲线以内是二相共存区，曲线以外，系统只存在一相，是液相单相区。如在一定温度下二者部分互溶，分为两层，一层是苯胺在水层中的饱和溶液，另一层是水在苯胺中的饱和溶液，这两层溶液是相互平衡共存的，称为**“共轭溶液”**。这对共轭溶液的组成分别为相点 a 和相点 b，相点对应的浓度即水和苯胺在该温度下的相互溶解度。相点 a 和相点 b 的连线，即 ab 称为连结线，两共轭溶液的相对质量可以根据杠杆规则计算。

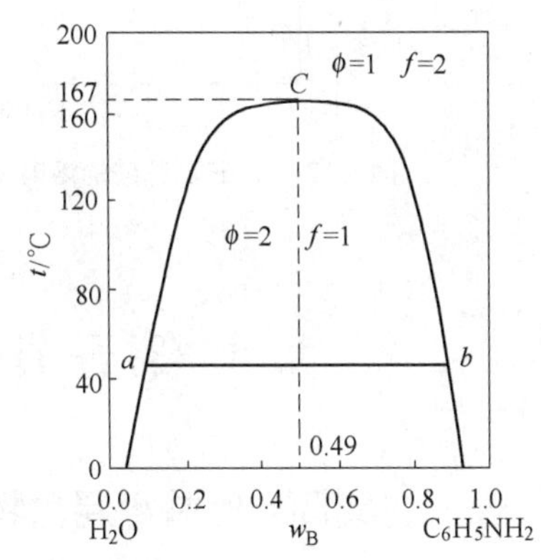

图 3-16　水和苯胺系统的溶解度图

升高温度时，两液体的相互溶解度分别沿 aC 和 bC 线增加，当升到一定温度时，两个液体的浓度相等，即为图中的 C 点，此时系统成为一相，C 点的温度称为“最高临界溶解温度”(critical solution temperature)。当温度高于最高临界溶解温度时，苯胺和水可以完全互溶。

具有最高临界溶解温度的系统除了苯胺-水以外，还有苯酚-水、正丁醇-水、正己烷-硝基苯等等。

二、具有最低临界溶解温度的系统

水与三乙基胺的双液系属于这种类型，如图 3-17 所示，当温度降低时，相互溶解度反而增大，当温度降到足够低时，可以完全互溶。在此温度以下（约为 291K），两种液体可以任意比例互溶。该温度称为**最低临界溶解温度**。

三、同时具有最高、最低临界溶解温度的系统

图 3-18 是水-烟碱系统的溶解度曲线。这一对液体有完全封闭的溶解度曲线。其最低点的温度约为 333K，最高点的温度约为 481K。在这两个温度之间，一定浓度范围内，它们可部分互溶，系统分为两层。333K 以下和 481K 以上，两液体可以任何比例互溶。

关于液体相互溶解的问题，至今没有普遍的规律。以上讨论的几种情况，可以解释如下：

1. 出现最高临界溶解温度的系统，在低温时分子动能小，升高温度则动能增加，则最后能相互溶解。

2. 出现最低临界溶解温度的系统，可能是在低温下，两种组分能结合成较弱的化合物，例如以氢键等形式结合，所以能够完全互溶，当温度升高以后，该弱化合物发生解离，或氢键断裂，系统就分层。

3. 出现两种临界溶解温度的系统，可能同时存在以上两种情况。

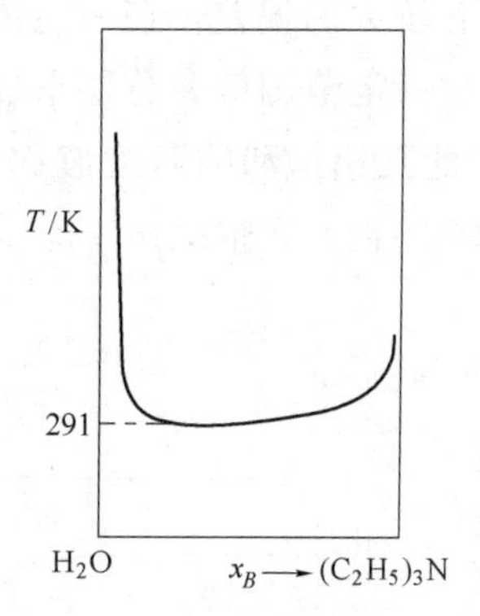

图 3-17 水-三乙基胺的溶解度图

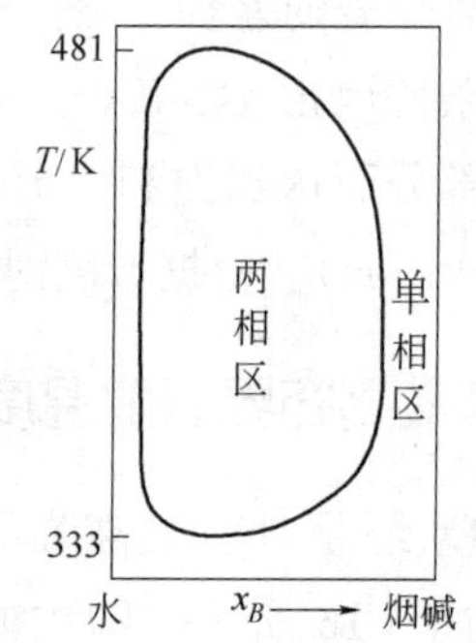

图 3-18 水-烟碱的溶解度图

第五节 二组分液－固平衡系统

一、生成简单低共熔混合物的系统

液相完全互溶而固相完全不互溶的二组分液-固平衡系统的相图，是这类相图中最简单的一种。在讨论这类相图之前，先介绍绘制这类相图的一种方法——热分析法。

（一）热分析法

热分析法也称**步冷曲线法**，其基本原理是：测定冷却或加热过程中系统的温度随时间变化的关系，根据该关系来判断系统中相态的变化。

液相冷却，不发生相变化时，样品温度随时间按比例下降，冷却曲线近似为直线。如果样品冷却析出固相，因凝固时放热，自由度由 2 减少为 1（指温度或浓度），温度虽然可以变化，但冷

却速率变慢，曲线出现转折。如果冷却过程某时间间隔内自由度为零时，温度不随时间变化，冷却曲线出现水平。从上面的分析可知冷却曲线出现转折时，意味着自由度发生变化，因而可以判断系统内相数发生的变化。冷却曲线出现水平段，意味着系统的自由度为零。由相律及组分数可以推知系统内有几相共存。

以 Bi-Cd 系统为例。图 3-19 中，将该系统配制成 5 种比例，先将样品熔融后，停止加热。然后任其冷却，每隔一定的时间记录一次温度。以温度为纵坐标，时间为横坐标。画出温度-时间曲线，即为步冷曲线。

图中质量分数 ω_B 为 0、100%的是纯 Bi 和纯 Cd 的样品，它们的步冷曲线上有一平台段，说明这段时间内温度不再下降，对应的温度即为各自在常压下的熔点，因为当液体中析出固体时，根据相律，$K=1$，$\phi=2$，$f^*=0$，当压力一定时，熔点不改变。至于平台段的长度仅决定于样品质量的多少。

$w_B=0.20$ 时，是二组分系统，根据相律，如在定压下，自由度数为 $f=K-\phi+1=2-\phi+1=3-\phi$。当样品开始冷却时，系统中只有一个相，因此温度可均匀下降，但到纯 Bi 的熔点时没有固体析出，这是由于混有 Cd 而使 Bi 的凝固点降低之故；当曲线出现拐点时，表示 Bi 开始析出，$\phi=2$，$f=1$，温度仍然下降，因析出固体时放热，温度降得缓慢一些，而到 140℃时 Bi 和 Cd 同时析出，$\phi=3$，$f=0$，这时系统的温度和液相组成都不能任意变化，在步冷曲线上出现了水平线段，由于该线段所对应的温度为熔融液可能存在的最低温度，故把这个温度称为最低共熔点（eutectic point），相应的溶液组成称为最低共熔混合物。

$w_B=0.70$ 时，步冷曲线与上述相似，只是当温度低于纯 Cd 的熔点时，先析出纯 Cd。如果将混合物比例配在 40%，即最低共熔点的组成，将该熔融液冷却到 140℃时，两固体同时析出，故只出现平台段，对应的温度就是最低共熔点。

把上述五条步冷曲线中固体开始析出与全部凝固的温度，和与之对应的浓度绘制成图，即为具有最低共熔温度系统的相图，如图 3-20 所示。

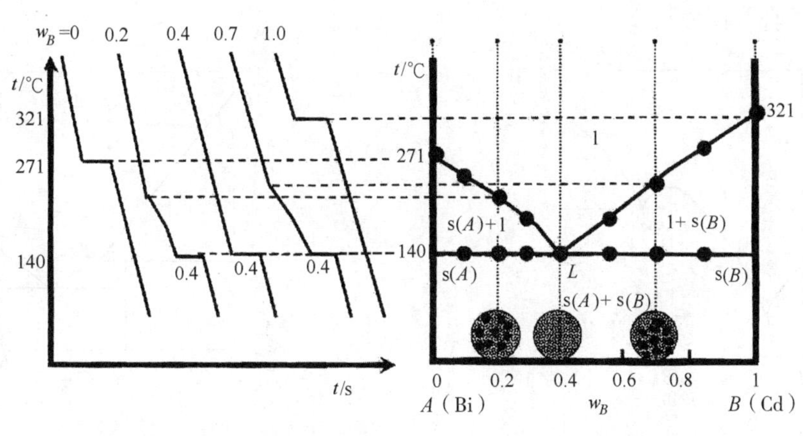

图 3-19　Bi-Cd 体系的步冷曲线　　**图 3-20　Bi-Cd 的相图**

图中温度高时为液相区（熔化物），左、右两个三角形区域为两相区（相态见图），有一条水平线，为三相线，是两个固体和一个液体同时共存，对应的温度是最低共熔点。水平线以下是两个固相同时共存，是两相区。

（二）低共熔相图的应用

1. 药物的配制及防冻剂： 两种固体药物的低共熔点如果接近室温或在室温以下，便不宜混

在一起配方，以防形成糊状物或呈液态，这是药物调剂配伍中应该注意的问题。但有时需要利用低共熔混合物使药物混合均匀，如含低共熔成分散剂制备时，先将低共熔成分混合，使其形成低共熔混合物呈液态或糊状再与其他药物混合均匀。例如痱子粉的制备就是先研磨樟脑和薄荷脑的混合物，使其成熔融状，再加入其他成分混合均匀。按照最低共熔点的组成来配制冰和盐的系统，就可以获得较低的冷冻温度。在化工生产中，经常用盐水（$NaCl-H_2O$）溶液作为冷冻的循环液，就是因为以最低共熔点的浓度配制盐水时，在252.1K以上都不会结冰。

2. 利用熔点变化检查样品纯度： 测定熔点是估计样品纯度的常用方法，熔点偏低含杂质就多。测得样品的熔点与标准品相同，为确定二者是否为同一种化合物，可把样品与标准品混合后再测熔点，如果熔点不变则证明是同一种物质，否则熔点便将大幅度降低，这种鉴别方法称为混合熔点法。

二、形成化合物的二组分系统相图

有些二组分固-液平衡系统可能生成化合物，形成第三个物种，例如：

$$aA+bB=A_aB_b$$

则系统中物种数增加1，但同时有一独立的化学反应式，$R=1$，按组分数的定义$K=S-R-R'=3-1-0=2$，因此仍然是二组分系统。这种系统分为形成稳定化合物和不稳定化合物两种类型。

（一）形成稳定化合物的相图

如果组分A和组分B生成化合物AB熔化时，固态化合物与熔融液有相同的组成，即化合物AB加热到熔点时并不分解，固液相组成相同成两相平衡，化合物AB称为稳定化合物。图3-21是这类相图中最简单的一种。相图中除了有固体A和固体B的熔点T_A^*与T_B^*外，还有一个C点，即此稳定化合物的熔点，这种相图相当于A-AB和AB-B，分别由具有低共熔点E_1和E_2两个系统的相图合并而成。

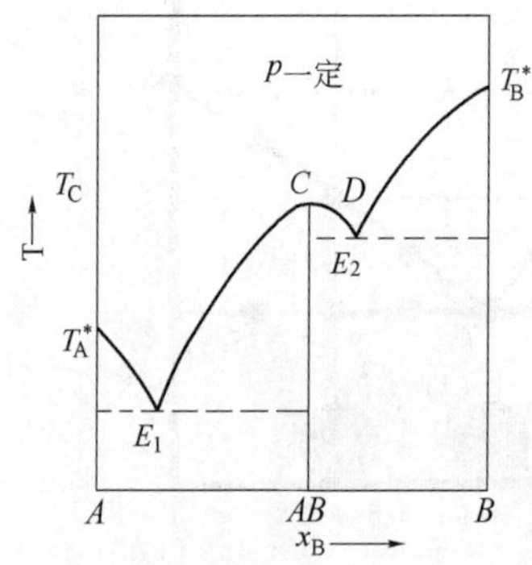

图3-21 形成稳定化合物二组分系统

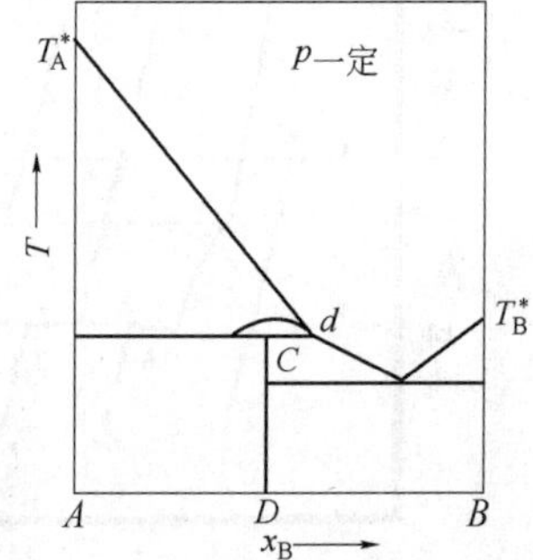

图3-22 形成不稳定化合物二组分系统

（二）形成不稳定化合物的相图

有时两组分A和B形成一种不稳定化合物D，将化合物D加热到一定温度，它就分解成一种固体物质和溶液，而溶液的组成不同于固体化合物D的组成，因此我们说D为不稳定化合物。见图3-22。

若将化合物D加热，物系点D向上移动，达到C点的温度时，化合物分解为固体A和溶

液，溶液的组成为相点 d，此时的温度称转熔温度，系统呈三相平衡，即固相 A、化合物 D、液相 d。根据相律，$f=2-3+1=0$，系统的温度和各相组成都不改变，直到化合物全部分解，温度才继续上升，固体又开始熔化，若再升高温度，系统呈一个液相。

三、二组分系统部分互溶的固熔体相图

两个组分在液态时可无限混溶，而固态在一定浓度范围内形成互不相熔的两相，对这种系统来说，可以有三个相（两个固熔体和一个液相）共存。因此根据相律 $f=2-3+1=0$，在步冷曲线上可能出现水平线段（参见图 3-23）。

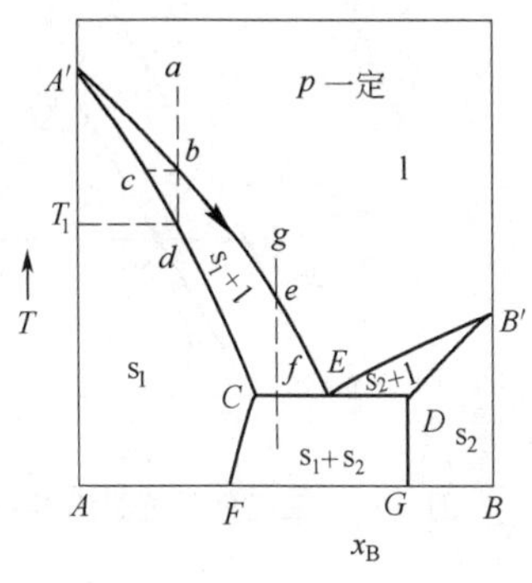

图 3-23 固态部分互溶的相图

图中 $A'E$ 与 $B'E$ 为液相的组成线，$A'C$ 与 $B'D$ 为固熔体组成线，在 $A'EB'$线的上面为熔化物（液相），$A'CE$ 是 B 熔在 A 中的固熔体（s_1）与熔化物（液相）的两相共存区，$B'DE$是 A 熔在 B 中的固熔体（s_2）与熔化物（液相）的两相共存区，$A'AFC$ 为固熔体 s_1 的单相区，$B'BGD$ 为固熔体 s_2 的单相区，$CFGD$ 为 s_1 与 s_2 共轭固熔体的两相区，CED 线为三相平衡线。

若定压冷却组成为 a 的溶液，当冷却至 b 点时，有固熔体 s_1 析出与熔化物（液相）呈平衡，当温度继续下降，固熔体 s_1 析出的量越来越多，液相组成沿 $A'E$ 箭头的方向移动，直到温度下降到 T_1，液相全部转化为固熔体 s_1，物系点经过 d 点后继续降温。

若定压冷却组成为 g 的溶液，当冷却至 e 点时有固熔体 s_1 析出，当温度继续下降，固熔体析出越来越多，液相的组成沿 $A'E$ 线上箭头的方向移动，当物系点达到 f 点时，遇到 CED 三相线，固熔体 s_1 与 s_2 同时析出并与溶液 E 呈三相平衡，根据相律系统自由度数为零，因此温度不变，直到液相全部转化为固熔体 s_1 和固熔体 s_2。

第六节 三组分系统

一般来说，三组分系统相图比二组分系统相图要复杂得多。本教材中只介绍其中最简单的一类，即有一对液体部分互溶液-液平衡系统的相图，以便了解三组分系统相图的处理原则。

一、三组分系统组成表示法

根据相律，三组分系统单相存在时的自由度数为 4，这四个变量分别是温度、压力和两个组分的相对含量。若维持压力不变，三个变量是温度和两个组分的相对含量，需要用三维空间的图形来表示，这很不方便，也不直观。因此，通常是温度、压力均固定，就只剩下两个组分的相对含量为变量，可方便地用平面图表示。

表示三组分系统一般采用的是等边三角形（stokes-roozeboom）相图，如图 3-24、图 3-25 所示。

三角形的各顶点代表各纯组分（即 100%A，100%B，100%C），各条边代表相应两个组分的组成，三角形中任何一点都表示三组分系统的组成。通过三角形内任何一点 O 引平行于各边的平行线，则在各边所截的长度之和必定等于三角形的边长，即 $a+b+c=AB=BC=CA=100\%$或 $a'+b'+c'=AB=BC=CA=100\%$。因此，O 点的组成可由这些平行线在各边上的截距 a'、b'、c'来表示。常用逆时针方向在三角形的三条边上标出 A、B、C 三个组分的质量分数，

即过 O 点作 BC 的平行线，在 CA 线上得到长度 a'，即为 A 的质量分数；过 O 点作 AC 的平行线，在 AB 线上得到长度 b'，为 B 的质量分数；过 O 点作 AB 的平行线，在 BC 线上得到长度 c'，为 C 的质量分数。图 3-25 中的 M 点表示该系统包含组分 C 为0.5，A 为 0.2，B 为 0.3。也可通过从 M 点对各边垂线的长来求算各组分的含量。

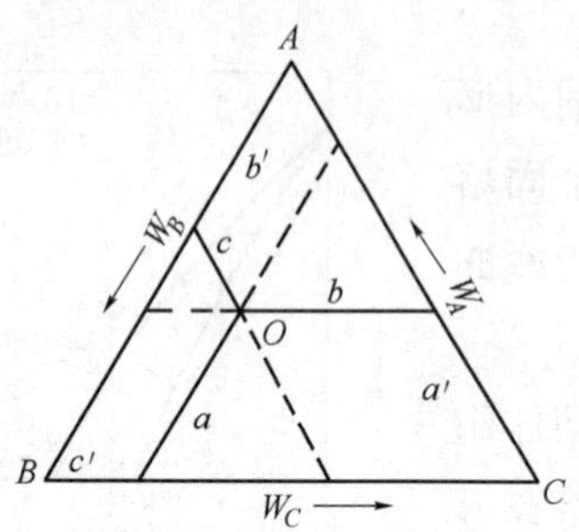

图 3-24　三组分系统组成表示法（平行线法）

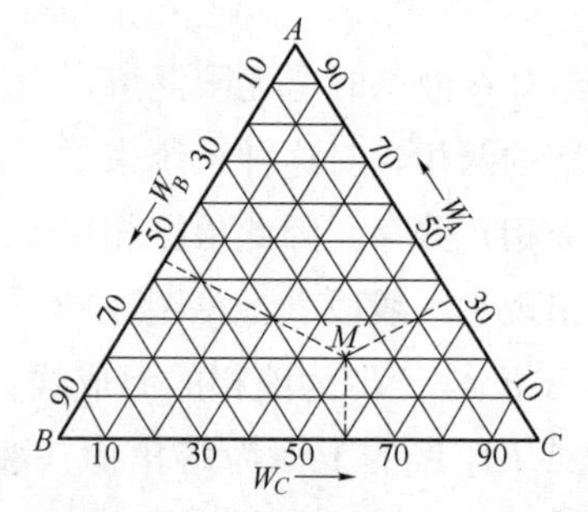

图 3-25　三组分系统组成表示法（垂线法）

等边三角形相图具有下列特点：

（1）定比例规则：从顶点向对边作一直线 Ad 见图 3-26(a)。线上各点都代表不同的系统，但其中 B 与 C 的百分含量比一定相同，而 A 的含量各异。例如系统沿 Ad 线向 d 移动，就表示 A 的含量减少，直至 A 完全析出时达 d 点，而 B 与 C 的含量比始终是 6∶4。

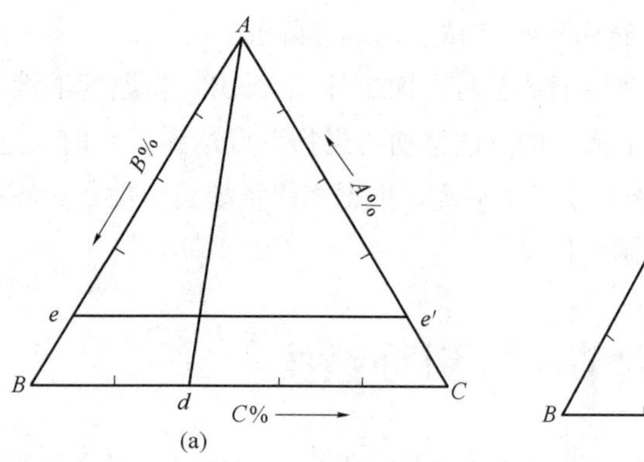

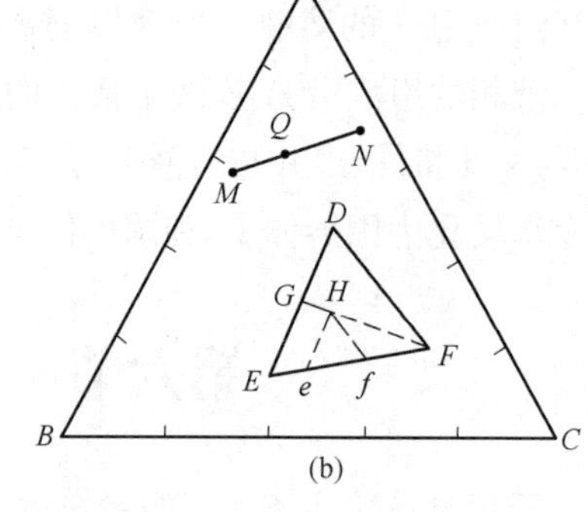

图 3-26　三组分系统组成表示法

（2）等含量规则：在与三角形某边平行的任意一条直线上的各点所代表的三组分系统中，此线相对顶点组分的含量恒定不变。例如图 3-26(a) 中 ee'线上各点均含 A 的质量分数为 20%。

（3）杠杆规则：如果有两个三组分系统 M 和 N 合并成一新系统，见图 3-26(b)，则新系统的组成一定位于 M 与 N 两点的连线上。新系统的位置与 M 和 N 两系统的相对量有关，可通过杠杆规则确定。如新系统组成为 Q 点，则 M 与 N 的相对量为 $W_M/W_N=\overline{NQ}/\overline{MQ}$。

（4）重心规则：如果由 D、E、F 三个三组分系统合并成一新系统，见图 3-26(b)，新系统的物系点位于该三点构成的三角形的质量重心处。可先将 D 和 E 两点连线按杠杆规则求出 D 和 E 两个系统合并后的位置 G 点，再用同样方法求出 G 与 F 相混合后系统的组成点 H。该点必在三角形 DEF 内（三角形的重心），其位置由 D、E、F 三个系统的组成及相对量来决定。

二、部分互溶的三液体系统

我们讨论三个液体组分中只有一对液体是部分互溶的而其他两对液体是完全互溶的系统。例如醋酸（A）、氯仿（B）和水（C）三种液体组成的三组分系统，氯仿和醋酸，水和醋酸均可以任意比例互溶，而氯仿和水在一定温度下部分互溶。此三组分系统液-液平衡相图如图3-27所示。

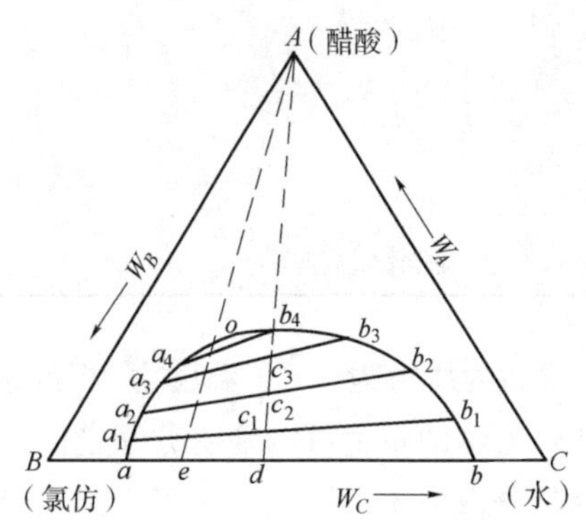

图 3-27 三组分有一对部分互溶的相图

底边 BC 代表氯仿和水二组分系统。Ba 范围表示水在氯仿中的不饱和溶液，bC 范围表示氯仿在水中的不饱和溶液，ab 范围表示液-液两相平衡，两共轭溶液的相点分别为 a 和 b，a 为水在氯仿中的饱和溶液（氯仿层），b 为氯仿在水中的饱和溶液（水层）。

若取物系点为 d 的样品，向其中不断地加入醋酸，则物系点将沿 dA 线向 A 点移动。由于醋酸在这两层溶液中非等量分配，因此代表两层溶液浓度变化的对应点 a_1b_1、a_2b_2…连结线和底边 BC 线不平行。若已知物系点到达 c_1，根据连结线可知两共轭溶液的组成分别为 a_1 和 b_1，可利用杠杆规则求得共轭溶液质量的相对量。若在系统中继续加入 A，物系点将沿 c_1A 直线向 A 点移动。由于 A 的加入，使得 B 和 C 的互溶程度增加，当物系点接近于 b_4 时，物系点恰与帽形曲线相交，此时共轭溶液 a_4 的质量趋近零，当越过此点，a_4 相消失，系统成为一相。

若物系点为 e（eA 线正通过 o 点）的样品中加入醋酸，物系点将沿 eA 线向 A 点方向移动。在 aob 区域内，系统为两共轭的三组分溶液。继续加入醋酸，平衡时两液相的组成分别沿 ao 及 bo 曲线移动，两液相的相对质量之比只有少量的变化。当物系点达到 o 点时，不是哪一个液相先消失，而是两液相间的界面消失，成为均匀的一相。再继续加入醋酸，则此单一液相的组成沿 oA 变化。这个由两个三组分共轭溶液变成一个三组分溶液的 o 点称为临界点（或称会溶点），临界点不一定是最高点，越过该点系统不再分层。

第七节 分配定律及其应用

一、分配定律

由实验可知在温度压力一定时，将一溶质加在两个同时接触的互不相溶的溶剂当中，如果溶质在两种溶剂中分子大小相同而且浓度又不大，达到平衡后，该物质在两溶剂中的浓度比值等于常数，这种关系称为分配定律。其数学表达式为

$$\frac{c_A}{c_B}=K \tag{3-15}$$

式中：c_A、c_B 分别表示溶质在溶剂 A、溶剂 B 中的浓度，K 为分配系数。影响的因素有温度、压力、溶质及两种溶剂的性质。如果溶质在这两种溶剂中的溶解度很小，则分配系数就等于溶质在这两种纯溶剂中的溶解度之比。

表 3-3 碘在二硫化碳和水中的分配（291K）

$c_A/10^{-2}\text{kg}\cdot\text{L}^{-1}$	$c_B/10^{-2}\text{kg}\cdot\text{L}^{-1}$	$K=c_A/c_B$
1.74	0.0042	414
1.29	0.0032	403
0.66	0.0016	413
0.41	0.0010	410
0.076	0.00017	447

表 3-3 为压力为 $p^{\ominus}$、温度为 291K 时，碘在二硫化碳和水中的分配结果。

从热力学的角度可以证明分配定律。设溶质在两液相中的化学势为 μ_A 和 μ_B，溶质在两液相中的摩尔分数为 x_A 和 x_B，在定温定压下，两相达到平衡时

$$\mu_A=\mu_B$$

而 $\mu_A=\mu_A^{\ominus}+RT\ln x_A \quad \mu_B=\mu_B^{\ominus}+RT\ln x_B$，代入上式

$$\frac{x_A}{x_B}=\exp\left(\frac{\mu_B^{\ominus}-\mu_A^{\ominus}}{RT}\right)=K$$

如果溶质在两相中的浓度不大，可用 c_A 和 c_B 表示溶质在两溶剂中的浓度，则

$$\frac{c_A}{c_B}=K$$

此式即为式 3-15。在某些系统中由于分子的缔合现象或离解现象，质点的平均大小不同，式 3-15 就不适用；如果溶质在溶剂 A 中的质点比在溶剂 B 中小一半，则可用下面的公式：

$$\frac{c_A}{\sqrt{c_B}}=K \tag{3-16}$$

如以苯甲酸（C_6H_5COOH）在水和苯间的分配为例，苯甲酸在水中部分电离，电离度为 α，苯甲酸在苯层中形成双分子缔合，以 C_W 表示 C_6H_5COOH 在水中的总浓度，以 C_B 表示 C_6H_5COOH 在苯层中的总浓度（用苯甲酸单分子表示的浓度），以 m 代表在苯层中苯甲酸呈单分子状态时的浓度。

在水层中有下列平衡关系

(1)
$$\underset{c_W(1-\alpha)}{C_6H_5COOH} \rightleftharpoons \underset{c_W\alpha}{C_6H_5COO^-} + \underset{c_W\alpha}{H^+}$$

在苯层中缔合双分子与单分子之间有以下平衡

(2)
$$\underset{\frac{c_B-m}{2}}{(C_6H_5COOH)_2} \rightleftharpoons \underset{m}{2C_6H_5COOH}$$

在两层溶液分配达平衡后，可应用分配定律，但必须用分子质点大小相同的浓度，即

(3)
$$\underset{m}{C_6H_5COOH\ (在苯层中)} \rightleftharpoons \underset{c_W(1-\alpha)}{C_6H_5COOH\ (在水层中)}$$

$$\frac{c_W(1-\alpha)}{m}=K'$$

根据反应（2）得到平衡常数 $K_1=\dfrac{m^2}{\left(\dfrac{c_B-m}{2}\right)}$

若在苯层中苯甲酸缔合度大，即单分子的浓度小，也就是 $c_B \gg m$，即 $(c_B-m)/2 \approx c_B/2$，

所以$K_1=2m^2/c_B$或$m=\sqrt{K_1c_B/2}$。

若在水层中苯甲酸的电离度很小，则$1-\alpha\approx1$，根据平衡关系（3）可以得到下面形式，若再将$m=\sqrt{K_1c_B/2}$代入，即得

$$K'=\frac{c_W(1-\alpha)}{m}\approx\frac{c_W}{m}=\frac{c_W}{\sqrt{K_1c_B/2}}$$

经移项整理得到与式3-16相同的形式$\frac{c_W}{\sqrt{c_B}}=K$

表3-4　苯甲酸在水和苯中的分配

$c_W/(10^{-2}kg\cdot dm^{-3})$	$c_B/(10^{-2}kg\cdot dm^{-3})$	c_W/c_B	$c_W/\sqrt{c_B}$
0.0150	0.242	0.062	0.0305
0.0195	0.412	0.047	0.0304
0.0298	0.970	0.031	0.0303

二、分配定律的应用——萃取

分配定律的一个重要应用是萃取。所谓萃取就是利用一种溶剂从一不相混溶的另一溶液中分离出一种有用的溶质的方法。萃取对于提纯、精制产品、药物的分析都是很重要的方法。

假定某溶质在两溶剂中没有缔合、离解、化学变化等作用。

设在V_1溶液中含有溶质$m$kg，若萃取数次，每次都用V_2的新鲜溶剂，则第一次达到平衡后，剩留在原溶液中的溶质的量m_1，应符合下式：

$$K=\frac{m_1/V_1}{(m-m_1)/V_2}$$

所以

$$m_1=m\frac{KV_1}{KV_1+V_2}$$

若用同样体积的萃取剂经第二次萃取，则溶质在原溶液中剩余量m_2应为

$$m_2=m_1\left(\frac{KV_1}{KV_1+V_2}\right)=m\left(\frac{KV_1}{KV_1+V_2}\right)^2$$

依此类推，经n次同样体积的萃取剂来萃取，则剩留在原溶液中的溶质的质量应为

$$m_n=m\left(\frac{KV_1}{KV_1+V_2}\right)^n$$

对于一定量的萃取剂来说，分若干份进行多次萃取要比用全部萃取剂一次萃取的效率高，此为“少量多次”原则。

附：超临界流体萃取的基本原理和应用

一、超临界流体萃取的基本原理

早在1879年英国两位研究者Hannay和Hogarth就发现了超临界流体对液体和固体物质具有显著溶解能力。他们在研究中观察到，在增加压力时，如碘化钾和溴化钾等金属卤化物能够溶解于超临界状态下的乙醇中，当系统压力降低时，无机盐会重新沉淀出来。实验观察说明：一种

溶剂对固体和液体的萃取能力在其超临界状态下比在其常温、常压条件下提高几十倍，甚至几百倍。

超临界流体萃取（supercritical fluid extraction，简称 SFE）作为一项新型的萃取和分离技术是近 30 年才发展起来的，德国的 Zosel 博士将超临界二氧化碳（SC—CO_2）萃取工艺成功地应用于咖啡豆脱除咖啡因的工业化生产，并形成第一个有关超临界萃取的专利。Zosel 博士的功劳就在于他发现了 SFE 的工业开发价值。超临界流体萃取（SFE）技术的原理是控制超临界流体在高于临界温度和临界压力的条件下，从目标物中萃取成分，当恢复到常压和常温时，溶解在超临界流体中的成分立即与超临界流体分开。超临界流体萃取作为一项环保型的萃取和分离技术已经在很多领域中得到广泛开发和应用。目前，在化工、医药、香料和食品等工业中已越来越广泛地应用该项技术。

（一）超临界流体的特性

对于某些纯物质来说，具有三相点和临界点 C，如图 3-28 所示：

当物质在三相点时，是处于气、液、固三相平衡状态；当物质超过临界温度（T_C）和临界压力（p_C）以上时，无论施加多大压力，气体也不会液化，仅是密度增大。系统的性质变得均一而不再是气体和液体，既具有类似液态的性质，也保留气体的性能。此时既不是气体，也不是液体，而是高于临界压力和临界温度时的一种特殊物质状态，是以超临界流体的形式存在。或者说一种流体（气体或液体），当其温度和压力均超过其相应临界点值，该状态下的流体则称为**超临界流体**（supercritical fluid，SCF 或 SF）。由于其特殊性，所以超临界流体兼有气体和液体的优点，其黏度小，扩散系数大，密度大，具有良好的溶解特性和传质特性。可以作为 SF 的物质很多，例如二氧化碳、一氧化氮、氨气、乙烯、丙烷、丙烯、水等。其密度和该物质在通常状态下液体密度相当。

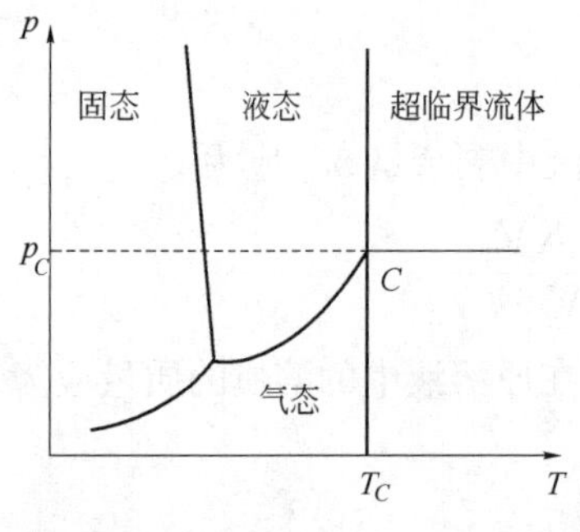

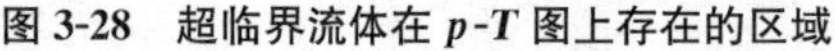
图 3-28　超临界流体在 p-T 图上存在的区域

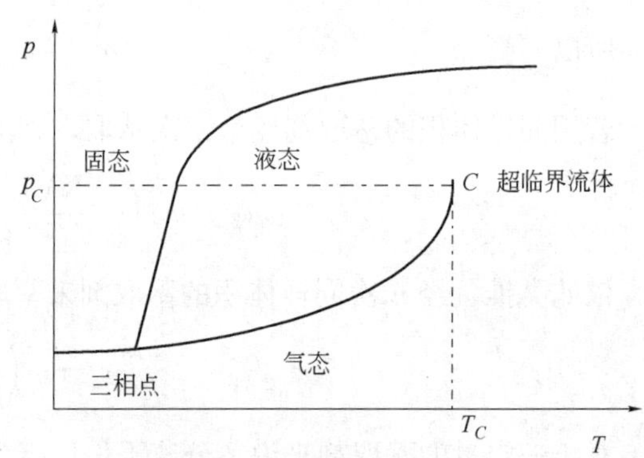

图 3-29　二氧化碳 p-T 图

表 3-5　气体、超临界流体和液体物理性质的比较

	气　体	超临界流体	液　体
密度/kg · m^{-3}	1.0	7.0×10^2	1.0×10^3
黏度/Pa · s	10^{-6}～10^{-5}	10^{-5}	10^{-4}
扩散系数/m^2 · s^{-1}	10^{-5}	10^{-7}	10^{-9}

由图 3-28 和表 3-5 可以分析得出超临界流体具有以下四个主要特征：

1. 由于溶质在萃取剂中的溶解度一般正比于萃取剂的密度，超临界流体密度与液体密度接近，使超临界流体具有与液体相当的溶解能力。

2. 超临界流体的扩散系数介于气体和液体之间，其黏度接近于气体，具有气体易于扩散和运动的特性，使其传质速率远大于其处于液态下溶剂萃取速率。

3. 当流体状态接近于临界区时，汽化热会急剧下降，至临界点处气-液相界面消失，此时汽化热为零。因而在临界点附近进行分离操作比在离临界点较远的气-液平衡区进行分离操作更有利于传热和节能。

4. 超临界流体具有很大的可压缩性，流体在其临界点附近的压力和温度的较小变化会引起流体密度的极大变化，因此可借助于调节系统的温度和压力在较宽的范围内来变动超临界流体的溶解能力。从而使超临界流体作为萃取剂时，既具有很高的溶解能力，又能容易地使溶剂与萃取物分离开。该特性为超临界萃取工艺的设计基础。

（二）超临界萃取使用的萃取剂

超临界萃取剂分为非极性和极性两类，它们的适用范围也有区别。其中使用最多、最广泛的是非极性的萃取剂 CO_2。其化学性质稳定，无毒，不易燃，无腐蚀性，无污染，无溶剂残留，对许多有机物溶解能力强，在惰性环境中可避免产物的氧化等等。迄今为止，90%以上的超临界萃取应用研究均使用 CO_2 作为萃取剂。从超临界流体萃取应用于中草药提取的情况来看，超临界 CO_2（SC-CO_2）流体萃取应用最广，主要原因是该法与其他常规的提取方法相比较，具有如下几个优异的特性。

1. 传统提取方法常常要用大量的有机溶剂，由于回收困难及回收过程中有损失，造成了有机溶剂残留和成本增加的问题。SC-CO_2 萃取使用的 CO_2 化学性质稳定，具有无毒、无味、无色、不腐蚀、价格便宜、易于回收、易于精制等优点，且 SC-CO_2 萃取无溶剂残留问题，适用于医药和食品行业。

2. 常规提取方法因提取温度较高，时间较长，使药材中的一些热敏性物质受热被破坏。由于 CO_2 的临界温度接近于室温（31.1℃），按超临界流体萃取条件所选择 SC-CO_2 的萃取温度可以接近于室温，特别适合于分离热敏性或易氧化的成分，防止常规提取过程中可能产生的氧化和分解等反应，在最大程度上保持各组分原有的特性。

3. CO_2 的临界压力（7.38MPa）处于中等压力，按超临界流体萃取条件所选择的 SC-CO_2 萃取压力适中，就目前工业水平一般容易达到。

4. SC-CO_2 还具有抗氧化灭菌作用，有利于提高天然产物的质量。

5. 由于 SC-CO_2 的溶解能力和渗透能力强，扩散速率快，所以 SC-CO_2 萃取操作提取完全，能充分利用中药资源。

二、超临界流体萃取的应用

超临界萃取技术最早应用于天然产物加工，其中天然食品和天然香料被认为是使用超临界萃取技术最有前景的一些领域。因为，传统的天然产物分离、精制加工工艺中的压榨、加热、水蒸气蒸馏和溶剂萃取等工艺手段通常会造成天然产物中某些热敏性或化学不稳定性成分在加工过程中被破坏，改变了食品的营养和独特的风味，且加工过程不可避免有溶剂残留物。特别是随着人们生活水平的提高，以及世界各地对食品管理卫生法规有日趋严格的趋势，所以，人们一直在寻找新的天然产物加工新工艺。自20世纪80年代以来，国际上在超临界萃取分离领域上投入了大量的研究工作并取得很大进展，已有大量的文献介绍 SFE 在各种门类天然产品中应用的情况。

人类的药物与食物同源。我国历史悠久，幅员辽阔，在长期的防病治病过程中，创造并积累了丰富的经验，形成了我国独特的中医药学理论，为中华民族的繁荣昌盛起到了巨大作用。我国中药植物资源丰富，品种繁多，同时还因中草药具有作用缓慢、持久、疗效稳定、无副作用以及价格便宜等特点，深受人们欢迎。目前中草药的提取制备过程大多采用传统的以水和有机溶剂为溶媒，在较高温度下长时间提取，这种方法本身存在着有效成分容易损失、分解、转化以及有机溶剂残留等问题。而超临界流体很大程度上避免了传统制药过程的缺陷，为中药制备工艺和剂型现代化提供了一条全新的途径。超临界流体萃取在中草药提取中的研究和应用虽然起步较晚，但近年来发展很迅速。主要由于该技术具有适合于提取天然热敏性物质、流程简单、操作方便、萃取效率高且能耗少、无溶剂残留等优良特性，这些优势为中药现代化提供了一种高效的提取与分离的全新方法。由于大多数中药材来源于天然植物，所以一些天然产物的提取分离原理及方法可以借鉴到中药的提取。中草药的药用部位广泛，一般来说，地上和地下部分均可入药，利用超临界萃取技术对中草药的果实、种子、花、皮、根、茎和叶中的一些成分进行提取均有一些研究，目前至少对50种中草药用SFE方法进行了研究。但大多数还处于实验室或中试研究阶段。已达工业化生产规模的产品很少。从已研究过的中药来看，所含的有效成分包括了生物碱、醌类、香豆素、木脂素、黄酮类、皂苷类和挥发油等。

中医药是中华民族的传统瑰宝，复方中药是中医药的精髓和主流。中药复方是以多组分发挥疗效，通过中药配伍除了可以提高和加强药物的疗效以外，还可以降低药物的毒副作用。所以复方的提取应该是混合提取。因而SC-CO_2萃取复方中药，除必须结合传统中药所要求的药效，来考察有效成分或有效部位是否被萃取出来以及其性能是否稳定外，还要考虑中药成分的协同作用和互溶作用。这就是目前SC-CO_2萃取技术对复方中药进行提取工艺研究、药理研究以及新药开发文献报道比单味中药少得多的原因，也是中医药与国际接轨难度最大部分，同时也是今后的一个主攻方向。

本章小结

相平衡在中药的提取、分离、检测等方面有着实际的应用。如分离提纯常采用蒸馏、结晶、萃取和吸收等方法都与多相平衡有关。相律是相平衡系统的基本定律，相图是研究多相平衡的基本手段，相图是相平衡系统的相态与温度、压力和组成的关系图。

单组分系统中以水的相图为例，图中有三个面，分别代表三个单相，气、液、固相；有三条实线，分别代表气液平衡、气固平衡、固液平衡时蒸气压与温度的关系（用克拉贝龙方程描述）；有两个点，一个是三相点，代表单组分当气、液、固三相平衡时的蒸气压与温度；此外还有一个临界点，当气体的温度超过临界温度时，是不能被液化的。

二组分系统的相图主要介绍了气液平衡相图、液液平衡相图和液固平衡相图。其中气液平衡相图根据液态互溶情况分为完全互溶理想液态混合物、完全互溶非理想液态混合物、完全不互溶液体系统三种情况，分别讨论其典型的蒸气压组成的 p-x 图、沸点组成的 T-x 图。液液平衡相图主要以水和苯胺相图为例介绍具有最高临界溶解温度系统相图，图中曲线代表两液体的相互溶解度，曲线外为单相区，帽形区内为两相平衡。液固系统中介绍了热分析绘制相图的方法，其中最简单相图为生成低共熔混合物系统，图中两条曲线代表固液平衡时液相组成与温度的关系，水平的三相线代表两组分共熔时与液相共存的温度；其他液固相图可以看成是类似简单相图的组合。

三组分系统只简单介绍了在三角形相图中组成的表示方法、三液体中一对部分互溶系统的相

图，图中帽形区为两相平衡，帽形区以外为单相。

最后介绍了分配定律，指溶质在两种互不相溶的溶剂中的溶解情况要遵守分配定律，其重要应用就是萃取，萃取操作在中药有效成分的提取分离中经常用到。

通过本章的学习，学生对一些基本相图要熟练掌握，达到学会应用相律，认识相图并根据相图来分析解决某些实际问题。

思考题

1. 什么叫作相？

2. 物系点和相点是同一个概念吗？两者有何区别？何时两者是统一的？

3. 什么是相律？什么是自由度？

4. 当两个相在温度相同但压力不同时，两个相能达到平衡吗？如果两相的压力相同而温度不同，两相能达到平衡吗？

5. 在定温定压下各相的平衡条件是什么？

6. 根据二组分气液平衡系统的 p-x 可以准确地判断该系统的液相是否是理想液体混合物？为什么？

7. 在相图中是否可利用杠杆规则来计算两相平衡区中两相的相对量？杠杆规则只适用于 T-x 图的两相平衡区吗？

8. 对于二元互溶系统，通过精馏方法总可以得到两个纯组分吗？

习　题

1. 根据相律，指出单组分系统相图中“点、线、面”的自由度各是多少？

2. 组分数与物种数有何区别？

3. 什么叫自由度？

4. 下列平衡系统的独立组分数和自由度数各为多少？

（1）$NH_4Cl(s)$部分分解为$NH_3(g)$和$HCl(g)$；

（2）若在上述系统中额外再加入少量的$NH_3(g)$；

（3）$NH_4HS(s)$和任意量的$NH_3(g)$及$H_2S(g)$平衡；

（4）$C(s)$，$O_2(g)$，$CO(g)$，$CO_2(g)$在100℃时达平衡。

（1，1；2，2；2，2；2，1）

5. 试确定 $H_2(g) + I_2(g) \rightleftharpoons 2HI(g)$平衡系统中，在下述情况下的独立组分数：

（1）反应前只有$HI(g)$；

（2）反应前有等物质的量的 H_2（g）和 I_2（g）；

（3）反应前有任意量的 H_2（g）和 I_2（g）。

（1；1；2）

6. 将 $AlCl_3$ 溶于水中形成不饱和溶液，在下列情况时系统的组分数是多少？

（1）该不饱和液形成后不发生水解；

（2）形成不饱和溶液后发生水解生成一种氢氧化物的沉淀。

（2；3）

7. 试求下述系统的自由度数，如 $f \neq 0$ 则指出变量是什么。

(1) 在标准压力 $p^{\ominus}$下，水与水蒸气平衡；

(2) 水与水蒸气平衡；

(3) 在标准压力 $p^{\ominus}$下，I_2 在水中和在 CCl_4 中分配已达平衡，无 $I_2(s)$ 存在；

(4) $NH_3(g)$、$H_2(g)$和 $N_2(g)$已达平衡；

(5) 在标准压力 $p^{\ominus}$下，H_2SO_4 水溶液与 $H_2SO_4 \cdot 2H_2O$ (s) 已达平衡。

(0；1，T 或 p；2，T、c_i；3，T、任意两个物质的 p_i；1，T 或 c_i)

8. 在二组分相图中，当系统处于下列各点时，各存在几个相：

(1) 恒沸点；(2) 熔点；(3) 低共熔点。

(2；2；3)

9. 有一水蒸气锅炉，能耐压 $15 \times p^{\ominus}$，问此锅炉加热至什么温度有爆炸的危险？已知水的汽化热是 $40.64\text{kJ} \cdot \text{mol}^{-1}$。

(470.5K)

10. 假定汞服从特鲁顿规则，已知汞的正常沸点为 630.05K，试计算 298.15K 时汞的蒸气压。

(0.764Pa)

11. 一批装有注射液的安瓿放入高压消毒锅内加热进行消毒，若用 151.99×10^3 Pa 的饱和水蒸气进行加热，问锅内的温度有多少度？已知 $\Delta_{vap}H_m = 40.64\text{kJ} \cdot \text{mol}^{-1}$。

(385K)

12. 氯甲烷的蒸气压在 226K 至 263K 间可以右式表示：$\lg p = -\dfrac{1149}{T} + 8.606$。试计算该液体此温度间的摩尔气化热。

(22.00kJ · mol⁻¹)

13. 乙酰乙酸乙酯是有机合成的重要试剂，它的蒸气压温度方程为：$\lg p = -\dfrac{2588}{T} + B$。式中压力单位为 Pa。该试剂在正常沸点 454.2K 时部分分解，但在 343.2K 以下稳定。如用减压蒸馏法提纯时，压力应为多少？

(1428.89Pa)

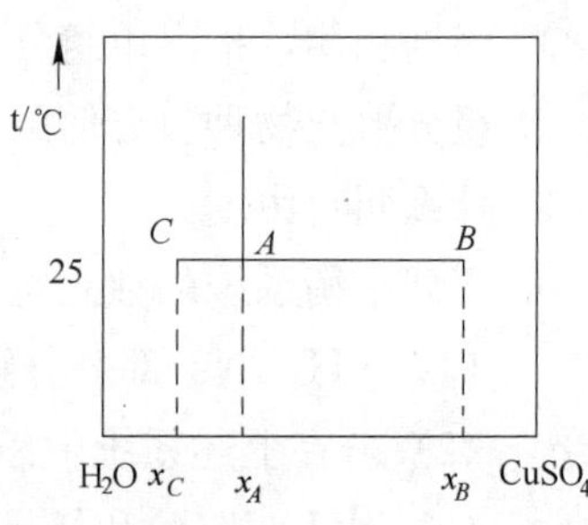

14. 在 333.15K 时酚与水二组分系统呈两个共轭液相，其中水相含酚的质量分数为0.168，酚相中含酚的质量分数为 0.551，假如该系统含有水 0.09kg，酚 0.06kg，问各相的质量是多少？

(0.091kg；0.0591kg)

15. $CuSO_4$-H_2O 系统的 T-x 图如右。今在 50℃时组分为 x_A 的 250kg $CuSO_4$ 水溶液，冷却至 25℃析出$CuSO_4 \cdot H_2O$结晶 (x_B)，与此结晶成平衡的饱和溶液组成为 x_C，求该过程析出的 $CuSO_4 \cdot H_2O$ 结晶和剩余溶液各为多少千克？由相图给出$\overline{CA} : \overline{AB} = 1 : 4$。

($CuSO_4 \cdot H_2O$ 结晶量为 50kg；剩余溶液量为 200kg)

16. 某有机酸在水和乙醚中的分配系数在 20℃时为0.08。该有机酸 5g 溶于 0.1L 水中构成溶液。

(1) 若用 0.04L 的乙醚一次萃取，问水中剩余有机酸多少克？

(2) 若每次用 0.02L 的乙醚萃取两次，问水中剩余有机酸多少克？

(0.833g；0.408g)

17. 下列数据是乙醇和乙酸乙酯的混合溶液在标准压力 $p^{\ominus}$ 及不同温度时乙醇在互呈平衡的气、液两相中的摩尔分数：

t(℃)	77.15	75.0	71.8	71.6	72.8	76.4	78.3
x(乙醇液相)	0.00	0.100	0.360	0.462	0.710	0.942	1.00
y(乙醇气相)	0.00	0.164	0.398	0.462	0.605	0.880	1.00

(1) 以 t 对 $x_{C_2H_5OH}$ 作沸点组成图，画出气液平衡曲线。

(2) 当溶液的组成为 $x_{C_2H_5OH}=0.75$ 时，最初馏出物的组成是什么？经分馏后剩下液体的组成是什么？上述溶液能否用精馏法得到纯乙醇和纯乙酸乙酯？

(0.64)

18. 下表列出邻-二硝基苯和对-二硝基苯的混合物在不同组成时的熔点数据：

对位化合物的重量百分数	100	90	80	70	60	50	40	30	20	10	0
完全熔化时的温度(℃)	173.5	167.7	161.2	154.5	146.1	136.6	125.2	111.7	104.0	110.6	116.9

(1) 绘制 T-x 图，并求出最低共熔混合物的组成。

(2) 如果系统的原始总组成分别为含对位化合物 75% 和 45%，问用结晶法能从上述混合物中回收得到纯对位化合物的最大百分数为多少？

(102℃，22.8%；67.6%，28.7%)

19. KNO_3-$NaNO_3$-H_2O 系统在 5℃时有一三相点，在这一点无水 KNO_3 和无水 $NaNO_3$ 同时与一饱和溶液达平衡。已知此饱和溶液含 KNO_3 为 9.04%（重量），含 $NaNO_3$ 为 41.01%（重量），如果有一 70g KNO_3 和 30g $NaNO_3$ 的混合物，欲用重结晶方法回收纯 KNO_3，试计算在 5℃时最多能回收 KNO_3 多少克？

(63.4g)

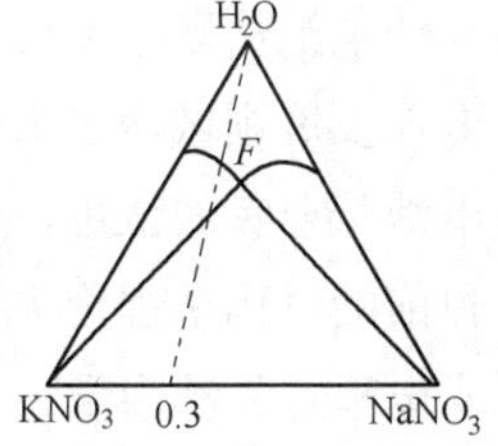

第四章
电化学

扫一扫，查阅本章数字资源，含PPT、音视频、图片等

电化学是研究化学现象与电现象之间关系的学科。它研究由化学能转变为电能（电池）或由电能转化为化学能（电解）时所遵循的规律，以及在转化中所涉及的电解质溶液的特性。这些规律和特性的研究在理论和实践上都有重要意义，已成为化学学科中不可缺少的重要组成部分。工业上，电解和电镀是制造和加工许多金属制品，生产某些重要化工产品的方法，如碱金属及铝、镁、氢氧化钠等。化学电源（原电池和蓄电池）是不可缺少的能源之一，新型高能电池、燃料电池、微型电池在科技、国防上发挥着越来越重要的作用。此外，电化学还为测定许多热力学函数提供了很好的方法。以电化学原理为基础，还建立了许多具有广泛应用价值的分析方法，如电位滴定、极谱分析、离子选择电极等。在生物医药研究中，以电化学理论和实验方法研究生命现象，形成了生物电化学分支，其研究内容包括生物系统的电势，代谢过程，生物电催化等。生物电化学是 20 世纪后期电化学研究中的新领域，也是 21 世纪的前沿学科。

20 世纪 70 年代，石油危机促进了锂电池的研发。没有锂电池，就没有我们现在的移动智能生活。锂电池从诞生发展到应用推广，面临着诸多艰巨的挑战。2019 年诺贝尔化学奖授予三位在锂电池发展领域做出贡献的科学家，这是对为锂电池从无到有、从实验室走向商业化做出贡献的锂电池从业者的认可，是对这个行业巨大的肯定和激励。

目前的电化学理论主要包括：①电解质溶液理论；②电化学平衡；③原电池电动势的产生理论；④电极过程动力学；⑤实用电化学。

本章主要讨论电解质溶液和可逆电池热力学。

第一节 电解质溶液的导电性

一、电解质溶液的导电机理

按物质导电的方式不同，可将导体分为**电子导体**（如金属、石墨等）和**离子导体**（如电解质溶液及熔融状态的电解质）。物理化学主要研究后一类导体。能够实现电解质溶液连续导电的装置称为电化学装置。它可分为两大类：**将化学能转变为电能的装置称为原电池**（primary cell）；**将电能转变为化学能的装置称为电解池**（electrolytic cell）。

把两个铂电极插入电解质溶液中，并将它们与一直流电源相连（如图 4-1 所示），当电流通过电解质溶液时，溶液中的阳离子向负极迁移，从负极上取得电子而发生还原反应；与此同时，阴离子向正极迁移，在正极上失去电子而发生氧化反应。上面这两种过程的反应称为电极反应。在此应注意电极命名法，在电化学中**凡是发生氧化反应的电极称为阳极，凡是发生还原反应的电极称为阴**

极；电位高的电极称正极，电位低的电极称为负极。 在电解池中正极为阳极，负极为阴极。在原电池中发生氧化反应的电极（阳极）是负极，发生还原反应的电极（阴极）是正极，切勿混淆。

在图 4-1(a) 中，将两个铂电极插入 HCl 的水溶液中，接通外电源，在电场的作用下，溶液中的 H^+ 离子向阴极（负极）迁移，而 Cl^- 离子向阳极（正极）迁移。电极反应为：

阴极（还原作用）：$2H^+ + 2e^- \rightarrow H_2(g)$

阳极（氧化反应）：$2Cl^- \rightarrow Cl_2(g) + 2e^-$

电池反应为：$2HCl(aq) \rightarrow H_2(g) + Cl_2(g)$

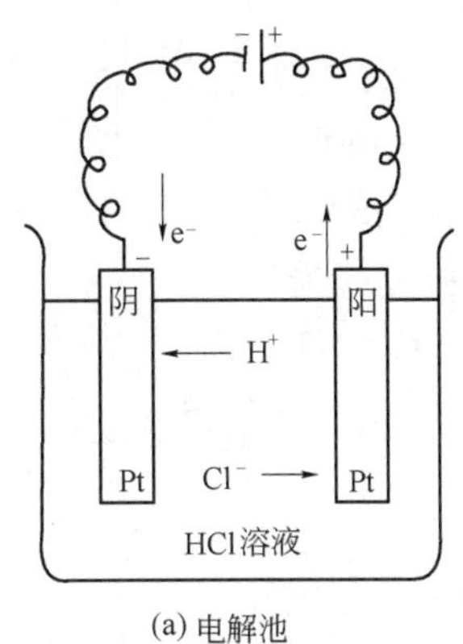

(a) 电解池

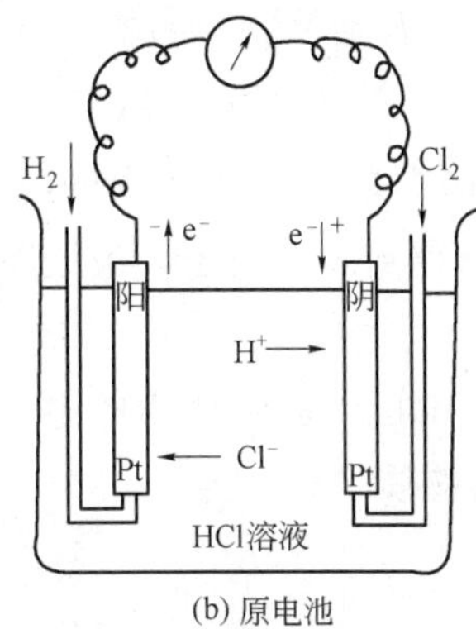

(b) 原电池

图 4-1 电解质溶液的导电机理

可见，对于电解池，由于外电源消耗了电功，使电解池内发生了非自发反应。

图 4-1(b) 为原电池。分别通氢气和氯气于 HCl 水溶液中的两个铂电极上，

阳极（负极）发生氧化反应：$H_2(g) \rightarrow 2H^+ + 2e^-$

阴极（正极）发生还原反应：$Cl_2(g) + 2e^- \rightarrow 2Cl^-$

在两电极上生成的 H^+ 和 Cl^- 进入溶液中。在负极（阳极）上因有多余的电子而具有较低的电势，在正极（阴极）上因缺少电子而具有较高的电势。用导线通过负载连接两电极，就会产生电流而对外做电功。溶液中的 H^+ 向阴极扩散迁移，Cl^- 向阳极扩散迁移，溶液中正负离子的定向移动构成电流回路，因此对原电池而言，由于电池内发生了自发的氧化还原反应：

$H_2(g) + Cl_2(g) \rightarrow 2HCl$，在定温定压条件下，使电化学系统的吉布斯自由能降低，化学能转化成对外所做的电功。

综上所述，电解质溶液的导电机理为：

(1) **电流在溶液中的传导由正负离子定向迁移而共同承担；**

(2) **由于两电极上所发生的氧化还原反应，导致电子得失，从而使电极与溶液界面处的电流得以连续。**

二、法拉第定律

法拉第（Faraday）归纳了多次实验，于 1833 年得出一个规律，称为法拉第定律：通电于电解质溶液之后：**(1) 在电极上析出物质的量与通电的电量成正比；(2) 将几个电解池串联，通入电流后，在各个溶液的两极上起作用物质（基本单元）的物质的量相同。**

在电化学中，我们把相当于元电荷 e（即一个质子的电荷或一个电子的电荷绝对值）所带电量的电解质作为物质的量的基本单元。例如 H^+，$\frac{1}{2}SO_4^{2-}$，$\frac{1}{3}Fe^{3+}$ 等等。当 1mol 电子的电量通

过电极时，电极上得失电子的物质的量（n）也为 1mol（基本单元）。如$\frac{1}{2}Cu^{2+}+e^{-}\rightarrow\frac{1}{2}Cu$，说明 1mol 电子能还原$\frac{1}{2}$mol 金属铜，即在阴极上有$\frac{1}{2}\times 63.55$g 铜析出。从电解质溶液的导电机理可知，对于给定的电极，通过的电量愈多，在电极上被夺取或放出的电子数目愈多，发生化学变化的物质的量也愈多。

1mol 质子所带的电荷量（1mol 电子所带电量的绝对值）称为 1 个法拉第单位（或法拉第常数），用 F 表示：

$$F=N_{A}e^{-}=6.022\times 10^{23}\,mol^{-1}\times 1.6022\times 10^{-19}\,C$$
$$=96484.6\,C\cdot mol^{-1}\approx 96500\,C\cdot mol^{-1}$$

式中 N_A 为 Avogadro 常数，e^- 为质子的电荷。若在含有正离子 M^{Z+} 的电解质溶液中通电，氧化数为 Z 的正离子需得到 Z 个电子，被还原为 M，电极反应为

$$M^{Z+}+Ze^{-}\rightarrow M$$

在阴极上生成 1mol 金属 M 所需的电子数为 N_AZ，相应的电量为 ZF。当通过的电量为 Q 时，所沉积出的金属物质的量 n 为

$$n=\frac{Q}{ZF}\quad 或$$

$$Q=nZF \tag{4-1}$$

若用来表示所沉积金属的质量，则应有

$$m=\frac{QM}{ZF} \tag{4-2}$$

式中 M 是金属的摩尔质量。式 4-1 和式 4-2 是法拉第定律的数学表达式，它反映了电荷和物质之间有着确切的结合关系。

法拉第定律是自然科学中最准确的定律之一，它揭示了电能与化学能之间的定量关系。无论是对电解池还是原电池都适用，而没有任何限制条件，在任何温度、压力下均适用，而且实验愈精确，所得结果愈与法拉第定律相吻合。此类定律在科学上并不多见。

【例 4-1】 将两电极插入硝酸银溶液中，通以 0.20A 的电流 30min，求阴极析出银的质量。

解： $\because Q=It\quad n=Q/ZF=m/M$

$$\therefore m=\frac{QM}{ZF}=\frac{ItM}{ZF}=\frac{0.2A\times 30\times 60s\times 107.88g\cdot mol^{-1}}{1\times 96500C\cdot mol^{-1}}=0.4025(g)$$

即通电半小时，便可在阴极还原析出 0.4025g 的银。

第二节　离子的电迁移和迁移数

一、离子的电迁移现象

通电于电解质溶液之后，在电极上发生电解反应，溶液中的正负离子分别向两极移动，在相应的两极界面上发生氧化、还原反应，最后使两极附近的溶液浓度有了变化。

可以用图 4-2 示意说明溶液中各部分浓度变化的情况。

设电解池内装有 HCl 溶液，在两个电极之间设想有两个假想的截面 AA' 和 BB'，将电解质溶液分为三个部分——阴极区、阳极区和中间区。假定未通电前，电解质溶液溶质含量是均匀

的，各部分均含有 5mol 正、负离子，图中用＋和－的个数来表示正、负离子的物质的量。当接通电源并通入 4F 的电量之后，有 4mol 的正离子起还原作用沉积于阴极；同时有 4mol 的负离子起氧化作用沉积于阳极，在溶液中的离子也同时发生迁移。由于离子所带电荷数量、大小及水化程度不同，其迁移速率亦不相同。下面分两种情况讨论：

1. 正、负离子的迁移速率相等（$v_+=v_-$），则导电任务各分担一半。在 AA' 截面上，有 2mol 的正离子及 2mol 的负离子通过，在 BB' 截面也一样，如图 4-2(a) 所示。通完电以后，中间区溶液的浓度不变，阳极区及阴极区的浓度彼此相同，但与原溶液的浓度不同。

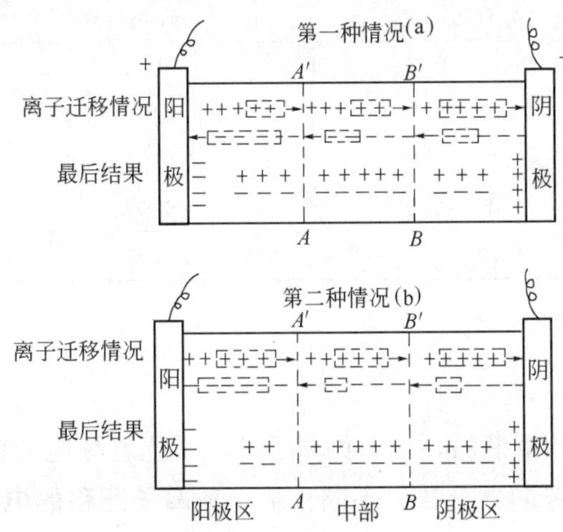

图 4-2 离子电迁移现象示意图

2. 正离子的迁移速率三倍于负离子（$v_+=3v_-$），则在溶液中的任一截面上，将有 3mol 的正离子及 1mol 负离子通过。通完电以后，中间区溶液的浓度仍然不变，但阳极区及阴极区的浓度彼此不同，且与原溶液浓度也不同，如图 4-2(b) 所示。

从上述示例中可以看出：

(1) 向阴、阳两极方向迁移的正、负离子的物质的量的总和恰等于通入电量的总法拉第数。

(2) $$\frac{\text{阳极区物质的量的减少}}{\text{阴极区物质的量的减少}}=\frac{\text{正离子所传导的电量}(Q_+)}{\text{负离子所传导的电量}(Q_-)}=\frac{\text{正离子的迁移速率 }v_+}{\text{负离子的迁移速率 }v_-} \tag{4-3}$$

上面讨论的是惰性电极的情况。若电极本身也参加反应，则阴极区和阳极区溶液浓度的变化情况要复杂一些。

二、离子的迁移数

（一）离子的迁移速率——淌度

在外加电场的作用下，溶液中的正离子向阴极移动，负离子向阳极移动。离子在电场中运动的速率，除了与离子本性（离子电荷和半径等）和溶剂的性质有关以外，还与电位梯度 $\mathrm{d}E/\mathrm{d}l$ 有关，它是离子运动的推动力。因此离子的速率可以写作：

$$v_+=U_+\frac{\mathrm{d}E}{\mathrm{d}l}$$

$$v_{-}=U_{-}\frac{\mathrm{d}E}{\mathrm{d}l} \tag{4-4}$$

式中U_+和U_-是比例常数，称为离子淌度，它包含着除电位梯度以外的其他影响离子运动速率的因素，可以看作是当电位梯度为1伏·米$^{-1}$时的离子运动速率，有时也称为离子的绝对速率。淌度与温度、浓度等有关。表4-1是在298.15K，无限稀释时几种离子的淌度。由表可知，H^+和OH^-离子的绝对速率比一般离子大得多。

表4-1　298.15K时一些离子在无限稀释时的淌度（米^2·秒$^{-1}$·伏$^{-1}$）

正离子	$U_{0,+}$	负离子	$U_{0,-}$
H^+	36.30×10^{-8}	OH^-	20.52×10^{-8}
K^+	7.62×10^{-8}	SO_4^{2-}	8.27×10^{-8}
Ba^{2+}	6.59×10^{-8}	Cl^-	7.91×10^{-8}
Na^+	5.19×10^{-8}	NO_3^-	7.40×10^{-8}
Li^+	4.01×10^{-8}	HCO_3^-	4.61×10^{-8}

（二）离子的迁移数

如前所述，通电于电解质溶液后，正、负离子共同承担着导电的任务。由于迁移速率不同，电荷不同，因此它们分担任务的百分数也不同。某一种**离子迁移的电量与通过溶液的总电量之比，称为该种离子的迁移数**（Transference number），用符号t表示。对于只含有一种正离子和一种负离子的电解质溶液，则正负离子的迁移数可分别表示为

$$t_{+}=\frac{\text{正离子传输的电量 }Q_{+}}{\text{总电量 }Q}$$

$$t_{-}=\frac{\text{负离子传输的电量 }Q_{-}}{\text{总电量 }Q} \tag{4-5}$$

由上述可知
$$t_{+}+t_{-}=\frac{Q_{+}+Q_{-}}{Q}=1$$

假设在相距为1m，面积为1m^{2}的A与B两电极之间盛有某电解质溶液（见图4-3），此溶液中正负离子的浓度与价数分别为c_+和c_-（mol·m^{-3}），Z_+和Z_-，电极间的电位差为E。在此电位梯度$\frac{\mathrm{d}E}{\mathrm{d}l}$下，正负离子的迁移速率分别为$v_+$和$v_-$。则每秒钟内通过任一截面$S$正负离子所传输的电量$Q_+$、$Q_-$和总电量$Q$分别为：

$$Q_{+}=(c_{+})(v_{+})(Z_{+})F$$

$$Q_{-}=(c_{-})(v_{-})(Z_{-})F$$

$$Q=Q_{+}+Q_{-}=(c_{+})(v_{+})(Z_{+})F+(c_{-})(v_{-})(Z_{-})F$$

图4-3　离子运动速率与传输的电量

因为任何电解质溶液都是电中性的，则有 $(c_+)(Z_+)=(c_-)(Z_-)$ 的关系，所以

$$t_+=\frac{Q_+}{Q}=\frac{v_+}{v_++v_-}\qquad t_-=\frac{Q_-}{Q}=\frac{v_-}{v_++v_-} \tag{4-6}$$

由式 4-6 可以看出离子迁移数同离子运动速率的关系，并可进一步得出

$$\frac{t_+}{t_-}=\frac{v_+}{v_-}=\frac{U_+}{U_-}$$

（三）离子迁移数的测定

实验室常用（Hittorf）法测定离子的迁移数。由式 4-3 可得出

$$t_+=\frac{\text{正离子迁出阳极区的物质的量}}{\text{电极反应的物质的量}}$$

$$t_-=\frac{\text{负离子迁出阴极区的物质的量}}{\text{电极反应的物质的量}}$$

希托夫法的具体操作是将已知浓度的电解质溶液进行电解，以小电流通电一段时间，两极附近溶液的离子浓度不断地改变，而中部浓度基本不变。经过对阳极区（或阴极区）溶液的称重和分析，测定电解后阳极区（或阴极区）溶液中电解质含量的变化，计算出经过电解后，阳极区（或阴极区）中正离子（或负离子）迁出的物质的量，再从串联电路中的电量计测出总电量，算出电极反应的物质的总量，最后通过上式算出离子的迁移数。

第三节　电解质溶液的电导

一、电导率与摩尔电导率

（一）电导

小分子和生物大分子的电解质水溶液都可以导电，其行为一般都能服从电学中欧姆定律。即在溶液两极加上 V 伏电压，流过 I 安培的电流，两极间电阻为 R 欧姆，则下式成立。

$$R=\frac{V}{I}$$

可以想见，溶液的电阻大，导电能力就小，因此定义溶液电阻的倒数为此溶液的电导，称为电导（electric conductance），以 L 表示。

$$L=\frac{1}{R} \tag{4-7}$$

电导的单位以前称为 Ω^{-1}（欧姆$^{-1}$），现根据 SI 单位，电导的单位为西门子（siemens），用符号 S（1 西＝1 安・伏$^{-1}$）表示。

（二）电导率

在电解质溶液中插入两电极，极间施加电压 V，通过的电流为 I，则两极间溶液的电阻服从欧姆定律(Ohm’s law)。

$$R=\frac{V}{I}=\frac{1}{L} \tag{4-8}$$

溶液的电阻与两电极的距离 l 成正比，与电极面积 A 成反比，即

$$R=\rho \cdot \frac{\rho}{A} \tag{4-9}$$

式中比例系数 ρ 称为电阻率（resistivity），或称比电阻（specific resistance），电阻率的倒数为电导率 κ(electrolytic conductivity)。

$$\kappa=\frac{1}{\rho}=\frac{1}{R} \cdot \frac{l}{A}=L \cdot \frac{l}{A} \tag{4-10}$$

κ 的单位是 $S \cdot m^{-1}$ 或 $\Omega^{-1} \cdot m^{-1}$，它的物理意义是：**电极面积各为 $1m^2$，两电极相距 1m 时溶液的电导。**或者说它是单位立方体的体积内所含溶液的电导。因其数值与电解质的种类、浓度及温度等因素有关，故仅以电导率的大小来衡量不同电解质的导电能力是不够的。

（三）摩尔电导率

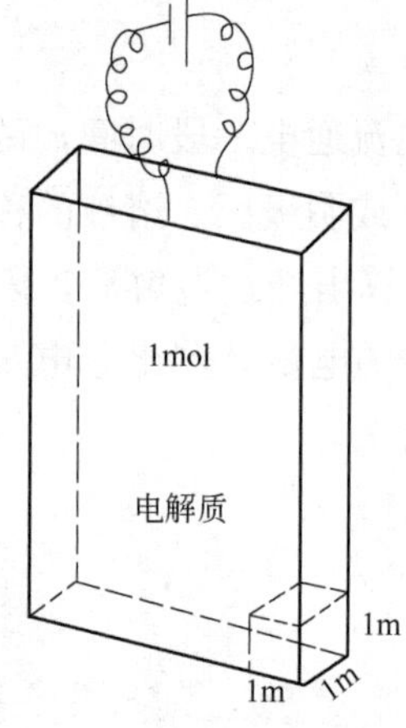

图 4-4 摩尔电导率的定义

表示电解质溶液的导电能力，更常用的是摩尔电导率 Λ_m。摩尔电导率 Λ_m 是把含有 1mol 电解质的溶液置于相距为 1m 的两个平行电极之间测得的电导，见图 4-4。根据 Λ_m 的定义，应有以下表示式：

$$\Lambda_m=V_m\kappa=\frac{\kappa}{c} \tag{4-11}$$

式中 V_m 为含有 1mol 电解质溶液的体积，单位为 $m^3 \cdot mol^{-1}$；c 为电解质溶液的浓度，单位为 $mol \cdot m^{-3}$；$1/c$ 即为 V_m。由式 4-11 知，Λ_m 的单位为 $S \cdot m^2 \cdot mol^{-1}$。

引入摩尔电导率的概念是为了方便于比较不同类型电解质的导电能力。

二、电解质溶液的电导测定

电导的测定是借助于下图所示的装置来测定电解质溶液的电阻，然后求电阻的倒数即得电导。随着实验技术的不断发展，目前已有不少测定电导、电导率的仪器，并可把测出的电阻值换算成电导率值在仪器上反映出来。而电导率仪的测量原理和物理学上测电阻的韦斯顿（Wheatstone）电桥类似。如图 4-5。

图中 AB 为均匀的滑线电阻；R_1 为可变电阻；M 为放有待测溶液的电导池，设其电阻为 R_x；G 为耳机（或阴极示波器）；电势源是一定频率的交流电源，通常取其频率为 1000Hz，在可变电阻 R_1 上并联了一个可变电容 F，这是为使与电导池实现阻抗平衡。接通电源后，移动接触点 C，直到耳机中声音最小（或示波器中无电流通过）为止。这时 D、C 两点的电位降相等，DGC 线路中电流几乎为零，电桥已达平衡，有如下关系：

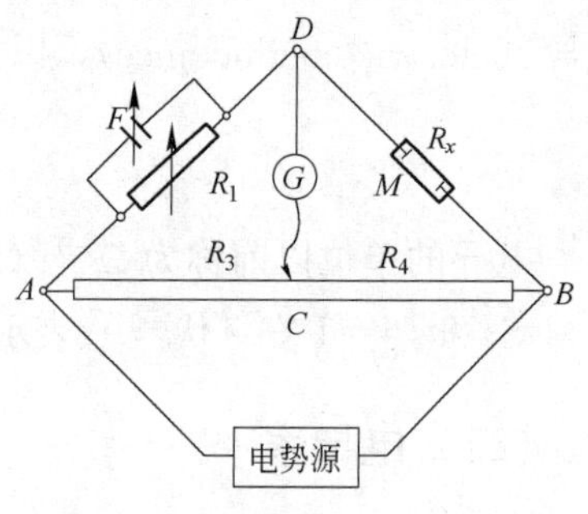

图 4-5 Wheatstone 电桥示意图

$$\frac{R_1}{R_x}=\frac{R_3}{R_4}$$

$$\frac{1}{R_x}=\frac{R_3}{R_1R_4}=\frac{AC}{BC}\cdot\frac{1}{R_1}$$

式中 R_3、R_4 分别为 AC、BC 段的电阻，R_1 为可变电阻器的电阻，均可从实验中测得，从而可以求出电导池中溶液的电导（即电阻 R_x 的倒数）。若知道电极间的距离和电极面积及溶液的浓度，利用式 4-10、式 4-11 原则上就可求得 κ、Λ_m 等物理量。

但是，电导池中两极之间的距离 l 及镀有铂黑的电极面积 A 是很难测量的。通常是把已知电阻率的溶液（常用一定浓度的 KCl 溶液）注入电导池，就可确定 l/A 值，这值称为电导池常数 (constant of a conductivity cell)，用 K_{cell} 表示，单位是 m^{-1}，即

$$R=\rho\frac{l}{A}=\rho K_{cell}\quad 或\quad K_{cell}=\frac{1}{\rho}R=\kappa R \tag{4-12}$$

表 4-2　在 298K 及 $p^{\ominus}$ 下各种浓度 KCl 水溶液的 κ 和 Λ_m 值

$c/mol\cdot dm^{-3}$	0	0.001	0.01	0.1	1.0
$\kappa/S\cdot m^{-1}$	0	0.0147	0.1411	1.289	11.2
$\Lambda_m/S\cdot m^2\cdot mol^{-1}$	(0.0150)	0.0147	0.0141	0.0129	0.0112

【例 4-2】 298K 时在一电导池中盛以 $0.0200mol\cdot dm^{-3}$ 的 KCl 溶液，测得电阻为 82.4Ω。若用同一电导池充以 $0.0050mol\cdot dm^{-3}$ 的 K_2SO_4 溶液，电阻为 376Ω。已知在该温度时 $0.0200mol\cdot dm^{-3}$ 的 KCl 溶液的电导率为 $0.2786S\cdot m^{-1}$。试求：(1) 电导池常数。(2) $0.0050mol\cdot dm^{-3}$ 的 K_2SO_4 溶液的电导率和摩尔电导率。

解：(1) $K_{cell}=\kappa R=0.2786S\cdot m^{-1}\times 82.4\Omega=23.0m^{-1}$

(2) $\kappa=\frac{1}{R}K_{cell}=\frac{1}{376\Omega}\times 23.0m^{-1}=0.0612S\cdot m^{-1}$

$$\Lambda_m=\frac{\kappa}{c}=\frac{0.0612S\cdot m^{-1}}{0.0050\times 10^3 mol\cdot m^{-3}}=0.0122S\cdot m^2\cdot mol^{-1}$$

三、电导率、摩尔电导率与浓度的关系

图 4-6 表示一些电解质溶液在不同浓度时的电导率。在浓度不大时，强电解质溶液的电导率随浓度增加（即导电粒子数的增多）而增大，但当浓度增加到一定程度以后，由于正、负离子之间的相互作用力增大，因而使离子的运动速度降低，电导率反而下降。所以**在电导率与浓度的关系曲线上可能会出现最高点。**但弱电解质溶液的电导率随浓度的变化不显著，这是因为浓度增加使其电离度减少，所以溶液中离子数目变化不大。

对于摩尔电导率而言，因为溶液中含有能导电的粒子是一定的，当浓度降低时，由于粒子之间相互作用力减弱，正、负离子的运动速度因而增加，故摩尔电导率增加。当浓度降低到一定程度之后，强电解质的摩尔电导率值几乎保持不变，见图 4-7。

从图 4-7 可以看出，摩尔电导率与电导率不同，随着浓度的增加，摩尔电导率反而降低，但强电解质与弱电解质的摩尔电导率降低情况不完全相同。强电解质溶液的浓度对它的摩尔电导率影响不大，溶液浓度降低，摩尔电导率略有升高，当溶液浓度很稀时，摩尔电导率很快达到一个极限值，此值称为该电解质溶液无限稀释时的摩尔电导率，用 Λ_m^{∞} 表示。科尔劳施 (Kohlrausch，1840—1910，德国化学家、物理学家）根据实验结果发现，**在很稀的溶液中，强电解质的摩尔电导率与其浓度的平方根成线性关系，**若用公式表示则为

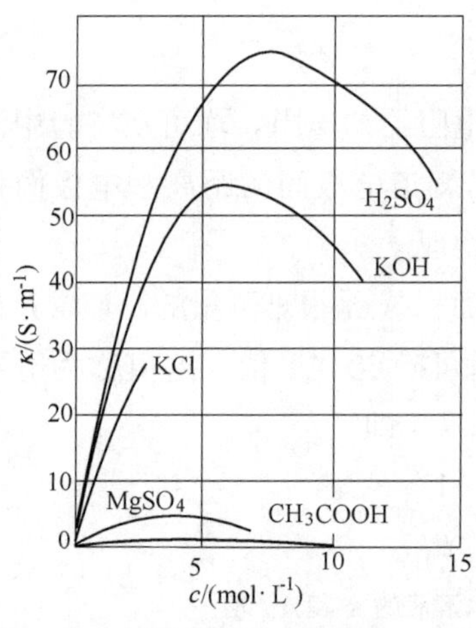

图 4-6 电导率随浓度的变化

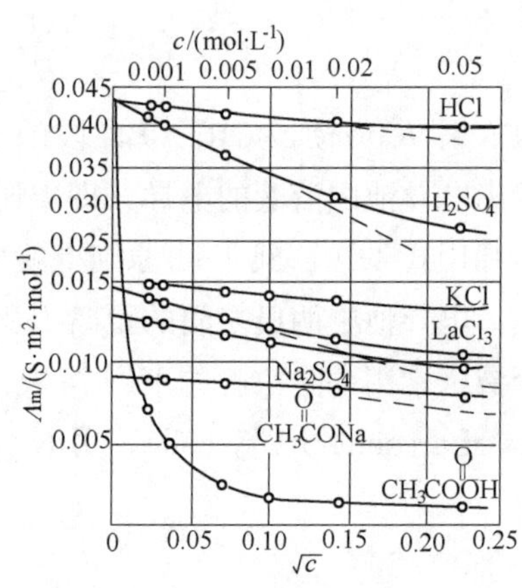

图 4-7 摩尔电导率与浓度的关系

$$\Lambda_m = \Lambda_m^{\infty} - A\sqrt{c} \tag{4-13}$$

式中 A 在一定温度下，对于一定的电解质和溶剂来说是一个常数。将直线外推至与纵坐标相交处即得到溶液在无限稀释时的摩尔电导率 Λ_m^{∞}。

强电解质的 Λ_m^{∞} 可用外推法求出。但弱电解质如 HAc、$NH_3 \cdot H_2O$ 等直到溶液稀释至 0.005mol·dm^{-3}时，摩尔电导率 Λ_m 与$\sqrt{c}$仍然不成直线关系。并且在极稀的溶液中，浓度稍微改变一点，Λ_m^{∞} 的值变动很大，即实验上的少许误差对外推求得的 Λ_m^{∞} 值影响很大。所以从实验值直接求弱电解质的 Λ_m^{∞} 遇到了困难。科尔劳施的离子独立移动定律解决了这个问题。

四、离子独立移动定律和离子的摩尔电导率

科尔劳施根据大量的实验数据发现了一个规律，即在无限稀释的溶液中，每一种离子是独立移动的，不受其他离子的影响。如 HCl 和 HNO_3，KCl 与 KNO_3，LiCl 和 $LiNO_3$ 三对电解质的 Λ_m^{∞} 的差值相等，而与正离子的本性（即不论是 H^+、K^+，还是 Li^+）无关（见表 4-3）。

表 4-3 在 298K 时一些强电解质的无限稀释摩尔电导率 Λ_m^{∞}

电解质	Λ_m^{∞}/S·m²·mol⁻¹	差数	电解质	Λ_m^{∞}/S·m²·mol⁻¹	差数
KCl	0.01499	34.9×10^{-4}	HCl	0.042616	4.9×10^{-4}
LiCl	0.01150		HNO_3	0.04213	
KOH	0.02715	34.8×10^{-4}	KCl	0.014986	4.9×10^{-4}
LiOH	0.02367		KNO_3	0.014496	
KNO_3	0.01450	34.9×10^{-4}	LiCl	0.011503	4.9×10^{-4}
$LiNO_3$	0.01101		$LiNO_3$	0.01101	

同样，具有相同负离子的三组电解质其 Λ_m^{∞} 差值也是相等的，与负离子本性无关。无论在水溶液还是非水溶液中都发现了这个规律。科尔劳施认为**在无限稀释时，每一种离子是独立移动的，不受其他离子的影响，每一种离子对 Λ_m^{∞} 都有恒定的贡献。由于通电于溶液后，电流的传递分别由正、负离子共同分担，因而电解质的 Λ_m^{∞} 可认为是两种离子的摩尔电导率之和**，这就是离子独立移动定律，用公式表示为

$$\Lambda_m^{\infty} = \Lambda_{m,+}^{\infty} + \Lambda_{m,-}^{\infty} \tag{4-14}$$

式中 $\Lambda_{m,+}^{\infty}$、$\Lambda_{m,+}^{\infty}$ 分别表示正、负离子在无限稀释时的摩尔电导率。

根据离子独立移动定律，在极稀的 HCl 溶液和极稀的 HAc 溶液中，氢离子的无限稀释摩尔电导率 $\Lambda_m^\infty(H^+)$ 是相同的，也就是说，凡在一定的温度和一定的溶剂中，只要是极稀溶液，同一种离子的摩尔电导率都是同一数值，而不论共存的另一种离子是何种离子。表 4-4 列出了一些离子在无限稀释水溶液中的离子摩尔电导率。这样，弱电解质的 Λ_m^∞ 就可以用强电解质的 Λ_m^∞ 求算或从离子的 Λ_m^∞ 求得。而离子的 Λ_m^∞ 值可从离子的迁移率（淌度）求得。

表 4-4　298.15K 无限稀释水溶液中离子的摩尔电导率

正离子	$\Lambda_m^\infty/S\cdot m^2\cdot mol^{-1}$	负离子	$\Lambda_m^\infty/S\cdot m^2\cdot mol^{-1}$
H^+	349.82×10^{-4}	OH^-	198.0×10^{-4}
Li^+	38.69×10^{-4}	Cl^-	76.34×10^{-4}
Na^+	50.11×10^{-4}	Br^-	78.4×10^{-4}
K^+	73.52×10^{-4}	I^-	76.8×10^{-4}
NH_4^+	73.4×10^{-4}	NO_3^-	71.44×10^{-4}
Ag^+	61.92×10^{-4}	CH_3COO^-	40.9×10^{-4}
$1/2Ca^{2+}$	59.50×10^{-4}	ClO_4^-	68.0×10^{-4}
$1/2Ba^{2+}$	63.64×10^{-4}	$1/2SO_4^{2-}$	79.8×10^{-4}

例如

$$\begin{aligned}\Lambda_m^\infty(HAc) &= \Lambda_m^\infty(H^+) + \Lambda_m^\infty(Ac^-)\\ &= \{\Lambda_m^\infty(H^+) + \Lambda_m^\infty(Cl)\} + \{\Lambda_m^\infty(Na^+) + \Lambda_m^\infty(Ac^-)\} - \{\Lambda_m^\infty(Na^+) + \Lambda_m^\infty(Cl^-)\}\\ &= \Lambda_m^\infty(HCl) + \Lambda_m^\infty(NaAc) - \Lambda_m^\infty(NaCl)\end{aligned}$$

上式表明，醋酸的极限摩尔电导率可由强电解质 HCl、NaAc 和 NaCl 的极限摩尔电导率的数据来求得。

电解质的摩尔电导率是正、负离子摩尔电导率贡献的总和，所以离子的迁移数也可以看作是某种离子摩尔电导率占电解质的摩尔电导率的分数。对于 1-1 价型的电解质在无限稀释时，

$$\Lambda_m^\infty = \Lambda_{m,+}^\infty + \Lambda_{m,-}^\infty$$

$$t_+ = \frac{\Lambda_{m,+}^\infty}{\Lambda_m^\infty} \quad t_- = \frac{\Lambda_{m,-}^\infty}{\Lambda_m^\infty} \tag{4-15}$$

对于浓度不太大的强电解质溶液，可近似有 $\Lambda_m = \Lambda_{m,+} + \Lambda_{m,-}$

$$t_+ = \frac{\Lambda_{m,+}}{\Lambda_m} \quad t_- = \frac{\Lambda_{m,-}}{\Lambda_m} \tag{4-16}$$

t_+、t_- 和 Λ_m 的值都可由实验测得，从而就可计算离子摩尔电导率。表 4-3 列出了一些离子在无限稀释时的摩尔电导率。

第四节　电导测定的应用

一、检测水的纯度

医药行业常常对水的纯度有较高的要求，可用测定水的电导率的大小来检测水的纯度。常温下自来水的电导率 κ 一般约为 $1.0\times10^{-1}S\cdot m^{-1}$，普通蒸馏水的电导率 κ 约为 $1.0\times10^{-3}S\cdot m^{-1}$，重蒸水（蒸馏水经用 $KMnO_4$ 和 KOH 溶液处理以除去 CO_2 及有机杂质，然后在石英器皿中重新蒸馏 1～2 次）和去离子水的 κ 值一般小于 $1.0\times10^{-4}S\cdot m^{-1}$，所以我们只要测定水的电导率

κ 值就可知其纯度是否符合要求。

二、弱电解质的解离度及解离常数的测定

在弱电解质溶液中，只有已解离的部分才能承担传递电量的任务，在无限稀释的溶液中，可认为弱电解质能全部解离，其摩尔电导率 Λ_m^∞ 即为离子无限稀释摩尔电导率的加和。一定浓度下的弱电解质的 Λ_m 与其无限稀释的 Λ_m^∞ 差别决定于两个因素：一是电解质的解离程度；二是离子间的相互作用力。由于一般弱电解质的解离度（degree of dissociation）很小，离子浓度很低，故可将离子间相互作用忽略不计，则 Λ_m 与 Λ_m^∞ 的差别可认为只由部分解离和全部解离产生的离子数目不同所致，由此可得到

$$\alpha = \frac{\Lambda_m}{\Lambda_m^\infty} \tag{4-17}$$

α 即为弱电解质在浓度为 c 时的解离度。

以 1-1 型弱电解质 HAc 为例，设其起始浓度为 c，则

$$
\begin{array}{llll}
 & HAc + H_2O \rightarrow & H_3O^+ & + Ac^- \\
\text{起始时：} & c & 0 & 0 \\
\text{平衡时：} & c(1-\alpha) & c\alpha & c\alpha
\end{array}
$$

解离平衡常数（dissociation constant）

$$K = \frac{\alpha^2}{1-\alpha}\frac{c}{c^\ominus}$$

将式 4-17 代入，得

$$K = \frac{\Lambda_m^2}{\Lambda_m^\infty(\Lambda_m^\infty - \Lambda_m)} \cdot \frac{c}{c^\ominus} \tag{4-18}$$

该式称为奥斯特瓦尔德（Ostwald）稀释定律。

【例 4-3】 298.15K 时，实验测得 0.01mol·L^{-1}的磺胺（$C_6H_8O_2N_2S$）水溶液的电导率 $\kappa_{(SNH)}$ 为 1.103×10^{-3}S·m^{-1}，磺胺钠盐的无限稀释摩尔电导率 $\Lambda_{m(SN-Na)}^\infty$ 为 0.01003S·m^2·mol^{-1}。试求 0.01mol·L^{-1}的磺胺水溶液中磺胺的解离度及其解离平衡常数。

解： 查表可得 $\Lambda_{m(HCl)}^\infty = 0.042616\text{S}\cdot\text{m}^2\cdot\text{mol}^{-1}$

$\Lambda_{m(NaCl)}^\infty = 0.012645\text{S}\cdot\text{m}^2\cdot\text{mol}^{-1}$

故 $\Lambda_{m(SNH)}^\infty = \Lambda_{m(SN-Na)}^\infty + \Lambda_{m(HCl)}^\infty - \Lambda_{m(NaCl)}^\infty$

$= 0.01003 + 0.042616 - 0.012645 = 0.0400(\text{S}\cdot\text{m}^2\cdot\text{mol}^{-1})$

再根据式 4-11 $\quad \Lambda_m = \dfrac{\kappa}{c} = \dfrac{1.103\times10^{-3}}{0.01\times10^3} = 1.103\times10^{-4}(\text{S}\cdot\text{m}^2\cdot\text{mol}^{-1})$

于是 $\alpha = \dfrac{\Lambda_{m(SNH)}}{\Lambda_{m(SNH)}^\infty} = \dfrac{1.103\times10^{-4}}{0.0400} = 0.276\%$

$$K = \frac{\alpha^2}{1-\alpha}\frac{c}{c^\ominus} = \frac{(2.76\times10^{-3})^2}{1-0.00276}\times0.01 = 7.64\times10^{-8}$$

三、难溶盐溶解度（或溶度积）的测定

难溶盐在水中的溶解度很小，一般很难直接测定，但用电导测定法可以很方便地计算其溶解度。具体方法是，先测定纯水的电导率 $\kappa_水$，再用此水配制待测难溶盐的饱和溶液，测定该饱和溶液的电导

率$\kappa_{溶液}$，于是可得难溶盐的电导率（由于溶液极稀，故水对电导的贡献不能忽略）。根据式 4-11$\Lambda_m = \frac{\kappa}{c}$，式中 c 为难溶盐的浓度（单位为$mol \cdot m^{-3}$），由于溶液中难溶盐的浓度很小，故可近似认为难溶盐饱和溶液的 $\Lambda_m \approx \Lambda_m^{\infty}$，因此可得

$$c_{饱和} = (\kappa_{溶液} - \kappa_{水}) / \Lambda_m^{\infty} \tag{4-19}$$

式中 Λ_m^{∞} 可查表求得。从上式可求得难溶盐的饱和溶液的浓度 c，即为溶解度 s。

【例 4-4】 298.15K 时，测得 AgBr 饱和水溶液的电导率为 $1.576 \times 10^{-4} S \cdot m^{-1}$，所用水的电导率 κ 为 $1.519 \times 10^{-4} S \cdot m^{-1}$，试求 AgBr 在该温度时的溶解度。

解：根据式 4-19

$$\begin{aligned} c_{饱和} &= (\kappa_{溶液} - \kappa_{水}) / \Lambda_m^{\infty}(AgBr) \\ &= (\kappa_{溶液} - \kappa_{水}) / \{\Lambda_m^{\infty}(Ag^+) + \Lambda_m^{\infty}(Br^-)\} \end{aligned}$$

查表得：$\Lambda_m^{\infty}(Ag^+) = 6.192 \times 10^{-3} S \cdot m^2 \cdot mol^{-1}$，$\Lambda_m^{\infty}(Br^-) = 7.84 \times 10^{-3} S \cdot m^2 \cdot mol^{-1}$

$$\therefore c = \frac{1.576 \times 10^{-4} - 1.519 \times 10^{-4}}{6.192 \times 10^{-3} + 7.84 \times 10^{-3}} = 4.06 \times 10^{-4} \ (mol \cdot m^{-3})$$

故 AgBr 在该温度时的溶解度为

$$s_{(AgBr)} = c_{饱和} = 4.06 \times 10^{-4} \ (mol \cdot m^{-3})$$

四、电导滴定

利用滴定过程中溶液电导的变化来确定滴定终点的方法，称为电导滴定（conductimetric titration）。在容量分析中，当指示剂选择不理想或溶液混浊、有颜色，不便使用指示剂时，电导滴定常能收到非常好的效果。

电导滴定的原理是借滴定过程中离子浓度的变化或某种离子被另一种与其电迁移速率不同的离子所取代，因而导致溶液电导发生改变，从溶液的电导的变化来确定滴定终点。电导滴定常用于中和反应与沉淀反应等。

第五节　可逆电池及其热力学

一、可逆电池

可逆电池（reversible cell）必须满足下列条件：

1. 电池内进行的化学反应必须是可逆的，即充电反应和放电反应是互为逆反应；

2. 能量的转换必须可逆，即充、放电时电流无穷小，以保证电池内进行的化学反应是在无限接近平衡态的条件下进行；

3. 电池中所进行的其他过程（如离子的迁移等）也必须可逆。

例如将锌片和铜片分别插入 $ZnSO_4$ 和 $CuSO_4$ 的溶液中，两溶液之间用盐桥（装满饱和 KCl 溶液的琼脂胶的 U 型管）连接，再将两金属片用导线接通，电子将沿着此导线从锌极流向铜极，从而产生电流，实现化学能向电能的转化。装置如图 4-8 所示。

设该电池的电动势为 E，将其与一外加电动势为 E' 的电源并联，当 $E > E'$时，电池将放电，电极反应为

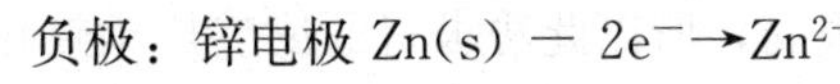

负极：锌电极 $Zn(s) - 2e^- \rightarrow Zn^{2+}$

正极：铜电极 $Cu^{2+} + 2e^- \rightarrow Cu(s)$

电池反应：$Zn(s) + CuSO_4 \rightarrow ZnSO_4 + Cu(s)$

当 $E<E'$ 时，电池将被充电，电池反应为

负极：锌电极 $Zn^{2+} + 2e^- \rightarrow Zn(s)$

正极：铜电极 $Cu(s) - 2e^- \rightarrow Cu^{2+}$

电池反应：$ZnSO_4 + Cu(s) \rightarrow Zn(s) + CuSO_4$

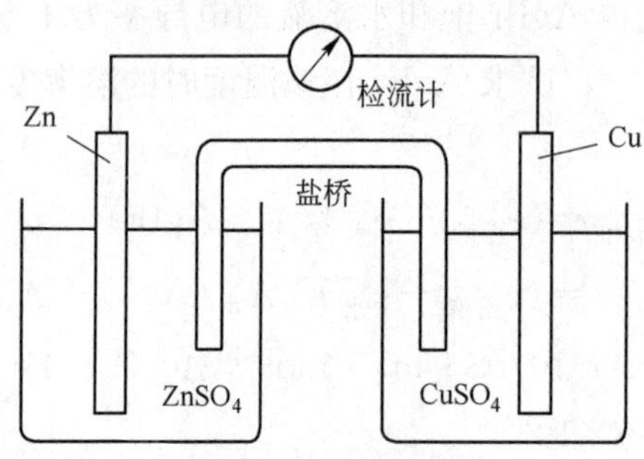

图 4-8 铜锌原电池

由此可见，该电池在充、放电时的反应是可逆的，当通过的电流无限小，且无液接电位存在时，能量转化也可逆，可认为此电池是可逆电池。凡不能满足上述条件的电池均称为不可逆电池。

二、可逆电池的热力学

借助于不同温度下的可逆电池电动势的测定，可求得相应反应的各热力学函数的变化，如 $\Delta_r H_m$、$\Delta_r S_m$、$\Delta_r G_m$ 等。因此，研究可逆电池热力学十分有意义。

（一）由电动势 E 计算电池反应的 $\Delta_r G_m$

设在 T、p 恒定时，电池反应可逆地进行，当反应进度 $\xi=1$ 时，系统吉布斯自由能的减少应等于系统对外所作的最大非体积功，即

$$\Delta_r G_m = W' = -ZFE \tag{4-20}$$

此式说明，只要测得可逆电池电动势 E，即可求得电池反应的 $\Delta_r G_m$。

（二）电动势 E 及其温度系数 $\left[\frac{\partial E}{\partial T}\right]_p$ 计算电池反应的 $\Delta_r H_m$、$\Delta_r S_m$

根据 Gibbs-Helmhohz 公式

$$T\left(\frac{\partial \Delta_r G_m}{\partial T}\right)_p = \Delta_r G_m - \Delta_r H_m \tag{4-21}$$

将 $\Delta_r G_m = -ZFE$ 代入，可得

$$\Delta_r H_m = -ZFE + ZFT\left(\frac{\partial E}{\partial T}\right)_p \tag{4-22}$$

式中 $\Delta_r H_m$ 是化学反应的焓变，相当于只有体积功的恒压热效应，即为反应热。由此式可知，只要测得 E 随温度的变化，得出 E 的温度系数 $\left(\frac{\partial E}{\partial T}\right)_p$，就可以根据式 4-22 求出反应的 $\Delta_r H_m$。因为电动势测定的精确度很高，所以此法求得的反应热比热化学法测定的结果精确。如

果将 4-22 与热力学中 $\Delta_r H_m = \Delta_r G_m + T\Delta_r S_m$ 相比较，可得到

$$\Delta_r S_m = ZF\left(\frac{\partial E}{\partial T}\right)_p \tag{4-23}$$

$\Delta_r S_m$ 表示反应的熵变，故在电池反应中的可逆热效应 Q_R 为

$$Q_R = T\Delta_r S_m = ZFT\left(\frac{\partial E}{\partial T}\right)_P \tag{4-24}$$

由 $\left(\frac{\partial E}{\partial T}\right)_p$ 的符号，可以确定电池工作时是放热还是吸热，即

$\left(\frac{\partial E}{\partial T}\right)_p > 0$ 则温度升高，电动势增加，说明电池放电时是吸热的。

$\left(\frac{\partial E}{\partial T}\right)_p < 0$ 则温度升高，电动势降低，说明电池放电时是放热的。

将式 4-24 代入式 4-22 可得

$$\Delta_r Hm = -ZFE + Q_R$$

或写作
$$Q_R = \Delta_r Hm + ZFE$$

【例 4-5】 298K，电池 $Ag(s)-AgCl(s)|KCl(m)|Hg_2Cl_2(s)-Hg(l)|Pt$ 的电动势 $E=0.0455V$，$\left(\frac{\partial E}{\partial T}\right)_p = 3.38\times10^{-10}V\cdot K^{-1}$，求此电池反应的 $\Delta_r H_m$，$\Delta_r S_m$ 及可逆放电时的热效应 Q_R。

解： $\Delta_r H_m = -ZF\left[E - T\left(\frac{\partial E}{\partial T}\right)_p\right]$

$= -1\times96500C\cdot mol^{-1}(0.0455V - 298K\times3.38\times10^{-10}V\cdot K^{-1})$

$= -4391(J\cdot mol^{-1})$

$\Delta_r S_m = ZF\left(\frac{\partial E}{\partial T}\right)_p$

$= 1\times96500\times3.38\times10^{-10} = 3.26\times10^{-5}(J\cdot mol^{-1}\cdot K^{-1})$

$Q_r = T\Delta S = 298\times3.26\times10^{-5} = 9.72\times10^{-3}(J\cdot mol^{-1})$

（三）能斯特（Nernst）方程

设在 T、p 恒定时，某可逆电池的反应为

$$aA + dD = gG + hH$$

根据化学反应等温式

$$\Delta G_m = \Delta G^{\ominus} + RT\ln\frac{a_G^g a_H^h}{a_A^a a_D^d} = -RT\ln K_a^{\ominus} + RT\ln\frac{a_G^g a_H^h}{a_A^a a_D^d}$$

由式 4-20 代入可得

$$E = \frac{RT}{ZF}\ln K_a^{\ominus} - \frac{RT}{ZF}\ln\frac{a_G^g a_H^h}{a_A^a a_D^d} \tag{4-25}$$

若参与反应各物质的活度都是 1（$a_i = 1$），即处于标准状态，则此时的电动势称为电池的标准电动势 $E^{\ominus}$，$K_a^{\ominus}$ 为电池反应的标准平衡常数，上式可写为

$$E^{\ominus} = \frac{RT}{ZF}\ln K_a^{\ominus} = -\frac{\Delta G^{\ominus}}{ZF} \tag{4-26}$$

将 4-26 式代入 4-25，可得

$$E = E^{\ominus} - \frac{RT}{ZF}\ln\frac{a_{G}^{g}a_{H}^{h}}{a_{A}^{a}a_{D}^{d}} \tag{4-27}$$

由于 $E^{\ominus}$ 是常数，所以这个公式表明溶液活度与电池电动势 E 的关系，式 4-27 即为 Nernst 方程式。

Nernst 方程是计算可逆电池电动势的基本公式，它定量地说明了影响电动势的各个因素，即电池反应，温度及各物质的活度之间的关系。在应用 Nernst 方程时，首先应了解电池反应，明确反应物和产物。出现纯固体物质时，其活度为 1，气体的活度用分压力表示，对于溶液中的各个溶质，一般用与物质的量浓度相应的活度 a。当浓度很小时，可用浓度代替活度。对于一个自发的电池反应，由 Nernst 方程式求得的电动势应为正值。

Nernst 方程也是电动势测定应用方面最基本的公式。

若 $T=298\text{K}$，并用常用对数表示，为

$$E = E^{\ominus} - \frac{0.0592}{Z}\lg\frac{a_{G}^{g}a_{H}^{h}}{a_{A}^{a}a_{D}^{d}} \tag{4-28}$$

第六节　生物电化学

生物电化学是通过电化学的基本原理和实验方法来研究生物系统在分子和细胞水平上电荷和能量传输的运动规律，以及对生物系统活动功能的影响。生物电化学不仅能在生命个体和有机组织的整体水平上，而且可以在分子与细胞水平上来认识和研究生命过程中的化学本质，它对生物学科的发展及应用都有重要的意义。

一、生物电现象

1791 年伽伐尼（Galvani）发现，在两根不同金属丝间插入一青蛙腿，然后使这两根金属丝的另外两头相接触，结果青蛙的肌肉发生了收缩作用。这表明，动物的机体组织与电之间存在着相互作用。事实上，一切生物体，无论是处于静止状态还是活动状态都存在电现象，即生物电现象。

肌电、心电、脑电是具代表性的生物体电现象。一般的生物电都很微弱，如心电约为 1mV 左右，脑电约为 0.1mV。因此，测定心电、脑电和肌电时通常选择面积比较大的电极，同时电极的电阻和极化都要小，能在生物体表面牢牢固定，一般以银－氯化银电极使用最为广泛。

二、细胞膜电势

生物细胞膜是一种特殊类型的半透膜。膜的两侧存在着由多种离子组成的电解质溶液。在正常情况下，神经细胞膜内、外 K^+ 离子浓度分别为 $400\text{mmol}\cdot\text{dm}^{-3}$ 与 $20\text{mmol}\cdot\text{dm}^{-3}$，膜内 K^+ 离子浓度比膜外的约高 20 倍；而膜内、外 Na^+ 离子浓度分别为 $50\text{mmol}\cdot\text{dm}^{-3}$ 与 $440\text{mmol}\cdot\text{dm}^{-3}$，膜内 Na^+ 的浓度比膜外的低许多。此外，细胞膜对离子的通透性 P 是可以调节的。通常在静息状态时，神经细胞膜对 K^+ 的通透性约比对 Na^+ 的大 100 倍。由于细胞膜两侧离子浓度不同而产生的膜电势，可根据 Goldman（戈耳德曼）方程给出

$$\begin{aligned}\varphi_{膜} &= \frac{RT}{nF}\ln\frac{P(K^+)\cdot a_{外}(K^+) + P(Na^+)\cdot a_{外}(Na^+)}{P(K^+)\cdot a_{内}(K^+) + P(Na^+) + a_{内}(Na^+)} \\ &= \frac{RT}{nF}\ln\frac{a_{外}(K^+)\cdot P(K^+)/P(Na^+) + a_{外}(Na^+)}{a_{内}(K^+)\cdot P(K^+)/P(Na^+) + a_{内}(Na^+)}\end{aligned}$$

式中$\alpha(K^+)$、$\alpha(Na^+)$ 与 $P(K^+)$、$P(Na^+)$ 分别是K^+和Na^+的活度和通透性，注脚表示细胞内和细胞外。在 310K 时，可得静息电势为

$$\varphi_{膜}=\frac{8.314\mathrm{J}\cdot\mathrm{K}^{-1}\cdot 310\mathrm{K}}{96500\mathrm{C}\cdot\mathrm{mol}^{-1}}\ln\frac{20\times 100+440}{400\times 100+50}\approx -0.075\mathrm{V}=-75(\mathrm{mV})$$

这表明细胞内壁比细胞外壁电位低 75mV，因此细胞内侧是带负电的。静息电位的计算值与实验测定值−70mV 是接近的。

当神经细胞受到电的、化学的或机械的刺激时，引起膜的通透性改变，细胞膜对Na^+的通透性突然增大，并超过了对K^+的通透性，$P(Na^+)/P(K^+)=12$ 立即引起膜电势的变化，用 Goldman 方程计算：

$$\varphi_{膜}=\frac{8.314\mathrm{J}\cdot\mathrm{K}^{-1}\mathrm{mol}^{-1}\cdot 310\mathrm{K}}{96500\mathrm{C}\cdot\mathrm{mol}^{-1}}\ln\frac{20\times\frac{1}{12}+440}{400\times\frac{1}{12}+50}\approx 0.05\mathrm{V}=50(\mathrm{mV})$$

膜电势的突变称为电势活化，它在大约 1×10^{-4}s 内即完成。受刺激后的膜电势叫动作电势。动作电势会产生电流沿神经纤维传播，这就是生物电。

由浓度差引起扩散而产生膜电势是自发过程，不需要供给能量。但是使细胞在受刺激后恢复原状，维持膜内外K^+和Na^+的正常不均匀分布，还需要依靠细胞膜上的钠泵蛋白质通过消耗 ATP 来完成。

Goldman 方程实际上是 Nernst 方程的推广应用，但应看到，在膜电势突变时有电流产生，此时膜两侧的电极过程实际上已不是可逆过程，Nernst 方程只适用于可逆电极过程。此外，在动物细胞膜上通过不同的电流，并同时测定膜电势的数值，Mandle（曼德尔）发现活细胞膜并不是一个简单的电阻，膜电势的产生与电极过程有关。而死组织的细胞膜上无新陈代谢作用，细胞膜就成为一个简单的电阻。电化学家认为，膜电势产生的本质是在膜与溶液界面上进行着电荷传递过程，在细胞膜的一侧进行有机物的氧化反应，而在另一侧进行氧化物的还原反应，关于膜电势产生的机理还有待深入研究。根据膜电势变化的规律来研究生物机体活动的情况，是当前生物电化学研究中一个十分活跃的领域，并得到广泛的应用。膜电势的存在，表明每个细胞上都有一个双电层，相当于许多电偶极子分布在表面上。跨膜电势的测定、膜电势的控制在医学上有重要的意义。例如心肌收缩与松弛时心肌细胞膜电势相应发生变化，心脏的总偶极矩也随着变化。心电图就是测量人体表面几组对称点之间因心脏偶极矩改变所引起电位差随时间的变化来检查心脏工作的情况。此外，脑电图、肌动电流图，对了解大脑神经的活动、肌肉的活动都提供了直接有效的检测手段。

三、生物传感器

人通过自身的感觉器官（传感器）可以产生视、嗅、味等感觉。利用生物物质与被测定物质接触时所产生的物理、化学变化，将其转化为电信号的装置称为生物传感器。其中的生物物质称为分子识别材料，它们可以分为两类：一类是具有催化功能的物质，如酶、复合酶（包括细胞内的小器官）、微生物细胞等；另一类是能形成稳定复合体的物质，如抗体、键合蛋白质等。它们在分子识别中有很强的专一性与灵敏性，例如，酶只识别其相应的底物、抗体识别抗原等。以上这些生物识别物很多是水溶性的，并且不稳定，难以直接用它们做传感器，通常需将它们转化为固体状态，固定在电极表面上。方法为

(1) 通过形成共价键、离子键或配位键等使分子识别物质直接结合在电极表面上。

（2）电极表面用高分子物质修饰，将分子识别材料包埋或吸附在该高分子载体的多孔膜中。

（3）聚合物先连接上分子识别物质，再将其涂在电极上。以此制得生物功能电极，从而开辟了从分子水平人为设计制作电极功能的新途径。

一般的酶传感器是由电化学检测装置和酶膜组成。例如葡萄糖酶电极是在 Pt 电极表面上先涂一层氧气可以通透的高分子膜，然后在它上面再贴一层葡萄糖氧化酶（GOD）膜，便制得测定葡萄糖的酶传感器。将此传感器插入葡萄糖水溶液中，葡萄糖分子与酶膜接触，便发生酶促反应：β-D-葡萄糖$+O_2 \xrightarrow{GOD}$葡萄糖酸$+H_2O$。

存在于膜中的 GOD 只对 β-D-葡萄糖起催化作用，不断消耗 O_2。同时，溶解在溶液中的 O_2 也会扩散，通过酶膜与高分子膜到达 Pt 电极的表面而被还原。O_2 的还原电流减少的速度与葡萄糖的浓度有关。利用葡萄糖氧化酶传感器测定糖尿病患者血液中葡萄糖含量，只需 0.01mL 血液，20～30s 即可得出结果。

结合蛋白质是某种蛋白质与特定物质所形成的稳定蛋白质复合体，它具有优良的分子识别功能，利用结合蛋白质的亲和电位测定，可制成不同的传感器。例如利用抗生素蛋白质可制作维生素 H 传感器；利用蛋白质 A 可制作免疫球蛋白 G 传感器。此外，以微生物作为识别材料可制成微生物传感器，它可用于致癌物质的测定。因为许多致癌物质能使微生物变性，使微生物中的 DNA 受到损伤，而使其丧失呼吸功能。利用某些特定的微生物菌株制成的微生物传感器，可以进行致癌物质的筛选。生物传感器的研究发展与微电子、微机技术和超微电极等高科技紧密相连，它在生理过程的跟踪、活体检测、发展生物芯片等方面将有十分广阔的前景。

本章小结

电化学是研究物质系统的化学能与电能之间相互转化及其转化规律的科学。为了实现这种转化，我们需要将化学变化设计在电池装置中进行，物质在电极界面释放或接受电子传导电流，而两电极之间需要通过溶液中离子的定向迁移，分别传导电量实现电流的循环回路。1800 年，尼柯尔发现在电场作用下，稀酸水溶液能电解出氢气和氧气。1833 年法拉第总结出了著名的法拉第定律。在前人研究基础上，1887 年阿累尼乌斯提出了电解质在水中能够电离成阴阳离子从而可以导电的电离理论，奠定了电解质溶液的理论基础。本章主要介绍了电解质溶液理论和可逆电池热力学（简介）两部分。

在化学能与电能的转化过程中所用的装置分两类，原电池是将物质的化学能转变为电能；而电解池是利用电能转化为化学能。这两类装置中导电物质均为电解质溶液。电解质溶液导电不同于外电路，外电路靠金属中自由电子的定向移动导电，而溶液是通过正负离子定向迁移而导电。因此电解质溶液的导电能力除了与温度及溶液浓度有关外，还与正、负离子的运动速率有关。由此提出了离子的迁移速率、迁移数、电导、电导率及摩尔电导率的概念。通过电导的测定可以检测水质的纯度、计算弱电解质的解离度 α、解离平衡常数 $K_a^{\ominus}$ 以及难溶盐的 $K_{sp}^{\ominus}$ 等有用的热力学数据。

在可逆电池热力学中，一方面借助于不同温度下可逆电池电动势的测定，可以求得相应化学反应的热力学函数的变化，如 $\Delta_r H_m$、$\Delta_r S_m$、$\Delta_r G_m$ 等，另一方面也可以利用能斯特方程进行不同温度、浓度下原电池电动势的计算。

思考题

1. 电池中正极、负极、阴极、阳极的定义分别是什么？蓄电池充放电时的正负极、阴阳极有何关系？

2. 法拉第电解定律的基本内容是什么？是否需要注意温度、压力？这一定律在电化学中有何用处？

3. 电解质溶液的电导率和摩尔电导率与电解质溶液浓度的关系有何不同？为什么？

4. 为什么电解质在无限稀释时的摩尔电导率为最大？如何求算出无限稀释的弱电解质的摩尔电导率？

5. 可逆电池必须满足的条件？化学反应的 $\Delta_r G_m$、$\Delta_r H_m$、$\Delta_r S_m$ 和电池电动势，哪个与化学反应方程式的写法无关？

习 题

1. 当1A的电流通过80mL、0.1mol·dm^{-3} $Fe_2(SO_4)_3$溶液时，需多少时间才能完全还原为$FeSO_4$？

(25.7min)

2. 25℃及100kPa下电解硫酸铜溶液，当通入的电量为965库仑时，在阴极上沉淀出0.2859g的铜，问同时在阴极上有多少升氢气放出？

(0.0124dm^3)

3. NH_4Cl溶液在无限稀释时的摩尔电导率为0.01497S·m^2·mol^{-1}，OH^-和Cl^-离子无限稀释的离子摩尔电导率分别为0.0198和0.00763S·m^2·mol^{-1}，求$NH_3 \cdot H_2O$溶液在无限稀释时的摩尔电导率。

(0.0271S·m^2·mol^{-1})

4. 298K时，0.025mol的氯气溶于1dm^{3}水中所成溶液的电导率为0.00658S·m^{-1}，试求溶液中H^+离子的浓度。已知氯气溶于水的反应为：$Cl_2 + H_2O \longrightarrow H^+ + Cl^- + HClO$，$H^+$和$Cl^-$无限稀释的摩尔电导率分别为0.034982和0.007634S·m^2·mol^{-1}，HClO的离解可忽略。

(0.154mol·m^{-3})

5. 电导池两极面积A都为1.25cm^2，两极间距离为4.02cm，测得电阻为20.78Ω，试求电导池常数和溶液的电导率。

(3.216×10^{2}m^{-1}；15.48S·m^{-1})

6. 已知在298K时，丙酸钠、氯化钠和盐酸的水溶液的极限摩尔电导率分别是0.859×10^{-2} S·m^2·mol^{-1}、1.2645×10^{-2}S·m^2·mol^{-1}、4.2615×10^{-2}S·m^2·mol^{-1}。试计算在此温度下，丙酸水溶液的极限摩尔电导率。

(3.856×10^{-2}S·m^2·mol^{-1})

7. 现有浓度为0.100mol·dm^{-3}的醋酸溶液，298K时测得其摩尔电导率是5.201×10^{-4}S·m^2·mol^{-1}，求醋酸在该浓度下的解离度和解离平衡常数K_a。

(0.01331；1.795×10^{-5})

8. 298K时，纯水及用其配制出的$BaSO_4$饱和溶液的电导率分别为1.05×10^{-4}S·m^{-1}和4.20×10^{-4}S·m^{-1}，试求$BaSO_4$在该温度下的溶解度。

(2.197×10^{-5}mol·kg^{-1}或2.56×10^{-6}kg溶质/kg溶剂)

9. 为了在总表面积为2×10^{-2}m^{2}的金属片上电镀一层厚为1×10^{-5}m的镍，问2A的电流通过镍盐溶液需多少时间？已知镍的密度为 $8.9\times10^3kg\cdot m^{-3}$。

(0.81h)

10. 一电导池装入 $0.1mol\cdot dm^{-3}$ KCl 溶液，在 298K 时测得电阻为 3468.86Ω，用同样的水制备某一盐的 $0.1mol\cdot dm^{-3}$溶液装入电导池中，测得电阻为 4573.42Ω，计算该溶液在 298K 时的电导率。

$(0.98S\cdot m^{-1})$

11. 某电导池注入 $0.1mol\cdot dm^{-3}$ KCl 溶液，在 298K 时测得电阻为 172Ω，而注入密度为 $1.214\times10^3kg\cdot m^{-3}$ 30%的 $CuSO_4$ 溶液，在同一温度下测得电阻为 40Ω，求此溶液的摩尔电导率。

$(2.427\times10^{-3}S\cdot m^2\cdot mol^{-1})$

12. 298K 时，以 $0.010mol\cdot dm^{-3}$的 KCl 溶液充满电导池，测得其电阻为 112.3Ω，若将该电导池改充以同浓度的某待测溶液，测得其电阻为 2184Ω，试计算：

(1) 该电导池的电导池常数；

(2) 待测液的比电导；

(3) 待测液的摩尔电导率。

$(15.84m^{-1}$；$7.25\times10^{-3}S\cdot m^{-1}$；$7.25\times10^{-4}S\cdot m^2\cdot mol^{-1})$

13. 某电导池内装有两个直径为 4×10^{-2}m 互相平行的铜电极，电极间距离为 12×10^{-2}m，若在电导池内装满 $0.10mol\cdot dm^{-3}$ $AgNO_3$ 溶液，并施以 20.0V 的电压，则所得电流强度为 0.1976A，试计算溶液的电导池常数、电导率和溶液的摩尔电导率。

$(95.5m^{-1}$；$9.44\times10^{-1}S\cdot m^{-1}$；$9.44\times10^{-3}S\cdot m^2\cdot mol^{-1})$

14. 设测得纯水的电导率为 $5.5\times10^{-6}S\cdot m^{-1}$，求纯水在 298K 时水的离子活度积。

(1.01×10^{-14})

15. 测得电池 $Zn|ZnCl_2(0.05mol\cdot kg^{-1})|AgCl(s)|Ag$ 的电动势在 298.15K 时为1.015V，温度系数$\left(\frac{\partial E}{\partial T}\right)_p$ 为$-4.92\times10^{-4}V\cdot K^{-1}$，试写出电池反应并计算当电池可逆放电 2mol 电子电量时，电池反应的 $\Delta_r G_m$、$\Delta_r H_m$、$\Delta_r S_m$ 及电池的可逆热 Q_R。

(−195.895kJ；−224.206kJ；$-94.96J\cdot K^{-1}$；−28.311kJ)

16. 298K 时，将某可逆电池短路使其放电 1mol 电子的电量。此时放电的热量恰好等于该电池可逆操作时所吸收热量的 40 倍，试计算此电池的电动势为多少？已知电池电动势的$\left(\frac{\partial E}{\partial T}\right)_p$ 为 $1.40\times10^{-4}V\cdot K^{-1}$。

(1.71V)

17. 电池 $Ag|AgCl(s)|KCl(c)|Hg_2Cl_2(s)|Hg(l)$的电池反应为：

$$Ag+\frac{1}{2}Hg_2Cl_2(s)\rightarrow AgCl(s)+Hg(l)$$

已知 298.15K 时，此电池反应的 $\Delta_r H_m$ 为 $5435J\cdot mol^{-1}$，各物质的规定熵数据为

物质	Ag	AgCl(s)	Hg(l)	$Hg_2Cl_2(s)$
$S_m^{\ominus}(J\cdot K^{-1}\cdot mol^{-1})$	42.7	96.2	77.4	195.6

试计算该温度下电池的电动势 E 及电池电动势的温度系数$\left(\frac{\partial E}{\partial T}\right)_p$

$(0.04595V$；$3.43\times10^{-4}V\cdot K^{-1})$

第五章 化学动力学

扫一扫，查阅本章数字资源，含PPT、音视频、图片等

化学反应有两个方面的基本问题：一方面是反应进行的方向、可能性和程度；另一方面是反应进行的速率和反应的机理（即历程）。前者是化学热力学的研究范畴，前面几章讨论的就是这方面的问题。后者则是化学动力学的研究范畴。

化学动力学**研究浓度、压力、温度以及催化剂等各种因素对反应速率的影响**；还研究反应进行时要经过哪些反应步骤，即所谓反应机理。所以，化学动力学是研究化学反应速率和反应机理的学科。

通过化学动力学的研究，可以知道如何控制反应条件，提高主反应的速率，以增加产品的产量；可以知道如何抑制或减慢副反应的速率，以减少原料的消耗，减轻分离操作的负担，并提高产品的质量。

对于化学反应的研究，动力学和热力学是相辅相成的。例如合成氨的反应：

$$N_2(g) + 3H_2(g) \rightleftharpoons 2NH_3 \qquad \Delta_r H_m^{\ominus} = -92.22 \mathrm{kJ \cdot mol^{-1}}$$

经热力学研究，知道该反应是可以发生的，且是一个放热反应，温度愈低，反应的平衡常数愈大，似乎低温对 NH_3 的合成有利。但是，该反应在低温下进行得很慢，工业生产无法实现。经动力学研究，要适当提高反应温度和压力，实际是在 3×10^7Pa 和 773K 左右且有催化剂作用下进行。

若热力学研究表明某反应不可能进行，则没有必要再去研究如何提高反应速率的问题了。

由于化学动力学比热力学复杂得多，所以相对而言，化学动力学还很不成熟，许多领域有待开发。目前，化学动力学的研究十分活跃，它是进展迅速的学科之一。物理化学家李远哲（美籍华人，1936—）由于在交叉分子束研究中作出了卓越的贡献而获得了1986年的诺贝尔化学奖。

化学动力学在药学上也很重要，药物的生产和调制、贮藏和保管都与反应速率有关。药物在体内的吸收、分布、代谢与排泄的研究也要应用动力学的方法，研究怎样提高药物的稳定性、防止药物的分解等都要应用到化学动力学的有关知识。

第一节　基本概念

一、化学反应速率的表示方法

从物理学的概念出发，速度是矢量，有方向性，而“速率”（rate）是标量。本书采用标量“速率”来表示浓度随时间的变化率。在描述化学反应的进展情况时，可以用反应物浓度随时间的降低来表示，也可用生成物浓度随时间的升高来表示。但由于在反应式中生成物和反应物的计

量数不尽一致，所以用反应物或生成物的浓度变化率表示反应速率时，其数值未必一致，但若采用反应进度随时间的变化率来表示反应速率，则用哪一物质表示都是一样的。

根据反应进度 ξ 的定义，对于定容下的任意反应：

$$aA \quad + \quad dD \quad = \quad gG \quad + \quad hH$$

设

$$\begin{array}{lllll} t=0 & n_{A,0} & n_{D,0} & n_{G,0} & n_{H,0} \\ t=t & n_A & n_D & n_G & n_H \end{array}$$

$$\xi=\frac{n_A-n_{A,0}}{-a}=\frac{n_D-n_{D,0}}{-d}=\frac{n_G-n_{G,0}}{g}=\frac{n_H-n_{H,0}}{h} \tag{5-1}$$

式中反应物的系数取负值，生成物的系数取正值，上式对时间 t 微分得到某时刻的反应进度的变化率：

$$J \overset{def}{=\!=} \frac{d\xi}{dt}=-\frac{1}{a}\frac{dn_A(t)}{dt}=-\frac{1}{d}\frac{dn_D(t)}{dt}=\frac{1}{g}\frac{dn_G(t)}{dt}=\frac{1}{h}\frac{dn_H(t)}{dt} \tag{5-2}$$

化学反应速率 v 可定义：

$$v=\frac{J}{V}=\frac{d\xi}{Vdt} \tag{5-3}$$

式中 V 是反应系统的体积，如果在反应过程中体积是恒定的，则式 5-3 可写为

$$v=-\frac{1}{a}\frac{dc_A}{dt}=-\frac{1}{d}\frac{dc_D}{dt}=\frac{1}{g}\frac{dc_G}{dt}=\frac{1}{h}\frac{dc_H}{dt}=\frac{1}{\nu_B}\frac{dc_B}{dt} \tag{5-4}$$

例如，对于气相反应 $2NO+Br_2 \longrightarrow 2NOBr$

在定温定容条件下，其反应速率可表示为

$$v=-\frac{1}{2}\frac{dc_{NO}}{dt}=-\frac{dc_{Br_2}}{dt}=\frac{1}{2}\frac{dc_{NOBr}}{dt}$$

显然，在参加反应的三种物质中，选用任何一种，反应速率的值都是相同的。

二、反应机理的含义

反应机理是指反应物变为产物所经历的微观途径，故又称为反应历程。我们通常所写的化学方程式绝大多数并不代表反应的真正历程，而仅是代表反应的总结果，所以它只代表化学反应的化学计量式，例如气相反应：

$$H_2+I_2 \longrightarrow 2HI$$

实验表明，该反应并不是由一个氢气分子和一个碘蒸气分子直接作用生成两个碘化氢分子，而是分下列三步进行：

(1) $I_2 \longrightarrow 2I\cdot$

(2) $H_2+2I\cdot \longrightarrow 2HI$

(3) $M+2I\cdot \longrightarrow I_2+M$

又如 $H_2+Cl_2 \longrightarrow 2HCl$

该反应化学计量式与上一反应相同，但反应历程大不相同，它是由下列四个步骤构成：

(1) $Cl_2 \longrightarrow 2Cl\cdot$

(2) $Cl\cdot+H_2 \longrightarrow HCl+H\cdot$

(3) $H\cdot+Cl_2 \longrightarrow HCl+Cl\cdot$

(4) $2Cl\cdot+M \longrightarrow Cl_2+M$

式中 M 指反应器壁或者其他第三体分子，它是惰性物质，只起能量传递作用。如果一个化学反应由反应物分子在碰撞中直接作用生成产物分子，这种反应就称为基元反应。仅由一个基元反应组成的反应称为简单反应，由两个或两个以上基元反应组成的反应称为复杂反应，绝大多数宏观反应都是复杂反应，碘化氢、氯化氢气相合成反应均为复杂反应。

三、质量作用定律

19 世纪对溶液中的反应进行了大量研究，后由挪威化学家古尔堡（Guldberg）及维格（Waage）总结出一条规律：对于基元反应，在一定温度下，反应速率与各反应物的浓度（带有相应的指数）的乘积成正比，各反应物浓度的指数等于反应式中各相应物质的计量系数。这就是质量作用定律。例如下列反应：

$$aA + dD \longrightarrow gG + hH$$

反应速率表示

$$v_A = -\frac{dc_A}{dt} = kc_A^a c_D^d \tag{5-5}$$

但是，并不是根据一般写出的反应式，按质量作用定律就能得到速率方程。只有反应式真正表示反应进行的步骤时才是正确的，即质量作用定律只适用于基元反应，这是因为基元反应方程式体现了反应物分子直接作用的关系。简单反应只包含一个基元反应，其总反应方程式与基元反应一致，故质量作用定律对简单反应亦可直接应用。复杂反应方程式因不能体现反应物分子直接作用关系，故质量作用定律不能直接应用于复杂反应。

（一）反应级数的概念

如果反应的速率方程可表示为　$v = kc_A^{\alpha} c_B^{\beta} \cdots$

式中浓度项的指数 α、β…分别称为反应物 A、B…的级数，而各指数之和 n 称为反应的总级数，即 $n=\alpha+\beta+\cdots$，例如反应 $H_2 + I_2 \longrightarrow 2HI$，其速率方程为$v=kc_{H_2}c_{I_2}$，此为二级反应，而对 H_2 和 I_2 来说均为一级。对于反应 $H_2 + Cl_2 \longrightarrow 2HCl$，其速率方程为$v=kc_{H_2}c_{Cl_2}^{1/2}$，则反应对 H_2 为一级，对 Cl_2 为 0.5 级，总反应级数为 1.5 级。反应级数可以是整数或分数，也可以是正数、零或负数。其中 α、β…均由实验确定。凡是速率方程不符合$v=kc_A^{\alpha}c_B^{\beta}\cdots$这种形式的，如反应 $H_2 + Br_2 \longrightarrow 2HBr$，其速率方程为$\frac{dc_{HBr}}{dt}=\frac{kc_{H_2}c_{HBr}^{1/2}}{1+k'c_{HBr}/c_{Br_2}}$，反应级数的概念就不适用了。

（二）反应速率常数

在速率方程 $v=kc_A^{\alpha}c_B^{\beta}\cdots$中，比例系数 k 称为反应的速率常数。在数值上它相当于参加反应的物质都处于单位浓度时的反应速率。不同反应有不同的速率常数，同一反应用不同物质的变化表示反应速率时，其速率常数也可能不同。

例如：任意反应　$aA + dD \longrightarrow gG + hH$

各物质的消耗表示反应速率为　$v_B = -\frac{dc_B}{dt} = k_B c_A^a c_D^d$

由式(5-4) 可得　$\frac{v_A}{a} = \frac{v_D}{d} = \frac{v_G}{g} = \frac{v_H}{h}$

因此各速率常数之间的关系为：$\frac{k_A}{a}=\frac{k_D}{d}=\frac{k_G}{g}=\frac{k_H}{h}$

此外，速率常数还与反应温度、反应介质（溶剂）、催化剂等有关，甚至随反应器的形状、性质而异。

速率常数 k 是化学动力学中一个重要的物理量，它的大小直接反映了反应速率的快慢，它不受浓度的影响，体现了反应系统的速率特征。

（三）反应级数和反应分子数的区别

反应级数和反应的分子数是两个不同的概念。反应分子数是为说明反应机理而引出的概念，它说明每个基元反应中经碰撞而发生反应的分子数，它是一个理论数值，而反应级数是根据实验得出速率与浓度的依赖关系而导出的概念，它是一个经验的数值。反应级数是对总反应而言，反应分子数只对基元反应而言。

在基元反应中反应分子数和反应级数一般都是一致的，即单分子反应就是一级反应，双分子反应就是二级反应，反应级数必定为正整数，可直接按质量作用定律写出其经验速率方程。复杂反应则有零级、分数级或负数级反应，但反应分子数是不可能有零分子、分数分子或负数分子反应的。当发现分数级反应，则肯定是复杂反应，但简单级数的反应，却不一定是简单反应，也可能是复杂反应。

第二节 浓度对反应速率的影响

一、一级反应

凡是反应速率与反应物浓度的一次方成正比的反应称为一级反应，其速率方程可表示为

$$-\frac{\mathrm{d}c}{\mathrm{d}t}=kc \tag{5-6}$$

设有某一级反应

$$A \xrightarrow{k} P$$

$$t=0 \qquad c_{A,0}=a \qquad c_{P,0}=0$$

$$t=t \qquad c_A=a-x \qquad c_P=x$$

将速率方程进行定积分

$$\int_{c_{A,0}}^{c_A}-\frac{\mathrm{d}c_A}{c_A}=\int_o^t k\,\mathrm{d}t$$

$$\ln\frac{c_{A,0}}{c_A}=kt \text{ 或 } \ln c_A=\ln c_{A,0}-kt \tag{5-7}$$

$$c_A=c_{A,0}\exp(-kt) \tag{5-8}$$

上式也可写成

$$k=\frac{1}{t}\ln\frac{a}{a-x} \tag{5-9}$$

1. 一级反应的特征

（1）速率常数 k 的量纲为［时间］$^{-1}$，其单位为秒$^{-1}$(s^{-1})、分$^{-1}$(min^{-1})、时$^{-1}$(h^{-1}）等；

（2）据式 5-7 可知用 $\ln c$ 对 t 作图应得一直线，其斜率为$-k$，截距为 $\ln c_{A,0}$或 $\ln a$；

(3) 反应物浓度由 a 消耗到 $c=\frac{1}{2}a$ 所需的反应时间，称为反应的半衰期，以 $t_{1/2}$ 表示，则

$$t_{1/2}=\frac{1}{k}\ln\frac{a}{\frac{1}{2}a}=\frac{\ln 2}{k}=\frac{0.693}{k} \tag{5-10}$$

从上式可知，当温度一定时，k 值一定，$t_{1/2}$ 也就一定，即半衰期与反应物起始浓度 a 无关。

2. 一级反应

(1) 放射性元素的蜕变，例如

$$^{226}_{88}\mathrm{Ra} \longrightarrow {}^{222}_{86}\mathrm{Rn}+{}^{4}_{2}\mathrm{He}$$

(2) 大多数热分解反应，例如 $N_2O_5 \rightleftharpoons N_2O_4+\frac{1}{2}O_2$。

(3) 某些分子的重排反应及异构化反应。

(4) 药物在体内的吸收与排除，某些药物的水解反应等。

(5) 蔗糖转化反应，该反应本身是双分子反应，其转化速率为 $-\frac{\mathrm{d}c}{\mathrm{d}t}=kc_{水}c_{蔗糖}$，但是，在稀溶液中水比蔗糖多得多，故因反应进行而使水的浓度改变极少，可忽略不计，上式写为 $-\frac{\mathrm{d}c}{\mathrm{d}t}=kc_{蔗糖}$，所以表现为一级反应，这是一个反应分子数与反应级数不一致的例子，它也称为准一级反应。

一级反应在药物有效期预测方面应用很广。一般药物制剂含量损失掉原含量的 10% 即告失效，故将药物含量降低到原含量 90% 的时间称为有效期。由式 5-9 可得：

$$k=\frac{1}{t}\ln\frac{a}{c}=\frac{1}{t}\ln\frac{a}{0.9a}=\frac{0.1055}{t} \quad 或\ t_{0.9}=\frac{0.1055}{k} \tag{5-11}$$

已知 k 值，即可求得它的有效期。

一级反应在制订合理的给药方案中也有应用。现在已知，许多药物注射后血药浓度随时间变化的规律符合一级反应，因此可利用一级反应方程推断经过 n 次注射后血药浓度在体内的最高含量和最低含量。

由式 5-8 可知，当 t 为定值时，$\exp(-kt)=$ 常数 (γ)，因此在相同的时间间隔内，注射相同剂量，$c_i/a_i=\gamma$。在第一次注射经 t 小时后，血液中含量为 $c_1=a\gamma$，第二次注射完毕后，血药浓度在原来 c_1 水平上又增加了一个 a，为

$$a_2=a+c_1=a+a\gamma$$

第二次注射经 t 小时后，血液中的含量为

$$c_2=a_2\gamma=(a+a\gamma)\gamma$$

第三次注射后血液中的含量为

$$a_3=a+c_2=a+(a+a\gamma)\gamma=a+a\gamma+a\gamma^2$$

第三次注射经 t 小时后，血液中的含量为

$$c_3=a_3\gamma=(a+a\gamma+a\gamma^2)\gamma$$

第 n 次注射（注射相同剂量）后血液中含量为

$$a_n=a+a\gamma+a\gamma^2+\cdots+a\gamma^{n-1}=a(1+\gamma+\gamma^2+\cdots+\gamma^{n-1}) \tag{5-12}$$

第 n 次注射经 t 小时后，血液中含量为

$$c_n=a_n\gamma=a(\gamma+\gamma^2+\gamma^3+\cdots+\gamma^n) \tag{5-13}$$

由式 5-12 减式 5-13 得

$$a_n - a_n\gamma = a - a\gamma^n$$

或

$$a_n = \frac{a - a\gamma^n}{1-\gamma}$$

当 $\gamma<1$，$n\to\infty$，$\gamma^n\to 0$，即可求得 n 次注射后血液中的最高含量 a_{max} 为

$$a_{max} = \frac{a}{1-\gamma} \tag{5-14}$$

n 次注射后，血液中的最低含量为

$$c_{min} = a_{max}\gamma = \frac{a\gamma}{1-\gamma} \tag{5-15}$$

【例 5-1】 金属钚的同位素进行 β 放射，经 14 天后，同位素的活性降低 6.85%，试求此同位素的蜕变速率常数和半衰期；要分解 90.0%，需经多长时间？

解：设反应开始时物质的量为 100%，14 天后剩余未分解者为 100%－6.85%，代入式5-9中，

$$k = \frac{1}{t}\ln\frac{a}{a-x} = \frac{1}{14}\ln\frac{100}{100-6.85} = 0.00507(\mathrm{d}^{-1})$$

半衰期
$$t_{1/2} = \frac{0.693}{k} = \frac{0.693}{0.00507} = 136.7(\mathrm{d})$$

分解 90%的时间
$$t = \frac{1}{k}\ln\frac{a}{a-x} = \frac{1}{0.00507\mathrm{d}^{-1}}\ln\frac{100}{100-90} = 454.2(\mathrm{d})$$

【例 5-2】 药物施于人体后，一方面在血液中与体液建立平衡，另一方面由肾排除。达平衡时药物由血液移出的速率可用一级速率方程表示。在人体内注射 0.5g 某药物，然后在不同时刻测定其在血液中的浓度，得如下数据。求：①该药物在血液中的半衰期；②欲使血液中该药物浓度不低于 $0.40\times10^{-6}\mathrm{kg/0.1dm^3}$，需间隔几小时注射第二次？

t(h)	4	8	12	16
c(kg/0.1dm^{-3})	0.48×10^{-6}	0.34×10^{-6}	0.24×10^{-6}	0.17×10^{-6}
ln$c$	−14.55	−14.90	−15.25	−15.59

解：(1) 以 ln$c$ 对 t 作图得一直线，其斜率为－0.0864。

$$k = 0.0864\mathrm{h}^{-1}$$

(2) 由 k 可求出半衰期 $t_{1/2}=0.693/0.0864=8.02\mathrm{h}\approx 8\mathrm{h}$

半衰期浓度为 $0.34\times10^{-6}\mathrm{kg/0.1dm^3}$

或初始浓度应为 $0.68\times10^{-6}\mathrm{kg/0.1dm^3}$

$$t = \frac{1}{0.0864}\ln\frac{0.68\times10^{-6}}{0.40\times10^{-6}} = 6.14\mathrm{h}\approx 6(\mathrm{h})$$

即欲使血液中该药物浓度不低于 $0.40\times10^{-6}\mathrm{kg/0.1dm^3}$，须在 6 小时后注射第二次。

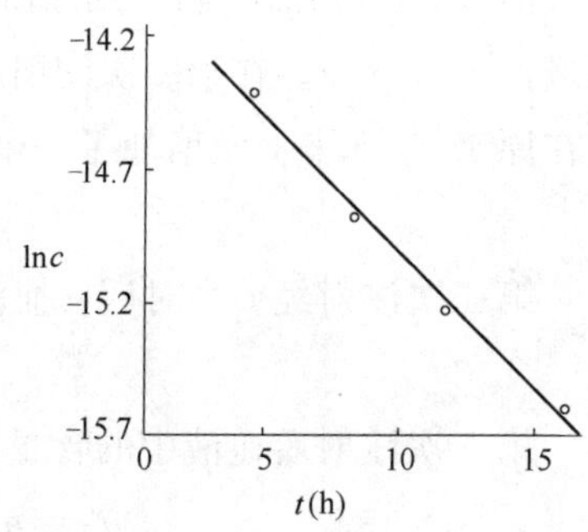

例 5-2 图

【例 5-3】 利用上例数据，若 6h 注射一次某药物，经过 n 次注射后，血液中该药物的最高含量和最低含量为多少？

解：因每隔 6 小时注射一次，所以

$$\ln\frac{0.68\times10^{-6}}{c} = 0.0864\times 6$$

$$c = 0.405 \times 10^{-6}\text{kg}/0.1\text{dm}^3$$

$$\gamma = \frac{c}{a} = \frac{0.405 \times 10^{-6}}{0.68 \times 10^{-6}} = 0.60$$

$$a_{\max} = \frac{0.68 \times 10^{-6}}{1-0.60} = 1.7 \times 10^{-6}(\text{kg}/0.1\text{dm}^3)$$

$$c_{\min} = 1.7 \times 10^{-6} \times 0.60 = 1.0 \times 10^{-6}(\text{kg}/0.1\text{dm}^3)$$

二、二级反应

凡是反应速率与反应物浓度的二次方（或两种反应物浓度的乘积）成正比的反应称为二级反应。有两种类型：

$$2\text{A} \longrightarrow \text{产物}$$

$$\text{A}+\text{B} \longrightarrow \text{产物}$$

对第二种类型的反应来说，如果设 a 和 b 分别代表反应物 A 和 B 的起始浓度，x 为 t 时刻反应物已反应掉的浓度，则其反应速率方程可写成

$$\frac{\mathrm{d}x}{\mathrm{d}t} = k(a-x)(b-x) \tag{5-16}$$

当 A 和 B 的起始浓度相等时，即 $a=b$，上式变为

$$\frac{\mathrm{d}x}{\mathrm{d}t} = k(a-x)^2 \tag{5-17}$$

对第一种类型的反应来说，其速率方程与上式相同，将上式分离变量后积分，得

$$\frac{1}{a-x} - \frac{1}{a} = kt \text{ 或 } k = \frac{1}{t}\frac{x}{a(a-x)} \tag{5-18}$$

若 A 和 B 的初始浓度不同，将式 5-16 分离变量积分得

$$k = \frac{1}{t(a-b)}\ln\frac{b(a-x)}{a(b-x)} \tag{5-19}$$

由上面几个公式可看出，**二级反应有以下特征：**

（1）速率常数 k 的量纲为［浓度］$^{-1}$·［时间］$^{-1}$，说明 k 的单位与浓度和时间有关，当浓度单位用 $\text{mol}\cdot\text{dm}^{-3}$，时间单位用 s(秒) 时，$k$ 的单位为 $\text{dm}^3\cdot\text{mol}^{-1}\cdot\text{s}^{-1}$。

（2）由式 5-18 可知，以 $\frac{1}{a-x}$ 对 t 作图应得一直线，其斜率为速率常数 k。

（3）半衰期 $t_{1/2} = \frac{a/2}{ka(a-a/2)} = \frac{1}{ka}$，说明二级反应的半衰期与反应物初始浓度成反比，此特征可作为判定二级反应的依据。A、B 初始浓度不等时，A 和 B 的半衰期也不等，整个反应的半衰期难以确定。

二级反应最为常见，例如乙烯、丙烯和异丁烯的二聚作用，$NaClO_3$ 的分解，乙酸乙酯的皂化，碘化氢、甲醛的热分解等都是二级反应。

【例 5-4】 在 298K 时，乙酸乙酯（A）和氢氧化钠（B）皂化反应的 $k_A = 6.36\text{dm}^3\cdot\text{mol}^{-1}\cdot\text{min}^{-1}$。

（1）若酯和碱的初始浓度均为 $0.02\text{mol}\cdot\text{dm}^{-3}$，试求反应的 $t_{1/2}$ 和反应进行到 10min 的反应速率；

（2）若酯的初始浓度为 $0.02\text{mol}\cdot\text{dm}^{-3}$，碱的初始浓度为 $0.03\text{mol}\cdot\text{dm}^{-3}$，试求酯反应掉 50%所需要的时间。

解：由速率常数的单位可知，此反应为二级反应。

(1) 两物质的初浓度相同，反应的半衰期

$$t_{1/2}=\frac{1}{k_A c_{A,0}}=\left(\frac{1}{6.36\times0.02}\right)\text{min}=7.86\text{min}$$

根据公式(5-18) 可求得反应进行到 10min 的 c_A 值

$$\frac{1}{c_A}=\frac{1}{c_{A,0}}+k_A t=\left(\frac{1}{0.02}+6.36\times10\right)\text{mol}^{-1}\cdot\text{dm}^3$$

$$c_A=8.80\times10^{-3}\text{mol}\cdot\text{dm}^{-3}$$

$$v_A=k_A c_A^2=6.36\times(8.80\times10^{-3})^2\text{mol}\cdot\text{dm}^{-3}\cdot\text{min}^{-1}$$
$$=4.93\times10^{-4}\text{mol}\cdot\text{dm}^{-3}\cdot\text{min}^{-1}$$

(2) 两反应物的初始浓度不相同，根据公式(5-19)，得

$$t=\frac{1}{k_A(c_{A,0}-c_{B,0})}\ln\frac{c_{B,0}(c_{A,0}-x)}{c_{A,0}(c_{B,0}-x)}$$

将有关数据代入

$$t=\left[\frac{1}{6.36\times(0.02-0.03)}\ln\frac{0.03(0.02-0.01)}{0.02(0.03-0.01)}\right]\text{min}$$
$$=4.52\text{min}$$

从上面的计算可以看出，当酯和碱的初始浓度均为 0.02mol・dm^{-3}，酯转化达 50%所需时间为 7.86min，若将碱的浓度增大到 0.03mol・dm^{-3}，则酯的转化达 50%所需的时间缩短到 4.52min。

三、零级反应

反应速率与反应物浓度无关的反应称为零级反应。其速率方程可表示为

$$\frac{dx}{dt}=k$$

上式积分即得

$$x=kt \text{ 或 } k=\frac{x}{t} \tag{5-20}$$

由上面公式可看出，**零级反应有以下特征：**

(1) 速率常数 k 的量纲为［浓度］・［时间］$^{-1}$，当浓度单位用 mol・dm^{-3}，时间单位用 s 时，k 的单位是 mol・dm^{-3}・s^{-1}。

(2) 若以 x 对 t 作图，可得一直线，其斜率为 k。

(3) 半衰期 $t_{1/2}=\frac{\frac{1}{2}a}{k}=\frac{a}{2k}$，零级反应的半衰期与反应物初始浓度成正比。

反应总级数为零的反应并不多，已知的零级反应中最多的是表面催化反应。例如氨在钨上的分解反应

$$2NH_3 \xrightarrow{\text{W，催化剂}} N_2+3H_2$$

由于反应只在催化剂表面上进行，反应速率只与表面状态有关，若金属 W 表面已被吸附的 NH_3 所饱和，再增加 NH_3 的浓度对反应速率不再有影响，此时反应呈零级反应。

现将上述几种具有简单级数反应的速率方程和特征列于表 5-1 中，人们常用这些特征来判别反应的级数。

表 5-1 具有简单级数反应的速率方程

反应级数	微分式	积分式	半衰期	线性关系	k 的量纲
1	$\frac{dx}{dt}=k(a-x)$	$k=\frac{1}{t}\ln\frac{a}{a-x}$	$t_{1/2}=\frac{0.693}{k}$	$\ln c \sim t$	[时间]$^{-1}$
2	$\frac{dx}{dt}=k(a-x)^2$	$k=\frac{1}{t}\frac{x}{a(a-x)}$	$t_{1/2}=\frac{1}{ka}$	$\frac{1}{a-x}\sim t$	[浓度]$^{-1}$·[时间]$^{-1}$
2	$\frac{dx}{dt}=k(a-x)(b-x)$	$k=\frac{1}{t(a-b)}\ln\frac{b(a-x)}{a(b-x)}$	无意义	$\ln\frac{b(a-x)}{a(b-x)}\sim t$	[浓度]$^{-1}$·[时间]$^{-1}$
0	$\frac{dx}{dt}=k$	$k=\frac{x}{t}$	$t_{1/2}=\frac{a}{2k}$	$c\sim t$ 或 $x\sim t$	[浓度]·[时间]$^{-1}$

第三节 反应级数的测定

动力学方程都是根据反应级数的测定来确定的。设化学反应的速率方程可写成式 5-5 的形式。对于某些复杂反应也可以简化为这样的形式。在工业生产中，为了满足设计应用的需要，有时也常在一定的范围内近似地按式 5-5 来回归动力学数据，以建立经验速率方程，因而速率方程的应用颇为广泛。在这种方程中，只有速率常数 k 和反应级数 n 是动力学参数，所谓方程的确定，就是确定这两种参数。但是 k 与 n 对积分式的影响不同，积分式的形式只取决于 n，而与 k 无关。k 只不过是方程中的一个常数，所以确定速率方程的关键是确定反应级数 n。在一般动力学的研究中，通常并不能直接测得反应的瞬时速率，而只能以某种直接或间接的方法，测得不同时间反应物或产物的浓度。动力学研究的目的是建立反应的速率方程，即要找出反应速率与反应物浓度的关系。如何根据不同时刻的浓度求算反应的级数对建立速率方程是至关重要的一步。

测定反应级数的方法常用的有**积分法**（integration method）和**微分法**（differential method）两种。

一、积分法

所谓积分法就是利用速率方程的积分形式来确定反应级数的方法，可分为以下几种：

（一）尝试法

将实验数据中各个不同的时间 t 和相应的浓度 c（或 x）代入各级反应动力学方程，计算速率常数 k 值。如果各组实验数据代入一级反应的方程式，得到的 k 是一个常数，则该反应就是一级反应。如果代入二级反应的方程式中得到的 k 是一个常数，则该反应就是二级反应，依此类推。这种方法的缺点是不够灵敏，只能运用于简单级数的反应，如果实验的浓度范围不够大，则很难区别出究竟是几级。

（二）图解法

即利用各级反应特有的线性关系来确定反应级数。

对于一级反应，以 $\ln c$ 对 t 作图应得直线。

对于二级反应，以$\frac{1}{a-x}$对 t 作图应得直线。

对于零级反应，以 x 对 t 作图应得直线。

将实验数据按上述不同形式作图，如果有一种图成直线，则该图代表的级数即为反应的级数，这种方法实际上也是一个尝试的过程。

（三）半衰期法

从半衰期（half-life method）与浓度的关系可知，若反应物起始浓度都相同，则

$$t_{1/2}=A\cdot\frac{1}{a^{n-1}} \tag{5-21}$$

式中 n 为反应级数；A 为常数。

如果以两个不同的起始浓度 a 和 a' 进行实验，则

$$\frac{t_{1/2}}{t'_{1/2}}=\left(\frac{a'}{a}\right)^{n-1} \text{ 或 } n=1+\frac{\lg\left(\frac{t_{1/2}}{t'_{1/2}}\right)}{\lg\left(\frac{a'}{a}\right)}$$

由两组数据可以求出 n，如数据较多，也可以用作图法。将式 5-21 取对数，

$$\lg t_{1/2}=(1-n)\lg a+\lg A$$

以 $\lg t_{1/2}$ 对 $\lg a$ 作图，从斜率中可求出 n。

利用半衰期法求反应级数比上述两种方法要可靠些。半衰期法并不限于半衰期 $t_{1/2}$，也可用反应物反应了 1/3、2/3、3/4 等的时间代替半衰期。它的缺点是反应物不止一种，而起始浓度又不相同时，就变得较为复杂了。

二、微分法

微分法就是利用速率方程的微分形式来确定反应级数的方法。如果各反应物浓度相同或只有一种反应物时，其反应速率方程为

$$v=-\frac{\mathrm{d}c}{\mathrm{d}t}=kc^{n} \tag{5-22}$$

取对数得

$$\lg v=\lg\left(-\frac{\mathrm{d}c}{\mathrm{d}t}\right)=\lg k+n\lg c \tag{5-23}$$

先根据实验数据将浓度 c 对时间 t 作图，然后在不同的浓度 c_1、c_2…各点上，求曲线的斜率 v_1、v_2…再以 $\lg v$ 对 $\lg c$ 作图，若所设速率方程式是对的，则应得一直线，该直线的斜率 n 即为反应级数。用此法求级数，不仅可处理级数为整数的反应，也可处理级数为分数的反应。

用微分法时，最好使用开始时的反应速率值，即用一系列不同的初始浓度 c_0，作不同的时间 t 对浓度 c 的曲线，然后在各不同的初始浓度 c_0 处求相应的斜率（$-\mathrm{d}c/\mathrm{d}t$），以后的处理方法与上面相同。采用初始浓度法的优点是可以避免反应产物的干扰。

如果有两种或两种以上的物质参加反应，而各反应的起始浓度又不相同，其速率方程为

$$v=kc_A^{\alpha}c_B^{\beta}\cdots$$

则不论用上述哪种方法，都比较麻烦，这时可用过量浓度法（或称孤立法）。可以这样选择实验条件，即在一组实验中保持除 A 以外的 B 等物质大大过量，则反应过程中只有 A 的浓度有变化，而 B 等物质的浓度基本保持不变，或者在各次实验中用相同的 B 等物质的起始浓度而只改变 A 的起始浓度，这时速率方程就转化为

$$v=k'c_A^{\alpha} \tag{5-24}$$

然后用上述积分法或微分法中任何一种方法求 α。再在另一组实验中保持除 B 以外的物质过量，或除 B 以外的物质起始浓度均相同而只改变 B 的起始浓度，求出 β。以此类推，则反应级数应为

$$n=\alpha+\beta+\cdots \tag{5-25}$$

第四节　几种典型的复杂反应

前面讨论的都是比较简单的反应。如果一个化学反应是由两个或两个以上的基元反应以各种方式相互联系起来的，则这种反应就是复杂反应。本节只讨论几种典型的复杂反应——可逆反应（opposing reaction）、平行反应（parallel reaction）和连续反应（consecutive reaction），这些都是基元反应的最简单组合。

一、可逆反应

在反应物转变为产物的同时，还进行产物转变为反应物的逆反应，这一类反应称为可逆反应，又称对峙反应。严格地说，任何反应都不能进行到底，都是可逆反应。最简单的可逆反应，其正、逆反应速率都是一级，称为 1－1 级可逆反应。

$$\mathrm{A} \underset{k_{-1}}{\overset{k_1}{\rightleftharpoons}} \mathrm{B}$$

$$\begin{array}{lll} t=0 & a & 0 \\ t=t & a-x & x \end{array}$$

总的反应速率取决于正向及逆向反应速率的总结果，即

$$v=\frac{\mathrm{d}x}{\mathrm{d}t}=v_{正}-v_{逆}=k_1(a-x)-k_{-1}x \tag{5-26}$$

移项可得 $\dfrac{\mathrm{d}x}{k_1(a-x)-k_{-1}x}=\mathrm{d}t$

当 $t=0$ 时，$x=0$，积分上式得到结果为

$$\ln\frac{a}{a-\left(\dfrac{k_1+k_{-1}}{k_1}\right)x}=(k_1+k_{-1})t \tag{5-27}$$

此式即为正、逆反应都是一级的速率方程。

当反应达到平衡时，若物质 B 的浓度为 x_e，则

$$k_1(a-x_e)=k_{-1}x_e \tag{5-28}$$

$$K=\frac{k_1}{k_{-1}}=\frac{x_e}{a-x_e} \tag{5-29}$$

K 就是可逆反应的平衡常数

$$k_{-1}=k_1\frac{a-x_e}{x_e} \tag{5-30}$$

$$\frac{\mathrm{d}x}{\mathrm{d}t}=k_1(a-x)-k_1\frac{a-x_e}{x_e}\cdot x=k_1a\frac{x_e-x}{x_e} \tag{5-31}$$

积分上式得

$$k_1=\frac{x_e}{ta}\ln\frac{x_e}{x_e-x} \tag{5-32}$$

代入式 5-30

$$k_{-1}=\frac{a-x_e}{ta}\ln\frac{x_e}{x_e-x} \tag{5-33}$$

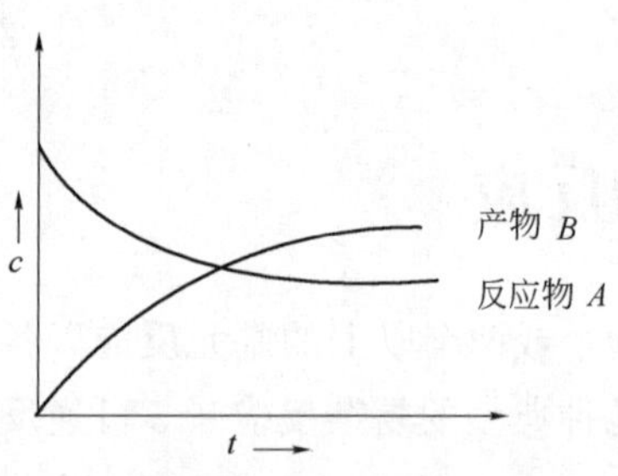

图 5-1　可逆反应中浓度与时间的关系

从以上二式可看出，只要确定了反应物起始浓度 a 和平衡时产物浓度 x_e，并由实验测出不同时刻 t 所反应掉的浓度 x，即可分别求算正、逆向反应的速率常数 k_1 和 k_{-1} 的值。

如果将 A 和 B 的浓度对时间作图，可得到图 5-1 的形式。从曲线看出，物质 A 的浓度随反应时间的增长不可能降低到零，而物质 B 的浓度亦不能增加到物质 A 的起始浓度 a，反应达平衡时 $K=\frac{k_1}{k_{-1}}$，这是可逆反应的动力学特征。属于上述最简单可逆反应的例子有分子重排和异构化反应等。对于比较复杂的对峙反应，其速率方程的求解可仿照上述方法具体处理。

二、平行反应

反应物同时进行不同的反应称为平行反应，也称竞争反应。平行进行的几个反应中，生成主要产物的反应称为主反应，其余的称为副反应。在化工生产中，经常遇到平行反应，例如丙烷的裂解：

$$C_3H_8 \begin{cases} \xrightarrow{k_1} C_2H_4 + CH_4 \\ \xrightarrow{k_2} C_3H_6 + H_2 \end{cases}$$

现在研究平行反应中最简单的一种，即两个平行的不可逆单分子反应，它的一般式为

$$A \begin{cases} \xrightarrow{k_1} B \\ \xrightarrow{k_2} C \end{cases}$$

式中 k_1 和 k_2 分别为生成 B 和 C 的速率常数。如果 $k_1 \gg k_2$，则主要产物为 B，而 C 为副产物；如果 $k_1 \ll k_2$，则 C 为主要产物而 B 为副产物。速率快的反应通常称为主反应，速率慢的称为副反应。设反应开始时，反应物 A 的浓度为 $c_{A,0}$，生成物浓度为 0，反应进行到 t 时刻后，各浓度分别为 c_A、c_B、c_C，则有 t 时刻，上述两支反应的速率之和即为反应物消耗速率，即

$$-\frac{\mathrm{d}c_A}{\mathrm{d}t}=\frac{\mathrm{d}c_B}{\mathrm{d}t}+\frac{\mathrm{d}c_C}{\mathrm{d}t}=k_1c_A+k_2c_A=(k_1+k_2)c_A$$

积分上式，可得

$$\ln\frac{c_{A,0}}{c_A}=(k_1+k_2)t$$

或写成

$$c_A=c_{A,0}\cdot e^{-(k_1+k_2)t} \tag{5-34}$$

此式表示物质 A 的浓度随时间而变化的关系。同理可求得物质 B、C 的浓度随时间而变化的关系：

$$c_B=\frac{k_1c_{A,0}}{k_1+k_2}[1-e^{-(k_1+k_2)t}] \tag{5-35}$$

$$c_C=\frac{k_2c_{A,0}}{k_1+k_2}[1-e^{-(k_1+k_2)t}] \tag{5-36}$$

将式 5-34、式 5-35、式 5-36 绘成浓度-时间曲线，如图 5-2 所示，将式 5-35 与式 5-36 相除，即得

$$\frac{c_B}{c_C}=\frac{k_1}{k_2} \tag{5-37}$$

该式表明平行反应中产物数量之比等于其速率常数之比，亦即在反应过程中各产物数量之比保持恒定，这是平行反应的特征。如果我们希望多获得某一种产品，就要设法改变 k_1/k_2 的比值。一种方法是选择适当的催化剂，提高催化剂对某一反应的选择性以改变 k_1/k_2 的比值；另一种方法是通过改变温度来改变 k_1/k_2 的值。

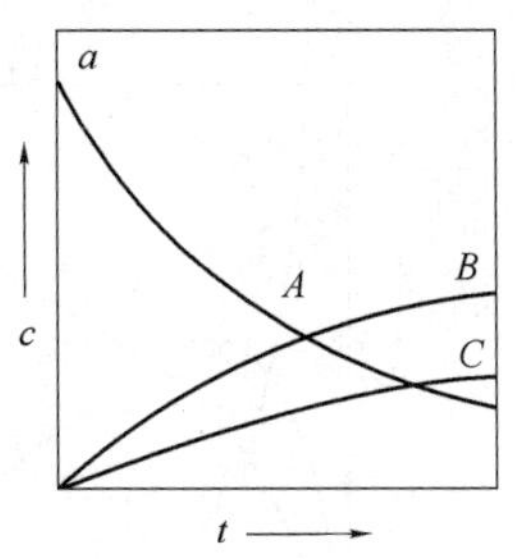

图 5-2　平行反应中浓度与时间的关系

三、连续反应

凡是反应所产生的物质，能再起反应而产生其他物质者，称为连续反应，又称为连串反应。例如苯的氯化，生成物氯苯能进一步与氯作用生成二氯苯、三氯苯等。

最简单的连续反应是两个单向连续的一级反应，可表示为

$$A \xrightarrow{k_1} B \xrightarrow{k_2} C$$

$t=0$	$c_{A,0}$	0	0
$t=t$	c_A	c_B	c_C

A、B、C 三种物质的反应速率方程如下：

$$-\frac{\mathrm{d}c_A}{\mathrm{d}t}=k_1c_A \tag{5-38}$$

$$\frac{\mathrm{d}c_B}{\mathrm{d}t}=k_1c_A-k_2c_B \tag{5-39}$$

$$\frac{\mathrm{d}c_C}{\mathrm{d}t}=k_2c_B \tag{5-40}$$

积分式 5-38 可得到

$$c_A=c_{A,0}\cdot\exp(-k_1t) \tag{5-41}$$

将上式代入式 5-39，得到

$$\frac{\mathrm{d}c_B}{\mathrm{d}t}=k_1c_{A,0}\cdot\exp(-k_1t)-k_2c_B$$

解此一阶常系数线性微分方程得

$$c_B=\frac{k_1c_{A,0}}{k_2-k_1}[\exp(-k_1t)-\exp(-k_2t)] \tag{5-42}$$

按照化学反应式 $c_C=c_{A,0}-c_A-c_B$，将式 5-41、式 5-42 代入，得到

$$c_C=c_{A,0}\left[1-\frac{k_2}{k_2-k_1}\exp(-k_1t)+\frac{k_1}{k_2-k_1}\exp(-k_2t)\right] \tag{5-43}$$

根据式 5-41、式 5-42、式 5-43 作浓度-时间曲线，如图 5-3 所示。从图看出，物质 A 的浓度总是随时间增长而降低，物质 C 的浓度总是随时间增长而增大，而物质 B 的浓度先增大，经过一极大点后，又随时间增长而降低。这是连续反应的特征。原因在于，反应前期反应物 A 的浓度较大，因而生成 B 的速率较快，B 的数量不断增长。但是随着反应继续进行，A 的浓度逐渐减少，相应的

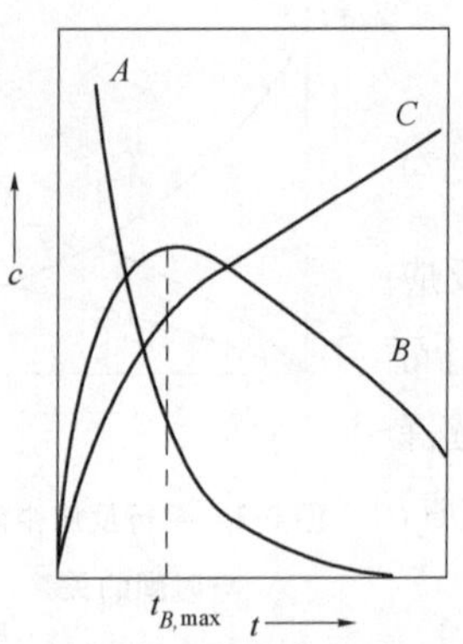

图 5-3 连续反应中浓度与时间的关系

使生成 B 的速率减慢。而另一方面，由于 B 的浓度增大，进一步生成最终产物的速率不断加快，使 B 大量消耗，因而 B 的数量反而下降。当生成 B 的速率与消耗 B 的速率相等时，就出现极大点。这是连续反应中间产物的一个特征。

对于一般的反应来讲，反应时间长些，得到的最终产物总是多一些，但对于连续反应，如果我们需要的是中间化合物 B，由于它有一个浓度最大的反应时间，超过这个时间，反而引起所需产品浓度的降低和副产品的增加，生产上如果控制反应时间在其附近，则可望得到最高浓度的产品。从图 5-3 可知，B 的浓度处于极大点的时间，就是生成 B 最多的适宜时间 $t_{B,\max}$，只要将上述 B 物质的表达式对时间求导，并令其等于零，$\mathrm{d}c_B/\mathrm{d}t=0$，即可求出 $t_{B.\max}$ 和 $C_{B.\max}$

$$\mathrm{d}c_B/\mathrm{d}t=\mathrm{d}\left[\frac{k_1 a}{k_2-k_1}\{\exp(-k_1 t)-\exp(-k_2 t)\}\right]/\mathrm{d}t=0$$

$$t_{B,\ \max}=\ln(k_1/k_2)/(k_1-k_2)$$

$$C_{B,\ \max}=C_{A,\ O}(\frac{k_1}{k_2})^{\frac{k_1}{k_2-k_1}}$$

第五节 温度对反应速率的影响

温度对反应速率有很大影响，一般说来，温度升高反应速率加快（但也有极少数反应例外）。温度对反应速率的影响，主要表现在对速率常数 k 的影响。本节主要介绍两个经验公式——范特霍夫规则、阿累尼乌斯公式。

一、范特霍夫规则

范特霍夫根据实验事实总结出一条近似规律：温度每升高 10K，反应速率大约增加 2～4 倍，即

$$\frac{k_{T+10}}{k_T}=2\sim 4 \tag{5-44}$$

式中 k_T 为 TK 时反应的速率常数，k_{T+10} 为（T＋10）K 时反应的速率常数。范特霍夫规则虽然不很精确，但当手边的数据不全，用它粗略地估算，仍然是有益的。

二、阿累尼乌斯公式

式 5-44 所表示的温度对反应速率的影响是十分近似的，且在比较窄的温度范围内才有意义。关于速率常数 k 与反应温度 T 之间的定量关系，早在 19 世纪末，阿累尼乌斯就总结了大量的实验数据，提出了一经验公式，此公式表示为

$$k=Ae^{-E/RT} \tag{5-45}$$

式中的 E 为活化能，单位为 $\mathrm{J\cdot mol^{-1}}$，一般可将它看作与温度无关的常数。A 为常数，通常称为指前因子或频率因子。将上式两边取对数，得

$$\ln k=-\frac{E}{R}\cdot\frac{1}{T}+\ln A \tag{5-46}$$

将式 5-46 微分，可得到

$$\frac{\mathrm{d}\ln k}{\mathrm{d}T}=\frac{E}{RT^2} \tag{5-47}$$

将上式分离变量，由 T_1 积分到 T_2，则得到

$$\ln\frac{k_2}{k_1}=-\frac{E}{R}\left(\frac{1}{T_2}-\frac{1}{T_1}\right) \tag{5-48}$$

由上式若已知两个温度时的速率常数，即可求出活化能，从式 5-46 可知，$\ln k$ 对 $1/T$ 作图，应为一直线，由直线的斜率可求得活化能：$E=-R\times$斜率，由截距可求指前因子 A。

由图 5-4 可知。反应（Ⅱ）的活化能比反应（Ⅰ）的活化能小。在同一温度下，如 x 点，活化能小的反应比活化能大的反应的速率常数大。

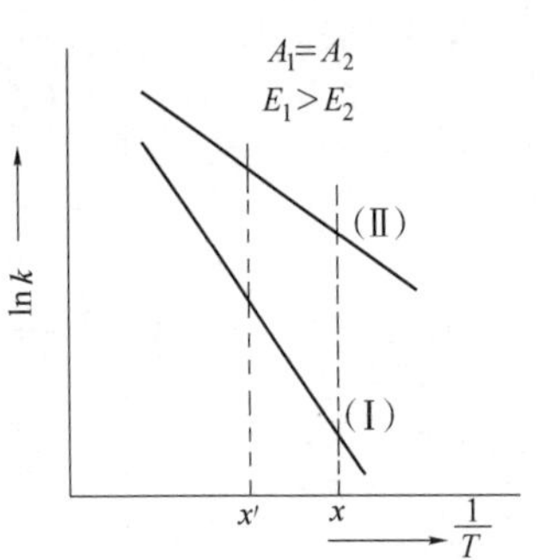

图 5-4　lnk 对 1/T 的关系

对于不同活化能的反应，其速率常数随温度的改变也不同，活化能大的反应（Ⅰ）比活化能小的反应（Ⅱ）所受的影响大，反应（Ⅰ）的斜率的绝对值大于反应（Ⅱ）的斜率的绝对值，也就是说，反应的活化能越高，温度对速率的影响越大，这一规律可用来控制反应的选择性。

比如整体平行反应的速率常数 k 将如何随温度而变化，对平行进行的两个简单反应，其速率常数随温度变化的积分式分别为

$$\mathrm{A}\xrightarrow{k_1}\mathrm{B}\qquad \ln k_1=\ln A_1-\frac{E_1}{RT}$$

$$\mathrm{A}\xrightarrow{k_2}\mathrm{C}\qquad \ln k_2=\ln A_2-\frac{E_2}{RT}$$

并作 $\ln k_1$ 对$\dfrac{1}{T}$和 $\ln k_2$ 对$\dfrac{1}{T}$的曲线 L_1 和 L_2，示意于图 5-5。

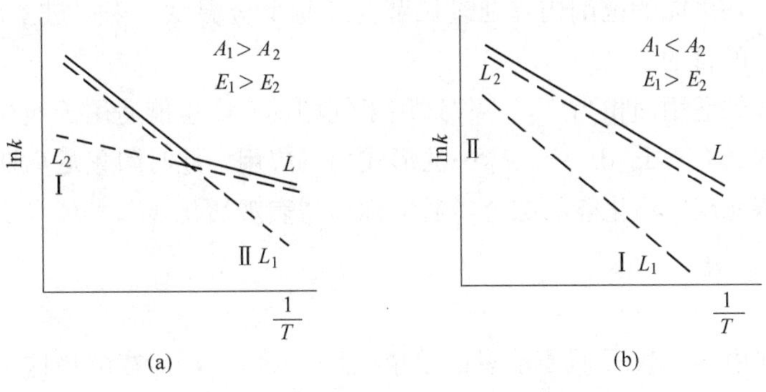

图 5-5　平行反应的 lnk 对 1/T 曲线示意图

假若 $A_1>A_2$ 且 $E_1>E_2$，则 L_1 与 L_2 相交，温度适当时，$k_1\ll k_2$，整体平行反应以反应（Ⅱ）为主；而温度较高时，$k_1\gg k_2$，以反应（Ⅰ）为主，因此整体平行反应的 $\ln k$ 对$\dfrac{1}{T}$曲线 L 如图 5-5(a) 所示，在一定温度区间内会出现斜率突变的情况。

假若 $A_1<A_2$ 且 $E_1>E_2$，则 k_2 在所取任何温度下都恒大于 k_1，平行反应总以反应（Ⅱ）

为主，如图 5-5(b) 所示，整体反应的 $\ln k$ 对$\frac{1}{T}$曲线 L 始终与 L_2 相近似而不出现弯折。

下面以 $A \xrightarrow[k_1]{(1)} B \xrightarrow[k_2]{(2)} C$ 为例，讨论整体连续反应的速率常数 k 将如何随温度而变化。

对简单反应（1）和（2）分别有

$$\ln k_1 = \ln A_1 - \frac{E_1}{RT} \text{ 和 } \ln k_2 = \ln A_2 - \frac{E_2}{RT}$$

并作 $\ln k_1$ 对 $1/T$ 及 $\ln k_2$ 对 $1/T$ 曲线 L_1 及 L_2，如图 5-6 所示。

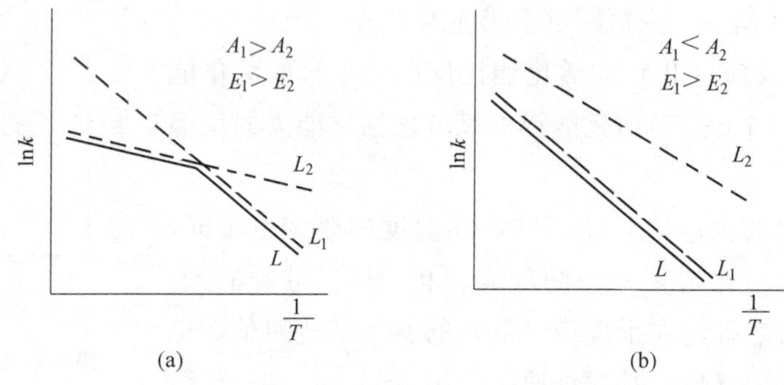

图 5-6 连续反应的 lnk 对 1/T 曲线示意图

假若 $A_1 > A_2$ 且 $E_1 > E_2$，则曲线 L_1 的截距及斜率的绝对值较曲线 L_2 大，因此 L_1 与 L_2 必相交。当温度适当低时，反应（1）很慢，连续反应的总速率由反应（1）的速率来控制；而在温度升高时，反应（1）的速率增大较快，将会超过反应（2）的速率，此时，连续反应的总速率由反应（2）的速率来控制。所以，整体连续反应的 $\ln k$ 对 $1/T$ 曲线 L 如图 5-6(a) 所示，在一定温度范围内出现斜率突变的弯折。假若 $A_1 < A_2$ 且 $E_1 > E_2$，则 k_2 在所取任何温度下都恒大于 k_1，连续反应的总速率始终为反应（1）的速率所控制。如图 5-6(b) 所示，L 总与 L_1 相近但不出现弯折。

利用这一规律，在可能的范围内，通过调节、控制反应温度，来促进主反应，抑制副反应，以达到生产更多产品的目的。

阿累尼乌斯公式的适用面相当广，不仅适用于气相反应，也能适用于液相反应和复相催化反应，只要其速率方程具有 $-\mathrm{d}c/\mathrm{d}t = kc_A^{\alpha}c_B^{\alpha}\cdots$ 的形式均可应用，此时阿累尼乌斯式中的活化能是组成复杂反应的各个基元反应活化能的综合，通常称为“表观活化能”。

三、活化能

阿累尼乌斯公式中的常数 E 具有能量的单位（$\mathrm{J \cdot mol^{-1}}$），他在解释这个公式时，提出了活化能的概念。阿累尼乌斯公式和活化能概念的提出，大大促进了反应速率理论的发展。但也应当指出，关于活化能的定义，目前尚未完全统一，随着反应速率理论的发展，人们对活化能的理解也在逐步加深。

（一）活化分子和活化能的概念

为什么不同的反应其速率常数 k 的值相差那么大？为什么反应速率常数随温度的变化呈指数关系？究竟是什么内在因素在决定着 k 值的大小及其随温度变化的大小？为了解释这些问题，阿累尼乌斯提出了一个设想，即不是反应物分子之间的任何一次直接作用都能发生反应，只有那些

能量相当高的分子之间的直接作用方能发生反应。在直接作用中能发生反应的、能量较高的分子称为活化分子。活化分子的能量比普通分子的能量超出值称为反应的活化能。后来，托尔曼曾用统计力学证明，对基元反应来说，活化能是活化分子的平均能量与反应物分子平均能量之差，可用下式表示

$$E=\bar{E}^{*}-\bar{E} \tag{5-49}$$

式中：$\bar{E}^{*}$——能发生反应分子（活化分子）的平均能量；

$\bar{E}$——反应物分子的平均能量。

活化能也可看作是化学反应所必须克服的能峰，形成新键、断裂旧键克服的作用力越大，需要消耗的能量也越高，能峰也就越高。活化能的大小代表了能峰的高低。在一定温度下，活化能越小，达到活化状态所克服的能峰就越低，反应阻力就越小，反应速率就越快，如图 5-7 所示。

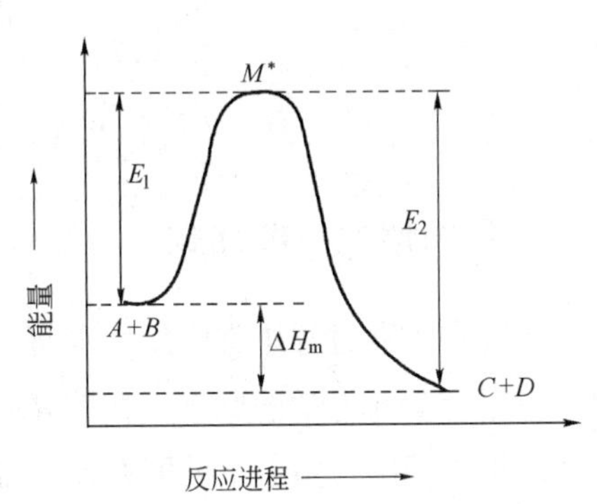

图 5-7　活化能与反应热的关系示意图

（二）活化能和反应热的关系

对于一个可逆反应

$$A+B \underset{k_2}{\overset{k_1}{\rightleftharpoons}} C+D$$

如图 5-7 所示，反应物 $A+B$ 只有爬上 E_1 的能峰才能达到活化状态，变成产物$C+D$，E_1 为正反应的活化能。如果产物 $C+D$ 要变成反应物$A+B$，就必须爬越 E_2 这么高的能峰，E_2 称为逆反应的活化能。

由阿累尼乌斯公式

$$\frac{\mathrm{dln}k_1}{\mathrm{d}T}-\frac{\mathrm{dln}k_2}{\mathrm{d}T}=\frac{E_1}{RT^2}-\frac{E_2}{RT^2}$$

即

$$\frac{\mathrm{dln}(k_1/k_2)}{\mathrm{d}T}=\frac{(E_1-E_2)}{RT^2} \tag{5-50}$$

反应达平衡时，平衡常数 $K=k_1/k_2$，上式写成

$$\frac{\mathrm{dln}K}{\mathrm{d}T}=\frac{E_1-E_2}{RT^2}$$

而化学平衡的定压方程式 2-113 为

$$\frac{\mathrm{dln}K}{\mathrm{d}T}=\frac{\Delta H_{\mathrm{m}}}{RT^2}$$

比较两式得

$$\Delta H_{\mathrm{m}}=E_1-E_2 \tag{5-51}$$

即表示正逆反应活化能之差为反应的定压反应热。如 $E_1>E_2$，则 ΔH_{m} 为正，反应为吸热反应；如 $E_1<E_2$，则 ΔH_{m} 为负，反应为放热反应。

【例 5-5】 环氧乙烷的分解是一级反应，380℃时半衰期为 363min，反应的活化能为217.57 kJ・mol^{-1}。试求该反应在 450℃条件下完成 75%所需时间。

解：对一级反应

$$k_1=0.693/t_{1/2}=0.693/363=1.91\times10^{-3}(\mathrm{min}^{-1})$$

$$\ln\frac{k_2}{k_1}=\frac{E}{R}\cdot\frac{T_2-T_1}{T_2T_1}=\frac{217.57\times10^3}{8.314}\cdot\frac{450-380}{723\times653}=3.88$$

解得

$$k_2=9.25\times10^{-2}\,\mathrm{min}^{-1}$$

$$t=\frac{1}{k_2}\ln\frac{1}{1-0.75}=\frac{1}{9.25\times10^{-2}}\ln4=15(\mathrm{min})$$

四、药物贮存期预测

药物在贮存过程中常因发生水解、氧化等反应而使含量逐渐降低，乃至失效。预测药物贮存期是应用化学动力学的原理，在较高的温度下进行试验，使药物降解反应加速进行，经数学处理后外推得出药物在室温下的贮存期。加速试验的方法可分为恒温法（Isothermal prediction）和变温法（Nonisothermal prediction）两大类。

（一）恒温法

在经典的恒温法中，根据不同药物的稳定程度选取几个较高的试验温度，测定各温度下药物浓度随时间的变化，求得药物降解反应级数及在各试验温度下的反应速率常数 k，然后依据阿累尼乌斯公式，以 $\ln k$ 对 $1/T$ 作图（或作直线回归），外推求得药物在室温下的速率常数 k_{298}，并由此算出在室温下药物含量降低至合格限所需的时间，即贮存期。经典恒温法的优点是结果准确，计算简单，但试验工作量和药品消耗量大，试验周期长。为了克服这些缺点，恒温法又衍生出一些改进方法。

（二）变温法

变温法是在一定温度范围内，连续改变温度，通过一次试验即可获得所需的动力学参数（活化能，速率常数及贮存期等）的方法。与经典恒温法相比，变温法可节省时间和样品，减少试验工作时间。变温法又分为程序升温法（programmable heating）和自由升温法（flexible heating）两大类。前者按一定的升温程序连续改变温度，采用的升温规律有倒数升温、线性升温和对数升温；后者则没有固定的升温规律，而是用计算机自动记录试验温度代替恒温法和程序升温法控制温度。初期的变温法存在着一些缺点和局限，其预测结果的准确度与恒温法相比有较大的差距。20 世纪 90 年代以来，变温法的控温装置、计算方法及升温规律都得到了改进，出现了更为科学的指数程度升温法及程序升降温法，大大提高了预测结果的准确度，并将程序升温法和自由升温法相结合，即在控制温度的同时也自动记录温度，使变温法的优点得到了更充分的发挥。由于篇幅有限，此处对这些方法不作具体介绍。

第六节 反应速率理论

从理论上计算速率常数是化学动力学的中心课题之一。在阿累尼乌斯公式的基础上发展了两个理论——碰撞理论和过渡状态理论。本节简要介绍这两个理论。

一、碰撞理论

碰撞理论（the collision theory）是1918年路易斯（Lewis）提出来的，它是建立在气体分子运动论和阿累尼乌斯活化能概念基础上的。以双分子基元反应 $A+B \longrightarrow$ 产物为例，碰撞理论可概括为：反应分子 A 和 B 必须经过碰撞才能发生反应。因此，反应速率即单位时间、单位体积内发生反应的分子数，正比于单位时间单位体积内分子 A 与 B 的碰撞次数。

（一）碰撞频率

单位时间单位体积内分子 A 和 B 的碰撞次数称为碰撞频率（collision frequency），根据分子运动论可知，假设分子为刚性球体，两种不同物质分子 A、B 之间的碰撞频率 Z_{AB} 为

$$Z_{AB}=(r_A+r_B)^2\left(\frac{8\pi RT}{\mu}\right)^{1/2}n_A n_B \tag{5-52a}$$

式中　r_A、r_B——表示 A、B 分子的半径；

R——气体常数；

T——热力学温度；

μ——A、B 分子的折合摩尔质量（$\mu=\dfrac{M_A M_B}{M_A+M_B}$，其中 M_A、M_B 分别表示 A、B 分子的摩尔质量）；

n_A、n_B——分别表示单位体积中 A、B 分子的个数。

如果是同一种物质分子，则 $M_A=M_B$。同一种物质分子之间的碰撞频率为

$$Z_{AB}=16r_A^2\left(\frac{\pi RT}{M_A}\right)^{1/2}n_A^2 \tag{5-52b}$$

（二）有效碰撞分数

碰撞动能 ε 大于某临界能 ε_0（也称阈能）并能翻越能峰的分子称为活化分子，活化分子彼此碰撞称为有效碰撞（effective collision），分子之间进行有效碰撞才能发生反应。有效碰撞次数与总碰撞次数之比称为有效碰撞分数，用 q 表示。根据玻尔兹曼（Boltzmann）能量分布定律可知，有效碰撞分数为

$$q=\exp\left(-\frac{E_C}{RT}\right) \tag{5-53}$$

式中 $E_C=N_A\varepsilon_0$，称为临界（活化）能。

（三）碰撞理论基本公式

碰撞理论认为反应速率就是有效碰撞频率。

$$-\frac{dn}{dt}=Zq \tag{5-54}$$

将式 5-52a、式 5-53 代入式 5-54 得到异种双分子反应的速率方程。

$$-\frac{dn}{dt}=(r_A+r_B)^2\left(\frac{8\pi RT}{\mu}\right)^{1/2}n_A n_B\exp\left(-\frac{E_C}{RT}\right) \tag{5-55}$$

式 5-55 就是按碰撞理论推导出的双分子反应的速率方程。

令

$$k'=(r_A+r_B)^2\left(\frac{8\pi RT}{\mu}\right)^{1/2}\exp\left(-\frac{E_C}{RT}\right) \tag{5-56}$$

则式 5-55 可简化为

$$-\frac{dn}{dt}=k'n_An_B \tag{5-57}$$

上式和质量作用定律$-\frac{dc}{dt}=kc_Ac_B$ 相似。当上述公式中体积为单位体积时，则 $c=\frac{n}{N_A}$，$k=N_Ak'$，$\frac{-dn}{N_A dt}=k\frac{n_A}{N_A}\frac{n_B}{N_A}$；$\frac{-dn}{dt}=\frac{k}{N_A}n_An_B$，令

$$A=N_A(r_A+r_B)^2\left(\frac{8\pi RT}{\mu}\right)^{1/2} \tag{5-58}$$

则

$$k=A\exp\left(-\frac{E_C}{RT}\right) \tag{5-59}$$

该式称为碰撞理论基本公式，和阿累尼乌斯公式相似。

碰撞理论简明而直观，突出了反应过程必须经分子碰撞和需要足够能量以克服能峰的主要特点，因而能解释基元反应的速率方程和阿累尼乌斯公式成立的原因，对于一些分子结构简单的反应，理论上求算的 k 值与实验测得的 k 值较为符合。此外，令

$$k_0=N_A(r_A+r_B)^2\left(\frac{8\pi R}{\mu}\right)^{1/2} \tag{5-60}$$

则有

$$A=k_0T^{1/2} \tag{5-61}$$

式 5-59 可改写成

$$k=k_0T^{1/2}\exp\left(-\frac{E_C}{RT}\right) \tag{5-62}$$

将上式两边取对数后

$$\ln k=\ln k_0+\frac{1}{2}\ln T-\frac{E_C}{RT}$$

$$\ln\frac{k}{T^{1/2}}=\ln k_0-\frac{E_C}{RT}$$

再对 T 取导数，得

$$\frac{d\ln k}{dT}=\frac{E_C+\frac{RT}{2}}{RT^2} \tag{5-63}$$

与式 5-47 对照，得

$$E=E_C+\frac{1}{2}RT \tag{5-64}$$

式中 E_C 为临界能。活化能 E 与 T 有关。但大多数反应的温度不太高时 $E_C\gg\frac{1}{2}RT$，故$\frac{1}{2}RT$ 项可忽略，则

$$E=E_C$$

所以一般认为 E 与 T 无关。因此碰撞理论不但解释了 $\ln k$ 对$\frac{1}{T}$作图的直线关系，同时也指出了较高温度时可能出现偏差的原因，这些都是碰撞理论成功之处。

但碰撞理论也有不足之处，主要有两方面：

（1）欲求得反应速率常数，必须知道活化能，而活化能还需通过实验求得，碰撞理论本身不能算出来，这就使该理论失去了从理论上预示 k 的意义，成为半经验性质的理论。

（2）碰撞理论假设分子是刚性球碰撞，不考虑分子结构。这种设想对于反应物分子结构比较简单的反应来说，指前因子的计算值与实验值较为符合，但大多数反应却偏差较大。因此有人提出在碰撞理论的速率方程前面乘一校正因子 P，即

$$k = PA\exp\left(-\frac{E_C}{RT}\right) \tag{5-65}$$

式中 P 称为方位因子或几率因子，P 的数值可从 1 到 10^{-9}，表示碰撞理论与实验值的差异程度，另外，碰撞理论本身不能求算 P 值的大小，只能从实验得到，所以 P 只是一个经验性的校正系数。

二、过渡状态理论

过渡状态理论（the transition state theory）又称活化络合物理论，是 1935 年由爱林（Eyring）等人提出来的。它是建立在统计力学和量子力学的理论基础上的。该理论认为：化学反应不是只通过分子之间的简单碰撞就可完成的，而是要经过一个由反应物分子以一定的构型存在的过渡状态，形成这个过渡状态需要一定的活化能，故过渡态又称活化络合物，然后再生成产物。下面以双分子基元反应为例加以说明。对于 $A+B-C \longrightarrow A-B+C$，则有

$$A + B - C \xrightleftharpoons{K_{\neq}} [A\cdots B\cdots C]_{\neq} \xrightarrow{k} A - B + C$$

（一）活化络合物

当原子 A 接近 $B-C$ 分子时，$B-C$ 键拉长而减弱；当 A 与 B 逐渐靠近，将成键而未成键，$B-C$ 键变得更长，将断裂而未断裂，这样就形成了中间过渡状态 $[A\cdots B\cdots C]_{\neq}$，称为活化络合物（activated complex）。这种活化络合物极不稳定，一方面它可能分解为反应物 A 和 $B-C$，另一方面又可能分解为产物 $A-B$ 和 C。相比来说，活化络合物分解为产物的过程为慢步骤。反应物 A 和 $B-C$ 与活化络合物之间存在快速平衡。根据热力学理论，则有

$$K_{\neq} = \frac{c_{\neq}}{c_A c_{B-C}} \tag{5-66}$$

式中 $K_{\neq}$ 为反应物和活化络合物之间反应的平衡常数；$c_{\neq}$、c_A 和 c_{B-C} 为活化络合物、反应物 A 和 $B-C$ 的浓度。

（二）势能面与过渡状态理论活化能

过渡状态理论的物理模型是势能面。对于由 A、B、C 三个原子组成的反应系统，其势能 E 是三个原子间距离的函数。

$$E = f(r_{AB},\ r_{BC},\ r_{AC}) \tag{5-67}$$

或者说 E 是 r_{AB}、r_{BC} 和 AB、BC 之间的夹角 θ 的函数。

$$E = f(r_{AB},\ r_{BC},\ \theta)$$

如果以 E 对 r_{AB}、r_{BC}、θ 作图，则要制成四维图形，这是不易画出的。因此，一般规定 θ 为常数，即规定出原子 A 与分子 BC 趋近的方向。

$$E=f(r_{AB},\ r_{BC})$$

这样 E 与 r_{AB}、r_{BC} 之间的关系就可以用一个三维立体图来表达。

对于上述双分子反应，A 原子沿双原子分子 $B-C$ 轴线方向从 B 原子侧（即 $\theta=\pi$）与 BC 分子碰撞时，对反应最为有利。图 5-8 为此过程中系统的势能 E 与原子间距离 r_{AB}、r_{BC} 之间的关系。系统处于 r_{AB}、r_{BC} 平面上的某一位置时所具有的势能，由这一点的高度表示。r_{AB}、r_{BC} 平面上所有各点的高度汇集成为一个马鞍形的曲面，称为势能面，作势能的等值线图（图 5-9），此图也称为势能面（potential energy surface）。图中相同的势能用曲线连接起来称为等势能线。曲线上的数字代表势能，数字越大，表示势能越高。图中 a 表示反应系统始态（$A+BC$）的势能，c 表示活化络合物的势能，b 表示反应系统终态（$AB+C$）的势能，a、b、c 还表示三原子 A、B、C 之间的距离。c 点还称为马鞍点，因为 c 点周围的势能面看起来好像是一个马鞍。从图 5-8 和图 5-9 均可看出，反应系统沿 $a\to c\to b$ 途径所需翻过的势能峰是最低的，说明它是可能性最大的途径。因此 $a\to c\to b$ 称反应坐标或反应途径。以反应系统的势能对反应进度作图，由该图我们会很容易得出结论，过渡状态理论活化能的物理意义为活化络合物的势能与普通的反应物分子的势能之差。多于三个原子的反应系统的势能图非常复杂，不易画出。但上面得出的反应坐标、马鞍点、活化能的概念对它们仍是适用的。

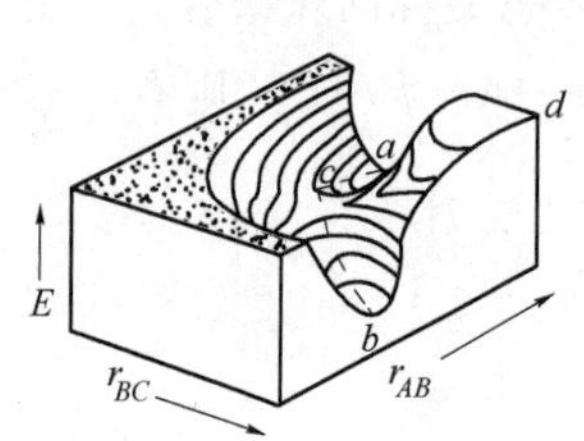

图 5-8　势能面的立体示意图

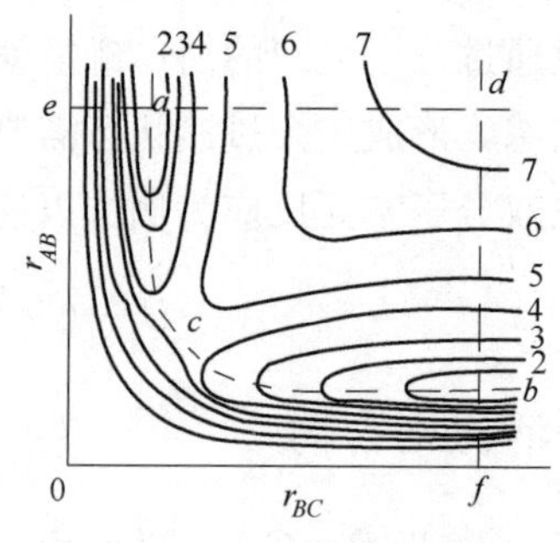

图 5-9　势能等高线图

（三）过渡状态理论基本公式

活化络合物分子沿反应坐标方向上每振动一次，就有一个活化络合物分子分解成为产物分子。反应总速率决定于慢步骤的速率，即

$$-\frac{dc}{dt}=k_{c\neq} \tag{5-68}$$

式中 $c_{\neq}$ 为活化络合物的浓度。

假定活化络合物沿反应途径方向每振动一次有一个活化络合物分子分解，每秒振动 ν 次，则

$$k=\nu$$

上式化为

$$-\frac{dc}{dt}=\nu\, c_{\neq}$$

因反应物与活化络合物之间存在快速平衡，即 $c_{\neq}=K_{\neq}c_Ac_{B-C}$，代入上式，得

$$-\frac{dc}{dt}=\nu K_{\neq}\, c_Ac_{B-C} \tag{5-69}$$

根据量子理论，一个振动自由度的能量为 $h\nu$，h 为普朗克常数；又根据能量均分原理，一个振动自由度的能量为 $\left(\frac{R}{N_A}\right)T$，因此

$$h\nu=\frac{R}{N_A}T$$

$$\nu=\frac{RT}{hN_A}$$

将此式代入式 5-69 得

$$-\frac{dc}{dt}=\frac{RT}{hN_A}K_{\neq}\,c_A c_{B-C} \quad (5\text{-}70)$$

根据质量作用定律，上述双分子反应的速率方程为

$$-\frac{dc}{dt}=kc_A c_{B-C} \quad (5\text{-}71)$$

式 5-70 与式 5-71 对照，得

$$k=\frac{RT}{hN_A}K_{\neq} \quad (5\text{-}72)$$

这就是过渡状态理论的基本公式。其中 $\frac{RT}{hN_A}$ 在一定温度下时为一常数。根据统计力学和量子力学的结果可以计算出 $K_{\neq}$。原则上，只要知道有关分子的结构，就可求得 $K_{\neq}$，算出速率常数 k，而不必作动力学实验测定。所以过渡状态理论又称为绝对反应速率理论。

为了将过渡状态理论与碰撞理论加以比较，令 $\Delta G_{\neq}$、$\Delta_{\neq}H$ 和 $\Delta S_{\neq}$ 分别代表活化络合物的标准吉布斯自由能变、标准焓变和标准熵变，分别简称为活化吉布斯自由能、活化焓和活化熵。根据热力学的结论可知

$$\Delta G_{\neq}=\Delta H_{\neq}-T\Delta S_{\neq}=-RT\ln K_{\neq}$$

或

$$K_{\neq}=\exp\left(-\frac{\Delta G_{\neq}}{RT}\right)=\exp\left(-\frac{\Delta H_{\neq}}{RT}\right)\exp\left(\frac{\Delta S_{\neq}}{R}\right)$$

对一般化学反应来说，$\Delta H_{\neq}=E$，式 5-72 可改写为

$$k=\frac{RT}{N_A h}\exp\left(\frac{\Delta S_{\neq}}{R}\right)\exp\left(-\frac{E}{RT}\right) \quad (5\text{-}73)$$

与碰撞理论中的式 5-65 比较，

$$PA=\frac{RT}{N_A h}\exp\left(\frac{\Delta S_{\neq}}{R}\right) \quad (5\text{-}74)$$

上式中，由于 $\frac{RT}{N_A h}$ 与 A 在数量级上相近，约为 10^{12}，因此 P 与 $\exp(\Delta S_{\neq}/R)$ 相当。这样，碰撞理论中发生偏差的方位因子 P 可用活化熵 $\Delta S_{\neq}$ 来解释。在反应物形成活化络合物时，由几个分子合成一个分子，混乱程度减少，$\Delta S_{\neq}$ 应为负值，$\exp(\Delta S_{\neq}/R)$ 应小于 1。由于速率常数 k 与 $\Delta S_{\neq}$ 呈指数关系，所以活化熵的数值只要有较小的改变，对 k 就会有显著的影响。这样，过渡状态理论就比较合理地解释了方位因子的意义。另外，过渡状态理论原则上可以根据统计力学来计算 $\Delta S_{\neq}$，从而能大致预示方位因子 P 的大小。从原则上讲，只要知道活化络合物的结构，就可由统计原理或热力学公式近似地计算 $\Delta S_{\neq}$，从键能资料计算 $\Delta H_{\neq}$，由此可计算速率常数。然而活化络合物结构的测定很困难，实验技术还跟不上，在很大程度上具有猜测性。因此，对反

应速率的进一步认识还有待深入的探讨和研究。

过渡状态理论在有机化学的学习中得到广泛的应用，如卤代烃的亲核取代反应有 S_N1 历程和 S_N2 历程，前者称为单分子亲核取代反应，后者称为双分子亲核取代反应。在 S_N1 历程有碳正离子的中间体形成；在 S_N2 历程则是通过一个过渡态进行的。在这个过渡态中碳原子有部分正电荷，这类反应很少依赖于影响碳正离子性质的许多因素。这两种机理的单分子和双分子标志可由速率决定步骤的分子数得到，S_N1 是单分子的，则速率表现为一级反应；S_N2 是双分子的，则速率表现为二级反应。应用这两种机理可对取代反应的许多性质提出合理的解释。

第七节　溶剂对反应速率的影响

溶液中的反应与气相反应相比最大的不同是溶剂分子的存在。在均相反应中，溶液的反应远比气相反应多得多（有人粗略估计约 90%）。但研究溶液中反应的动力学要考虑溶剂分子所起的物理的或化学的影响，另外在溶液中有离子参加的反应常常是瞬间完成的，这也造成了观测动力学数据的困难。最简单的情况是溶剂仅起介质作用的情况。

在溶液中起反应的分子要通过扩散穿过周围的溶剂分子之后，才能彼此接近而发生接触，反应后生成物分子也要穿过周围的溶剂分子通过扩散而离开。这里的扩散，就是对周围溶剂分子的反复挤撞，从微观的角度，可以把周围溶剂分子看成是形成了一个笼（cage），而反应分子则处于笼中。分子在笼中持续时间比气体分子互相碰撞的持续时间大 10～100 倍，这相当于它在笼中可以经过反复的多次碰撞。所谓**笼效应**（cage effect）就是指**反应分子在溶剂分子形成的笼中多次碰撞**（或振动）。这种连续重复碰撞一直持续到反应分子从笼中挤出，这种在笼中连续的反复碰撞则称为一次遭遇（encounter），所以溶剂分子的存在虽然限制了反应分子做长距离的移动，减少了与远距离分子的碰撞机会，但却增加了近距离的反应分子的重复碰撞。总的碰撞频率并未减少。据粗略估计，在水溶液中，对于一对无相互作用的分子，在一次遭遇或它们在笼中的时间约为 10^{-12}～10^{-11} s，在这段时间内大约要进行 100～1000 次的碰撞。然后偶尔有机会跃出这个笼子，扩散到别处，又进入另一个笼中。可见溶液中分子的碰撞与气体中分子的碰撞不同，后者的碰撞是连续进行的，而前者则是分批进行的，一次遭遇相当于一批碰撞，它包含着多次的碰撞。而就单位时间内的总碰撞次数而论，大致相同，不会有数量级上的变化。如果溶剂分子与反应分子没有显著的作用，则一般说来碰撞理论对溶液中的反应也是适用的，并且对于同一反应无论在气相中或在溶液中进行，反应速率大致相同。但也有一些反应，溶剂对反应有显著的影响。例如某些平行反应，常可借助于溶剂先把其中一种反应的速率变得较快，使某种产品的数量增多。

溶剂对反应速率影响的原因比较复杂，至今尚不清楚。下面只能作一些定性的介绍。

一、溶剂的极性和溶剂化对反应速率的影响

人们发现，溶剂的极性对反应速率的影响因反应而异。如果生成物的极性比反应物的大，则在极性溶剂中反应速率比较大；反之，如果反应物的极性比生成物极性大，则在极性溶剂中的反应速率必变小。例如下列反应

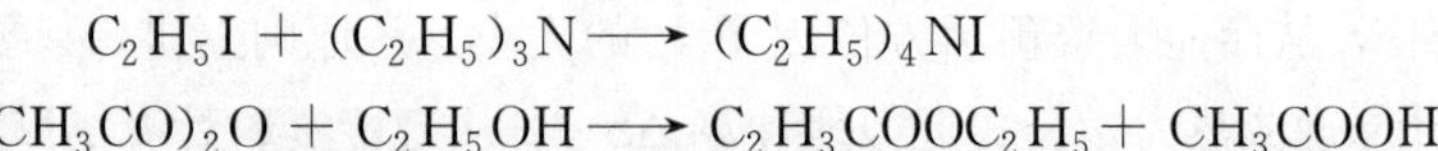

$$C_2H_5I + (C_2H_5)_3N \longrightarrow (C_2H_5)_4NI$$

$$(CH_3CO)_2O + C_2H_5OH \longrightarrow C_2H_3COOC_2H_5 + CH_3COOH$$

前一反应产物为一季铵盐，极性大于反应物，所以随着溶剂极性增加，反应速率加快；后一

反应两种产物的极性比反应物的极性小，所以随着溶剂极性增加，反应速率减慢。结果见表 5-2。

表 5-2　溶剂极性对反应速率的影响

溶　剂	三乙基胺和碘化乙烷反应 k/s^{-1}(373K)	醋酐和乙醇反应 k/s^{-1}(323K)
正己烷	0.00018	0.0119
苯	0.0058	0.00462
氯苯	0.023	0.00433
对甲氧基苯	0.04	0.00293
硝基苯	70.1	0.00245

这种影响也可以通过溶剂化来解释。一般说来，反应物与生成物在溶液中都能或多或少地形成溶剂化物。这些溶剂化物若与任一种反应分子生成不稳定的中间化合物而使活化能降低，则可以使反应速率加快。如果溶剂分子与反应物生成比较稳定的化合物，则使活化能增高，而减慢反应速率。如果活化络合物溶剂化后的能量降低，因而降低了活化能，就会使反应速率加快。如图 5-10、图 5-11 所示。

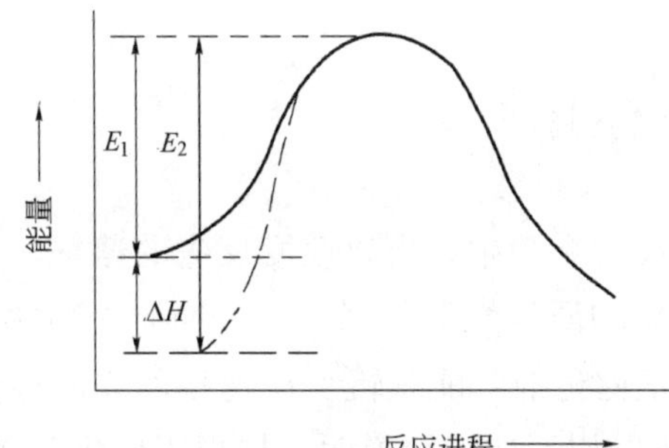

图 5-10　反应物溶剂化使反应活化能升高

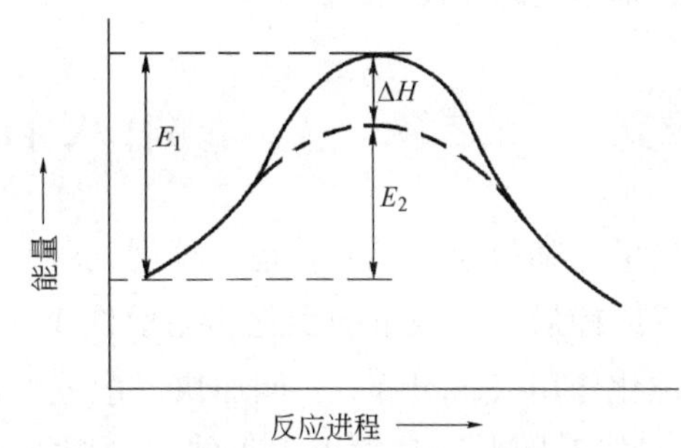

图 5-11　活化络合物溶剂化使活化能降低

二、溶剂的介电常数对反应速率的影响

对于离子或极性分子之间的反应，溶剂介电常数（dielectric constant）将影响离子或极性分子之间的引力或斥力，从而影响反应的速率。由介电常数定义可以看出，溶剂介电常数越大，异号离子间的作用力越小。因此，对异种电荷离子之间、离子与极性分子之间的反应，溶剂的介电常数越大反应速率越小。对同种电荷离子之间的反应，溶剂的介电常数越大反应速率也越大，因异种电荷作用力小，同种电荷相遇机会增大。

例如，对于苄基溴的水解，OH^-离子有催化作用，这是一个正负离子间的反应。

$$C_6H_5CH_2^+ + H_2O \xrightarrow{OH^-} C_6H_5CH_2OH + H^+$$

该反应在介电常数较小的溶剂中，异号离子容易相互吸引，故反应速率较大。加入介电常数比水小的物质如甘油、乙醇、丙二醇等，能加快该反应的进行。

又如，OH^-离子催化巴比妥类药物在水溶液中的水解反应，是同种电荷离子间的反应，加入甘油、乙醇等，将使反应速率减小。

$$\underset{\text{巴比妥钠}}{\begin{matrix}R\\R'\end{matrix}\!>\!C\!<\!\begin{matrix}CONH\\CONH\end{matrix}\!>\!CO^-Na^+} + H_2O \xrightarrow{OH^-} \underset{\text{乙酰脲}}{\begin{matrix}R\\R'\end{matrix}\!>\!C\!<\!\begin{matrix}CONHCONH_2\\H\end{matrix}} + NaHCO_3$$

三、离子强度的影响（亦称原盐效应）

实验表明，离子之间的反应速率受溶液离子强度的影响。可以证明，在稀溶液中，离子反应的速率与溶液离子强度之间的关系如下：

$$\lg k = \lg k_0 + 2Z_A Z_B A\sqrt{I}$$

或

$$\lg\frac{k}{k_0} = 2Z_A Z_B A\sqrt{I} \tag{5-75}$$

式中　Z_A、Z_B——为反应物 A、B 的离子电荷数；

I——离子强度；

k_0——离子强度为零时（无限稀释时）的速率常数；

A——与溶剂和温度有关的常数，对 25℃的水溶液而言，$A=0.509$。

由式 5-75 可知，对同种电荷离子之间的反应，溶液的离子强度越大，反应速率也越大；对异种电荷离子之间的反应，溶液的离子强度越大，反应速率越小。当有一个反应物不带电荷，则反应速率不受离子强度的影响。

第八节　催化作用

如果把某种物质（可以是一种到几种）加到化学反应系统中，可以改变反应的速率，而本身在反应前后没有数量的变化和化学性质的改变，则该物质称为催化剂（catalysts），这种作用称为催化作用（catalysis）。能加快反应速率的物质称正催化剂，能减慢反应速率的物质称负催化剂（或阻化剂）。通常由于正催化剂用得比较多，所以如不加特别说明，均指正催化剂而言。催化剂可以是有意识加入反应系统的，也可以是在反应过程中自动产生的。后者是一种（或几种）反应产物或中间产物，称为自催化剂（autocatalyst）。这种现象称为自动催化作用。例如，高锰酸钾和草酸反应时生成的 Mn^{2+} 离子就是该反应的自催化剂。催化反应可分为两大类。①单相催化（或称均相催化）：催化剂与反应物处在同一个相中，例如酯的水解在加入酸或碱后，速率即加快，属于单相催化；②多相催化（或称非均相催化）：催化剂在反应系统中自成一相，尤以固相催化应用最广。还有一种性质特殊的酶催化作用，可因酶所处的状态不同而属于单相催化或多相催化。

一、催化作用的基本特征

1. 催化剂参与了化学反应，但在反应前后的组成、数量和化学性质均不变

催化剂的物理性质在反应前后可发生变化，例如外观、晶形等的改变。

2. 催化剂能改变反应的机理，改变反应的活化能，改变反应速率

一般认为催化剂能与反应物化合，生成中间产物，从而改变反应机理。例如，某一反应 $A+B\rightarrow AB$，活化能为 E，加入催化剂 K 后，设机理为

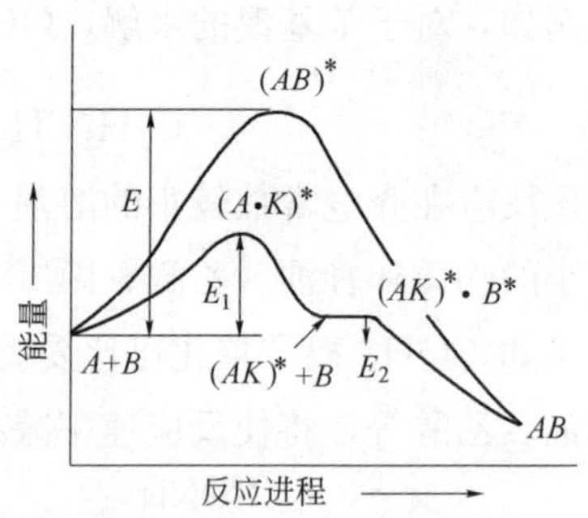

图 5-12　活化能与反应途径示意图

$$A+K \rightarrow (A \cdot K)^{\neq} \qquad \text{活化能为} E_1 < E$$
$$(A \cdot K)^{\neq}+B \rightarrow AB+K \qquad \text{活化能为} E_2 < E$$

催化剂 K 应该与反应物有一定亲合力，使之形成不稳定的中间化合物（$(A \cdot K)^{\neq}$），由于 $E_1 < E$ 及 $E_2 < E$，并且（E_1+E_2）$< E$，降低了反应活化能，加快了反应速率。图 5-12 表示了上述反应机理中活化能的示意图。

以碘化氢分解为碘和氢的反应为例，未使用催化剂时活化能为 184.1kJ · mol^{-1}，用 Au 作为催化剂，活化能降到 104.6kJ · mol^{-1}，若反应在 503K 进行，由于活化能下降，使反应速率增加的倍数可计算如下：

$$\frac{\exp\left(-\frac{104600}{RT}\right)}{\exp\left(-\frac{184100}{RT}\right)}=1.8 \times 10^{8}(\text{倍})$$

可见活化能下降的作用比温度升高作用大得多。

3. 催化剂不能改变平衡状态

催化剂不改变系统的状态函数，故不能改变反应的 ΔG_{m}，它不能使热力学中不可能发生的反应发生，也不能改变化学平衡状态。从热力学第二定律对化学平衡的应用可知，一个反应的平衡常数取决于该反应的标准摩尔吉布斯自由能变 $\Delta_r G_m^{\ominus}$，即

$$\Delta_r G_m^{\ominus}=-RT\ln K^{\ominus}$$

由于催化剂这一特征，还可得出一个重要推论，对于一个可逆反应，催化剂在使正反应加速的同时，也使逆反应加速，且倍数相同。这就为寻找催化剂的实验提供了很大的方便。例如合成氨的反应需要在高温高压条件下，而寻找合成氨反应催化剂的实验可利用氨的分解反应在常压下进行。找到合适的催化剂后再以合成氨反应验证即可。

4. 催化剂具有选择性

同一反应物选择不同的催化剂，可得到不同的产品，选择适当的催化剂可使反应朝着需要的方向进行。例如，乙醇的分解有以下几种情况：

$$C_2H_5OH\begin{cases}\xrightarrow[473K \sim 520K]{Cu} CH_3CHO + H_2\\ \xrightarrow[623K \sim 633K]{Al_2O_3} C_2H_4 + H_2O\\ \xrightarrow[413K]{Al_2O_3} C_2H_5OC_2H_5 + H_2O\\ \xrightarrow[623K \sim 673K]{ZnO \cdot Cr_2O_3} CH_2{=}CH{-}CH{=}CH_2 + H_2O + H_2\end{cases}$$

不同类型的反应需要选用不同的催化剂，例如，乙烯直接氧化制取环氧乙烷，用银作为催化剂，丁烯氧化脱氢制取丁二烯用磷、钼、铋作为催化剂。

此外催化剂对杂质很敏感，有时少量的杂质就能显著影响催化剂的效能。有些物质能使催化剂的活性、选择性、稳定性增强，这种称为助催化剂或促进剂。有些加入少量就能严重阻碍催化反应的进行，这些物质称为催化剂的毒物，这种现象称为催化剂中毒。

二、酸碱催化

酸碱催化是液相催化中研究最多、应用最广的一类催化反应。酸碱催化反应通常是离子型反应，其本质在于质子的转移。许多离子型有机反应，例如酯的水解、醇醛缩合、脱水、聚合、烷

基化等反应，大多可被酸或碱所催化。

酸碱催化中将 H^+ 和 OH^- 离子的催化作用称为专属酸碱催化。如蔗糖的水解是以 H^+ 离子为催化剂，葡萄糖的变旋、酯类的水解既可被 H^+ 离子催化，也可被 OH^- 离子催化。而将布朗斯台（Bronsted）质子酸碱的催化称为广义酸碱催化。

下面介绍质子酸碱催化。

（一）质子酸碱理论

凡能给出质子的分子或离子都是酸，也称为质子酸（proton acids），凡能与质子结合的分子或离子都是碱，也称为质子碱。例如

$$\underset{\text{碱}}{NH_3} + \underset{\text{酸}}{H_3O^+} \rightleftharpoons \underset{\text{酸}}{NH_4^+} + \underset{\text{碱}}{H_2O}$$

正反应中，H_3O^+ 称为酸，NH_3 称为碱。逆反应中，NH_4^+ 是酸，H_2O 是碱，NH_4^+ 和 NH_3 是一对共轭酸碱。

（二）质子酸碱催化的一般特点

质子酸碱催化是以离子型机理进行，反应速率很快，不需要很长的活化时间，以“质子转移”为特征。酸催化反应是反应物 S 与酸中的质子 H^+ 作用，生成质子化物 SH^+，然后质子从质子化物 SH 转移，最后得到产物，同时酸复原。如以 HA 代表酸，其反应机理为

$$S + HA \longrightarrow SH^+ + A^-$$

$$SH^+ + A^- \longrightarrow \text{产物} + HA$$

碱催化反应是反应物 HS 将质子给碱（催化剂），生成中间产物 S^-，然后进一步反应得到产物，同时使碱复原。如以 B 表示碱，其反应机理为

$$HS + B \longrightarrow S^- + HB^+$$

$$S^- + HB^+ \longrightarrow \text{产物} + B$$

质子转移很快，其原因一方面是由于质子不带电子，只有一个正电荷，容易接近其他极性分子中带负电的一端形成化学键。另一方面，因质子半径特别小，故呈现很强的电场强度，易极化接近它的分子，有利于新键的形成，使质子化物成为不稳定的中间络合物，显示较大的活性，这可能是质子酸碱催化加速反应进行的主要原因。若酸是催化剂，则反应物必须含有易于接受质子的原子或基团，如醇、醚、酮、酯、醣及一些含氮化合物；若碱是催化剂，则反应物必须易于给出质子而形成活化络合物，如含有酸性氢原子的化合物（如含C═O、NO 等基团的分子）。例如硝基胺的水解可为 OH^- 所催化，也可为 Ac^- 所催化。OH^- 催化反应为

$$NH_2NO_2 + OH^- \longrightarrow H_2O + NHNO_2^-$$

$$NHNO_2^- \longrightarrow N_2O + OH^-$$

Ac^- 离子催化反应为

$$NH_2NO_2 + Ac^- \longrightarrow HAc + NHNO_2^-$$

$$NHNO_2^- \longrightarrow N_2O + OH^-$$

$$HAc + OH^- \longrightarrow H_2O + Ac^-$$

这两种碱催化作用结果相同，产物都是 N_2O 和 H_2O，催化剂 OH^- 或 Ac^- 复原。

(三) 酸碱催化常数 k 与 pH 的关系

若反应既可为酸催化，又可为碱催化，并且反应在分子或除 H^+ 和 OH^- 以外的其他离子参与下也能进行，甚至自发进行时，它的总速率可表示为

$$v = k_0 c_S + k_{H^+} c_{H^+} c_S + k_{OH^-} c_{OH^-} c_S$$

式中 k_0 代表在分子或除 H^+ 和 OH^- 以外的其他离子参与下，或自发进行的反应速率常数，k_{H^+} 和 k_{OH^-} 分别代表氢离子和氢氧根离子催化常数，c_S 代表反应物的浓度，c_{H^+} 和 c_{OH^-} 分别代表氢离子和氢氧根离子的浓度。将上式改写为 v/c_S，以反应速率常数 k 表示，则

$$k = v/c_S = k_0 + k_{H^+} c_{H^+} + k_{OH^-} c_{OH^-} \tag{5-76a}$$

因 $K_W = c_{H^+} c_{OH^-}$，即 $c_{OH^-} = K_W / c_{H^+}$ 代入上式得

$$k = k_0 + k_{H^+} c_{H^+} + k_{OH^-} K_W / c_{H^+} \tag{5-76b}$$

如果在 $0.1 mol \cdot dm^{-3}$ 的酸性溶液里，上式右方第二项为 $k_{H^+} \times 10^{-1}$，第三项为 $k_{OH^-} \times 10^{-13}$，两者相比可略去第三项（除非 k_{OH^-} 比 k_{H^+} 大很多倍）。当酸溶液的浓度足够高时，第一项也可略去，故上式可简化为

$$k = k_{H^+} c_{H^+} \tag{5-77}$$

两边取对数

$$\lg k = \lg k_{H^+} + \lg c_{H^+} = \lg k_{H^+} - pH \tag{5-78}$$

即 $\lg k$ 与 pH 呈线性关系，且斜率为 -1，即表示速率常数的对数随 pH 增加而直线下降。如图 5-13 中 a、b、d 线左半部。同样，在碱溶液中，可忽略第一、二项，得

$$\lg k = \lg k_{OH^+} + \lg K_W + pH \tag{5-79}$$

$\lg k$ 与 pH 值仍有线性关系。但斜率为 $+1$，$\lg k$ 随 pH 增加而直线增加，如图 5-13a、b、c 线右半部。此外，还可以存在这样一个区域，即图 5-13 中 a、c、d 线的水平段，在这段区域内，H^+ 和 OH^- 对反应速率影响都很小，k_0 相对较大，则 k 与 pH 无关。

图 5-14 中的曲线表示阿托品水解时 pH 值与速率常数 $\lg k$ 的关系。在 pH=3.7 时 k 最小，此时为阿托品最稳定的 pH 值，以 $(pH)_{st}$ 表示。寻找药物溶液最稳定的 pH 值，即 $(pH)_{st}$ 方法有两种，一种是实验测定法，即配制各种 pH 的药物溶液，测定其 k 值，以 k（或 $\lg k$）对 pH 作图，从图中找出 k 最小时的 pH，如图 5-14 曲线的最低点。另一种方法是计算法。将式 5-76b 对 c_{H^+} 微分，得

$$\frac{dk}{dc_{H^+}} = k_{H^+} - \frac{k_{OH^-} K_W}{c_{H^+}^2} \tag{5-80}$$

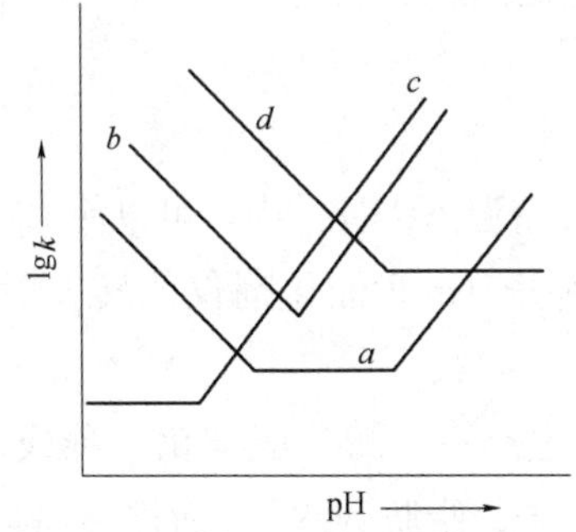

图 5-13 pH 与反应速率常数的关系

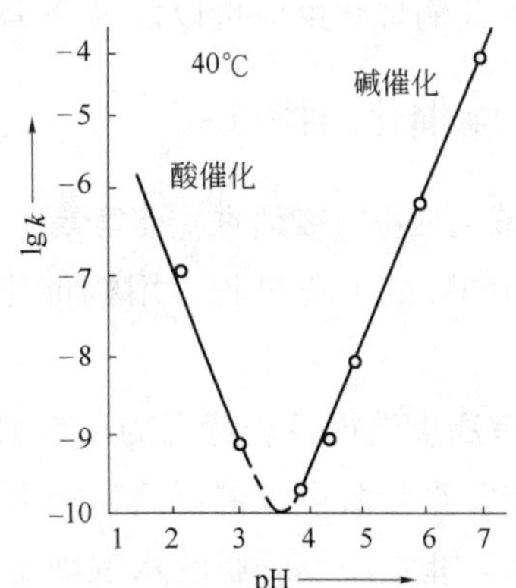

图 5-14 300K 时阿托品水解反应 k 与 pH 的关系

在 $(pH)_{st}$ 时，即曲线的最低点，$\frac{dk}{dc_{H^+}}=0$ 得

$$k_{H^+}=\frac{k_{OH^-}K_W}{c_{H^+}^2}$$

$$c_{H^+}=\left[\frac{k_{OH^-}K_W}{k_{H^+}}\right]^{1/2} \tag{5-81}$$

两边取负对数，得

$$(pH)_{st}=-\frac{1}{2}[\lg k_{OH^-}+\lg K_W-\lg k_{H^+}] \tag{5-82}$$

若已知某药物溶液的酸催化常数和碱催化常数，便可计算出该药物的 $(pH)_{st}$。

（四）酸碱催化常数与电离常数的关系

在均相酸碱催化反应中，酸、碱催化常数的大小是催化剂活性的度量，催化常数主要取决于催化剂本身的性质，故与酸或碱的电离常数有关。从实验得知，酸催化常数与酸在水中的电离常数 K_a 有关，碱催化反应也有同样的规律。总结出下列经验规则：

$$k(H^+)=G_aK_a^{\alpha} \tag{5-83}$$

$$k(OH^-)=G_bK_b^{\beta} \tag{5-84}$$

式中 G_a、G_b、α 和 β 是与反应种类、溶剂种类、反应温度有关的经验常数，α 与 β 的值在 0～1之间。

三、酶催化

酶（enzyme）是由动植物或微生物产生的具有催化能力的蛋白质。以酶为催化剂的反应称为酶催化（enzyme catalysis）反应。生物体内进行的化学反应几乎都是在酶的催化下进行的。可以说，没有酶的催化作用就没有生命现象。酶催化反应在日常生活中和工业生产中都有广泛的应用。例如用淀粉发酵酿酒，用微生物发酵法生产抗生素等。目前，约有 150 种酶已经以晶体的形式分离出来，还有许多酶有待鉴定。我国物理化学家卢嘉锡于 1973 年最早提出固氮酶活性中心网兜模型。此项研究成果跻身世界前列，在国际上受到广泛赞誉。

酶是一种蛋白质，酶的摩尔质量一般在 $10\sim10^3 kg\cdot mol^{-1}$ 之间，其分子大小在10～100nm范围内，因此酶催化反应可以认为介于单相和多相催化反应之间。

（一）酶催化的特点

1. 酶催化效率（或活性）非常高。 例如 1mol 醇脱氢酶在室温下 1 秒钟内，可以使 720mol 醇变为乙醛，而同样的工业过程，用铜催化，在 200℃下每秒钟内 1mol 催化剂仅能转变0.1～1mol 的醇。

2. 具有高度选择性。 特定的反应必须由特定的酶来催化。一种酶只能催化一种或一类物质的化学反应。如盐酸可以催化淀粉的水解，也可以催化蛋白质、脂肪的水解。而淀粉酶只能催化淀粉的水解，蛋白质及脂肪的水解则需由相应的蛋白酶及脂肪酶来进行催化。研究表明，酶的活性存在于酶分子中的较小区域，此区域称为活性中心。这种活性中心具有较复杂的结构。当酶的化学基团结构排列恰好与反应物的某些反应部位适应并能以氢键或其他形式与之相结合时，酶才

表现出催化活性。所以酶的选择性特别强。酶催化的高度选择性在工业生产，核酸及蛋白质的研究，分析化学中都有广泛的应用。

3. 反应条件温和。不需要高温、高压及耐腐蚀设备等，酶催化反应一般在常温常压下进行。

4. pH 值对酶促反应的影响和温度的影响很相似。随着 pH 值的改变，绝大多数酶反应的速率都会通过一个最高点（如图 5-15 所示）。相应于最大反应速率的 pH 值称为最适 pH 值。由图可知，酶的催化作用只能在一个窄小的 pH 值范围内表现出来，超出这个范围，溶液酸性或碱性太强，都能使酶发生不可逆失活。

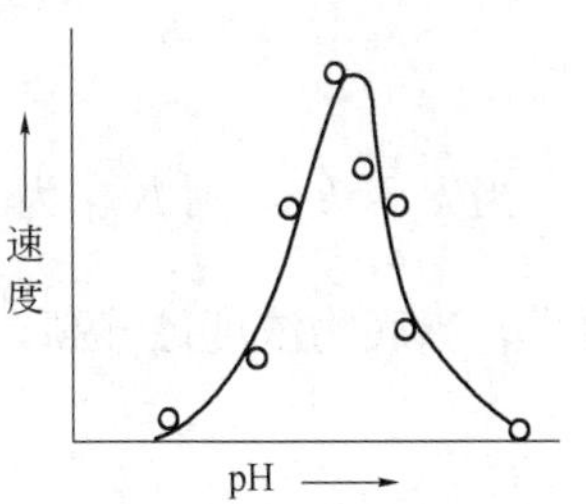

图 5-15　pH 值对酶促反应速率的影响

此外还有合成过程简单，反应产物无毒性的特点，因此对食品工业及医药工业最为合适。

（二）酶促反应的速率方程式——米凯利斯-门吞（Michaelis-Menten）定律

酶催化反应机理为：酶 E 与底物 S（即被催化的反应物）先生成不稳定中间络合物 ES，它再进一步分解生成产物 p，并使酶复原。即

$$E+S \underset{k_2}{\overset{k_1}{\rightleftharpoons}} ES$$

$$ES \xrightarrow{k_3} E+p$$

反应速率为

$$\frac{\mathrm{d}c_p}{\mathrm{d}t}=k_3c_{ES} \tag{5-85}$$

中间络合物 ES 的浓度变化率为

$$\frac{\mathrm{d}c_{ES}}{\mathrm{d}t}=k_1c_Ec_S-k_2c_{ES}-k_3c_{ES} \tag{5-86}$$

按稳态近似法处理，可得

$$\frac{\mathrm{d}c_{ES}}{\mathrm{d}t}=0$$

即

$$k_1c_Ec_S-k_2c_{ES}-k_3c_{ES}=0$$

若 c_{E_0} 为 E 的初始浓度，则 $c_E=c_{E_0}-c_{ES}$，代入上式得

$$k_1[c_{E_0}-c_{ES}]c_S=(k_2+k_3)c_{ES}$$

展开整理后，得

$$c_{ES}=\frac{k_1c_{E_0}c_S}{k_1c_S+k_2+k_3}=\frac{c_{E_0}c_S}{c_S+\dfrac{k_2+k_3}{k_1}} \tag{5-87}$$

将式 5-87 代入式 5-85，得

$$\frac{\mathrm{d}c_p}{\mathrm{d}t}=\frac{k_3c_{E_0}c_S}{c_S+\dfrac{k_2+k_3}{k_1}} \tag{5-88a}$$

式中 $\dfrac{k_2+k_3}{k_1}=K_M$ 称为米凯利斯常数，则

$$\frac{\mathrm{d}c_{\mathrm{p}}}{\mathrm{d}t}=\frac{k_3 c_{E_0} c_{\mathrm{S}}}{c_{\mathrm{S}}+K_{\mathrm{M}}} \tag{5-88b}$$

当 $k_2 \gg k_3$，则 K_{M} 为 ES 的解离常数。将初速率对底物初浓度作图可得如图 5-16 中的典型曲线。当底物浓度足够高，$c_{\mathrm{S}} \gg \frac{k_2+k_3}{k_1}$，按式 5-88a 则

$$\frac{\mathrm{d}c_p}{\mathrm{d}t}=k_3 c_{E_0} \tag{5-88c}$$

即图 5-16 中接近曲线水平部分时，初速率接近最大酶催化速率 $k_3 c_{E_0}$。表示底物浓度足够大时，酶促反应速率与底物浓度无关，呈零级反应。当$\frac{k_2+k_3}{k_1} \gg c_{\mathrm{S}}$，则式 5-88b 可简化为

$$\frac{\mathrm{d}c_{\mathrm{p}}}{\mathrm{d}t}=\frac{k_3}{K_{\mathrm{M}}} c_{E_0} c_{\mathrm{S}} \tag{5-88d}$$

表示底物浓度较小时，酶促反应速率与底物浓度一次方成正比，表现为一级反应。

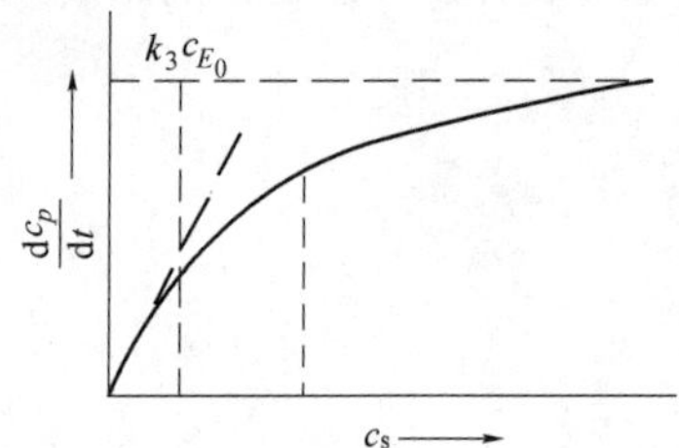

图 5-16　酶催化速率的典型曲线

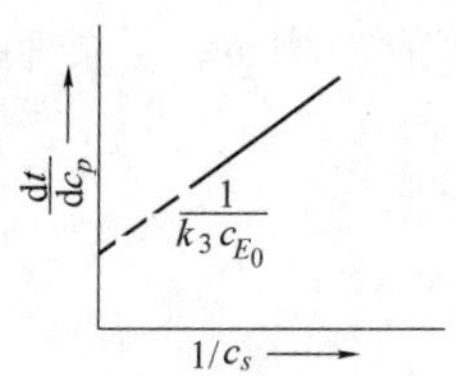

图 5-17　$\frac{\mathrm{d}t}{\mathrm{d}c_p}$ 与 $1/c_s$ 的关系

对式 5-88b 两边取倒数，得

$$\frac{\mathrm{d}t}{\mathrm{d}c_{\mathrm{p}}}=\frac{1}{k_3 c_{E_0}}+\frac{K_{\mathrm{M}}}{k_3 c_{E_0} c_{\mathrm{S}}}$$

由$\frac{\mathrm{d}t}{\mathrm{d}c_p}$对$\frac{1}{c_{\mathrm{S}}}$作图，可得一直线，如图 5-17 所示。由直线斜率可求得 K_{M}。

由式 5-88b 可推知，当$\frac{\mathrm{d}c_p}{\mathrm{d}t}=\frac{1}{2}k_3 c_{E_0}$时，

$$\frac{1}{2}c_{E_0}k_3=\frac{k_3 c_{E_0} c_{\mathrm{S}}}{c_{\mathrm{S}}+K_{\mathrm{M}}}$$

整理后得

$$K_{\mathrm{M}}=c_{\mathrm{S}}$$

由此可知，米氏常数的物理意义是使反应速率达到酶最大催化速率一半时所需反应物的浓度。K_{M} 是酶催化反应的特性常数，不同的酶 K_{M} 不同，同一种酶催化不同的反应时 K_{M} 也不同。大多数纯酶的 K_{M} 值在 10^{-1}～10^{-4} mol/L 之间，其大小与酶的浓度无关。

第九节　光化学反应

由光照射而引起的化学反应称为光化学反应，简称光化反应（photochemical reaction）。此处所说的光包括紫外线、可见光和近红外线，波长在 100～1000nm 之间。由波长更短的电磁辐射或其他高能离子辐射所引起的化学反应称为辐射化学反应。广义的辐射化学反应也包括光化反应。光化反应与辐射反应的区别在于前者辐射能量较小，后者辐射能量较大。

一般化学反应又称热反应，热反应的活化能来源于分子间的热运动引起的碰撞，而光化反应的活化能来源于光的辐射。光化反应的现象早已为人们所熟悉。植物在阳光下把 CO_2 和 H_2O 变成糖类化合物和氧气，这一在叶绿素参与下进行的光化反应是人类赖以生存的基础。摄影胶片上卤化银的分解，染料在阳光下的褪色，药物在光照下的分解变质等都是光化学反应。

一、光化学反应的特点

光化学反应与热反应有许多不同的地方。根据热力学第二定律，在定温定压和不做非体积功的条件下，化学反应总是向着使系统的吉布斯自由能降低的方向进行。而在光化反应中，环境以光的形式对系统做了非体积功，因而光化反应的方向与系统的吉布斯能增减没有必然联系。光化作用下往往能使一些反应能沿着吉布斯自由能增大的方向进行。例如在光的作用下氧转变为臭氧、氨分解、光合作用等。热反应的活化能来源于分子的热运动，因而反应速率受温度的影响大；而光化学反应能来源于光量子，反应速率取决于光照度，而受温度影响较小。热反应的反应速率大多数与反应物浓度有关，而光反应的反应速率与反应物浓度无关，仅取决于辐射能的强度，因此光化学反应为零级反应。此外，光化反应通常比热反应有更高的选择性。

二、光化学定律

光化学反应一般分两个阶段进行，第一阶段叫初级反应，第二阶段叫次级反应。例如 HI 在波长为 250nm 的光照下分解，初级反应是反应物分子吸收了光能，形成自由基等高能量的质点。

$$\mathrm{HI} + \text{光子} \longrightarrow \mathrm{H\cdot} + \mathrm{I\cdot}$$

次级反应是系统在吸收光能后继续进行的一系列过程。次级反应不需要光能，而是两个很快的热反应（也称黑暗反应）。

$$\mathrm{H\cdot} + \mathrm{HI} \longrightarrow \mathrm{H_2} + \mathrm{I\cdot}$$

$$\mathrm{M} + \mathrm{I\cdot} + \mathrm{I\cdot} \longrightarrow \mathrm{M} + \mathrm{I_2}$$

在极短的时间内（10^{-8}s），高能量的质点与一般分子发生反应。这两个阶段是连续进行的，难以区分。

分子或原子对光的吸收或发射都是量子化的。根据量子学说，光量子的能量 ε 与光的频率 ν 成正比：

$$\varepsilon = h\nu = hc/\lambda$$

式中：h——普朗克常数，$h=6.626\times10^{-34}\mathrm{J\cdot s}$；

c——真空中的光速；

λ——真空中光的波长。

分子或原子吸收一个具有特定能量的光量子后，就由低能级跃迁到高能级而成为活化分子。这一过程称为光化反应的初级过程。初级过程必须在光的照射下才能进行。

爱因斯坦（Einstein）提出了光化学定律，其内容为，在初级反应中，物质的分子每吸收一个光子，能变成一个活化分子。即：**被活化的分子或原子数等于被吸收的光量子数。**这就是光化学定律。活化 1mol 分子或原子需要吸收 1mol 光量子，1mol 光量子所具有的能量称为 1 爱因斯坦（E），其值与光的频率或波长有关。

$$E = N_A h\nu = N_A h\frac{c}{\lambda} = 6.022\times10^{23}\,\mathrm{mol^{-1}}\times6.626\times10^{-34}\,\mathrm{J\cdot s}\times\frac{2.998\times10^{8}\,\mathrm{m\cdot s^{-1}}}{\lambda}$$

$$= \frac{0.1196}{\lambda}\ (\mathrm{J\cdot mol^{-1}})$$

式中 N_A 为阿伏伽德罗常数，λ 的单位为 m，h 为普朗克常数。

三、量子效率

当光射入物体时，一部分透射，一部分反射，一部分被物体吸收。格罗杜斯（Grotthus）和德拉波（Draper）提出：只有**被物体吸收的光才能引起光化学反应**。这就是光化学第一定律，它只适用于光化反应的初级过程。

没有被吸收的光固然不会引起化学反应，但被吸收的光也并非都会引起化学反应。有时原子、分子吸收光后，不久又以光的形式将能量放出，而不发生化学反应。吸收一个光子，能使一个分子活化，但并不一定能使一个分子发生反应。有时分子吸收了光子却不能发生反应，而有时吸收一个光子又可引起一个或多个分子发生反应。在光化反应中，将发生反应的分子数与被吸收的光量子数之比称为量子效率（quantum efficiency），用 Φ 表示。

$$\Phi=\frac{\text{发生反应的分子数}}{\text{被吸收的光子数}}$$

根据光化学定律，初级反应，吸收一个光子就活化一个分子，所以 $\Phi=1$。但若考虑到整个光化学反应，则还包括次级反应，Φ 很少等于 1，见表 5-3。

表 5-3 一些光化学反应的量子效率

反　应	波　长(Å)	量子效率
$2NH_3 \longrightarrow N_2+3H_2$	~2100	0.25
$SO_2+Cl_2 \longrightarrow SO_2Cl_2$	4200	1
$2HI \longrightarrow H_2+I_2$	2700~2800	2
$H_2+Cl_2 \longrightarrow 2HCl$	4000~4360	10^5

量子效率小于 1 的反应大致由下列几种情况所致：①活化分子分解或与其他分子相化合之前，活化分子发生较低频率的辐射或与一个普通分子碰撞，把一部分能量转移给普通分子，因而变成非活化分子；②分子吸收光量子后虽然形成了自由原子或自由基，但由于下一步反应不易立即进行，使自由原子或自由基又化合为原来的分子。相反，量子效率大于 1 的反应大致是由于次级反应进行得很快，使初级反应中的活化分子有机会立即又与反应物分子发生反应；或者是分子吸收光量子后，解离成自由原子或自由基，后者又与其他分子作用，产生自由原子或自由基，这样连续下去，就是光化链反应。

本章小结

化学动力学的发展，近百年来可分为三个阶段：一是质量作用定律的确立和阿累尼乌斯公式的提出；二是链反应的发现和反应速率理论的提出；三是快速反应的研究和分子反应动力学的建立。它经历了从宏观到微观的过程，如化学链式反应理论（N. Semenov）、分子反应动力学和飞秒（1 飞秒$=10^{-15}$秒）化学的研究分获 1956 年、1986 年、1999 年 Nobel 化学奖。进入 21 世纪，利用分子束技术与激光相结合研究态—态反应，用立体化学动力学研究反应过程中反应物分子的大小、形状和空间取向对反应活性以及速率的影响，用飞秒激光研究化学反应和控制化学反应过程等都有了新的发现。

我们学习化学动力学，也应该从宏观动力学入手，逐渐深入到微观反应的领域，这样才会有

所建树。但就本章而言，通过学习要求掌握反应速率的定义和表达式，能用质量作用定律写出基元反应的反应速率方程，从反应机理区分反应分子数和反应级数等基本概念，学会确定反应级数；掌握具有简单级数反应的动力学特点和规律，学会利用各类反应的动力学方程进行计算；了解几种典型复杂反应的速率常数计算方法；能够利用阿累尼乌斯公式计算温度和活化能对反应速率的影响。在学习微观动力学反应理论时，要求熟悉碰撞理论和过渡状态理论的基本内容，了解用它们计算速率常数的方法。对本章中介绍的一些特殊反应如催化反应及光化反应，要了解它们各自的特点和动力学处理方法。

思考题

1. 化学动力学和化学热力学研究的问题有什么区别与联系？

2. “吉布斯自由能为很大负值的化学反应，它的反应速率一定很大。”这种说法是否正确？请举例说明。

3. 阿累尼乌斯公式说明了什么？

4. 在反应中，如果反应物的平均能量高于产物的能量，是否不需要活化能反应就可以进行？

5. 下列反应原则上是升温还是降温对生成产物有利（E 为活化能）？

(1) $A \xrightarrow{①} B \xrightarrow{②} C(产物)$，$A \xrightarrow{③} D$　　若 $E_1 > E_3$

(2) $A \xrightarrow{①} B \xrightarrow{②} C(产物)$，$B \xrightarrow{③} D$　　若 $E_2 < E_3$

(3) $A \underset{③}{\overset{①}{\rightleftharpoons}} B\ (产物) \xrightarrow{②} C$　　(a) 若 $E_1 > E_2$，$E_1 > E_3$
(b) 若 $E_2 > E_1 > E_3$

6. 为什么催化剂有选择性和中毒现象？

习　题

1. 在 100mL 水溶液中含有 0.03mol 蔗糖和 0.1mol HCl，用旋光仪测得在 28℃经 20 分钟有 32%的蔗糖发生水解。已知其水解为一级反应，求：①反应速率常数；②反应开始时和反应至 20 分钟时的反应速率；③40 分钟时已水解的蔗糖百分数。

($1.93\times10^{-2}\text{min}^{-1}$；$5.79\times10^{-3}\text{mol}\cdot\text{L}^{-1}\cdot\text{min}^{-1}$、$3.94\times10^{-3}\text{mol}\cdot\text{L}^{-1}\cdot\text{min}^{-1}$；53.8%)

2. 298K 时 N_2O_5（g）分解反应，其半衰期 $t_{1/2}$ 为 5.7 小时，此值与 N_2O_5 的起始浓度无关，试求：①该反应的速率常数；②分解反应完成 80%时所需的时间。

($k=0.122\text{h}^{-1}$；$t=13.2\text{h}$)

3. 已知 800℃时，乙烷裂解制取乙烯 $C_2H_6 \longrightarrow C_2H_4 + H_2$ 的速率常数为 3.43s^{-1}，求当乙烷的转化率为 50%、75%时需要的时间。

(0.202s，0.404s)

4. 在某化学反应中随时检测物质 A 的质量，1 小时后，发现 A 已作用了 65%，试问 2 小时后 A 还剩余多少没有作用？若该反应对 A 来说是：①一级反应；②二级反应（设 A 与另一反应物 B 起始浓度相同）；③零级反应（求 A 作用完所需时间）。

（12.25%；21.2%；1.54 小时后，A 就全部反应完了）

5. 某抗生素在人体血液中呈现简单级数的反应，如果给病人在上午 8 点注射一针抗生素，然后在不同时刻 t 测定抗生素在血液中的浓度 c（以 $mg/100cm^3$ 表示），得到如下数据。

t/h	4	8	12	16
$c/(mg/100cm^3)$	0.480	0.326	0.222	0.151

①确定反应级数；②求反应的速率常数 k 和半衰期 $t_{1/2}$；③若抗生素在血液中的浓度不低于 $0.37mg/100cm^3$ 才为有效，问何时该注射第二针？

（一级；$t_{1/2}=7.20h$；6.7h）

6. 用铂溶胶作催化剂，在 0℃时 H_2O_2 分解为 O_2 及 H_2O。在不同时刻各取 $5cm^3$ 样品液，用 $KMnO_4$ 溶液滴定之，所消耗的 $KMnO_4$ 溶液的体积 V 数据如下：

t/min	124	127	130	133	136	139	142
V/cm^3	10.60	9.40	8.25	7.00	6.05	5.25	4.50

试求：①反应级数；②速率常数；③半衰期。

（一级；$4.78\times10^{-2}min^{-1}$；14.5min）

7. 856℃时 NH_3 在钨表面上分解，当 NH_3 的初始压力为 13.33kPa 时，100 秒后，NH_3 的分压降低了 1.80kPa；当 NH_3 的初始压力为 26.66kPa 时，100 秒后，降低了 1.87kPa。试求反应级数。

（零级）

8. N_2O_5 热分解反应的速率常数在 15℃时是 $9.67\times10^{-6}s^{-1}$，在 65℃时是 $4.87\times10^{-3}s^{-1}$，求反应的活化能。

（$100.7kJ\cdot mol^{-1}$）

9. 设某反应速率常数在 25℃时为 $15L\cdot mol^{-1}\cdot min^{-1}$，35℃时为 $37L\cdot mol^{-1}\cdot min^{-1}$，求 10℃时反应的活化能及速率常数。

（$E=68897J\cdot mol^{-1}$；$k_2=3.44L\cdot mol^{-1}\cdot min^{-1}$）

10. 邻硝基氯苯氨化反应的活化能 $E_1=86500J\cdot mol^{-1}$，频率因子 $A_{0(1)}=1.59\times10^7$；对硝基氯苯的氨化反应的活化能 $E_2=89600J\cdot mol^{-1}$，频率因子 $A_{0(2)}=1.74\times10^7$。若反应都在 503K 进行，试比较两个反应的速率。

（$\frac{k_1}{k_2}\approx1.92$）

11. 已测得 N_2O_5 在某些温度下的分解反应速率常数，试求 N_2O_5 分解反应的活化能。

T/℃	0	25	45	65
k/min^{-1}	4.7×10^{-5}	2.0×10^{-3}	3.0×10^{-2}	3.0×10^{-1}

（$E=1.03\times10^5J\cdot mol^{-1}$）

12. $CH_3CH_2NO_2+OH^-\longrightarrow H_2O+CH_3CHNO_2^-$ 是二级反应。0℃时 $k=39.1dm^3\cdot mol^{-1}\cdot min^{-1}$，现有硝基乙烷 $0.004mol\cdot dm^{-3}$ 及 NaOH $0.005mol\cdot dm^{-3}$ 的水溶液，求反应掉 90%硝基乙烷所需时间。

（26.33min）

13. 溴乙烷的分解反应为一级反应，活化能 E 为 $230.12kJ\cdot mol^{-1}$，频率因子 A 为 33.58×

$10^{13}s^{-1}$。求反应以每分钟 1/1000 的速率进行的温度以及反应以每小时分解 95%的速率进行时的温度。

(622.59K；682.64K)

14. 高温时，醋酸的分解反应按下式进行，在 1189K 时，$k_1=3.74s^{-1}$，$k_2=4.65s^{-1}$，试计算：①醋酸分解掉 99%所需时间；②这时所得到的 $CH_2=CO$ 的产量（以醋酸分解的百分数表示）。

$$CH_3COOH \begin{cases} \nearrow CH_4+CO_2 & k_1 \\ \searrow CH_2=CO+H_2O & k_2 \end{cases}$$

(0.549s；54.9%)

15. 两个一级反应组成的平行反应，已知在 25.14℃时，$k_1=7.77\times10^{-5}s^{-1}$、$k_2=11.17\times10^{-5}s^{-1}$。若反应物 A 的初始浓度为 $0.0238mol\cdot dm^{-3}$，求：①反应经过 7130 秒时，A 的转化率。②反应经过 7130 秒时，产物 B 和 C 的浓度。

(74.1%；$0.00724mol\cdot dm^{-3}$；$0.0104mol\cdot dm^{-3}$)

16. 某对峙反应 $A \underset{k_{-1}}{\overset{k_1}{\rightleftharpoons}} B$，其中 $k_1=0.006min^{-1}$，$k_{-1}=0.002min^{-1}$，如果反应开始时为纯 A，试问：①达到 A 和 B 的浓度相等需多少时间？②100 分钟时，A 和 B 的浓度比为多少？

(137min；1.42)

17. 某连串反应 $A \xrightarrow{k_1} B \xrightarrow{k_2} C$，其中 $k_1=0.10min^{-1}$，$k_2=0.20min^{-1}$，在 $t=0$ 时，$C_{B,0}=0$，$C_{C,0}=0$，$C_{A,0}=1.0mol\cdot dm^{-3}$。试求：①$B$ 的浓度达到最大的时间为多少？②该时刻 A、B、C 的浓度各为多少？

(6.93min；$0.50mol\cdot dm^{-3}$，$0.25mol\cdot dm^{-3}$，$0.25mol\cdot dm^{-3}$)

18. 若增加下列各反应系统的离子强度，试根据理论判断各个反应速率常数应如何变化？

(1) $NH_4^+ + CNO^- \longrightarrow CO(NH_2)_2$

(2) 酯的皂化

(3) $S_2O_8^{2-} + I^- \longrightarrow$ 产物

(减少；不变；增加)

19. 在 H_2 和 Cl_2 的光化学反应中，波长为 480nm 时的量子效率为 10^6，试估计每吸收4.184J 辐射能将产生 HCl (g) 若干摩尔？

(33.6mol)

20. 草酸双氧铀光化线强度计用紫外光照射了 3 小时，在此时间内每秒吸收 8.41×10^{17} 个光子，如果在所使用的波长下反应的量子效率是 0.57，则在光解作用中有多少草酸双氧铀被分解？

($8.60\times10^{-3}mol$)

21. 反应 $H_2+Ar \longrightarrow H\cdot + H\cdot + Ar$，实验测得在 2530K 时，其速率常数 $k=1.13\times10^3 mol^{-1}\cdot dm^3\cdot s^{-1}$，活化能为 $4.015\times10^5 J\cdot mol^{-1}$，已知 H_2 分子和 Ar 原子的半径分别为 $1.24\times10^{-10}m$ 和 $1.43\times10^{-10}m$。试用碰撞理论公式计算出速率常数（理论值），将理论值与实验值加以比较。

($3.6\times10^3 mol^{-1}\cdot dm^3\cdot s^{-1}$)

第六章
表面现象

扫一扫，查阅本章数字资源，含PPT、音视频、图片等

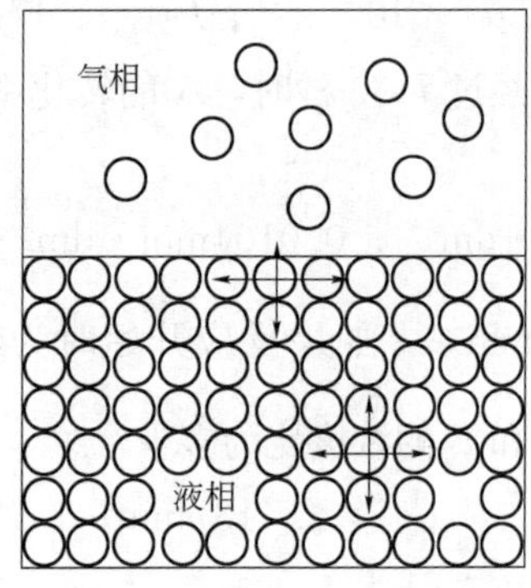

图 6-1　气液两相界面示意图

表面现象是自然界中普遍存在的基本现象，在生产、科研与生活中经常遇到。例如水在玻璃毛细管中会自动上升，固体表面能自动吸附物质，植物叶上水珠自动地呈球形，微小液滴易于蒸发，这些相界面上所发生的物理化学变化皆称为表面现象。任意两相之间的界面，并非几何平面，而是约有几个分子厚度的一个薄层，因此将界面称为界面层更为准确。

产生表面现象的主要原因是处在表面层的分子与系统内部的分子存在着力场上的差异。内部分子所受四周邻近相同分子的作用力是对称的，各个方向的力彼此抵消，但是界面层的分子则不同，一方面受到所处相内物质分子的作用，一方面又受到性质不同的另一相中物质分子的作用。最简单的情况是单组分的液体及其蒸气所组成的系统（见图 6-1），在气液界面上的分子受到的合力为指向液体内部的拉力，所以液体表面有自动缩成最小的趋势，如水滴和汞滴自动呈球形。

物质表面层的特性对于物质其他方面的性质也会有所影响，并且随着系统分散程度的增加，其影响更为显著。表面现象与表面性质在现代科学技术研究中占有重要位置，在中药研究及其制剂领域也非常重要。

第一节　比表面和表面吉布斯自由能

一、比表面

对一定量的物质而言，分散度越高，其表面积就越大。通常用比表面来表示物质的分散程度。其定义为：单位体积的物质具有的表面积 a_S。例如将一个边长为 10^{-2}m 的立方体分割为边长为 10^{-9}m（1nm）的小立方体时，其表面积可增加近一千万倍，如表 6-1 所示。

表 6-1　粒子总表面积与比表面随粒子大小的变化

立方体的边长/m	分割后立方体数	总表面积/m^2	比表面/m^{-1}
10^{-2}	1	6×10^{-4}	6×10^{2}
10^{-3}	10^{3}	6×10^{-3}	6×10^{3}
10^{-4}	10^{6}	6×10^{-2}	6×10^{4}

续表

立方体的边长/m	分割后立方体数	总表面积/m^2	比表面/m^{-1}
10^{-5}	10^9	6×10^{-1}	6×10^5
10^{-6}	10^{12}	6×10^0	6×10^6
10^{-7}	10^{15}	6×10^1	6×10^7
10^{-8}	10^{18}	6×10^2	6×10^8
10^{-9}	10^{21}	6×10^3	6×10^9

对于松散的聚集体或多孔性物质，其分散度常用单位质量的物体所具有的表面积 a_W 来表示。

$$a_S=\frac{A}{V}\text{ 或 }a_W=\frac{A}{m} \tag{6-1}$$

对于边长为 l 的立方体颗粒，比表面为

$$a_S=\frac{A}{V}=\frac{6l^2}{l^3}=\frac{6}{l}\ (\mathrm{m^{-1}}) \tag{6-2a}$$

$$a_W=\frac{A}{m}=\frac{6l^2}{\rho\, l^3}=\frac{6}{\rho\, l}\ (\mathrm{m^2\cdot kg^{-1}}) \tag{6-2b}$$

它表示分散度与边长 l 成反比，式中 ρ 为物质的松密度，其单位为 $\mathrm{kg\cdot m^{-3}}$。对球形粒子来说，比表面为

$$\alpha=\frac{A}{V}=\frac{4\pi r^2}{\frac{4}{3}\pi r^3}=\frac{3}{r}=\frac{6}{d}(\mathrm{m^{-1}}) \tag{6-3}$$

由上述比表面表示式可知，对于一定量的物质，颗粒分割得越小，总表面积越大，系统分散度越高，而高分散的系统，往往产生明显的表面现象。

二、比表面吉布斯自由能

处在液体表面层的分子，由于液体内部分子对它的吸引力大于外部气体分子对它的吸引力，合力不等于零，因此，处于液体表面的分子受到一个指向液体内部并垂直于表面的合力，使表面分子自发地向液体内部运动，这就使液体有自动缩小表面积达到最小的性质。若要增大液体的表面积，必须把内部分子拉到表面上来，即环境必须对内部分子做功（称为表面功 W'_R）。内部分子得功到达表面，表面功就转变为表面层分子的位能，表面化学称之为表面能。从热力学角度来看，在定温定压条件下可逆地增加表面积 dA 所做的表面功，应等于系统吉布斯自由能的增量（$\mathrm{d}G=\delta W'_R$）。这种起因于形成系统新表面的吉布斯自由能的增量，称为表面吉布斯自由能。

在热力学的学习中，认为吉布斯自由能的函数形式为 $G=f(T,p,n_1,n_2\cdots)$，这是忽略了表面积 A 的变化，现在考虑表面积 A 的变化，因而

$$G=f\ (T,\ p,\ n_1,\ n_2\cdots A) \tag{6-4}$$

$$\mathrm{d}G=\left(\frac{\partial G}{\partial T}\right)_{p,\ n_1,\ n_2\cdots A}\mathrm{d}T+\left(\frac{\partial G}{\partial p}\right)_{T,\ n_1,\ n_2\cdots A}\mathrm{d}p+\sum_B\mu_B\,\mathrm{d}n_B+\left(\frac{\partial G}{\partial A}\right)_{T,\ p,\ n_1,\ n_2\cdots}\mathrm{d}A \tag{6-5}$$

令 $$\sigma=\left(\frac{\partial G}{\partial A}\right)_{T,\ p,\ n_1,\ n_2\cdots} \tag{6-6}$$

则 $$\mathrm{d}G=-S\mathrm{d}T+V\mathrm{d}p+\sum_B \mu_B \mathrm{d}n_B+\sigma \mathrm{d}A \tag{6-7}$$

σ 称为比表面吉布斯自由能，其物理意义是在定温、定压和定组成的条件下，每增大单位表面积所增加的表面吉布斯自由能，其 SI 单位为$\mathrm{J\cdot m^{-2}}$。

在定温、定压和定组成的条件下，上式可简化为

$$\mathrm{d}G=\sigma \mathrm{d}A \tag{6-8}$$

如果系统在定温、定压及 σ 为定值的条件下，表面吉布斯自由能为

$$G(表面)=\sigma A,$$

$$\mathrm{d}G_{T,\ p}(表面)=\mathrm{d}(\sigma A)=\sigma \mathrm{d}A+A\mathrm{d}\sigma \tag{6-9}$$

若过程自发进行的条件是 $\mathrm{d}G<0$，对于单组分系统，因 σ 为定值，过程自发进行的条件是 $\mathrm{d}A<0$，即只有缩小表面积的过程才能自发进行，常见的水滴、汞滴总是呈球形，即是自动缩小表面积的结果。对于多组分系统 σ 随组分的变化而变化，自发进行的过程是朝着比表面吉布斯自由能和表面积减小的方向进行，若表面积不变，则过程只能朝着比表面吉布斯自由能减小的方向进行，如通过表面层的浓度变化或吸附来降低比表面吉布斯自由能。

三、表面张力

从另一个角度来考虑，由于液体表面分子受到指向液体内部的拉力，因此液体表面上如同绷紧了一层富有弹性的橡皮膜，因而液体表面的分子总是趋向于向液体内部移动，力图缩小表面积。例如微小液滴呈球形，肥皂泡要用力吹才能变大，否则一放松就会自动缩小。又如图 6-2 所示，有一金属丝制成的框，AB 是能移动的金属丝，框内是液膜，由于表面的收缩作用，液膜会自动使 AB 向 CD 方向移动，以减小表面积，若欲使 AB 向右可逆地移动 $\mathrm{d}x$ 距离，就须施加一个外力 f 并对系统做功$\delta W'=f\mathrm{d}x$，这个功就转化为表面能 $\sigma \mathrm{d}A$，即

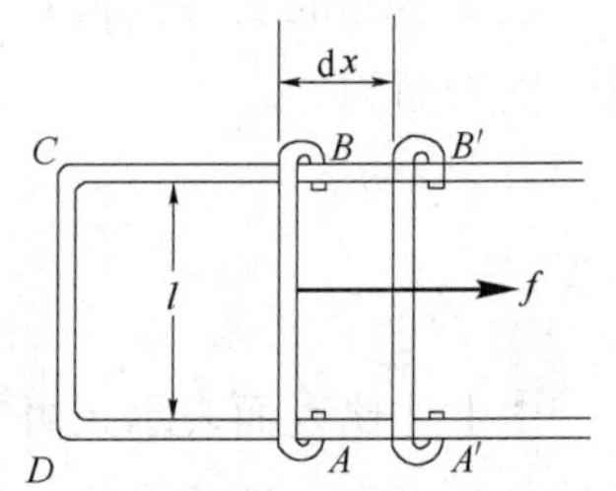

图 6-2 表面张力示意图

$$f\mathrm{d}x=\sigma \mathrm{d}A$$

由于金属框中的液膜有正反两个面，$\mathrm{d}A=2l\mathrm{d}x$

$$f\mathrm{d}x=\sigma 2l\mathrm{d}x$$

$$\sigma=\frac{f}{2l} \tag{6-10}$$

因此，σ 也可理解为沿液体表面垂直作用于单位长度的紧缩力，称为表面张力。单位为$\mathrm{N\cdot m^{-1}}$。对平液面来说，表面张力 σ 的方向与表面平行；对弯曲液面来说，表面张力 σ 方向与界面的切线方向一致。

比表面吉布斯自由能与表面张力数值上相等，量纲相同，但物理意义不同，这是对同一现象从两个不同角度看问题的结果。考虑界面性质的热力学问题时，通常用比表面吉布斯自由能，而在考虑各种界面相互作用的时候，采用表面张力较方便，这两个概念常交替使用，如降低比表面吉布斯自由能，通常说成降低表面张力，自发过程向着比表面吉布斯自由能减小的方向进行说成向着降低表面张力的方向进行。

四、影响表面张力的因素

某纯液体的表面张力通常是指该液态物质与含该物质饱和蒸气的空气相接触而言。凡能影响液体性质的因素，对表面张力均有影响，现分别阐述如下：

（一）表面张力与物质本性有关

表面张力σ是一个强度量，其值与物质的本性有关，是分子之间相互作用的结果，故分子间作用力越大，σ也越大。一般来说，极性大的液体，σ较大，见表 6-2。

表 6-2　某些液态物质的表面张力

物　　质	t/℃	σ/N·m^{-1}
Cl_2	−30	2.556×10^{-2}
$(C_2H_5)_2O$	25	2.643×10^{-2}
棉籽油	20	3.54×10^{-2}
橄榄油	20	3.58×10^{-2}
蓖麻油	20	3.98×10^{-2}
甘油	20	6.3×10^{-2}
H_2O	20	7.288×10^{-2}
NaCl	803	1.138×10^{-1}
LiCl	614	1.378×10^{-1}
Na_2SiO_3（水玻璃）	1000	2.50×10^{-1}
汞	20	4.76×10^{-1}
FeO	1427	5.82×10^{-1}
Al_2O_3	2080	7.00×10^{-1}
Ag	1100	8.785×10^{-1}
Cu	1083	1.300
Pt	1773.5	1.800

（二）表面张力与接触相的性质有关

在一定的条件下，同一种物质与不同性质的其他物质接触时，由于表面层的分子所处的环境不同，因此表面张力也不同，见表 6-3。

表 6-3　20℃时水与不同液体接触时水的界面张力

与水接界的液体	水的表面张力/N·m^{-1}
辛醇	8.5×10^{-3}
乙醚	1.07×10^{-2}
苯	3.5×10^{-2}
CCl_4	4.5×10^{-2}
正辛烷	5.08×10^{-2}
汞	3.75×10^{-1}

（三）表面张力受温度的影响

通常表面张力随温度升高而降低（见表 6-4），因温度升高时，液体分子间的距离增大，表面层分子受液体内部的吸引力减小，而与其共存的气相蒸气的密度反而增加，从而增加了气相分子对表面分子的引力，两种作用的结果都使表面张力降低。许多物质的表面张力 σ 与温度呈线性关系，例如 CCl_4，在 0～270℃的范围内，表面张力与温度的关系几乎是一条直线。当温度升高至临界温度 T_c 时，气液两相密度相等，气液界面趋于消失，任何物质的表面张力都趋近于零。但也有少数物质，如镉、铁、铜及其合金，钢液及某些硅酸盐等液态物质的表面张力都是随着温度上升而增加，这种“反常”现象目前还没有一致的解释。

表 6-4　不同温度时液体的表面张力 $\sigma\times10^3/N\cdot m^{-1}$

液　体	0℃	20℃	40℃	60℃	80℃	100℃
水	75.64	72.75	69.56	66.18	62.61	58.85
乙醇	24.05	22.27	20.60	19.01	—	—
甲醇	24.5	2.6	20.9	—	—	15.7
丙酮	26.2	23.7	21.2	18.6	16.2	—
甲苯	30.74	28.43	26.13	23.81	21.53	19.39
苯	31.6	28.9	26.3	23.7	21.3	—

不仅液体具有表面张力，固体也有表面张力，构成固体的物质粒子间的作用力远大于液体的，所以固体物质的表面张力一般比液体物质大得多（见表 6-5）。

表 6-5　一些固体的表面张力

物　质	t/℃	$\sigma\times10^3/N\cdot m^{-1}$	气　氛
铜	1050	1670	铜蒸气
银	750	1140	—
锡	215	685	真空
苯	5.5	52±7	—
冰	0	120±10	—
氧化镁	25	1000	真空
氧化铝	1850	905	—
云母	20	4500	真空

一般说，在温度、表面积一定时，高压下液体的表面张力比常压下要小，但压力对表面张力的影响很小，一般情况下可忽略这种影响。例如，人们用水做实验发现，293.15K、100kPa 时 σ 为 $72.88\times10^{-3}N\cdot m^{-1}$，当压力增加到 1000kPa 时，$\sigma$ 变为 $71.88\times10^{-3}N\cdot m^{-1}$。

第二节　铺展与润湿

一、铺展

一滴液体在另一不相溶的液体表面上自动形成一层薄膜的现象称为铺展。认识铺展过程的本质可从界面能观点着手。设一滴油滴在水面上铺展，水-气界面消失，同时新产生了一个油-水界

面与一个油-气界面，若铺展后界面面积为 A，原来油滴的表面积很小，可以忽略，这一过程吉布斯自由能的变化为

$$\Delta G=(\sigma_{油,水}+\sigma_{油,气}-\sigma_{水,气})A$$

$$\Delta G/A=(\sigma_{油,水}+\sigma_{油,气}-\sigma_{水,气})$$

由 ΔG 的判据可知，在定温定压条件下，只有 $\Delta G<0$ 时，水滴才能铺展。Harkins 从另一角度来考虑铺展问题。见图 6-3，设想将截面积为 $1m^2$ 的纯液体（油）液柱沿某一高度切割成两段，产生两个新界面，所做的功为

$$W_c=2\sigma_{油} \tag{6-11}$$

W_c 称内聚功，是指克服同种液体分子间吸引力所作的可逆功。再设想此液柱为油水柱，从界面处将其切割成两段，即消失了一个油-水界面，而产生了一个油界面和水界面，所做的功为

$$W_a=\sigma_{油}+\sigma_{水}-\sigma_{油,水} \tag{6-12}$$

W_a 称为黏附功，是指克服异种液体分子间吸引力所作的可逆功。显然，当 $W_a>W_c$ 时，表明油本身分子间引力小于油-水不同分子间的引力，结果油就能在水面上铺开；反之，当 $W_a<W_c$，则油滴就不能在水面上铺展。

定义铺展系数为

$$S_{油/水}=W_a-W_c=\sigma_{水}-\sigma_{油}-\sigma_{油,水} \tag{6-13}$$

显然只有当 S 为正值，相应地 $\Delta G<0$，铺展才可以发生。且 S 越大，铺展性能越好。

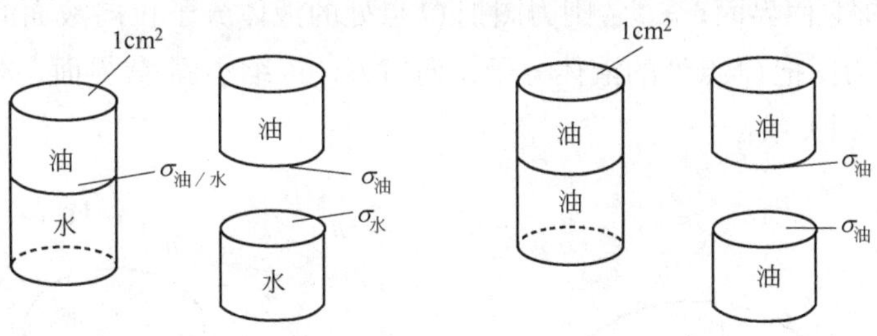

图 6-3　内聚功、黏附功示意图

上面讨论的是两种液体刚开始接触时的情况，经过一段时间后，两种液体因自发进行部分互溶，最后两个液层彼此成为共轭溶液，引起表面张力的变化，$\sigma_{油,气}$、$\sigma_{水,气}$ 变成了 $\sigma'_{油,气}$、$\sigma'_{水,气}$，相应地铺展系数 $S_{油/水}$ 变成了终铺展系数 $S'_{油/水}$。

【例 6-1】　一滴油酸在 20℃时，落在洁净的水面上，已知有关界面张力为 $\sigma_{水}=73\times10^{-3}N\cdot m^{-1}$，$\sigma_{油酸}=32\times10^{-3}N\cdot m^{-1}$，$\sigma_{油酸,水}=12\times10^{-3}N\cdot m^{-1}$，互相饱和后，$\sigma'_{油酸}=\sigma_{油酸}$，$\sigma'_{水}=40\times10^{-3}N\cdot m^{-1}$，据此推测，油酸在水面上开始与终了的形状。相反，如果把水滴在油酸表面上它的形状又是如何？

解： $S_{油酸/水}=\sigma_{水}-\sigma_{油酸}-\sigma_{油酸,水}=(73-32-12)\times10^{-3}=29\times10^{-3}N\cdot m^{-1}>0$

$S'_{油酸/水}=\sigma'_{水}-\sigma'_{油酸}-\sigma_{油酸,水}=(40-32-12)\times10^{-3}=-4\times10^{-3}N\cdot m^{-1}$

由计算结果可知，开始时油酸在水面上自动铺展成膜，但随后相互溶解而饱和，油酸又缩成椭圆球状，不能铺展。

如果将水滴到油酸上，则

$$S_{水/油酸}=\sigma_{油酸}-\sigma_{水}-\sigma_{水,油酸}=(32-73-12)\times10^{-3}=-53\times10^{-3}N\cdot m^{-1}<0$$

$$S'_{水/油酸}=\sigma'_{油酸}-\sigma'_{水}-\sigma_{水,油酸}=(32-40-12)\times10^{-3}=-20\times10^{-3}N\cdot m^{-1}<0$$

可以肯定，水在油酸中始终呈椭圆球状，不能铺展。

以上讨论可推广至液体在固体表面上的铺展。如果以 $S_{液/固}$ 表示液体在固体表面上的铺展系数，推理如上，则

$$S_{液/固}=\sigma_{固,气}-\sigma_{液,气}-\sigma_{固,液}=\sigma_{固}-\sigma_{液}-\sigma_{固,液} \tag{6-14}$$

当 $S_{液/固}>0$ 时，表示液滴在固体表面上能铺展；当 $S_{液/固}<0$ 时，表示液滴在固体表面上收缩呈球形。

铺展在药剂学上具有重要实用意义，要制备一种稳定的乳剂，就需在油滴表面铺展一层合适的表面活性物质薄膜。为了使眼药膏能在眼结膜上均匀铺展，亦需要在药膏基质的配方中考虑改善铺展效果。凡是以矿物油为基质的制剂都不能在皮肤上均匀铺展，加入一些羊毛脂即可改善其铺展程度，提高药效。

二、润湿

润湿是固体（或液体）表面上气体被液体取代的过程。凡液、固两相接触后可使系统表面张力降低者即能润湿，表面张力降低得越多，则越易润湿。

润湿程度可通过测定固体与液体的接触角来衡量。在一个水平放置的光滑固体表面上，滴上一滴液体，并达到平衡，如图 6-4 所示。此图为过液滴中心，且垂直于固体表面的剖面图，图中 O 点为气、液、固三相汇合点，过此汇合点，作液面的切线，则此切线和固液界面之间的夹角 θ 称为接触角（或润湿角）。有三种力同时作用于 O 点处的液体分子上：$\sigma_{固,气}$ 力图把液体分子拉向左方，以覆盖更多的气-固界面；$\sigma_{气,液}$ 则力图把 O 点处的液体分子拉向液面的切线方向，以缩小气-液界面；$\sigma_{固,液}$ 则力图把 O 点处的液体分子拉向右方，以缩小固-液界面。当上述三种力处于平衡状态时，则存在下列关系：

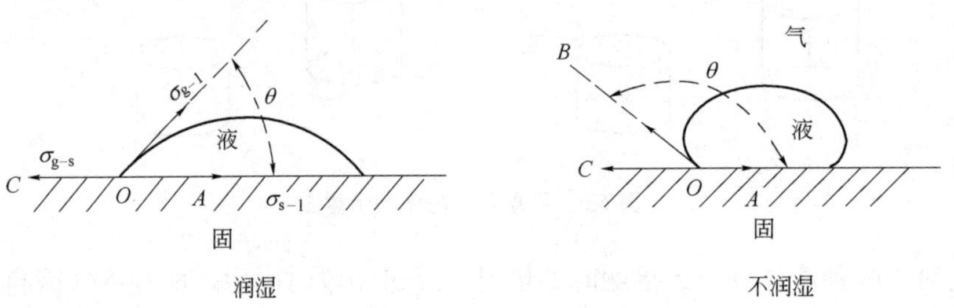

图 6-4　液体在固体表面的润湿情况

$$\sigma_{固,气}=\sigma_{固,液}+\sigma_{气,液}\cos\theta \tag{6-15}$$

或

$$\cos\theta=\frac{\sigma_{固,气}-\sigma_{固,液}}{\sigma_{气,液}} \tag{6-16}$$

1805 年杨氏（T・Young）曾得到上式，故称其为杨氏方程。由上式可知，在一定温度压力下，

（1）当 $\theta=90°$ 时，$\cos\theta=0$，$\sigma_{固,气}=\sigma_{固,液}$，液滴处于润湿与否的分界线；

（2）当 $\theta>90°$，$\cos\theta<0$，$\sigma_{固,气}<\sigma_{固,液}$，液滴趋于缩小固-液界面，称为不润湿；

（3）当 $\theta<90°$，$\cos\theta>0$，$\sigma_{固,气}>\sigma_{固,液}$，液滴趋于自动地扩大固-液界面，故称润湿；

（4）当 θ 角趋近于 0°，$\cos\theta$ 趋于 1，$\sigma_{固,气}\approx\sigma_{固,液}+\sigma_{气,液}$，液滴将尽力覆盖更多的固-气界面，称为完全润湿。

（5）当 θ 趋于 180°，$\cos\theta$ 趋于 −1，$\sigma_{固,气}+\sigma_{气,液}\approx\sigma_{固,液}$，称为完全不润湿。

由于$\sigma_{固,气}$及$\sigma_{固,液}$难以测定，所以，在杨氏方程适用的条件下，只需测出θ角及$\sigma_{气,液}$即可鉴别润湿的类型。故接触角θ是衡量润湿性能的一个很有用的物理量。

润湿在中药制剂中有多方面的应用，一些外用散剂需要有良好的润湿性能才能发挥药效。片剂中的崩解剂要求对水有良好的润湿性。为使安瓿内的注射液较完全地抽入注射器内，要在安瓿内涂上一层不润湿的高聚物。农药喷洒在植物上，若能在叶片上及虫体上润湿，将明显提高杀虫效果。

第三节　高分散度对物理性质的影响

一、弯曲液面的附加压力——拉普拉斯（Laplace）方程

两个相连通的水池的水面总是呈平面，而且水面处于同一高度，说明除了大气压力外，没有任何附加压力施于水的表面，所以对平面液体而言，其附加压力为零。但是一些小面积液面，如气泡、水滴的液面却为曲面，液体在曲面下受到的压力与平面的压力不同。将一毛细管插入液体内，有的液体（例如汞）在毛细管中呈凸形的弯曲表面，并下降到低于管外平面汞的液面（如图6-5)，其原因为表面张力是沿弯曲表面的切线方向作用，因此产生一个指向液体内部而参与系统力平衡的附加压力，致使毛细管中的汞液面总是停留在低于管外平面汞液面之处。有的液体（例如水）却在毛细管中呈凹形的弯曲表面，并升高至高于管外平面水的液面（如图 6-6）。同样的原因，由于沿弯曲表面的切线方向作用的表面张力合力向上，使水的凹形弯曲表面也受到了一个指向曲面的曲率中心一边的附加压力，因此毛细管中的水表面上升到力平衡处。这种由于液面的弯曲所产生的额外压力称为附加压力，用p_s表示。

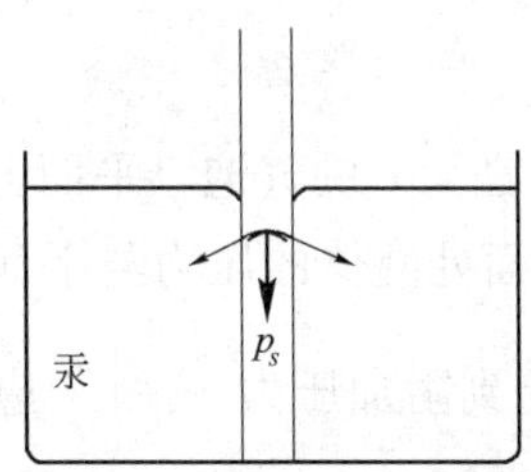

图 6-5　毛细管中汞的液面

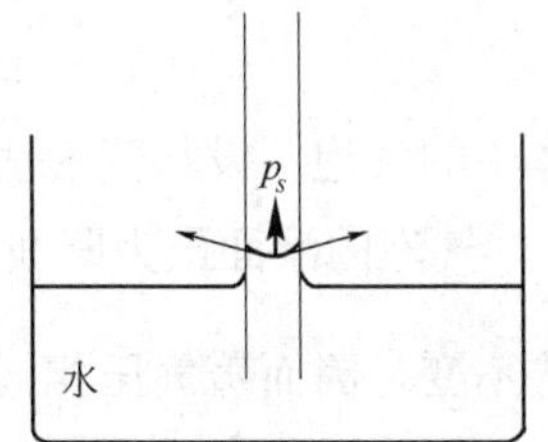

图 6-6　毛细管中水的液面

一般来说，描述一个曲面需要两个曲率半径，只有曲面为球面时，二个曲率半径才等同。图 6-7 表示，在一个任意曲面上取一小块长方形$ABCD$，其面积为xy，在曲面上任意选取两个互相垂直的正截面，它们的交线Oz即为O点的法线。设曲面边缘AB和BC弧的曲率半径分别为r_1和r_2。假定曲面$ABCD$向外移动了$\mathrm{d}z$距离，使曲面移到$A'B'C'D'$，面积扩大为$(x+\mathrm{d}x)(y+\mathrm{d}y)$。所以，移动后曲面面积的变化为

$$\begin{aligned}\mathrm{d}A&=(x+\mathrm{d}x)(y+\mathrm{d}y)-xy\\&=x\mathrm{d}y+y\mathrm{d}x+\mathrm{d}x\mathrm{d}y\\&\approx x\mathrm{d}y+y\mathrm{d}x\end{aligned}$$

由$\mathrm{d}G=\sigma\mathrm{d}A$，形成新表面的表面吉布斯自由能增量为

$$\mathrm{d}G=\sigma(x\mathrm{d}y+y\mathrm{d}x) \tag{6-17}$$

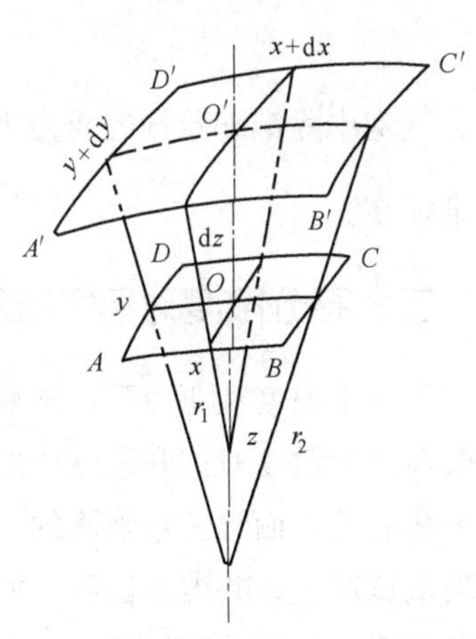

图 6-7　任意曲面的扩张

由于弯曲表面上有附加压力 p_s，如此地扩张表面时，需要系统对环境做功，即 $p_s\mathrm{d}V$，$\mathrm{d}V$ 是曲面移动时所扫过的体积，

$$\mathrm{d}V = xy \cdot \mathrm{d}z$$

$$\delta W = p_s \cdot \mathrm{d}V = p_s \cdot xy\mathrm{d}z$$

当表面达到力学平衡时，系统所做的功等于表面吉布斯自由能的增量 $\mathrm{d}G$，即

$$\sigma(x\mathrm{d}y + y\mathrm{d}x) = p_s \cdot xy\mathrm{d}z$$

由相似三角形原理，有

$$\frac{x+\mathrm{d}x}{r_1+\mathrm{d}z} = \frac{x}{r_1} \text{ 或 } \mathrm{d}x = \frac{x}{r_1}\mathrm{d}z$$

$$\frac{y+\mathrm{d}y}{r_2+\mathrm{d}z} = \frac{y}{r_2} \text{ 或 } \mathrm{d}y = \frac{y}{r_2}\mathrm{d}z$$

将上面 $\mathrm{d}x$，$\mathrm{d}y$ 的关系式代入上式，可得

$$p_s = \sigma\left(\frac{1}{r_1} + \frac{1}{r_2}\right) \tag{6-18}$$

此式就是著名的拉普拉斯（Laplace）方程，是研究弯曲表面上附加压力的基本公式。当两个曲率半径相等时，$r_1 = r_2 = r$，曲面成为一个球面，则

$$p_s = \frac{2\sigma}{r} \tag{6-19}$$

对于平液面，两个曲率半径都为无限大，$p_s = 0$，表示跨过平液面不存在压差。

对于膜内气泡，例如肥皂泡，由于液膜与内外气相有两个界面，而这两个曲面的曲率半径近似地相等，都使 p_s 指向泡中心，可以认为其表面积为液体中气泡的 2 倍，所以气泡内外的压力差 $p_s = \frac{4\sigma}{r}$。

对于液体中的气泡，设与蒸气达平衡的平面液体中有一半径为 r 的气泡，平面上液体的饱和蒸气压是 p^*，气泡的液面虽为凹面，但气泡离平面很近，凹面处液体的压力与平面液体实际上相同，化学势不变，因而蒸气压相同，$p_r^* = p^* = p_1$。气泡受到附加压力 $p_s = \frac{2\sigma}{r}$ 应为气液两相压力之差，故气泡内的总压应为

$$p_g = p_1 + \frac{2\sigma}{r} \tag{6-20}$$

气泡中除饱和蒸气的压力为 p^* 外，应有其他气体的压力为 $\frac{2\sigma}{r}$，如无其他气体，则气泡不能稳定存在。

二、高分散度对蒸气压的影响

在一定温度和压力下，纯液态物质有一定的饱和蒸气压，这只是对平液面而言，它没有考虑到液体的分散度对饱和蒸气压的影响，实验表明，微小液滴的蒸气压，不仅与物质的本性、温度及外压有关，而且还与液滴的大小有关。如将水喷成微小液滴，洒在玻璃板上，水滴有大有小。用玻璃罩罩上，并维持恒温，经过一段时间后，发现小液滴变得更小，而大液滴则逐渐长大。此现象说明小液滴的蒸气压大于大液滴的蒸气压，小液滴的水蒸发成蒸气而凝结在大液滴表面上。

对于弯曲液面，由于液体曲面两边存在压力差（附加压力），根据热力学气、液平衡原理，物质的饱和蒸气压与液滴曲率半径的关系推导如下：

设在一定温度下，纯液体与其蒸气成如下的平衡：

$$\mu_1(T,\ p)=\mu_g(T,\ p^*) \tag{6-21}$$

p 为液体所受的压力，p^* 为纯液体在温度 T 时的饱和蒸气压。

$$\mu_1(T,\ p)=\mu_g(T,\ p^*)=\mu_g^{\ominus}(T)+RT\ln\frac{p^*}{p^{\ominus}} \tag{6-22}$$

在定温定压下，如果液体由平液面分散成半径为 r 的微小液滴，弯曲液面产生附加压力 p_s，相应的小液滴饱和蒸汽压 p^* 也将发生变化，当重新建立平衡时，化学势的变化为

$$d\mu_1(T,\ p)=d\mu_g(T,\ p^*) \tag{6-23}$$

6-23 式左边为定温下由于压力改变而引起的液体化学势的改变，因为是纯液体

$$d\mu_1(T,\ p)=dG_{l,m}^*=-S_{l,m}^*dT+V_{l,m}^*dp=V_{l,m}^*dp \tag{6-24}$$

6-23 式右边为定温下气体化学势的变化

$$d\mu_g(T,\ p^*)=RT\,d\ln p^* \tag{6-25}$$

则式 6-23 变为

$$V_{l,m}^*dp=RT\,d\ln p^* \tag{6-26}$$

当液体由平液面分散成半径为 r 的微小液滴，液滴所受的压力由 p 变为 $p+p_s$，与其成平衡的饱和蒸气压由 p_0^* 变为 p_r^*，积分上式

$$V_{l,m}^*\int_{p}^{p+p_s}dp=\int_{p_0^*}^{p_r^*}RT\,d\ln p^*$$

$$V_{l,m}^*\,p_s=RT\ln\frac{p_r^*}{p_0^*} \tag{6-27}$$

$V_{l,m}^*$ 代表纯液体的摩尔体积，$V_{l,m}^*=\dfrac{M}{\rho}$，$M$ 为分子量，ρ 为液体的密度。

p_s 为液滴的附加压力　　$p_s=\dfrac{2\sigma}{r}$

代入得

$$\frac{M}{\rho}\cdot\frac{2\sigma}{r}=RT\ln\frac{p_r^*}{p_0^*} \tag{6-28}$$

或

$$\ln\frac{p_r^*}{p_0^*}=\frac{2\sigma M}{RT\rho r} \tag{6-29}$$

这就是著名的开尔文（Kelvin）公式，它表明液滴的半径越小，它的蒸气压就越大。

【例 6-2】 298.15K 时，水的饱和蒸气压为 2337.8Pa，密度 $\rho=998.2\text{kg}\cdot\text{m}^{-3}$，表面张力 $\sigma=72.75\times10^{-3}\text{N}\cdot\text{m}^{-1}$。试分别计算圆球形小水滴及在水中的小气泡的半径在 $10^{-5}\sim10^{-9}$ m 的不同值下，饱和蒸气压之比值 p_r^*/p_0^* 各为若干？

解： M（H_2O）$=18.015\times10^{-3}\text{kg}\cdot\text{mol}^{-1}$。小水滴的半径取正值，如 $r=10^{-5}$ m 时

$$\ln\frac{p_r^*}{p_0^*}=\frac{2\sigma M}{RT\rho r}=\frac{2\times72.75\times10^{-3}\times18.015\times10^{-3}}{8.314\times298.15\times998.2\times(10^{-5})}=1.059\times10^{-4}$$

所以　$\dfrac{p_r^*}{p_0^*}=1.0001$

对于水中的小气泡，半径取负值，$r=-10^{-5}$ m，计算出

$$\ln\frac{p_r^*}{p_0^*}=\frac{2\sigma M}{RT\rho r}=\frac{2\times72.75\times10^{-3}\times18.015\times10^{-3}}{8.314\times298.15\times998.2\times(-10^{-5})}=-1.059\times10^{-4}$$

所以 $\dfrac{p_r^*}{p_0^*}=0.9999$

298.15K 时，不同半径下的小水滴或水中的小气泡内的饱和蒸气压与平液面的饱和蒸气压 $\dfrac{p_r^*}{p_0^*}$ 之比，计算结果如表 6-6 所示。由表中的数据可见，在一定温度下，液滴越小，其饱和蒸气压越大；气泡越小，泡内液体的饱和蒸气压越小。

表 6-6 水滴（或气泡）半径与蒸气压之比 $\dfrac{p_r^*}{p_0^*}$ 的关系

r/m	10^{-5}	10^{-6}	10^{-7}	10^{-8}	10^{-9}
小水滴	1.0001	1.001	1.011	1.114	2.937
小气泡	0.9999	0.9989	0.9897	0.8977	0.3405

上列数据表明，在一定温度下，液滴越小，饱和蒸气压越大，当半径减小到 10^{-9} m 时，其饱和蒸气压几乎为平液面的 3 倍，这时相应蒸发速度也越快，这就是制药工业常用的喷雾干燥法的理论基础。在不考虑液体静压力的情况下，水中半径为 10^{-9} m 的小气泡内，水的饱和蒸气压却仅为平液面的 1/3。

三、高分散度对熔点的影响

在开尔文公式的推导过程中，将液体的化学势变为固体的化学势，开尔文公式同样成立，因此式 6-29 也可用于计算微小晶体的饱和蒸气压，即微小晶体的饱和蒸气压大于同温度下一般晶体的饱和蒸气压。对微小晶粒，随粒径的减小，蒸气压不断升高，与之对应的熔点的温度也相应下降，即微小晶粒熔点下降。金的正常熔点为 1064℃，而直径为 4nm 时，金的熔点降至 727℃，当直径减小到 2nm 时，熔点仅为 327℃左右。

四、高分散度对溶解度的影响

开尔文公式也可应用于晶体物质，即微小晶体的饱和蒸气压恒大于普通晶体的饱和蒸气压。在一定温度下，正常溶解度为一常数，而在沉淀的陈化过程中，可看到大小不同的晶体经过一段时间后，小晶粒溶解，大晶粒逐渐长大，说明小粒子具有较大的溶解度，当大粒子的溶解度已达到饱和时，小粒子尚未饱和，还能继续溶解。其定量关系可由式 6-29 变化得到。

根据亨利定律，溶液中溶质的分压与溶解度的关系

$$p_r=kx_r,\quad p_o=kx_o \tag{6-30}$$

x_r 为小粒子的溶解度，x_o 为大粒子的溶解度，p_r 为小粒子的饱和蒸气压，p_o 为大粒子的饱和蒸气压，由于微小晶体的饱和蒸气压大于同温度下一般晶体的饱和蒸气压，因而小粒子具有较大的溶解度，代入式 6-29 得到定量关系

$$\ln\frac{x_r}{x_o}=\frac{2\sigma M}{RT\rho r} \tag{6-31}$$

对于一些水溶性较差的中药有效成分，若采用纳米技术将其制备成粒径小、分散度高的纳米制剂，可以有效增加药物在水中的溶解度并提高其在生物体内的利用度。

五、介稳状态

由于系统的比表面增大，所引起液体的饱和蒸气压加大、晶体的溶解度增加等一系列的表面

现象，只有在颗粒半径很小时，才能达到可以觉察的程度。在通常情况下，这些表面效应是完全可以忽略不计的。但在蒸气的冷凝、液体的凝固和溶液的结晶等过程中，由于最初生成新相的颗粒是极其微小的，其比表面和比表面能都很大，系统处于不稳定状态。因此，在系统中要产生一个新相是比较困难的。由于新相难以生成，而引起各种过饱和现象。下面分别加以讨论。

（一）过饱和蒸气

在高空中如果没有灰尘，水蒸气可达到相当高的过饱和程度而不致凝结成水。此时高空中的水蒸气压力虽然对水平液面的水来说已经是过饱和状态，但对将要形成的微小水滴来说则尚未饱和，小水滴难以形成。过饱和蒸气的化学势虽比同温度的平面液体的高，但比欲生成的半径很小的小液滴的化学势低，故能稳定存在，处于亚稳状态。当蒸气中有灰尘存在或容器的内表面粗糙时，这些物质可以成为蒸气的凝结中心，使液滴核心易于生成及长大，在蒸气的过饱和程度较小的情况下，蒸气就可开始凝结。人工增雨的原理就是当云层中的水蒸气达到饱和或过饱和的状态时，在云层中用飞机喷洒微小的 AgI 颗粒，此时 AgI 颗粒就成为水的凝结中心，使新相（水滴）生成时所需要的过饱和程度大大降低，云层中的水蒸气就容易凝结成水滴。

（二）过热液体

如果在液体中没有可提供新相种子（气泡）的物质存在时，液体在沸点时将难以沸腾。如液体在恒定外压下，在开口容器中加热，若温度超过 $p_{外}$ 下液体的正常沸点 T_b，仍不发生沸腾，这种液体就称为过热液体。液体将沸腾时，其内部出现的蒸气必然是微小的气泡，设其半径为 r，按式 6-20，$p_g=p_1+\dfrac{2\sigma}{r}$（曲率半径 r 为负值），要使气泡稳定存在，其中蒸气的压力应比液体的压力大$\left|\dfrac{2\sigma}{r}\right|$，液体的压力即 $p_{外}$，故气泡内凹面的饱和蒸气压必须满足 $p_r^*=p_{外}+\left|\dfrac{2\sigma}{r}\right|$。已知 T_b 时平面液体的饱和蒸气压 $p^*=p_{外}$，按相平衡条件，气泡内蒸气的化学势应等于气泡外液体的化学势，故气泡内蒸气的压力 $p_r^*=p^*=p_{外}$，说明在 T_b 时 $p_r^*=p_{外}+\left|\dfrac{2\sigma}{r}\right|$ 不能满足，气泡不能存在，沸腾不能发生。若在 $p_{外}$ 恒定下升高温度至 T_b'，此时平面液体的蒸气压 $p^{*\prime}>p_{外}$（$p^{*\prime}$ 可以由开尔文公式求得），气泡内蒸气的压力 $p_r^*=p^{*\prime}\gg p_{外}$；另一方面，温度升高，液体的表面张力也将减小。若能满足式 $p_r^*=p_{外}+\left|\dfrac{2\sigma}{r}\right|$，则气泡能够存在，沸腾就能发生。温度为 T_b 至 T_b' 之间的液体即为过热液体，它处于亚稳状态。蒸馏时液体的过热常造成暴沸。为防止暴沸，可加入一些沸石、素烧瓷片或一端封闭的玻璃毛细管，它们能提供一些小气泡，成为汽化的核心，使过热程度较小时即能沸腾。

（三）过冷液体

在恒定的外压下冷却液体，若温度低于该压力下的凝固点 T_f 仍不发生凝结，这种液体就称为过冷液体。产生过冷现象是因为液体凝固时刚出现的固体必然是微小晶体，它的饱和蒸气压大于同温度下一般晶体的饱和蒸气压，因而新相微小晶体的熔点低于普通晶体的熔点。在正常凝固点 T_f 时，液体的饱和蒸气压或化学势等于大块晶体的饱和蒸气压或化学势，但小于微小晶体的饱和蒸气压或化学势，故微小晶体不可能存在，凝固不能发生。温度下降时，液体与固体的蒸气压都减小，但固体减小的更多。在温度降低为 T_f' 时，微小晶体与液体的蒸气压相等，微小晶体

就能够产生，凝固就能发生。温度为 $T_f \sim T_f'$ 之间的过冷液体就处于亚稳状态。过冷液体也很常见，很纯的水冷到−40℃仍可呈液态而不结冰。在用重结晶方法提纯物料时，希望避免过冷现象，常加入这种物质的小晶体作为“晶种”，它们成为凝固的核心，使液体在过冷程度很小时即能结晶或凝固。剧烈的搅拌或用玻璃棒摩擦器壁常可破坏过冷状态，可能是因为搅拌带入空气中的灰尘或摩擦时产生的玻璃微粒成了结晶的核心。

（四）过饱和溶液

微小晶体的溶解度大于正常溶解度，如有一杯热溶液，任其自然冷却，当温度降到饱和点时，本应有晶体开始析出，但因刚凝成的晶粒十分微细，普通晶体已达饱和的溶液，微小晶粒还远未饱和，此时，微小的晶粒即使出现，也立即消失，导致溶液出现过饱和状态。过饱和溶液处于亚稳状态，只要稍受外界干扰，如加入晶种，加以搅拌，或摩擦容器壁等都能促进新相种子的生成，使晶体尽快析出。在结晶操作中，如过饱和程度太大，生成的晶体就很细小，不利于过滤和洗涤。为获得大颗粒晶体，可在过饱和程度不太大时投入晶种。从溶液中结晶出来的晶体往往大小不均，此时溶液对小晶体是不饱和的，对大晶体是过饱和的，采用延长时间的方法可使微小晶体不断溶解而消失，大晶体则不断长大，粒子逐渐趋向均匀，称为陈化。

由以上讨论可知，介稳状态存在的原因是由于新相生成的困难。通常称为“新相难成”。

第四节 溶液表面的吸附

一、溶液表面的吸附现象

溶液的表面层对溶质可产生吸附作用，使其表面张力发生变化。例如在一定温度的纯水中，分别加入不同种类的溶质，溶质的浓度对溶液表面张力的影响大致可分为三种类型，如图 6-8。

曲线Ⅰ表明，随着溶液浓度的增加，溶液的表面张力稍有升高。对于水溶液而言，属于此类的溶质有无机盐类（如 NaCl）、非挥发酸（如 H_2SO_4）、碱（如 KOH）和含有多个—OH基的有机化合物（如蔗糖、甘油等）物质。曲线Ⅱ表明，随着溶质浓度的增加，水溶液的表面张力缓慢地下降，大部分的低级脂肪酸、醇、醛等可溶性有机物质的溶质的水溶液皆属此类；曲线Ⅲ表明，在水中加入少量溶质却可使表面张力立刻急剧下降，至某一浓度之后，溶液的表面张力几乎不再随浓度的上升而变化，属于此类的化合物可以表示为 RX，其中 R 代表含有 10 个或 10 个以上碳原子的烷基；X 则代表极性基团，一般可以是—OH、—COOH、—CN、—$CONH_2$、—COOR′，也可以是离子基团，如—SO_3^-、—NH_3^+、—COO^- 等。这类曲线有时会出现如图所示的虚线部分，这可能是由于某种杂质的存在而引起的。

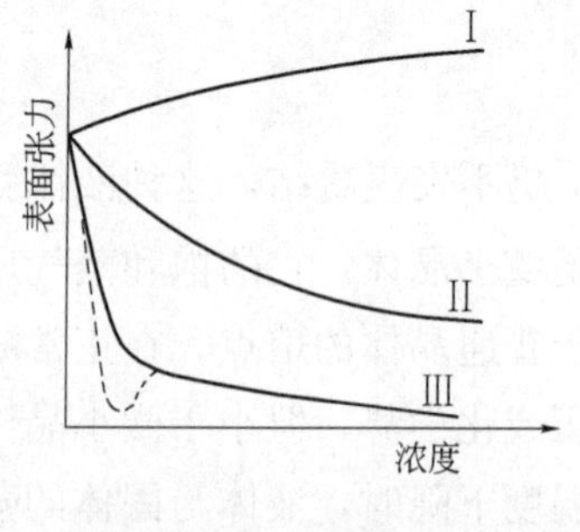

图 6-8 表面张力

实验事实表明，溶质在溶液表面层的浓度和溶液内部不同，这种不同称为在溶液表面发生了吸附现象。若溶质在表面层中的浓度大于它在溶液本体（内部）中的浓度，即为正吸附。反之，则为负吸附。

溶液表面的吸附现象可用定温、定压下溶液的表面吉布斯自由能自动减小的趋势来说明。在定温、定压下，一定量的溶液，当其表面积一定时，降低系统表面吉布斯自由能的唯一途径是尽可能减小溶液的表面张力。

如果加入能降低表面张力的溶质，则溶质会从溶液本体中自动地富集到溶液表面，增大表面浓度，使溶液的表面张力降低得更多，形成的系统更稳定，这就形成了正吸附，但表面与本体之间的浓度差又必然引起溶质分子由表面向本体扩散，促使浓度趋于均匀一致，当两种趋势达到平衡时，在表面层就形成了正吸附的平衡浓度。

如果加入的溶质会使表面张力增加，则表面上的溶质会自动地离开表面层而进入溶液本体之中，与均匀分布相比，这样也会使表面吉布斯自由能降低，这就是负吸附，显然由于扩散的影响而使表面层中溶质的分子不可能都进入溶液本体，达到平衡时，在表面层则形成负吸附的平衡浓度。一般说来，凡是能使溶液表面张力增加的物质，都称为表面惰性物质，反之，凡是能使溶液表面张力降低的物质，从广义上讲，都称为表面活性物质。但习惯上，只把那些加入少量就能显著降低溶液表面张力的物质，称为表面活性物质或表面活性剂。表面活性的大小可用$-(\frac{\partial\sigma}{\partial c})_T$来表示，其值愈大，表示溶质的浓度对溶液表面张力的影响愈大。溶质吸附量的大小，可用吉布斯吸附等温式来计算。

二、吉布斯吸附等温式及其应用

吉布斯用热力学的方法推导出，在一定温度下，溶液的浓度、表面张力和吸附量之间的定量关系式，通常称为吉布斯吸附等温式：

$$\Gamma = -\frac{c}{RT}\left(\frac{\mathrm{d}\sigma}{\mathrm{d}c}\right)_T \tag{6-32}$$

式中：c——溶质在溶液本体中的平衡浓度（单位 $\mathrm{mol \cdot L^{-1}}$）；

σ——溶液的表面张力；

Γ——溶质在单位面积表面层中的吸附量。

其定义为：在单位面积的表面层中，所含溶质的物质的量与等量溶剂在溶液本体中所含溶质物质的量的差值，称为溶质的表面吸附量或表面过剩。

吉布斯吸附等温式的证明：

设某二元溶液，在一定温度下，达到吸附平衡后，溶剂在溶液本体及表面层中的物质的量分别为n_1和n_1^s，溶质在溶液本体及表面层中的物质的量分别为n_2及n_2^s，溶液的表面积为A，表面张力为σ。对于一个热力学系统，考虑到表面积A对系统性质的影响，若系统发生了一微小变化，按式 6-7 系统的吉布斯自由能变应表示为

$$\mathrm{d}G = -S\mathrm{d}T + V\mathrm{d}p + \sum_B \mu_B \mathrm{d}n_B + \sigma \mathrm{d}A \tag{6-33}$$

在定温定压下，将上式用于二元溶液的表面层，则

$$\mathrm{d}G_s = \sigma \mathrm{d}A + \mu_1^s \mathrm{d}n_1^s + \mu_2^s \mathrm{d}n_2^s \tag{6-34}$$

μ_1^s及μ_2^s分别为表面层中溶剂及溶质的化学势，n_1^s及n_2^s分别为溶剂及溶质在表面层中的物质的量，在各强度性质（即T、p、σ及μ）恒定的情况下，对式 6-33 进行积分，可得

$$G_s = \sigma A + \mu_1^s \cdot n_1^s + \mu_2^s \cdot n_2^s$$

表面吉布斯自由能是状态函数，它具有全微分的性质。所以

$$\mathrm{d}G_s = \sigma \mathrm{d}A + A\mathrm{d}\sigma + \mu_1^s \mathrm{d}n_1^s + n_1^s \mathrm{d}\mu_1^s + \mu_2^s \mathrm{d}n_2^s + n_2^s \mathrm{d}\mu_2^s \tag{6-35}$$

式 6-34 与式 6-35 相比较，可得适用于表面层的吉布斯-杜亥姆方程，即

$$A\mathrm{d}\sigma = -(n_1^s \mathrm{d}\mu_1^s + n_2^s \mathrm{d}\mu_2^s) \tag{6-36}$$

溶液本体的吉布斯-杜亥姆方程应为

$$n_1 d\mu_1 + n_2 d\mu_2 = 0 \tag{6-37}$$

也可写成

$$d\mu_1 = -\left(\frac{n_2}{n_1}\right) d\mu_2 \tag{6-38}$$

当吸附达到平衡后，同一种物质在表面层及溶液本体中的化学势应相等。所以

$$d\mu_1^s = d\mu_1 = -\left(\frac{n_2}{n_1}\right) d\mu_2$$

$$d\mu_2^s = d\mu_2$$

将上述二等式代入式 6-36，整理可得

$$A d\sigma = -\left(n_2^s - \frac{n_1^s}{n_1} n_2\right) d\mu_2 \tag{6-39}$$

令 $\Gamma_2 = \dfrac{\left(n_2^s - \dfrac{n_1^s}{n_1} n_2\right)}{A}$，此式即为溶质吸附量的定义式，将其代入上式可得

$$\Gamma_2 = -\frac{d\sigma}{d\mu_2} \tag{6-40}$$

因为 $d\mu_2 = RT d\ln a_2 = \left(\dfrac{RT}{a_2}\right) da_2$，所以

$$\Gamma_2 = -\left(\frac{a_2}{RT}\right)\left(\frac{d\sigma}{da_2}\right) \tag{6-41}$$

对于理想溶液或稀溶液，可用溶质的浓度 c_2 代替其活度 a_2，并略去代表溶质的 c_2 及 Γ_2 的下标 2，上式变为式(6-32)

$$\Gamma = -\left(\frac{c}{RT}\right)\left(\frac{d\sigma}{dc}\right)$$

此式即为吉布斯吸附等温式，由此可知，在一定温度下，当溶液的表面张力随浓度的变化率 $\dfrac{d\sigma}{dc} < 0$ 时，$\Gamma > 0$，表明凡是增加浓度，能使溶液表面张力降低的溶质，在表面层必然发生正吸附，即溶质在表面层中的浓度大于它在溶液本体（内部）中的浓度；当 $\dfrac{d\sigma}{dc} > 0$ 时，$\Gamma < 0$，表明凡增加浓度，使溶液表面张力上升的溶质，在溶液的表面层必然发生负吸附，即溶质在表面层中的浓度小于它在溶液本体（内部）中的浓度。

若用吉布斯吸附等温式计算某溶质的吸附量，必须预先知道 $\dfrac{d\sigma}{dc}$ 的大小。为求得 $\dfrac{d\sigma}{dc}$ 的值，在一定温度下，可先测出不同浓度 c 时的表面张力，以 σ 对 c 作图，再求出 σ-c 曲线上各指定浓度 c 的斜率，该斜率即为该浓度 c 时 $\dfrac{d\sigma}{dc}$ 的数值。

【例 6-3】 288K 时，0.125mol·L^{-1} 和 2.25mol·L^{-1} 丁酸溶液的表面张力分别为 5.71×10^{-2}N·m^{-1} 和 3.91×10^{-2}N·m^{-1}，求当丁酸平衡浓度为 1.187mol·L^{-1} 时溶液表面吸附丁酸的吸附量。

解：由

$$\frac{d\sigma}{dc} = \frac{\sigma_2 - \sigma_1}{c_2 - c_1}$$

代入吉布斯吸附等温式，得

$$\Gamma=-\frac{c}{RT}\frac{\sigma_2-\sigma_1}{c_2-c_1}=-\frac{1.187}{8.314\times288}\frac{(3.91-5.71)\times10^{-2}}{(2.25-0.125)}$$
$$=4.2\times10^{-6}(\mathrm{mol\cdot m^{-2}})$$

【例 6-4】 291.15K 时丁酸水溶液的表面张力可表示为 $\sigma=\sigma_o-a\ln(1+bc)$，式中 σ_0 为纯水的表面张力，a、b 为常数，c 为丁酸在水中的浓度。

（1）试求该溶液中丁酸的表面吸附量（Γ）和浓度（c）间的关系。

（2）若已知 $a=0.0131\mathrm{N\cdot m^{-1}}$，$b=19.62\mathrm{L\cdot mol^{-1}}$，试计算当 $c=0.20\mathrm{mol\cdot L^{-1}}$ 时 Γ 为多少？

（3）计算当浓度达到 $bc\gg1$ 时的饱和吸附量 Γ_∞ 为多少？设此时表面层上丁酸呈单分子层吸附，计算在液面上丁酸分子的截面积为多大？

解：（1）已知 $\sigma=\sigma_o-a\ln(1+bc)$

微分上式得

$$\frac{\mathrm{d}\sigma}{\mathrm{d}c}=-\frac{ab}{1+bc}$$

将其代入吉布斯吸附等温式，得 $\Gamma=\dfrac{abc}{RT(1+bc)}$

（2）将已知数据代入上式，得

$$\Gamma=\frac{0.0131\times19.62\times0.2}{8.314\times291.15\times(1+19.62\times0.2)}=4.31\times10^{-6}(\mathrm{mol\cdot m^{-2}})$$

（3）若 $bc\gg1$ 时，则 $1+bc\approx bc$

$$\Gamma_\infty=\frac{abc}{RT(1+bc)}=\frac{a}{RT}=\frac{0.0131}{8.314\times291.15}$$
$$=5.411\times10^{-6}(\mathrm{mol\cdot m^{-2}})$$

Γ_∞ 为吸附达饱和时每单位面积上吸附溶质的物质的量，$1\mathrm{m^2}$ 表面上吸附的分子数为 $\Gamma_\infty N_\mathrm{A}$，设每个丁酸的截面积为 S，则

$$S=\frac{1}{\Gamma_\infty N_\mathrm{A}}=\frac{1}{5.411\times10^{-6}\times6.022\times10^{23}}=3.07\times10^{-19}(\mathrm{m^2})$$

第五节 表面活性剂

一、表面活性剂的分类

凡溶解少量就能显著减小溶液表面张力的物质，称为表面活性剂。表面活性剂的分子具有“双亲结构”，即由极性的亲水基和非极性的亲油基两部分组成。通常用“○”表示亲水基，用“□”表示亲油基（憎水基），类似于火柴棒，如图 6-9 所示。以肥皂 $C_{17}H_{35}$-COONa（硬脂酸钠）为例，它的分子中有十七个碳的长链憎水（亲油）基团，也含有亲水的羧基基团，因此是有两亲结构的表面活性剂。

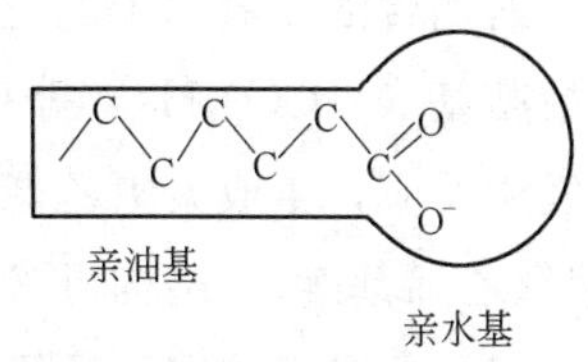

图 6-9 表面活性剂示意图

表面活性剂的亲油基部分结构变化主要是长链结构的不同，对表面活性剂性质影响不大；而它的极性部分变化较大，分类主要据此进行。根据表面活性剂分子溶于水后是否电离，可将它分为离子型和非离子型两类。

（一）离子型

能在水中电离为大小不同、电性相反的两部分离子的表面活性剂为离子型表面活性剂。根据电离后大离子所带电荷不同，又可分为阴离子型、阳离子型、两性型。

（1）阴离子型：大离子中亲水基部分为亲水性的阴离子。主要有羧酸盐、磺酸盐、硫酸酯盐、磷酸酯盐等。如肥皂（硬脂酸钠 $C_{17}H_{35}COO^{-}Na^{+}$）、洗涤剂（十二烷基磺酸钠 $C_{12}H_{25}SO_3^{-}Na^{+}$）。

（2）阳离子型：大离子中亲水基部分为亲水性的阳离子（亲水基），称为阳离子型表面活性剂。主要为胺盐，因伯、仲、叔胺盐溶解度太小，不适宜做活性剂，故以季铵盐为主，如新洁尔灭、杜米芬等。此类化合物对细胞膜有特殊吸附能力，能杀菌，常作为杀菌剂，不受 pH 值影响，但不宜与阴离子表面活性剂配合使用，因可发生相互结合而失效。

$$\left[C_6H_5-CH_2-\overset{CH_3}{\underset{CH_3}{N}}-C_{12}H_{25} \right]^{+} Br^{-} \qquad \left[C_6H_5-OCH_2CH_2-\overset{CH_3}{\underset{CH_3}{N}}-C_{12}H_{25} \right]^{+} Br^{-}$$

新洁尔灭　　　　杜米芬

（3）两性型：亲水基由电性相反的两个基团构成，这样的表面活性剂为两性型表面活性剂，如氨基酸型 $R—NHCH_2—CH_2COOH$ 和甜菜碱型 $R—N^{+}(CH_3)_2—CH_2COO^{-}$。

（二）非离子型表面活性剂

在水中不能电离为离子的表面活性剂，称为非离子型表面活性剂。因在溶液中并非呈离子状态，故稳定性高，不怕硬水，也不受 pH 值、无机盐、酸和碱的影响，并可和离子型表面活性剂同时使用，也不易在一般固体上强烈吸附，所以非离子型表面活性剂在某些方面比离子型表面活性剂性能优越，也能与各种药物配合，故在药剂学上获得广泛应用，发展很快。

非离子型表面活性剂主要分为两大类：含有在水中不电离的羟基—OH 和醚键—O—，并以它们作为亲水基。由于—OH 基和—O—键的亲水性弱，只靠一个羟基或醚键这样的弱亲水基团不能将很大的憎水基溶于水中，必须有几个这样的亲水基才能发挥出亲水性。这与只有一个亲水基就能发挥亲水性的阳离子和阴离子表面活性剂是大不相同的。

非离子型表面活性剂按亲水基分类，有聚氧乙烯型和多元醇型。两者性能和用途有较大的差异。如前者易溶于水，后者大多不溶于水。

1. 聚氧乙烯型非离子表面活性剂

聚氧乙烯型非离子表面活性剂是以含活泼氢原子的憎水性基团同环氧乙烷进行加成反应制成的。所谓含活泼氢原子的化合物，可以是含羟基（—OH）、羧基（—COOH）、氨基（$—NH_2$）和酰胺基（$—CONH_2$）等基团的化合物，这些基团中氢原子有很强的化学活性，容易与环氧乙烷发生反应，生成聚氧乙烯型表面活性剂，即有易溶于水的聚氧乙烯基—$(CH_2CH_2O)_n$—长链（聚氧乙烯基链），结构可参见后面的吐温类表面活性剂。例如：

（1）高级脂肪醇与环氧乙烷加成物：

$$ROH + n\underset{\diagdown O \diagup}{CH_2—CH_2} \longrightarrow RO(CH_2CH_2O)_nH$$

所用高级脂肪醇主要有月桂醇、十六醇、油醇、鲸蜡醇等。

（2）烷基酚和环氧乙烷的加成物：

$$\text{R}-\langle\bigcirc\rangle-\text{OH} + n\,\underset{\diagdown\ \text{O}\ \diagup}{\text{CH}_2-\text{CH}_2} \longrightarrow \text{R}-\langle\bigcirc\rangle-\text{O}(\text{CH}_2\text{CH}_2\text{O})_n\text{H}$$

所用烷基酚主要有壬基酚、辛基酚和辛基甲酚等。

（3）脂肪酸与环氧乙烷的加成物：

$$\text{RCOOH} + n\,\underset{\diagdown\ \text{O}\ \diagup}{\text{CH}_2-\text{CH}_2} \longrightarrow \text{RCOO}(\text{CH}_2\text{CH}_2\text{O})_n\text{H}$$

所用脂肪酸可为硬脂酸、月桂酸、油酸等。

（4）高级脂肪胺和脂肪酰胺的环氧乙烷加成

$$\text{C}_{12}\text{H}_{25}\text{NH}_2 + (m+n)\,\underset{\diagdown\ \text{O}\ \diagup}{\text{CH}_2-\text{CH}_2} \longrightarrow \text{C}_{12}\text{H}_{25}\text{N}\begin{cases}(\text{CH}_2\text{CH}_2\text{O})_m\text{H}\\(\text{CH}_2\text{CH}_2\text{O})_n\text{H}\end{cases}$$

$$\text{C}_{17}\text{H}_{33}\text{CONH}_2 + (m+n)\,\underset{\diagdown\ \text{O}\ \diagup}{\text{CH}_2-\text{CH}_2} \longrightarrow \text{C}_{17}\text{H}_{33}\text{CON}\begin{cases}(\text{CH}_2\text{CH}_2\text{O})_m\text{H}\\(\text{CH}_2\text{CH}_2\text{O})_n\text{H}\end{cases}$$

2. 多元醇型非离子表面活性剂

多元醇型非离子表面活性剂的主要亲水基是多元醇类、氨基醇类、糖类等。常用亲水基原料见表 6-7，所用的憎水基原料主要是脂肪酸。

甘油和季戊四醇是最常用的多元醇，与脂肪酸和月桂酸或棕榈酸酯化，可生成非离子表面活性剂，用作乳化剂或纤维油剂。因对人体无害，可广泛使用于食品和化妆品。

蔗糖有八个羟基，是理想的亲水基原料。由于蔗糖和天然油脂中的脂肪酸为百分之百天然产物，安全，无毒，无刺激，无污染，可生物分解，因此是非常理想的非离子型表面活性剂，在轻工、化工、食品、医药等工业部门有广泛应用。

山梨醇是葡萄糖加氢制得的六元醇，有六个羟基，在适当的条件下，分子内脱去一分子水，成为失水山梨醇。失水山梨醇是各种异构体的混合物，失水山梨醇再脱一分子水则成为二失水山梨醇。

失水山梨醇与高级脂肪酸酯化(先 1，5 失水，然后酯化）得到的非离子型表面活性剂商品名为“司盘”（Span）。根据酯化所用的脂肪酸不同，编成各种型号，见表 6-8。

表 6-7　多元醇型非离子表面活性剂的亲水基原料

类　型	名　称	化 学 式	脂肪酸酯或酰胺的水溶性
多元醇类	甘油 —OH 基数=3	CH_2-OH $\vert$ $CH-OH$ $\vert$ CH_2-OH	不溶，有自乳化性
	季戊四醇 —OH 基数=4	CH_2OH $\vert$ $HOCH_2-C-CH_2OH$ $\vert$ CH_2OH	不溶，有自乳化性
	山梨醇① —OH 基数=6	CH_2OH $\vert$ $CH-OH$ $\vert$ $HO-CH$ $\vert$ $CH-OH$ $\vert$ $CH-OH$ $\vert$ CH_2-OH	不溶～难溶，有自乳化性

续表

类型	名称	化学式	脂肪酸酯或酰胺的水溶性
多元醇类	失水山梨醇 —OH 基数=4	O H_2C　CH—CH_2OH HO—HC　CH—OH CH OH HO—CH—CH—OH CH_2　CHCH—CH_2 O　OH　OH 等的混合物	不溶，有自乳化性
氨基醇类	一乙醇胺	$H_2NCH_2CH_2OH$	不溶
	二乙醇胺	$HN(CH_2CH_2OH)_2$	1∶2摩尔型可溶② 1∶1摩尔型难溶①
糖类	蔗糖 —OH 基数=8	CH_2OH　CH_2OH H　CH—O　H　O　H C　OH　C　C　HHO　C HO　C—C　—O—　C—C　CH_2OH H　OH　HO　H	可溶～难溶

注：①从旋光异构体来看，有左旋和右旋，市场上出售的山梨醇是由左旋葡萄糖还原而得，故都是左旋体的；

②1∶2摩尔型。

$$C_{11}H_{23}CON(CH_2CH_2OH)_2 \qquad HN(CH_2CH_2OH)_2$$

1∶1摩尔型。

$$C_{11}H_{23}CON(CH_2CH_2OH)_2$$

表 6-8 失水山梨醇与聚氧乙烯失水山梨醇的酯类

酯化用酸	月桂酸 $R=C_{11}H_{23}$	棕榈酸 $R=C_{15}H_{31}$	硬脂酸 $R=C_{17}H_{35}$	油酸 $R=C_{17}H_{33}$
失水山梨醇	司盘 20	司盘 40	司盘 60	司盘 80
聚氧乙烯失水山梨醇	吐温 20	吐温 40	吐温 60	吐温 80

司盘类主要用作乳化剂，但因自身不溶于水，很少单独使用。如与其他水溶性表面活性剂混合使用，可发挥它良好的乳化力。

吐温（Tween）类是司盘的二级醇基通过醚键与亲水基团——聚氧乙烯基 $(CH_2CH_2O)_nCH_2CH_2OH$相连的一类化合物（司盘与环氧乙烷加成制得），和司盘一样，也编成不同的型号，见表 6-8。司盘与吐温类的结构式如下：

CH_2OCOR　HO　OH　OH　司盘类

$H\!\left(OCH_2CH_2\right)_x O$ —— CH_2OCOR　$O\!\left(CH_2CH_2O\right)_y H$　$O\!\left(CH_2CH_2O\right)_z H$　吐温类

吐温类化合物属于聚氧乙烯型非离子表面活性剂，因此亲水性比司盘类强，并随聚氧乙烯基量的增加而变大，这是由于醚键的氧原子与水中的氢结合形成氢键，增大了在水中的溶解度。当它溶于水后，亲水基由锯齿型变为曲折型，亲水性的氧原子处于链的外侧，憎水性的—CH_2—位于里面，因而链周围就变得易与水结合。示意如下：

憎水基—O　CH_2　CH_2　O　CH_2　CH_2　O　CH_2　CH_2　O　OH
CH_2　O　CH_2　CH_2　O　CH_2　CH_2　O　CH_2　CH_2

H_2O　H_2O　H_2O
憎水基—O　O　O　O　OH
O　O　O　O
H_2O　H_2O　H_2O　H_2O

这种结合力对温度极为敏感，温度升高氢键即被拆开，起脱水作用。非水合物溶解度比水合物的溶解度要小，故当温度升高时，非离子型表面活性剂即出现混浊或沉淀。这种由澄清变混浊的现象称为“起昙现象”，出现混浊时的温度称为昙点（浊点）。起昙现象一般来说是可逆的，当温度降低后，仍可恢复澄清。这种现象对所有聚氧乙烯型非离子表面活性剂都是一样的。

二、亲水-亲油平衡值

表面活性剂的亲水基的亲水性代表溶于水的能力，亲油基的亲油性代表溶于油的能力，若亲水性太强，则完全进入水相，若亲油性太强，则完全进入油相，亲水性和亲油性的强弱对表面活性剂的表面活性有很大的影响。格里芬（Griffn）提出了亲水-亲油平衡值—*HLB* 值（hydrophile lipophile balance）来表示表面活性剂的亲水性。*HLB* 值越大表示该表面活性剂的亲水性越强，*HLB* 值越小表示该表面活性剂的亲水性越差或亲油性越强。亲油性与亲油基的摩尔质量有关，亲油基越长，摩尔质量越大，亲油性越强而水溶性越差。例如含十八烷基的化合物就比含十二烷基的同类化合物难溶于水，因此亲油性的强弱可用亲油基的摩尔质量来表示。而亲水性，只有非离子型表面活性剂的亲水性可用亲水基的摩尔质量来表示。如聚氧乙烯型非离子表面活性剂，摩尔质量愈大，亲水性也愈大。非离子型表面活性剂的 *HLB* 值可用下式计算：

$$\text{非离子型表面活性剂的 } HLB \text{ 值} = \frac{\text{亲水基质量}}{\text{亲水基质量} + \text{亲油基质量}} \times \frac{100}{5} = \text{亲水基质量分数} \times 20 \tag{6-42}$$

石蜡完全没有亲水基，所以 *HLB* 值=0。完全是亲水基的聚乙二醇 *HLB* 值=20。这样，非离子型表面活性剂的 *HLB* 值就可用 0～20 之间的数值来表示。

对于大多数多元醇脂肪酸酯的值可按下式计算：

$$HLB = 20 \times \left(1 - \frac{S}{A}\right) \tag{6-43}$$

式中：S 为酯的皂化价——1×10^{-3} kg 油脂完全皂化时所需 KOH 的毫克数。

A 为脂肪酸的酸价——中和 1×10^{-3}kg 有机物的酸性成分所需 KOH 的毫克数。

例如单硬脂酸甘油酯，$S=161$，$A=198$，$HLB=20\times\left(1-\frac{161}{198}\right)=3.74$。

阴离子和阳离子型表面活性剂的 HLB 值不能用上述方法计算。因为这些物质亲水基的单位质量的亲水性比起非离子型表面活性剂要大得多，而且随着种类不同而不同，因此要用官能团 HLB 法来确定。各官能团的 HLB 值见表 6-9，要计算某一表面活性剂的值，只要把该化合物中各官能团的 HLB 值的代数和再加上 7 就是。

表 6-9 各官能团 *HLB* 值

亲水官能团	*HLB* 值	憎水官能团	*HLB* 值
$—SO_4Na—OSO_3Na$	38.7		
—COOK	21.1	$\overset{\vert}{—CH—}$	
—COONa	19.1	$—CH_2—$	−0.475
磺酸盐	约 11.0	$—CH_3$	
—N(叔胺 R_3N)	9.4	—CH=	
酯(山梨糖醇酐环)	6.8		
酯(自由的)	2.4		
—COOH	2.1		
—OH(自由的)	1.9	$—(CH_2—CH_2—CH_2—O)—$	−0.15
—O—	1.3		
—OH(山梨糖醇酐环)	0.5		

例如求十二烷基硫酸钠的 HLB 值为 $38.7+12\times(-0.475)+7=40.0$。官能团 HLB 法的优点是它有加和性。

混合表面活性剂的 HLB 值可根据下式求得：

$$HLB=\frac{[HLB]_A\times m_A+[HLB]_B\times m_B}{m_A+m_B} \tag{6-44}$$

式中 $[HLB]_A$ 表示 A 活性剂的 HLB 值，$[HLB]_B$ 表示 B 活性剂的 HLB 值，m_A 表示 A 活性剂的质量，m_B 表示 B 活性剂的质量。例如，以 40%的司盘 20（HLB 值=8.6）和 60%的吐温 60（HLB 值=14.9）相混合，其混合 HLB 值$=8.6\times0.4+14.9\times0.6=12.4$。但是，并不是所有表面活性剂都能用此算式计算，必须用实验方法验证。HLB 值与表面活性剂在水中的溶解性及作用的关系见表 6-10 及表 6-11。

表 6-10 *HLB* 值与其在水中的分散性

HLB 值	在水中的分散情况
1～3	不分散
3～6	分散不好
6～8	不稳定乳状分散
8～10	稳定乳状分散
10～13	半透明至透明分散
>13	透明溶液

表 6-11　*HLB* 值及其适当用途

HLB 值	应　用
1～3	消泡剂
3～6	*W*/*O* 乳化剂
7～9	润湿剂
8～13	*O*/*W* 乳化剂
13～15	洗涤剂
15～18	增溶剂

三、表面活性剂的作用

概括地说来，表面活性剂具有增溶、乳化、破乳、润湿、助磨、助悬（分散）、发泡和消泡，以及匀染、防锈、杀菌、消除静电等作用，因此在许多生产、科研和日常生活中被广泛地使用。这里仅介绍与中药生产有关的一些知识。

（一）增溶作用

1. 胶束的形成

表面活性剂加入水中后，它不但定向吸附在水溶液表面，而且在溶液中发生定向排列而形成一种聚集体，即所谓胶束，又称胶团。这是因为表面活性剂为使自己成为溶液中的稳定成分，而不得不采取的两种方式，一是尽可能把亲水基留在水中，憎水基伸向空气，这样，表面活性分子便吸附在液气界面上，降低了表面张力，形成定向排列在表面上的单分子膜，见图 6-10。二是使表面活性分子的憎水基互相靠在一起，以减小憎水基与水的接触面积，这样就形成了胶束。见图 6-11。

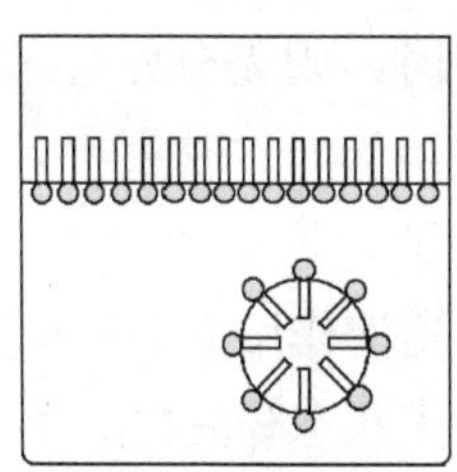

图 6-10　胶束的形成

一般胶束大约由几十个到几百个双亲分子组成，平均半径大约几个纳米。形成胶束所需的表面活性剂的最低浓度称为临界胶束浓度（critical micelle concentration），简称 *CMC*。*CMC* 值一般有一个极窄的范围，在 *CMC* 值以下，不能形成胶束，但也可有少数（10 个以下）的表面活性剂的分子聚集成缔合体，称为小型胶束，随着浓度增大，胶束的尺寸增大，当达到 *CMC* 值时，形成球状胶束。浓度再继续增大时，依据 X 射线的衍射实验结果，胶束为层状结构，亲水基向外，而非极性的亲油基则定向地向内排列。浓度更浓时，根据光散射实验结果，认为胶束是棒状结构。

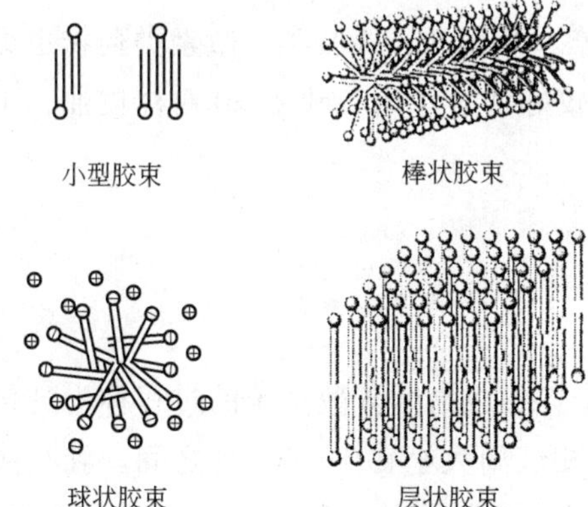

图 6-11　胶束的各种形状

CMC 值随表面活性剂的种类和外部条件的不同而异，若亲油基的碳氢链长而直，分子间引力就大，有利于胶束形成，临界胶束浓度就较低；相反，碳氢链短而支链多，则分子间的几何障碍大，不利于形成胶束，临界胶束浓度就高。一般形成胶束的临界浓度为 0.001～0.02mol · L^{-1}，相当于 0.02%～0.4%。如在 298K 的水溶液中，用电导测得的十二烷基苯磺酸钠的 *CMC* 值

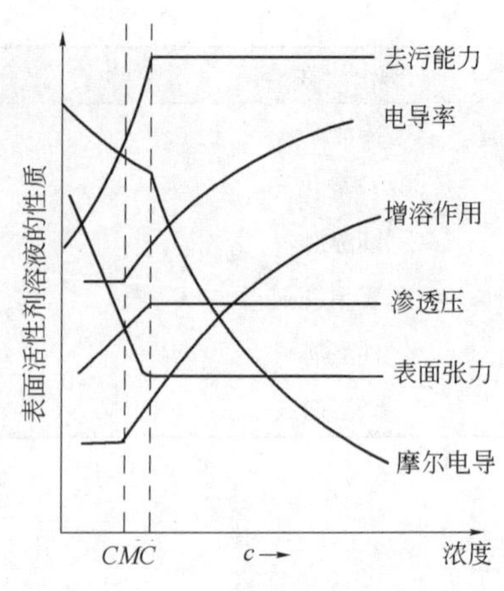

图 6-12 浓度对系统性质的影响

为 $1.2\times10^{-3}\mathrm{mol\cdot L^{-1}}$。

在临界胶束浓度附近，由于胶束形成前后水中的双亲分子排列情况以及总粒子数目发生了剧烈变化，反映在宏观上就出现了表面活性剂溶液的理化性质如表面张力、溶解度、渗透压、电导率、去污能力等性质都发生改变，见图 6-12。利用表面活性剂溶液某些理化性质的突变，可测定胶束的临界胶束浓度。

2. 增溶机理

将溶解度很小的药物，加入到形成胶团的表面活性剂的溶液中，药物分子可以钻进胶团内部，分布在胶团的中心和夹缝中，使溶解度明显提高，这种现象称为增溶作用。增溶作用与表面活性剂在水溶液中形成胶束有关，只有当表面活性剂的浓度达到或超过 *CMC* 值，才有增溶作用。

下面以非离子型表面活性剂吐温类化合物为例，说明对各种物质的增溶情况，见图 6-13。若被增溶的物质为非极性分子如苯、甲苯等，则“溶解”在胶束的烃基中心区域；若为弱极性分子，如水杨酸，则“溶解”时在胶束中定向排列；如果是强极性分子，如对羟基苯甲酸“溶解”时，则完全分布在栅状层区域（即聚氧乙烯链之间）。由此可见，不溶物分子首先被吸附或“溶解”在胶束中，然后再分散到水中，从不溶解的聚集状态变为胶体分散状态而“溶解”了。

增溶作用不是溶解作用，溶解过程是溶质以分子或离子状态分散在溶液中，因而溶剂的依数性有明显的变化。而增溶过程很多溶质分子一起进入胶团中，因而溶液的依数性（如沸点、渗透压等）无明显的变化。增溶与乳化也不相同，增溶过程系统的自由能降低，形成稳定的系统，而乳状液是多相不稳定系统。表面活性剂增溶的过程可以看作结构相似的基团通过抱团方式，实现相似相溶的集体效应。

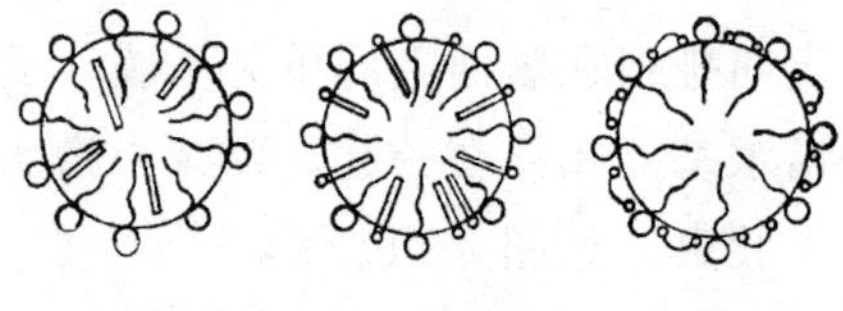

图 6-13 增溶机理示意图

增溶作用的应用相当广泛，很多药物的制备需要加入增溶剂，如氯霉素在水中只能溶解 0.25%左右，加入 20%的吐温-80 后，溶解度可增大到 5%。其他如维生素、挥发油、磺胺类、激素类药物也可用吐温来增溶。应用吐温-20 对薄荷油、茴香油、芥子油有较好增溶作用，吐温-80 对桂皮油、丁香油、冬青油增溶效果好。

（二）乳化作用

1. 乳状液

一种液体分散在另一种不互溶（或部分互溶）的液体中，形成高度分散系统的过程称为乳化作用（emulsification），得到的分散系统称为乳状液。分散相液滴大小在 1～50μm 之间。乳状液可分为两类：一是油（*O*）（泛指不溶于水的液态有机化合物）分散在水（*W*）中，称水包油型，以 *O*/*W* 符号表示；另一类是水分散在油中，称为油包水型，以符号 *W*/*O* 表示。

乳状液的制备一般采用机械分散法，如机械搅拌、超声波分散等方法。不管何法，制得的乳

状液都是一种高度分散系统，其相界面很大，具有很高的表面吉布斯自由能，属热力学不稳定系统。因此，要想制得较稳定的乳状液，必须加入乳化剂。

制备乳状液时先将适量的乳化剂加入分散介质中，然后将分散相少量而缓慢地加入到介质中，同时不断地强烈搅拌，即可得到乳状液。

制得的乳状液属何种类型，可用以下方法鉴别：

（1）稀释法：将乳状液中加入水，如不分层，说明可被水稀释，为 O/W 型乳状液；如分层，说明不能被水稀释，则为 W/O 型乳状液。

（2）染色法：将高锰酸钾等亲水性染料加到乳状液中，如果色素分布是连续的，则为 O/W 型，如不连续，则是 W/O 型；如将亲油染料（朱红或苏丹Ⅲ）加入到乳状液中，则结果和上面相反。

（3）电导法：在乳状液中插入两根电极，导电性大的为 O/W 型，导电性小的为 W/O 型。

2. 乳化剂

乳化剂可分成两类，一类是亲水性乳化剂，它易溶于水而难溶于油，可使 O/W 型乳状液稳定，如水溶性皂类（一价皂，钠、钾、锂皂，银皂除外）、合成皂类（$ROSO_3Na$、RSO_3Na 等）、蛋黄、酪蛋白、植物胶、淀粉、硅胶、碱式碳酸镁、陶土等都能稳定 O/W 型乳状液。另一类是亲油性乳化剂，易溶于油而难溶于水，可使 W/O 型乳状液稳定，如二、三价金属皂类（钙、铝皂）、高级醇型、脂类、石墨、炭黑、松香、羊毛脂等均可稳定 W/O 型乳状液，因此，欲制备 O/W 型乳状液必须加入亲水性乳化剂，欲制备 W/O 型乳状液必须加入亲油性乳化剂。

为什么加入亲水性乳化剂可制得 O/W 型乳状液，加入亲油性乳化剂可制得 W/O 型乳状液呢？这是因为一个界面膜有两个界面，存在 $\sigma_{水}$ 和 $\sigma_{油}$ 两个界面张力，这两个界面张力大小不同，因而膜总是向界面张力大的那面弯曲，因这样可减少这个面的面积，使系统趋于稳定，结果在界面张力大的一边的液体就被包围起来，成了分散相。亲水性的乳化剂能较大地降低水的表面张力，使水相的表面张力小于油相的表面张力，结果膜就向油这边弯曲，把油包围，油相就成了分散相，因而成了 O/W 型乳状液，而亲油性的乳化剂使油的表面张力降低更多，使油相的表面张力小于水相的表面张力，结果膜就向水这边弯曲，把水包围，成为 W/O 型乳状液。

乳化剂使乳状液稳定的原因主要有以下几方面：

（1）降低表面张力：乳化剂大多是表面活性物质，能吸附在两相的界面上，降低分散相和分散介质的表面张力，减少聚结倾向而使系统稳定。但是只是降低表面张力还不足以使乳状液长期保持稳定，也不能解释为何一些非表面活性的物质如固体粉末等也能使乳状液稳定。

（2）生成坚固的保护膜：保护膜能阻碍液滴的聚集，大大提高了乳状液的稳定性，这是使乳状液稳定的最重要原因。

保护膜有表面膜、固体粉末粒子膜和定向楔薄膜三种。

表面膜：乳化剂的极性端总是与水接触，非极性端总是与油接触，故能定向地排列在油水界面上形成单分子吸附膜。乳化剂足够时，排列紧密，形成的表面膜也较牢固。如图 6-14 所示。

固体粉末粒子膜：对于非表面活性物质，如各种粉末及各种胶所生成的薄膜（如图 6-15），稳定性主要取决于膜的机械强度。能稳定何种乳状液则决定于固体粉末的润湿作用，如能被水润湿就能稳定 O/W 型乳状液，如能被油润湿则能稳定 W/O 型乳状液。

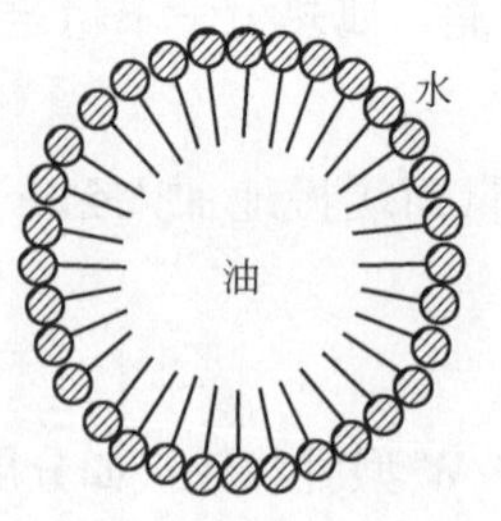

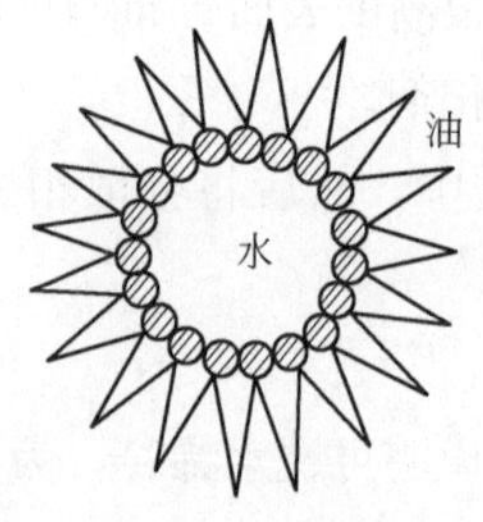

图 6-14 一价金属皂膜和高价金属皂膜图

外相
粉末
内相

图 6-15 固体粉末粒子膜

定向楔薄膜：Cs、K、Na 等一价金属皂，朝向水的是金属离子，朝向油的是碳氢链，金属离子亲水性强，易水化生成水化层，增大了这一端占有的空间，这样，极性基部分的横切面积比非极性基部分的横切面积大，较大的极性基被拉入水层将油滴包住，形成了 *O/W* 型乳状液；这类分子的外形像楔子，故称定向楔，见图 6-14。而 Ca、Mg、Al、Zn 等高价金属皂，分子形状呈"V"形，两个碳氢链同在一侧，互相排斥形成空间角，占有的空间较大，分子大部分进入油层将水滴包住，形成了 *W/O* 型乳状液，见图 6-14。

(3) 液滴带有电荷：对于 *O/W* 型乳状液，如用皂类乳化（如钠皂 RCOONa），亲水一端的羧基会离解成 $RCOO^-$，所以液滴界面为负电荷所包围，异号离子 Na^+ 分布在其周围，在 *W/O* 型乳状液中，液滴带电是由于液滴与介质之间的摩擦，犹如玻璃棒与毛皮摩擦生电一样，带电符号可用柯恩（Coehn）经验规则确定，即当两物体接触时，介电常数较高的物质带正电，水的介电常数大于常见的液态有机化合物，故在 *O/W* 型乳状液中，油滴带负电，而在 *W/O* 型乳状液中，水滴带正电。由于膜外电荷，液滴彼此排斥，可防止因碰撞而发生聚结，从而增加了乳状液的稳定性。

两相体积的比例也会影响乳状液的类型。同一半径的圆球，有六方和立方两种最紧密堆积方式，无论用哪一方式，圆球皆占总体积的 74.02%，孔隙率是 25.98%。若分散相的体积超过 74%，会导致乳状液的变型或破坏。对于一定系统，分散相体积占总体积的 0.26～0.74 之间时，*O/W* 型与 *W/O* 型皆可形成，在 0.26 以下或 0.74 以上，只能有一种类型存在。这一理论有一定的实验基础，但不能解释所有的变型现象。

3. 破乳

在药物生产过程中往往会形成不必要的乳状液，引起操作困难，所以要加以破坏。这可以从破坏乳化剂着手。破坏乳状液主要是破坏乳化剂的保护作用，最终使水和油两相分离。常用的有物理法和化学法，物理法包括加温、加压、离心、电破乳等方法。化学法是加入破坏乳化剂的试剂，或加入起相反作用的乳化剂破乳等。

（三）发泡与消泡

1. 发泡

不溶性气体高度分散在液体中所形成的分散系称为泡沫，属热力学不稳定系统。要得到稳定的泡沫必须加入作为发泡剂的表面活性剂，如皂素类、蛋白质类、合成洗涤剂、固体粉末如石墨等。发泡剂分子定向地吸附在液膜表面，降低表面张力，同时形成具有一定机械强度的膜，保护泡沫不因碰撞而破裂。使泡沫稳定的另一因素是要液膜有适当的黏度，否则，泡与泡之间的液体将因流失太快而使液壁迅速变薄，以致气泡容易破裂，通常，加入少量添加剂（如甘油）即可达到调节液膜黏度的目的。发泡剂分子链愈长，其分子间引力也愈大，膜的机械强度就越高，泡沫就越稳定。固体粉末能稳定泡沫的原因和稳定乳状液的原因相同。

2. 消泡

在医药工业中消泡远较发泡更为重要。特别是发酵、中药提取、蒸发过程中大量泡沫存在带来危害很大，故须加入消泡剂破坏泡沫，常用消泡剂有：

（1）天然油脂类：玉米油、豆油、米糠油、棉籽油等，亲水性差，在水中难以铺展，消沫活性较低，但无毒性，故仍广为应用。

（2）醇、醚、酯类：一般指含有 5～8 个碳原子碳链的醇、醚、酯类（如辛醇、磷酸三丁酯等），因其表面活性较大，能顶替原起泡剂，但本身碳氢链较短，无法形成牢固薄膜，致使泡沫破裂，适用于小规模快速破沫。

（3）聚醚类（泡敌）：如聚氧乙烯氧丙烯丙二醇（pluronic L 61L81），这类新型高效消泡剂的分子结构为

$$\underset{\text{疏水}}{H—(OC_3H_6)_m}—\underset{\text{亲水}}{(OC_2H_4)_n}—(C_3H_6O)_m—(C_2H_4O)_n—(C_3H_6O)_m—H$$

疏水基聚氧丙烯链与亲水基聚氧乙烯链重复间隔出现，消沫作用是靠分子中的疏水链，而亲水作用是靠亲水链与水形成氢键。

（四）助磨作用

在固体物料的粉碎过程中，若加入表面活性物质（称为助磨剂），可增加粉碎程度，提高粉碎的效率。若不加任何助磨剂，当磨细到颗粒度达几十微米以下时，颗粒很小，比表面很大，系统具有很大的表面吉布斯自由能，处于热力学的高度不稳定状态。在一定的温度和压力下，表面吉布斯函数有自动减少的趋势，在没有表面活性物质存在的情况下，只能靠表面积自动地变小，即颗粒度变大，以降低系统的表面吉布斯自由能。因此，若想提高粉碎效率，得到更细的颗粒，必须加入适量的助磨剂。在固体的粉碎过程中，助磨剂能很快地定向排列在固体颗粒的表面上，使固体颗粒的表面张力明显降低，而且还可自动地渗入到微细裂缝中去并能向深处扩展，如同在裂缝中打入一个“楔子”，起着一种劈裂作用，如图 6-16(a) 所示，在外力的作用下加大裂缝或分裂成更小的颗粒。多余的表面活性物质的分子很快地吸附在这些新产生的表面上，以防止新裂缝的愈合或颗粒相互间的黏聚。另外，由于表面活性物质定向排列在颗粒的表面上，而非极性的碳氢基朝外，如图 6-16(b) 所示，使颗粒不易接触、表面光滑、易于滚动，这些因素都有利于粉碎效率的提高。

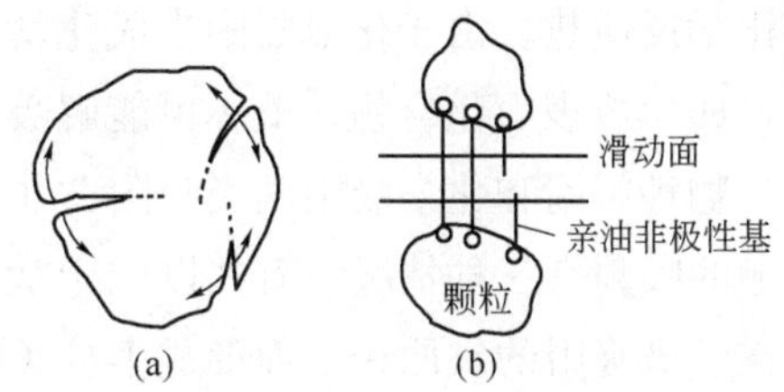

图 6-16　表面活性剂的助磨作用

（五）助悬作用

由不溶性的固体粒子（半径＞100nm）分散在液体中所形成的系统称为混悬液。混悬液和乳状液一样，属于热力学不稳定系统，固体粒子有自动合并聚结及由于粒子自身重力作用而迅速沉降的倾向，要得到较稳定的混悬液必须加入稳定剂。稳定剂主要是表面活性剂和大分子化合物。大分子化合物（例如蛋白质、琼脂、淀粉等）加入混悬液后，大分子粒子吸附在悬浮粒子的周围，形成水化膜而妨碍它们的相互聚结；表面活性剂主要是通过降低界面张力形成水化膜，使混悬液稳定。一般磺胺类药物、硫粉等疏水性物质，接触角 θ 大于 90°，不易被水润湿，且 θ 角越大，疏水性越强，加入表面活性剂后，可使疏水性物质转变为亲水性物质，从而增加混悬液的稳定性。

第六节 固-气表面上的吸附

当气体与固体表面相接触时，该气体能自动富集停留在固体表面的现象，称为吸附。被吸附的气体称吸附质，具有吸附作用的固体物质称吸附剂。如在充满溴蒸气的玻璃瓶中，加入一些活性炭，可看到瓶中的红棕色气体逐渐消失，这就是溴的气体分子被活性炭吸附的结果。

由于固体表面的分子处于力的不平衡状态，具有很大的表面吉布斯自由能，又由于固体不具流动性，不能自动减小表面积来降低系统的表面吉布斯自由能，因而只能以固体表面分子的剩余力场对气体进行吸附，使气体分子在固体表面上发生相对聚集，因凝聚而放热，从而降低固体的表面吉布斯自由能，使系统变得比较稳定。

显然，在一定的温度和压力下，当吸附剂和吸附质的种类一定时，被吸附气体的量将随吸附表面的增加而加大。因此，为提高吸附剂的吸附能力，必须尽可能增大吸附剂的表面。只有那些比表面很大的物质，才是良好的吸附剂。

吸附按作用力的性质可分为物理吸附和化学吸附两类。

一、物理吸附和化学吸附

物理吸附是由于分子间作用力引起的，作用力较弱，无选择性。一般来说，易液化的气体容易被吸附，如同气体被冷凝于固体表面一样，吸附放出的热与气体的液化热相近，约为20～40kJ·mol^{-1}。在物理吸附中被吸附的分子可形成单分子层，也可形成多分子层吸附，吸附速度和解吸速度都较快，易达平衡，在低温下进行的吸附多为物理吸附。

化学吸附中，吸附剂和吸附质之间有电子的转移、原子的重排、化学键的破坏与形成等，因此有选择性，即某一吸附剂只对某些吸附质发生化学吸附，如氢能在钨或镍的表面上进行化学吸附，但与铝或铜则不能发生化学吸附。化学吸附放出的热很大，约为 40～400 kJ·mol^{-1}，接近于化学反应热。由于化学吸附生成化学键，所以只能是单分子层吸附，且不易吸附和解吸，平衡慢，如生成表面化合物，就不可能解吸。化学吸附常在较高温度下进行。

物理吸附和化学吸附两类吸附并非不相容，在指定条件下二者可同时发生，例如 O_2 在金属钨上的吸附有三种情况：有些以原子状态被吸附，有些以分子状态被吸附，还有一些氧分子被吸附在已被吸附的氧原子上面形成多分子层吸附。

二、固-气表面吸附等温线

定量研究吸附情况，必须先测量吸附量。吸附量是指在吸附达平衡时，单位质量固体吸附剂所吸附气体物质的量（mol）或体积（STP）。如质量为 $m$kg 的吸附剂，吸附气体 $x$mol，则吸附量为 $\Gamma=\dfrac{x}{m}$ 或 $\Gamma=\dfrac{V}{m}$，对一定量固体吸附剂，吸附达平衡时，其吸附量与温度及气体的压力有关，$\dfrac{x}{m}=f(T,p)$，实际上往往固定一个变数，求出其他两个变数之间的关系。在恒压下，测定不同温

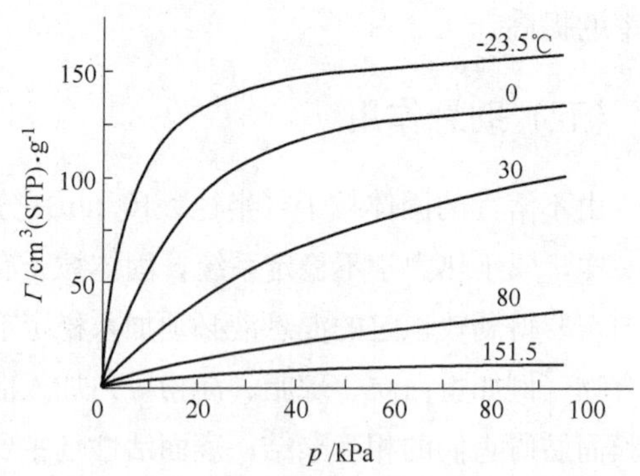

图 6-17 氨在木炭上的吸附等温线

度下的吸附量，得到的曲线称为吸附等压线。恒温下测定不同压力下的吸附量所得的曲线称为吸附等温线。如图 6-17 所示即为氨在木炭上的吸附等温线，由图可知，在低压部分，压力的影响很显著，吸附量与气体压力呈直线关系，当压力升高时，吸附量的增加渐趋缓慢，当压力足够高时，曲线接近于一条平行于横轴的直线（-23.5℃最为明显）。由图还可知，当压力一定时，温度升高吸附量下降。从实验测定的大量吸附等温线中，可归纳为五种类型的曲线。如图 6-18 所示。

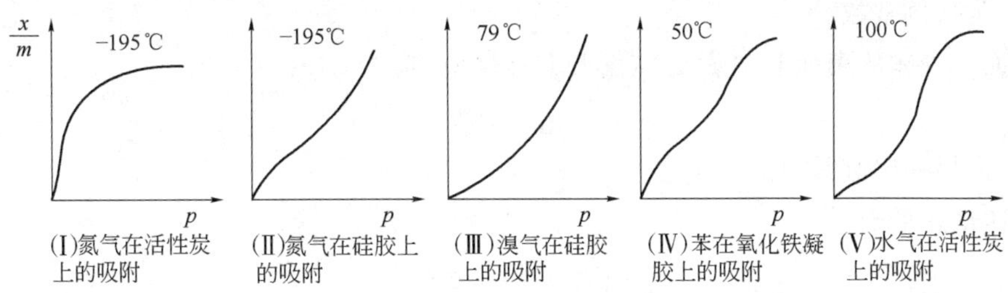

图 6-18　五种类型的吸附等温线

三、弗劳因特立希经验式

由于固体表面情况的复杂性，因此在处理固体表面吸附时，多使用经验公式。下面介绍比较常用的弗劳因特立希（Freundlish）经验式，其等温式为

$$\frac{x}{m}=kp^{1/n} \tag{6-45}$$

式中 p 是吸附平衡时气体的压力（以 Pa 为单位），k 和 n 是与吸附剂、吸附质种类以及温度等有关的经验常数，k 值可看作是单位压力（$p^{\ominus}$）时的吸附量，k 值随温度升高而减小。

将上式取对数，得

$$\lg\frac{x}{m}=\lg k+\frac{1}{n}\lg p \tag{6-46}$$

以 $\lg\frac{x}{m}$ 对 $\lg p$ 作图应得一直线，由直线的截距与斜率可求出 k 和 n 的值。斜率 $\frac{1}{n}$ 的值在 0～1 之间，其值愈大，吸附量随压力变化也愈大。

弗劳因特立希经验式只适用于中等压力范围，当应用于高压或低压范围则有较大的偏差。因为它是经验式，不能从该式推测吸附机理。

四、单分子层吸附理论——朗格茂吸附等温式

朗格茂（Langmuir）在研究低压下气体在金属上的吸附时，根据实验数据发现了一些规律，然后又从动力学的观点提出了一个吸附等温式，总结出了朗格茂单分子层吸附理论。这一理论的基本假设是：

（1）因为吸附剂表面分子存在剩余力场，当气体分子碰撞到固体表面时，其中一部分被吸附并放出吸附热。但是气体分子只有碰撞到尚未被吸附的空白表面才能发生吸附作用。当固体表面上已盖满一层吸附分子之后，这种力场得到了饱和，因此吸附是单分子层的。

（2）吸附为动态平衡，在一定温度下，吸附质在吸附剂表面上的“蒸发”（解吸）速率等于它“凝结”（吸附）于空白处的速率。

（3）已被吸附的分子之间无作用力。

（4）固体表面是均匀的。

设某一瞬间，固体表面已被吸附分子占据的面积分数为 θ，则未被吸附分子占据的面积分数应为 $1-\theta$。按气体分子运动论，每秒钟碰撞单位面积的气体分子数与气体压力 p 成正比，因此气体在表面上的“凝结”（吸附）速度 v_2 为

$$v_2 = k_2 p(1-\theta) \tag{6-47}$$

式中 k_2 为比例常数。

另一方面，气体从表面上“蒸发”（解吸）速度 v_1 应为

$$v_1 = k_1 \theta \tag{6-48}$$

式中 k_1 为另一比例常数。

当吸附达动态平衡时，

$$k_2 p(1-\theta) = k_1 \theta \tag{6-49}$$

$$\theta = \frac{k_2 p}{k_1 + k_2 p} \tag{6-50}$$

令 $b=\frac{k_2}{k_1}$，上式变为

$$\theta = \frac{bp}{1+bp} \tag{6-51}$$

式中 b 称吸附系数。也就是吸附作用的平衡常数，其大小与吸附剂、吸附质的本性及温度的高低有关，b 值越大，表示吸附能力越强。一般高温不利于吸附，有利于解吸，b 值较小。

以 Γ 表示在压力 p 时，一定量吸附剂的吸附量。显然在较低的压力下，θ 应随平衡压力的上升而增加，在压力足够大后，θ 应趋于 1，这时吸附量不再随压力的增加而增加，以 Γ_∞ 表示最大吸附量，即当吸附剂表面全部被一层吸附质分子覆盖时的饱和吸附量，对任意时刻 θ 应满足

$$\theta = \frac{\Gamma}{\Gamma_\infty} \tag{6-52}$$

$$\frac{\Gamma}{\Gamma_\infty} = \frac{bp}{1+bp} \tag{6-53}$$

此式即为朗格茂吸附等温式，它能较好地说明图示的吸附等温线，在低压、高温情况下，$bp \ll 1$，$1+bp \approx 1$，$\Gamma = \Gamma_\infty bp$，因 $\Gamma_\infty b$ 为常数，故 Γ 与 p 成正比。在高压、低温情况下，$bp \gg 1$，$1+bp \approx bp$，则 $\Gamma = \Gamma_\infty$，相当于吸附剂表面已全部被单分子层的吸附质分子覆盖，所以压力增加，吸附量不再增加。在中压范围符合

$$\Gamma = \Gamma_\infty \frac{bp}{1+bp}$$

保持曲线形式。

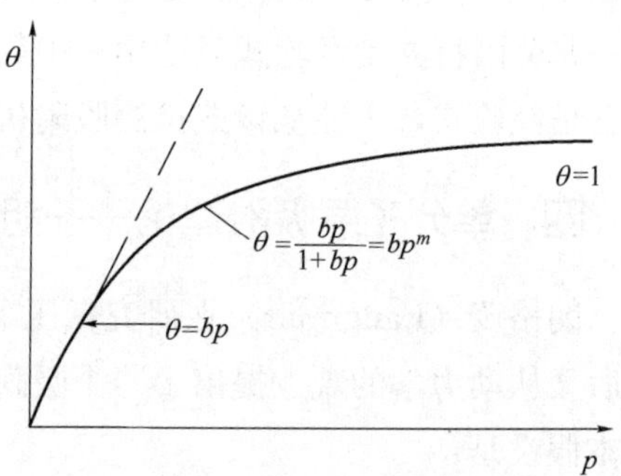

图 6-19　朗格茂吸附等温式示意图

式 6-53 两边除以 Γb，整理后得

$$\frac{p}{\Gamma} = \frac{1}{\Gamma_\infty b} + \frac{p}{\Gamma_\infty} \tag{6-54}$$

以 $\frac{p}{\Gamma}$ 对 p 作图应得一条直线，斜率为 $\frac{1}{\Gamma_\infty}$，截距为 $\frac{1}{\Gamma_\infty b}$，故可由斜率及截距求得 Γ_∞ 及 b。

根据在中压范围内的大量实验数据，朗格茂等温式符合单分子层吸附情况，并能较完满地解

释图 6-18 中（Ⅰ）类吸附等温线，对多分子层吸附的（Ⅱ）至（Ⅴ）类吸附等温线则不能解释，但它仍不失为吸附理论中一个重要的基本公式。

五、多分子层吸附理论——BET 吸附等温式

1938 年布鲁瑙尔（Brunauer）、埃米特（Emmett）和特勒（Teller）三人提出了多分子层吸附理论，该理论认为分子吸附主要靠范德瓦尔斯力，不仅是吸附剂与气体分子之间，而且气体分子之间均有范德瓦尔斯力，因此气体中分子若撞在一个已被吸附的分子上也有被吸附的可能。也就是说，吸附是多分子层的。各相邻吸附层之间存在着动态平衡，并不一定等一层完全吸附满后才开始吸附下一层。吸附平衡在各层分别建立。第一层吸附是靠固体表面分子与吸附质分子之间的分子间引力，第二层以上的吸附则靠吸附质分子间的引力，由于两者作用力不同，所以吸附热也不同。如图 6-20 所示的 BET 模型，设裸露的固体表面积为 S_0，吸附了单分子层的表面积为 S_1，第二层面积为 $S_2 \cdots S_0$ 吸附了气体分子则成为单分子层，S_1 吸附的气体分子脱附则又成为裸露表面，平衡时裸露表面的吸附速度和单分子层的脱附速度相等，同样，单分子层再吸附气体分子形成双分子层，双分子层脱附形成单分子层，平衡时单分子层的吸附速度与双分子层的脱附速度相等，以此类推。假定吸附层为无限层，经数学处理后可得到如下的 BET 吸附等温式：

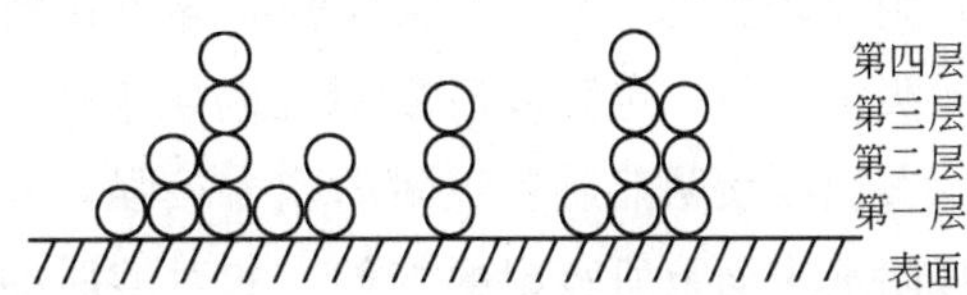

图 6-20　BET 多分子层吸附模型

$$\frac{p}{\Gamma(p^* - p)} = \frac{1}{\Gamma_\infty C} + \frac{C-1}{\Gamma_\infty C} \cdot \frac{p}{p^*} \tag{6-55}$$

式中 p 表示被吸附气体的气相平衡分压；p^* 表示被吸附气体在该温度下的饱和蒸气压；C 表示与温度及性质有关的常数；Γ_∞ 表示每千克固体吸附剂表面全部被一单分子层吸附质分子覆盖满时的吸附量。

由上式可知，以 $\frac{p}{\Gamma(p^* - p)}$ 对 p/p^* 作图，可得一直线，其斜率为 $(C-1)/\Gamma_\infty C$，截距为 $1/\Gamma_\infty C$。从斜率和截距的值可求出 Γ_∞，即 $\Gamma_\infty = 1/$(斜率+截距)。

上式中有两个常数 C 和 Γ_∞，所以称为二常数式。它只适合于相对压力（p/p^*）在0.05～0.35 范围内，超出此范围则误差较大，其原因主要是没有考虑表面的不均匀性，以及同一层上被吸附分子之间的相互作用力。还有人认为误差主要是未考虑毛细管凝结作用等，所谓毛细管凝结现象，是指被吸附的气体在多孔性吸附剂的孔隙中凝结为液体的现象。这样，吸附量将随压力增加而迅速增加，这就是图 6-18 中（Ⅱ）类吸附等温线在 p/p^* 达0.4以上时曲线向上弯曲的原因。用 BET 吸附式可以对各类吸附等温线做出解释，这里从略。

第七节　固-液界面上的吸附

固体自溶液中的吸附是最常见的吸附现象之一。固-液界面上的吸附作用不同于气-固吸附。首先，吸附剂既可吸附溶质也可吸附溶剂，也就是说，在固体表面上溶质分子和溶剂分子互相制约。其次，固体吸附剂大多数是多孔性物质，孔洞有大小，表面结构较复杂，溶质分子进入较难，速度慢，故达平衡所需时间较长。再次，被吸附的物质可以是中性分子，也可以是离子，故固-液界面上的吸附，可以是分子吸附，也可以是离子吸附。

一、分子吸附

分子吸附就是非电解质及弱电解质溶液中的吸附。将一定量的吸附剂 m(kg) 与一定体积 $V(\mathrm{dm}^3)$、已知质量浓度 ρ_{B1}(单位 $\mathrm{kg \cdot dm^{-3}}$) 的溶液放在锥形瓶内充分振摇，达成吸附平衡后，过滤，分析滤液的浓度 ρ_{B2}，即可计算得到表观吸附量 $\Gamma_{表观}$（每千克吸附剂所吸附溶质 B 的质量)。

$$\Gamma_{表观}=V\frac{\rho_{B1}-\rho_{B2}}{m} \tag{6-56}$$

由于在计算中未考虑溶剂的吸附，而实际上也有一部分溶剂被吸附（ρ_{B2} 偏大)，因此式 6-56 吸附量的计算值低于实验值，称为表观吸附量 $\Gamma_{表观}$。

固体在稀溶液中的吸附等温线有四种主要类型，如图 6-21 所示，最常见的是 L 型（即朗格茂型）和 S 型，Ln 型（直线型）和 HA 型（强吸附型）则比较少见。S 型等温线表示溶质在低浓度时不易吸附，到一定浓度后就明显地易于进行。L 型吸附等温线表明溶质被吸附的能力较强，并易于取代吸附剂表面上所吸附的溶剂。如对溶质的吸附能力很强而对溶剂的吸附能力很弱，即便在稀溶液中溶质也能被完全吸附，则为 HA 型吸附。当溶质进入吸附剂结构，并使之膨胀时发生的吸附属于 Ln 型。

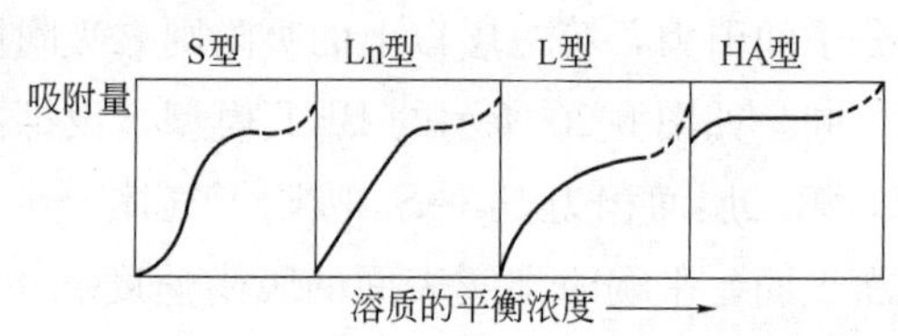

图 6-21　固体在稀溶液中的吸附等温线

固-液界面吸附等温式，也可分别用弗劳因特立希、朗格茂、BET 等温式来表示，只要将溶液的浓度 c 代替以上各式中的 p 即可，从式 6-45 可得

$$\frac{x}{m}=kc^{1/n} \tag{6-57}$$

从式 6-53 可得

$$\Gamma=\Gamma_{\infty}\frac{bc}{1+bc} \tag{6-58}$$

但应指出，这是纯经验性的，各项常数并无明确的含义。

由于固-液吸附比较复杂，影响固-液吸附的因素较多，其理论尚未能完全阐明，只是据实践总结出一些经验规律：

（1）使固体表面吉布斯函数降低最多的溶质吸附量最大。

（2）极性吸附剂容易吸附极性的溶质，非极性吸附剂容易吸附非极性的溶质。例如：活性炭是非极性的，硅胶是极性的，前者吸水能力差，后者吸水能力强。故在水溶液中活性炭是吸附有机物的良好吸附剂，而硅胶适宜于吸附有机溶剂中的极性溶质。

（3）溶解度愈小的溶质愈易被吸附。

（4）温度的影响：吸附为放热反应，温度越高，吸附量越低。

二、离子吸附

离子吸附是指强电解质溶液中的吸附，包括专属吸附和离子交换吸附。

1. 专属吸附

离子吸附有选择性，吸附剂往往能优先吸附其中某种正离子或负离子，被吸附的离子因静电引力的作用，吸引一部分带异性电荷的离子，形成了紧密层，这部分带异性电荷的离子以扩散的

形式包围在紧密层的周围，形成了扩散层，这种吸附现象称为专属吸附。

2. 离子交换吸附

如果吸附剂吸附一种离子的同时，吸附剂本身又释放出另一种带相同符号电荷的离子到溶液中去，进行了同号离子的交换，这种现象称为离子交换吸附。进行离子交换的吸附剂称为离子交换剂，常用的离子交换剂是人工合成的树脂，又称离子交换树脂。因为它们在合成树脂的母体中引进了极性基团，如—SO_3H、—COOH、—$CH_2N(CH_3)_2OH$、—$CH_2N(CH_3)_2$等，成为离子交换树脂结构的一部分，作为带极性基团的固体骨架（如 R－SO_3），另一部分是可活动的带有相反电荷的一般离子（如 H^+）。

一般来说，强碱性溶质应选用弱酸性树脂，若用强酸性树脂，则解吸困难。弱碱性溶质应选用强酸性树脂，若用弱酸性树脂，则不易吸附。

三、固体吸附剂

在药剂制备和中药制剂研究中，经常要用到吸附剂。下面扼要介绍几种常用的固体吸附剂。

（一）活性炭

活性炭在药物生产中常用于脱色、精制、吸附、提取药理活性成分等，例如提取硫酸阿托品及辅酶 A。

活性炭是一种具有多孔结构并对气体等有很强吸附能力的炭。几乎所有含碳物质都可制成活性炭，其中有植物炭、动物炭和矿物炭三类。药用以植物炭为主，一般以木屑、竹屑、稻壳在 600℃左右高温炭化，即可制得活性炭，必要时在炭化之前加入少量氧化硅或氧化锌等无机物作为炭粉沉积的多孔骨架。无论何种炭都需经过活化才能成为活性炭，活化的目的在于净化表面，去除杂质，畅通孔隙，增加比表面积，使固体表面晶格发生缺陷、错位，以增加晶格不完整性。活化最常用的方法是加热活化，温度一般控制在 500～1000℃。1kg 木炭经活化后，298.15K 时吸附 CCl_4 的量可从 0.011kg 增加到 1.48kg。

活性炭是非极性吸附剂，它能优先从水溶液中吸附非极性溶质，一般来说，溶解度小的溶质容易被吸附。如果活性炭的含水量增加，则吸附能力下降。

（二）硅胶

硅胶又称硅胶凝胶，是透明或乳白色固体。分子式为 $x SiO_2 \cdot y H_2O$，含水分3%～7%。吸湿量可达 40%左右。硅胶是多孔性极性吸附剂，表面上有很多硅羟基。将适当的水玻璃（Na_2SiO_3）溶液与硫酸溶液混合，经喷嘴喷出成小球状，凝固成型后进行老化（使网状结构坚固），并洗去所含的盐，升温加热至 300℃，经 4 小时干燥，即得小球状的硅胶。使用时，再在 120℃加热 24 小时进行活化。

硅胶的吸附能力随含水量的增加而下降。硅胶按含水量的多少分为五级，即含水 0%为Ⅰ级，5%为Ⅱ级，15%为Ⅲ级，25%为Ⅳ级，35%为Ⅴ级。

硅胶主要用于气体干燥、色层分析等。在中药研究中常用来提取强心苷、生物碱、甾体类成分。

（三）氧化铝

氧化铝也称活性矾土，是多孔性、吸附能力较强的吸附剂。制备时先制得氢氧化铝，再将氢氧化铝直接加热至 400℃脱水即可得碱性氧化铝。用二倍量 5%HCl 处理碱性氧化铝，煮沸，用

水洗至中性，加热活化可得中性氧化铝。中性氧化铝用醋酸处理后，加热活化即得酸性氧化铝。

氧化铝和硅胶一样，是极性吸附剂，随着含水量增加，吸附活性不断下降。按含水量的不同可将氧化铝的活性分为Ⅰ～Ⅴ级。含水0%为Ⅰ级，3%为Ⅱ级，6%为Ⅲ级，10%为Ⅳ级，15%为Ⅴ级。吸附饱和后，可经275～315℃加热去水复活。氧化铝常用作干燥剂、催化剂或催化剂的载体、色层分析中的吸附剂，适用于层析分离中药的某些有效成分。

（四）分子筛

分子筛是世界上最小的“筛子”，它能把物质的分子进行筛分。分子筛具有微孔结构，这些微孔尺寸与被吸附分子直径大小差不多，因这种吸附剂具有筛分不同大小的分子的能力，故称“分子筛”。泡沸石、多孔玻璃等即属于这类吸附剂。泡沸石是铝硅酸盐的多水化合物，具有蜂窝状结构，孔穴占总体积50%以上。

分子筛和其他吸附剂比较，有下面几个显著的优点：

（1）选择性好：分子筛能使比筛孔小的分子通过，吸附到空穴内部，而把比筛孔大的物质的分子排斥在外面，从而使分子大小不同的混合物分开，起到筛分各种分子的作用。例如用型号5A的分子筛（孔径约0.5nm）来分离正丁烷、异丁烷和苯的混合液，其中正丁烷分子的直径小于0.5nm，而异丁烷和苯分子的直径都大于0.5nm，故用此分子筛只能吸附正丁烷而不能吸附异丁烷和苯。由于分子筛具有按分子大小选择吸附的优点，所以常用它来分离混合物。

（2）吸附性能好：在低浓度下仍然保持较高的吸附能力。普通的吸附剂在吸附质浓度很低时，吸附能力显著下降。而分子筛不同，只要吸附质分子的直径小于分子筛的孔径，仍然具有较高吸附能力。

（3）在高温度下仍具有较高的吸附能力：普通吸附剂随着温度的升高，吸附量迅速下降，而分子筛在较高温度下仍然保持较高的吸附能力，在800℃高温下仍很稳定。

（五）大孔吸附树脂

大孔吸附树脂是一类不含交换基团的大孔结构的高分子吸附剂，主要是以苯乙烯、二乙烯苯为原料，在0.5%的明胶水混悬液中，加入一定比例的致孔剂聚合而成。一般为白色球形颗粒，粒度多为20～60目，孔径5～300nm，具有良好的网状结构和很高的比表面积，可以通过物理吸附从水溶液中有选择地吸附有机物质，从而达到分离提纯的目的，是继离子交换树脂之后发展起来的一类新型的树脂类分离介质。大孔吸附树脂结构多为苯乙烯型、2-甲基丙烯酸酯型、丙烯腈及二乙烯苯型等，由于其骨架的不同，有带功能基的，也有不带功能基的，可以分为非极性、弱极性与极性吸附树脂三类。其孔径可在制备时根据需要加以控制。

大孔吸附树脂理化性质稳定，不溶于酸、碱及有机溶剂。大孔吸附树脂本身具有吸附性和筛选性，其吸附性是由于范德华引力或产生氢键的结果。筛选性是由于树脂本身具有多孔性结构所决定的。大孔吸附树脂分离技术具有快速、高效、方便、灵敏、选择性好等优点。对于那些分子量比较大的天然化合物，由于不能用经典方法使之分离，而大孔吸附树脂的特性，使得这些有机化合物尤其是水溶性化合物的提纯得以大大简化。近年来由于大孔吸附树脂新技术的引进，使中草药有效单体成分或复方中某一单体成分的指标得到提高，因而发展速度很快，应用面很广。

由于大孔吸附树脂的孔度、孔径、比表面积及构成类型不同而被分为许多型号，故性质各异，在应用时必须根据情况加以选择。

第八节　粉体的性质*

一、粉体的比表面

以粉末状微粒形式存在的物质称为粉体。粉体中，微粒的大小和形状不一，粒径可小到 10^{-7}m，比表面很大，故有很高的表面吉布斯自由能，表现出很强的吸附作用。

粉体的表面积常用吸附法测定。按朗格茂或 BET 吸附等温式，以粉体为吸附剂，先求出单分子层饱和吸附量，然后按下式算出粉体的比表面（A）

$$A=\frac{\Gamma_{\infty} N_{\mathrm{A}}}{22.4}\times S \tag{6-59}$$

式 6-59 中，A 为粉体的比表面，S 为每个吸附物分子的横切面积。N_{A} 为阿伏伽德罗常数。定义：单位质量的粉体具有的表面积 $\mathrm{m}^2\cdot\mathrm{kg}^{-1}$

【例 6-5】 某粉体表面上吸附氮气，已知饱和吸附量为 $129\mathrm{L}\cdot\mathrm{kg}^{-1}$，每一氮分子的横切面积为$16.2\times10^{-20}\mathrm{m}^2$，求此粉体的比表面。

解：

$$A=\frac{129\mathrm{L}\cdot\mathrm{kg}^{-1}\times6.02\times10^{23}\mathrm{mol}^{-1}}{22.4\mathrm{L}\cdot\mathrm{mol}^{-1}}\times16.2\times10^{-20}\mathrm{m}^2=5.62\times10^{5}\mathrm{m}^2\cdot\mathrm{kg}^{-1}$$

二、粉体的微粒数

所谓微粒数是指每千克粉体的微粒数。设微粒是球形，其直径为 d，每一微粒体积为 $\pi d^3/6$，粉体的密度为 ρ，则每一个微粒的质量$=\frac{\pi d^3\rho}{6}$kg，每千克粉体中的微粒数 n 即为

$$n=\frac{6}{\pi d^3\rho} \tag{6-60}$$

三、粉体的密度

由于粒子的表面是粗糙的，粒子与粒子之间必然存在着空隙；另外，粒子本身内部还有裂缝、空隙。因此，粉体的总体积是由微粒间空隙体积（V_e）、微粒本身内部的空隙体积（V_g）和微粒本身的体积（V_t）三者加和而成。根据这三种不同的体积可求得粉体的三种不同的密度，即真密度、粒密度和松密度。

真密度：粉体的质量（m）除以微粒本身体积 V_t 而得的密度

$$\rho_t=\frac{m}{V_t} \tag{6-61}$$

粒密度：粉体的质量（m）除以粉体微粒本身体积 V_t 与微粒本身内部体积 V_g 的和所得的密度

$$\rho_g=\frac{m}{V_t+V_g} \tag{6-62}$$

松密度：粉体的质量（m）除以粉体的总体积所得的密度

$$\rho_b=\frac{m}{V_t+V_g+V_e} \tag{6-63}$$

四、粉体的空隙率

粉体的总体积又称松容积（V_b）。微粒间空隙和微粒本身内部的空隙体积之和与松容积之比称为粉体的空隙率（e）

$$e=\frac{V_e+V_g}{V_b}=\frac{V_b-V_t}{V_b}=1-\frac{V_t}{V_b}=1-\frac{\rho_b}{\rho_t} \tag{6-64}$$

【例 6-6】 氧化钙粉体样品重 0.1313kg，真密度为 $3203\text{kg}\cdot\text{m}^{-3}$，将它放在 100mL 量筒中，测得其松容积为 82.0mL，试计算其空隙率。

解：氧化钙微粒本身的体积

$$V_t=0.1313\text{kg}/3203\text{kg}\cdot\text{m}^{-3}=0.000041\text{m}^3=41\text{mL}$$

粒子间空隙为 $V_b-V_t=82-41=41\text{mL}$

$$e=41/82=0.5 \text{ 或 } 50\%$$

粉体的空隙率与颗粒的形状和大小有关，颗粒一致性较差的粉体空隙率较小。因此在粉体压制过程中，为得到密实的整体，必须掺和一定比例大小不同的各种颗粒。施加压力可促进不规则颗粒间的配合，例如，使一个颗粒的凸面嵌入另一颗粒的凹面；较小颗粒充填入较大颗粒间的空隙。实验证明，结晶性粉末经过 $7038\text{kg}\cdot\text{cm}^{-2}$ 的压力压缩以后，其空隙率可能小于 1%。

五、粉体的吸湿性

粉体药物在保存过程中常因吸湿而降低其流动性，甚至使药物润湿、结块而变质。在一定温度下，药物表面吸收水分和水分蒸发达到平衡时称为吸湿平衡。如果测定药物在不同湿度吸收水分的增加量或减少量，将所得实验数据作图，可得到药物的吸湿平衡图。从图 6-22 可知，水溶性药物如葡萄糖，在某一相对湿度之前几乎不吸湿，而在此以后，即迅速吸收大量水分，使吸湿曲线笔直向上。这一开始吸湿时的相对湿度称为临界相对湿度（critical relative humidity），或简写为 *CRH*，*CRH* 值高的药物表示在较高的湿度下才易大量吸水，*CRH* 值低的药物表示在较低的湿度下即能大量吸水。从 *CRH* 值可衡量药物吸水的难易。

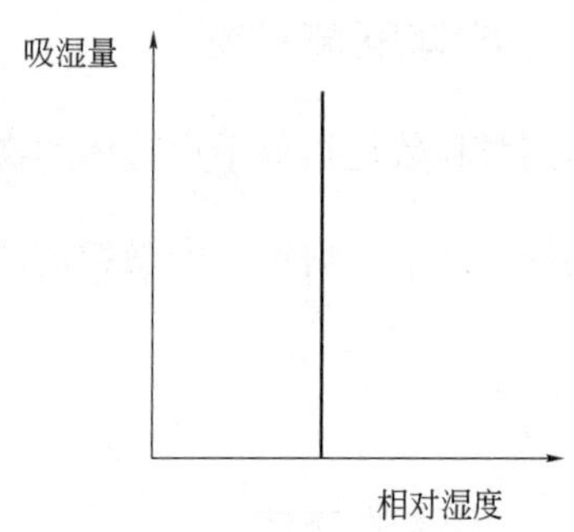

图 6-22 葡萄糖吸湿量示意图

相互不起反应的粉体药品混合物，若其中含有非水溶性物质，例如，水溶性药品和不溶性防湿性药品的粉体混合物，此混合物的吸湿平衡值（*CRH*）增大，混合物吸湿性降低。如果混合物中都是水溶性药品，则大多数混合物的 *CRH* 值低于其中各成分的 *CRH* 值，混合物的吸湿性增加。

关于水溶性粉体混合物 *CRH* 值的降低，爱尔特（Elder）提出这样的假说：粉体混合物的 *CRH* 值等于各组分 *CRH* 值的乘积，即 $CRH_{AB}=CRH_A\times CRH_B$。爱尔特假设成立的条件是混合物中没有相同的离子，而且化合物相互不影响溶解度，否则实验值与理论值将产生较大偏差。

六、粉体的流动性

测定粉体流动性的大小，可将粉体通过如图 6-23 所示的装置，测定休止角的大小来完成。

所谓休止角，是指一堆粉体的表面与平面之间可能存在的最大角度。如果在一堆粉体上加更多的粉体，粉体将沿侧面滑下来，直到粉体微粒间的相互摩擦力与重力达到平衡为止，这时侧面与平面形成一个 θ 角，即为休止角，因为 $\tan\theta=h/r$，只要测量出 h 和 r 值，即可求得休止角的数据。休止角大，流动性小；休止角小，则流动性大。粉体中含小于 $10\mu m$ 的微粒越多，其流动性越差，必须设法除去小颗粒。水分会使粉体产生一种黏结力，减小流动性，因此将粉体干燥可增加流动性。

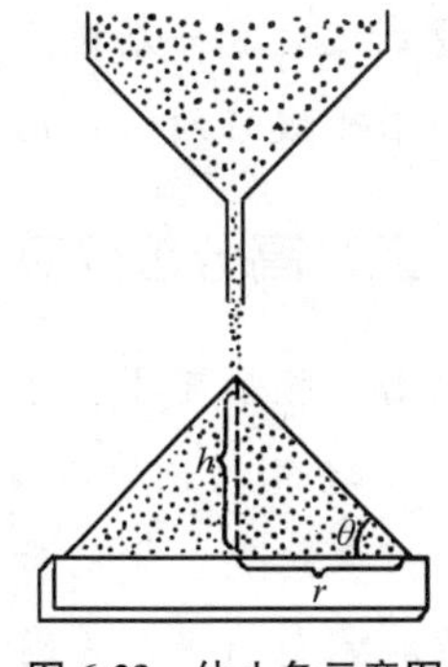

图 6-23　休止角示意图

附：纳米材料

1984 年，德国萨尔大学的格莱特（H·Gleiter）首先研制出纳米颗粒，并由它压制烧结得到一种新型凝聚态固体——纳米固体。

在长期的晶体材料研究中，人们视具有完整空间点阵结构的实体为晶体，而把空间点阵中的缺陷、位错、间隙原子、晶界和相界面看作晶体材料中的缺陷。格莱特一直在思考如何研制具有异常特性的新型材料，他想到如果从反方向思考，把缺陷作为主体，研制出一种晶界占有相当大比例的材料，那么将会怎样呢？经过四年的努力，终于构想变成了现实。

纳米固体材料的主要特征是具有非常大的颗粒间界面，如 5nm 的颗粒所构成的固体每立方厘米将含 10^{19} 个晶界面，因而原子的扩散系数要比大块材料高 1000 倍，并使得纳米材料具有许多的特殊性能。

纳米材料的奇异特性

纳米粒子（nano particle）大小在 1～100nm 间，处于微观粒子和宏观物体交界的过渡区域——介观领域，因而具有许多既不同于微观粒子，又不同于宏观物体的特性，可归纳为高表面效应、高分散效应和量子效应。

一、高表面效应

随着分散度加大，纳米粒子的比表面积显著增大，比表面的增大使处于表面的原子数越来越多，大大增强了纳米粒子的活性。影响纳米材料性质的因素可用晶体组元和界面组元说明，晶体组元指颗粒晶体中的原子组成，这些原子都严格位于晶格位置上，界面组元则是指这些颗粒之间的界面上的原子组成。因为颗粒极小，界面组元所占比例很大。如微粒直径为 5nm 时，界面组元体积已达总体积的 50％左右，即一半左右的原子分布在界面上。这种排列与传统的晶态和非晶态都不同，其原子排列的无序度高于非晶态，是一种长程无序，短程也无序的“类气体”的固体结构。这种结构特征决定了纳米材料具有许多与晶态、非晶态及原子簇不同的物理及化学性质。若用高倍率电子显微镜对金超微颗粒进行电视摄像，观察发现这些颗粒没有固定的形态，随着时间的变化会自动形成各种形状（如立方八面体，十面体，二十面体等），它既不同于一般大块固体，又不同于液体，是一种准固体。在电子显微镜的电子束照射下，表面原子仿佛进入了“沸腾”状态，颗粒大于 10nm 后就看不到这种颗粒结构的不稳定性。

此外大量表面原子的配位不饱和性也使表面原子极不稳定，很容易同其他原子结合。在空气中金属颗粒会迅速氧化而燃烧。如要防止自燃，可采用表面包覆或有意识地控制氧化速率，使其

缓慢氧化生成一层极薄而致密的氧化层，确保表面稳定化。化学惰性的金属铂制成纳米微粒后可成为活性极好的催化剂。

二、高分散效应

由于颗粒变小引起宏观物理性质出现明显的变化：

1. 特殊的光学性质：纳米微粒对光的吸收显著增加，纳米金属微粒几乎都呈黑色，颗粒越小，颜色愈黑，它们对可见光的反射率极低，如铂纳米微粒的反射率仅为1%，大约几微米的厚度就能完全消光，并因粒径小于可见光的半波长而使透过率提高，因而纳米颜料往往是有色透明的。利用这些特性纳米微粒可作为高效率的光热、光电等转换材料，并能应用于红外敏感元件、红外隐身技术等。

2. 特殊的热学性质：纳米化后物质的熔点显著降低，当颗粒小于10nm量级时尤为显著。例如，金的常规熔点为1064℃，当颗粒减小到2nm时，熔点仅为327℃左右；银的常规熔点为960.5℃，而超微银颗粒的熔点可低于100℃。因此，超细银粉制成的导电浆料可以进行低温烧结，此时元件的基片不必采用耐高温的陶瓷材料，甚至可用塑料。采用超细银粉浆料，可使膜厚均匀，覆盖面积大，既省料又具高质量。超微颗粒熔点下降的性质对粉末冶金工业具有重要意义。例如，在钨颗粒中附加0.1%～0.5%重量比的超微镍颗粒后，可使烧结温度从3000℃降低到1200～1300℃，以致可在较低的温度下烧制成大功率半导体管的基片。

3. 特殊的力学性质：陶瓷材料在通常情况下呈脆性，然而由纳米超微颗粒压制成的纳米陶瓷材料却具有良好的韧性。因为纳米材料具有极大的界面，界面的原子排列是相当混乱的，在外力作用变形的条件下很容易迁移，因此表现出极佳的韧性与一定的延展性，使陶瓷材料具有新奇的力学性质。美国学者报道，氟化钙纳米材料在室温下可以大幅度弯曲而不致断裂。

三、量子效应

各种元素的原子具有特定的光谱线，如钠原子具有黄色的光谱线。原子物理学与量子力学已用能级的概念进行了合理的解释，由无数的原子构成固体时，单独原子的能级就并合成能带，由于电子数目很多，能带中能级的间距很小，因此可以看作是准连续的，从能带理论出发成功地解释了大块金属、半导体、绝缘体之间的联系与区别，对介于原子、分子与大块固体之间的超微颗粒而言，大块材料中连续的能带将分裂为分立的能级，能级间的间距随颗粒尺寸减小而增大。在化学组成相同时，纳米材料的光吸收或发射谱带的特征波长与常规材料相比，会产生发光谱带或者吸收谱带的蓝移（blue shift）。这种随微粒尺寸减小，能级间距加宽并发生蓝移的现象称为量子尺寸效应。日本科学家久保（Kubo）提出了能级间距和金属颗粒直径的关系：

$$\delta=\frac{4}{3}\cdot\frac{E_F}{N}$$

式中δ为能级间距，E_F为费米能级，N为总电子数。宏观物体的$N\to\infty$，故$\delta\to 0$，即为准连续。纳米微粒包含的原子数有限，N值很小，δ有一定值，即能级间距发生分裂、增大。当δ大于一定值时，导致纳米微粒磁、光、声、热、电以及超导电性与宏观材料显著不同。例如，导电的金属在超微颗粒时可以变成绝缘体，可认为随着纳米粒子的直径减小，能级间隔增大，电子移动困难，金属导体将变为绝缘体。在吸收光谱上，也由于随着纳米粒子的直径减小，能级间隔增大，使得从没有结构的宽带吸收，过渡到有结构的特性吸收。此外磁矩的大小和颗粒中电子是奇数还是偶数有关，比热亦会反常变化，这都是量子效应的宏观表现。

纳米颗粒在超导电性、介电性能、声学特性等方面还有很多奇异的性质，这里不一一列举。

本章小结

界面是密切接触的两相之间存在的具有厚度约几个分子厚度的薄层。对于宏观物体，界面现象可以忽略，而分散程度很大的系统，比表面大，即可产生明显的界面现象。许多研究表明，界面的结构和性质均与构成界面的二相性质不同，从而导致界面上的分子受力不平衡，其能量高于内部分子的能量，界面层的分子倾向于回到内部，因而产生了界面现象。本章主要介绍的内容有：

1. 基本概念：比表面［单位体积（或质量）的物质所具有的表面积］、表面吉布斯自由能（定温、定压、定组成的条件下，每增大单位表面积所增加的吉布斯自由能）、表面张力（引起物质收缩的单位长度上的力）。

2. 弯曲液面下的附加压力，当液体在毛细管壁中形成凸面或凹面，由于附加压力的作用下，产生毛细管上升或下降现象，当液体分散成小液滴时，会导致液体的蒸气压与平面蒸气压不同，并由开尔文公式得到解释。

3. 溶液表面的吸附：溶液的表面张力随溶质的性质和浓度而改变，因而造成溶质在本体与表层的浓度不同的现象，即溶液表面吸附。若溶液中加入表面活性剂会产生正吸附，若加入表面隋性物质会产生负吸附。根据吉布斯吸附等温式可计算表面吸附量。

4. 表面活性剂是一类重要的物质，由于结构上的特点，能够在溶液表面定向排列，从而具有改变润湿功能、增溶、发泡等作用，在生产和生活均有广泛的应用。

5. 液-固和气-固界面的现象，由于固体不具有流动性，因此固体靠吸附气体或液体分子来降低表面吉布斯自由能，朗格茂（Langmuir）吸附等温式和 BET 吸附等温式很好的一些解释了单分子层和多分子层的实验结果。

思考题

1. 表面吉布斯自由能与表面张力是相同的概念吗？

2. 举例说明纯液体、溶液、固体是通过什么方法来降低自身表面吉布斯自由能（不考虑温度压强的影响）？

3. 下列毛细管中装入了不同的液体，若在其左端加热，液体将如何流动？

4. 在一真空容器中放置一杯纯水和一杯糖水，在恒温下长时间放置后，会发生什么现象？

5. 为什么两种互不相溶的纯液体不能形成稳定乳状液？

6. 乳化剂、发泡剂的乳化作用、发泡作用的主要原因是什么？

习　题

1. 已知 293K 时水的表面张力为 $7.28\times10^{-2}\,N\cdot m^{-1}$，汞的表面张力为 $4.83\times10^{-1}\,N\cdot m^{-1}$，汞-水表面张力为 $3.75\times10^{-1}\,N\cdot m^{-1}$，试判断水能否在汞的表面铺展。

（$0.352\times10^{-1}\,N\cdot m^{-1}$，可以）

2. 有一杀虫剂粉末，使其分散在一适当的液体中以制成悬浮喷洒剂。今有三种液体，测得它们与药粉及虫体表皮之间的界面张力关系如下：

(1) $\sigma_{粉}>\sigma_{液Ⅲ-粉}$　　$\sigma_{表皮}>\sigma_{表皮-液Ⅲ}+\sigma_{液Ⅲ}$

(2) $\sigma_{粉}<\sigma_{液Ⅱ-粉}$　　$\sigma_{表皮}>\sigma_{表皮-液Ⅱ}+\sigma_{液Ⅱ}$

(3) $\sigma_{粉}>\sigma_{液Ⅰ-粉}$　　$\sigma_{表皮}<\sigma_{表皮-液Ⅰ}+\sigma_{液Ⅰ}$

试考虑选择哪一种液体最合适？为什么？

［(1) 最合适］

3. 氧化铝瓷件上需覆盖银，当烧至 1273K 时，液态银能否润湿氧化铝瓷表面？已知在 1273K 时各物质的界面张力数据如下：

$\sigma_{气-Al_2O_3(s)}=1.0N\cdot m^{-1}$　$\sigma_{气-Ag(l)}=923\times10^{-3}N\cdot m^{-1}$　$\sigma_{Ag(l)-Al_2O_3(s)}=1.77N\cdot m^{-1}$

($\theta=146.5°>90°$,不能润湿)

4. 以玻璃管蘸肥皂水吹一个半径为 1cm 大的肥皂泡，计算泡内外的压力差，肥皂水的 σ 为 $0.040N\cdot m^{-1}$。

(16.0Pa)

5. 已知大颗粒 $CaCO_3$ 在水中的溶解度为 $15.33\times10^{-3}mol\cdot L^{-1}$，$r=3\times10^{-7}m$ 的 $CaCO_3$ 微粒的溶解度为 $18.2\times10^{-3}mol\cdot L^{-1}$。固体 $CaCO_3$ 的密度为 2.96×10^3kg，试求固体 $CaCO_3$ 与水的界面张力约为多少（此时温度为 300K）？

($1.90N\cdot m^{-1}$)

6. 设稀油酸钠水溶液的表面张力与溶质的浓度呈线性关系 $\sigma=\sigma_0-bc$，式中 σ_0 为纯水的表面张力。已知 298K 时 $\sigma_0=7.288\times10^{-2}N\cdot m^{-1}$，$b$ 为常数，实验测得表面吸附油酸钠的表面吸附量 $\Gamma=4.33\times10^{-6}mol\cdot m^{-2}$，试计算该溶液的表面张力。

($6.215\times10^{-2}N\cdot m^{-1}$)

7. 溶液中某物质在硅胶上的吸附作用服从弗劳因特立希经验式，式中 $k=6.8$，$1/n=0.5$，吸附量的单位为 $mol\cdot kg^{-1}$，浓度单位为 $mol\cdot L^{-1}$。试问若把 0.01kg 硅胶加入 100mL 浓度为 $0.1mol\cdot L^{-1}$的该溶液中，在吸附达平衡后溶液的浓度为多少？

($1.55\times10^{-2}mol\cdot L^{-1}$)

8. 用活性炭吸附 $CHCl_3$ 时，在 273.15K 时的饱和吸附量为 $93.8\times10^{-3}m^3\cdot kg^{-1}$。已知 $CHCl_3$ 的分压为 13374.9Pa 时的平衡吸附量为 $82.5\times10^{-3}m^3\cdot kg^{-1}$。

求：(1) 朗格茂公式中的 b 值；

(2) $CHCl_3$ 的分压为 6667.2Pa 时的平衡吸附量为多少？

($5.459\times10^{-4}Pa^{-1}$；$0.0736m^3\cdot kg^{-1}$)

9. 某滑石粉样品的真密度为 $2700kg\cdot m^{-3}$，将 0.324kg 本品倾入量筒，测得其松容积为 200mL，计算其空隙率。

(40%)

10. 棕榈酸（$M=256g\cdot mol^{-1}$）在苯溶液中的浓度为 $4.24\times10^{-3}kg\cdot L^{-1}$。将此溶液滴在水面上，苯蒸发后在水面上形成一连续的单分子薄膜。已知每一酸分子占面积 0.21 $(nm)^2$，若欲以单分子层遮盖 $0.05m^2$ 的水面，该用若干体积棕榈酸苯溶液？

($2.387\times10^{-5}L$)

第七章
溶　胶

扫一扫，查阅本章数字资源，含PPT、音视频、图片等

胶体化学是物理化学的一个重要分支。它所研究的领域是化学、物理学、生物化学、材料科学等诸学科的交叉与重叠，它已成为这些学科的重要基础理论。胶体是一类高度分散的物质系统，它广泛存在于生命体和非生命体中。人体血液、细胞、软骨等就是典型的胶体系统，生物体的许多生理、病理变化以及药物的疗效都与胶体系统的性质密切相关。在制药、中药成分提取、药物鉴定等工作中，经常遇到有关胶体化学的理论和实践，例如，中药丸、散、膏、丹的生产，制药工艺中的吸附、脱色、离子交换、层析技术等。切实掌握胶体化学的基本概念、基本理论与技能，对药学工作者来说是十分重要也是完全必需的。

第一节　分散系

一、分散系的分类

一种或几种物质高度分散在另一介质中所形成的系统，称为分散系。被分散的物质叫作分散相（dispersed phase）或不连续相；分散相分散在其中的均匀介质称为分散介质（dispersion medium）或连续相。分散相颗粒大小基本一致的分散系称为单级分散系，分散相颗粒大小很不一致的分散系称为多级分散系。

（一）按分散相粒子直径大小分类

按分散相粒子大小，分散系可分为三类：粗分散系、胶体分散系和分子分散系，其性质特征见表 7-1。

表 7-1　分散系按分散相粒子大小分类及主要特征

分散系类型	粒子大小	主要特征
粗分散系	$>10^{-7}$m	不能透过滤纸和半透膜，不扩散
（悬浮液和乳浊液）	（>100nm）	普通显微镜可见
胶体分散系	$10^{-9}\sim10^{-7}$m	能透过滤纸但不能透过半透膜，扩散慢
（胶体）	（1～100nm）	超显微镜下可见其发光体
分子分散系	$<10^{-9}$m	能透过滤纸和半透膜，扩散快
（真溶液）	（<1nm）	超显微镜下不可见

1. 分散系：分散相颗粒大于10^{-7}m（>100nm）的分散系叫作粗分散系，如悬浮液、乳状液

等。粗分散系的分散相颗粒较大，在分散介质中不能自由运动，也就没有扩散作用和渗透压，在重力作用下迅速下沉，故粗分散系无动力学稳定性。粗分散系的分散相颗粒和分散介质之间有界面存在，所以是多相系统。又因粗分散系的颗粒大于滤纸孔径，可用滤纸过滤，把分散相从分散介质中分离出来。

2. 胶体分散系：分散相颗粒大小在10^{-7}～10^{-9}m(1～100nm）之间的分散系叫作胶体分散系。胶体的分散相颗粒很小，能透过滤纸，但不能通过半透膜。与分散介质相比，胶体分散相颗粒却大得多。除大分子胶体溶液之外，胶体分散相颗粒与分散介质之间存在相界面，故一般胶体分散系与粗分散系同属多相系统。又因溶胶分散相处于高分散状态，故为超微不均匀多相系统。

3. 分子分散系：分散相颗粒小于10^{-9}m(<1nm)，其大小和一般分子（原子或离子）已处于同一数量级。因此，分散相颗粒小于 1nm 时，并以液体为分散介质的分散系称分子分散系或真溶液。真溶液溶质（分散相）和溶剂（分散介质）之间不存在界面，属单相均匀系统。

实际上三类分散系之间并无明显界限，并且因悬浮液和乳状液的一些性质与胶体类似，故仍可看作胶体系统来研究。

上述这种分类方法虽然能反映出不同系统的一些特性，但却片面地只从粒子大小来考虑，忽略了其他许多性质的综合（如没有考虑粒子与介质之间的相互作用），并非是恰当的。例如，大分子化合物，如纤维素，它的线性长度是 1.5×10^{-6}m，属于粗分散系，而直径为8×10^{-9}m，接近胶体分散系。于是斯坦丁格尔（Standinger）1950 年提出不用颗粒直径，而以聚合的原子数分类；他认为胶体颗粒至少有 1000 个原子，对有机物而言，其对应的摩尔质量约为 10000 左右，10^3～10^9 个原子聚合体属于胶体范围。

（二）按聚集状态分类

分散系按分散相与分散介质的聚集状态可分为八类，如表 7-2 所示。这种分类是一种广义的胶体概念，并不反映胶体的基本特征。

表 7-2 分散系按聚集状态分类

分散相	分散介质	名 称	实 例
液	气	气溶胶	雾
固	气		烟、尘
气	液	液溶胶	泡沫
液	液		牛奶、石油
固	液		溶胶、悬浮液
气	固	固溶胶	泡沫塑料
液	固		珍珠
固	固		有色玻璃

二、胶体分散系的类型及基本特征

（一）胶体分散系的类型

根据 IUPAC 规定，胶体分散系包括溶胶、大分子溶液和缔合胶体三种类型。

1. 溶胶：通常指固体颗粒以1～100nm大小分散在液体介质中所形成的分散系。获得溶胶的先决条件是分散相难溶于分散介质，如 NaCl 在水中不能形成溶胶，但可在苯等有机溶剂中形成溶胶。它有很大的相界面，所以溶胶曾称为憎液胶体（lyopholic colloid），是热力学不稳定的多相系统，无稳定剂时易聚集沉淀，一旦析出沉淀将不能通过加溶剂方式重新分散成胶体，又称为不可逆性胶体。

2. 大分子溶液：大分子的大小处在1～100nm的胶体范围，故大分子溶液具有胶体的一些特性，如蛋白质溶液。但大分子化合物是以分子形式自发溶解在溶剂中，与溶剂有很好的亲和力，没有相界面，所以大分子溶液过去曾被称为亲液溶胶（lyophilic colloid）。但是，显然使用“大分子溶液”这个名称更能反映其实际情况，故亲液溶胶一词已被大分子溶液一词所代替。因大分子物质的固有特点，故大分子溶液将另章讨论。

3. 缔合胶体：为表面活性剂自身缔合体或由表面活性剂及助剂存在下液体液滴以1～100nm大小分散在分散介质中形成的分散系。如胶束、微乳、脂质体、囊泡等，是自发形成的聚集系统，存在相界面，但属热力学稳定的多相系统。它兼有溶胶和大分子溶液的一些特性。习惯上，将连续相为水相的称为正相缔合胶体（如正相胶束、正相微乳）；连续相为有机相的称为反相缔合胶体（如反相胶束、反相微乳）。对于正相微乳也可记为 O/W 型微乳，反相微乳也可记为 W/O 型微乳。这是缔合胶体所特有的形式。

可以看出，胶体系统最主要的特征是分散相尺度在 1～100nm 范围，此点是所有胶体的本质特点。本章主要讨论溶胶的性质。

（二）溶胶的特征

1. 多相性：溶胶分散相粒子都是由大量原子或分子组成的。粒子与介质之间存在着明显的相界面，是一超微不均匀系统。例如氢氧化铁溶胶，分散相粒子是由许多氢氧化铁分子聚集而成的，其大小已远远超过其周围介质的分子（10^{-10}m）。

2. 高度分散性：溶胶分散相粒子大小在1～100nm之间，各个粒子自成一相。胶体的许多性质，如扩散慢、不能透过半透膜、动力学稳定性强等都与其高度分散性有关。

3. 聚结不稳定性：溶胶是一个高度分散的多相系统，具有很大的表面积和表面能，是热力学不稳定系统，分散相粒子能自发聚集使系统能量降低，所以它又有聚结不稳定的特性。

第二节 溶胶的制备与净化

溶胶分散相粒子大小处在纳米层次上，因而制备溶胶可有两种途径。一是进一步粉碎粗分散系中的大粒子，提高分散度，这种方法称为分散法（dispersion method）；二是设法使一般溶液中的溶质分子聚集成多分子聚集体，降低分散度至粒子大小达到 1～100nm，这种方法称为凝聚法（condensation method）。

此外，要使胶体粒子不至于在短时期内自动析出，必须在溶胶中加入稳定剂保护溶胶。稳定剂一般用少量电解质或表面活性剂，稳定剂有时也可以在溶胶制备过程中形成。

一、分散法制备溶胶

（一）胶体磨法

常用胶体磨是由两片贴近的磨盘或磨刀构成，见图 7-1。当两盘反向高速转动，粗分散物料

由 a 处入口，在磨盘间隙中受到不断冲击、研磨后，由 b 处流出收集。重新进入 a 口，反复研磨，最后可获得粒径 10^{-8}m 左右的微粒，为了防止微小颗粒聚结，在研磨时加入适量表面活性剂（如丹宁、明胶等）。

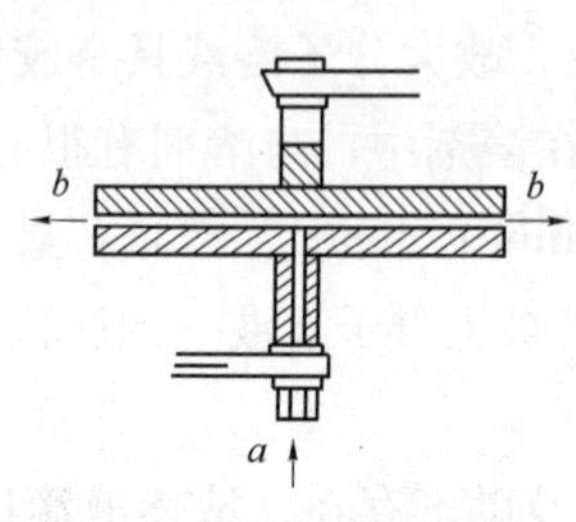

图 7-1 圆板胶体磨示意图

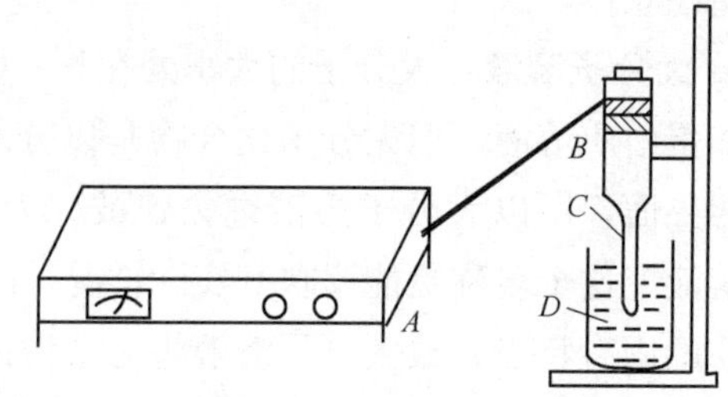

图 7-2 探头型超声波粉碎机
A. 超声波发生器 B. 压电换能器
C. 振幅杆 D. 样品

（二）超声波法

用超声波所产生的能量来进行分散。目前多用于制备乳状液。图 7-2 是装置示意图，把 10^5～10^6 Hz 的高频电流通过两个电极，石英片可以发生相同频率的机械振荡，产生高频的机械波而传入试管，使分散相均匀分散而形成溶胶或乳状液。操作时加入少量表面活性剂以防止颗粒聚结。利用超声波法可以制备硫、石膏、石墨等物质的水溶胶。

（三）电弧法（电分散法）

此法是用金属如金、银、铂、钯、铱等为电极，浸在不断冷却的水中，水中加入少量 NaOH（作稳定剂），外加 20～100V 的直流电源，调节两电极的距离使之放电，而形成金属的溶胶。此法实际上包括了分散和凝聚两个过程，即在放电时金属原子因高温而蒸发，随即又被溶液冷却而凝聚。

（四）胶溶法（解胶法）

该法是将新生成并经洗涤的沉淀，加少量适当的稳定剂，经搅拌使沉淀又重新分散而制成溶胶，这种作用称为胶溶作用。例如，用胶溶法制备氢氧化铝溶胶，可于经过洗涤的新鲜氢氧化铝沉淀上加适量蒸馏水，煮沸后，加稀盐酸数滴，反应生成的少量氯化铝即为稳定剂。

二、凝聚法制备溶胶

使单个分子、原子或离子相互凝聚成胶粒的方法，称为凝聚法。凝聚法又分为化学凝聚法和物理凝聚法。

（一）化学凝聚法

利用化学反应产生所需的、呈过饱和状态的分散相物质，控制反应条件，使析出产物自动凝聚成溶胶的方法称为化学凝聚法。

1. 还原法：制备各种金属溶胶时，用还原剂使金属化合物还原成金属，并在反应过程中自动凝聚成金属溶胶。例如金溶胶的制备：

$$2HAuCl_4 + 3HCHO + 11KOH = 2Au\text{（溶胶）} + 3HCOOK + 8KCl + 8H_2O$$

2. 氧化法：例如，使硫化氢在氧气中氧化，可制备硫的溶胶：

$$2H_2S + O_2 = 2S（溶胶）+ 2H_2O$$

3. 复分解法：例如，于硝酸银稀溶液中滴加碘化钾，制得碘化银溶胶：

$$AgNO_3 + KI = AgI（溶胶）+ KNO_3$$

4. 水解法：此法适用于制备各种重金属氢氧化物的水溶胶。例如，于沸水中滴加三氯化铁溶液，即水解成红棕色氢氧化铁溶胶：

$$FeCl_3 + 3H_2O = Fe(OH)_3（溶胶）+ 3HCl$$

（二）物理凝聚法

一般有蒸气凝聚法和溶剂更换法。

1. 蒸气凝聚法：将分散相物质转化为蒸气，然后通入适当介质中突然冷却，即凝成溶胶。例如，将汞蒸气通入冷水中，即很快凝结成液态汞的微小粒子，成为汞的水溶胶。

2. 溶剂更换法：实验室中，常把分散相物质溶解在适当溶剂中制成真溶液，然后添加到经过选择的另一种液体介质中制得溶胶。对这种液体介质的选择原则是：与原来溶剂可以互溶，对分散相物质的溶解度却很小，这种方法叫作溶剂更换法。例如，制备松香的水溶胶，根据松香易溶于乙醇而不溶于水及水与乙醇又能完全互溶的性质，先制成2%松香乙醇溶液，然后将此溶液边滴边搅拌加入到大量蒸馏水中，使松香的溶解度突然降低，即自动凝聚成水溶胶。

3. 包膜法：采用适当包膜材料如卵磷脂、明胶、合成大分子化合物等，在适当条件下，将水溶性或脂溶性的物料进行包裹，形成胶粒大小的毫微囊，将其分离纯化，再分散在液体介质中。例如用卵磷脂与胆固醇等在水溶液中形成双分子层膜，能将水溶性和脂溶性药物包裹在膜内，形成微囊，经过分离后，把这种卵磷脂微囊重新分散在水溶液中，所形成的特殊分散系统称为脂质体。

三、溶胶的净化

制备溶胶过程往往同时含有分子、离子等杂质，过量的电解质会促使胶体聚集，需要纯化处理，此称为净化，通常采用渗析法和超滤法。

（一）渗析法（dialysis）

渗析法是最常用的净化方法。方法为：将欲净化的溶胶放入半透膜袋内，将整个半透膜浸入溶剂中，在膜内外浓度差作用下将小分子或小离子排出。由于半透膜只允许小分子和小离子透过，不允许溶胶粒子通过，所以只要不断更换溶剂，就可以使溶胶净化。半透膜有天然膜与人工膜，前者一般用动物羊皮纸、动物膀胱膜，后者最早用火棉胶膜，目前有些高分子聚合物，如乙烯-醋酸乙烯酯共聚物是良好的医用半透膜材料，经过特殊加工，可以控制膜的孔径大小。

用渗析法净化溶胶一般耗时较长，为了加速渗析可在渗析器两侧加上电场，使被渗析离子迅速透过膜向两极移动，此法称电渗析（electrodialysis），如图7-3。

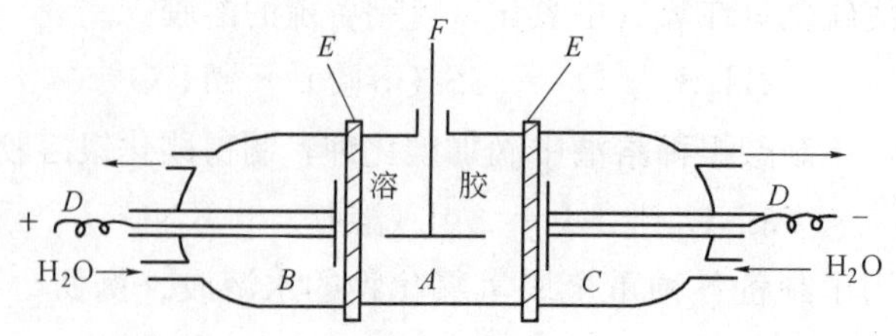

图 7-3 电渗析装置

A. 中间室 B、C. 左右室 D. 电极 E. 半透膜 F. 搅拌器

渗析的目的是为了除去超出稳定剂需要的过量电解质，但过长时间的渗析可把稳定剂需要的适量电解质一并除去。所以，必须掌握渗析时间，时间太短达不到净化溶胶的目的；时间太长又使溶胶丧失稳定剂而析出沉淀。

（二）超滤法（ultrafiltration）

用不同孔径的半透膜粘贴在布氏漏斗或其他漏斗支架上，通过加压或抽吸操作，将胶粒与分散介质、小分子杂质分开，称为超滤膜法。经超滤得到的胶粒重新分散到合适的介质中，就得到净化的溶胶。

渗析与超滤均是膜分离技术。膜分离是门新兴的高技术分离手段，由于它可在常温低压或常压下操作，分离过程具有简单、高效、绿色、节能等优点而正得到广泛关注。尤其对中药的水及醇水提取液，膜分离可同时提纯和浓缩其中的药效成分，显著缩短生产周期和降低生产成本，同时提高药物质量，为中药新剂型开发提供了新的手段。膜分离基本原理之一是将化学材料制成多孔膜，孔径为 1～2nm、2～20nm、0.02～10μm，分别称为纳滤、超滤及微滤。根据分离对象及状况可以选用不同孔径的分离膜，在一定压力下将溶液过滤，分子小的则透过膜进入滤液，分子大的则被截留，实现不同大小分子的分离。例如，中药绝大多数有效成分分子量小于 10^3，多糖等杂质分子量则为数千到数万，因此可选用孔径为 1～10nm 的膜对药材提取液精密过滤，滤除较大分子量杂质和色素，可得澄清、透明、色微黄乃至无色的药液。膜分离基本原理之二是制取致密膜，在膜中植入载体或用其他促进传输的手段，选择性地运输待分离物质达到分离目的。该方法具有较高的选择性，且不存在膜孔易堵塞现象。利用膜分离原理，用合成高分子材料，我们还可以制作人工肾，帮助肾功能不全病人去除血液中的毒素等部分代谢产物。此外，人们还在研制人工血管、人工肺等人工器官。

第三节 溶胶的光学性质

溶胶的光学性质是其高度分散性和不均匀性特点的反映。通过光学性质的研究，不仅可以解释溶胶系统的一些光学现象，而且在观察胶体粒子的运动，研究它们的大小和形状方面也有重要的应用。

一、丁达尔现象和光的散射

1869 年丁达尔（Tyndall）发现，将一束汇聚的光通过溶胶，则从侧面（即与光束垂直的方向）可以看到一个发光的圆锥体，这就是丁达尔现象，如图 7-4 所示。其他分散系也会产生丁达尔现象，但是远不如溶胶显著，因此丁达尔现象实际上就成为判别溶胶与真溶液的最简便的方法。

当光线射向分散系统时，若分散相颗粒直径大于入射光的波长（可见光的波长为 $4\times10^{-7}\sim7\times10^{-7}$m），则主要发生光的反射或折射，粗分散系就属于这种情况；若分散相的粒子小于入射光的波长，则发生光的散射，此时光波绕过粒子而向各个方向散射出去（波长不发生变化），散射出来的光称为乳光或散射光。溶胶粒子的大小一般在 1×10^{-9}m$\sim1\times10^{-7}$m，小于可见光的波长，因此发生光的散射而出现丁达尔现象。

图 7-4　丁达尔现象

瑞利（Lord Rayleigh）用电磁理论研究散射作用后得出，对于单位体积的被研究系统，它所散射出的光能总量为

$$I=\frac{24\pi^3\nu V^2}{\lambda^4}\left(\frac{n_2^2-n_1^2}{n_2^2+2n_1^2}\right)^2 I_0 \tag{7-1}$$

式中　I——乳光强度；

I_0——入射光强度；

ν——单位体积中的粒子数；

V——每个粒子的体积；

λ——入射光的波长；

n_2 和 n_1——分散相和分散介质的折射率。

剖析瑞利公式，可阐明下列因素对乳光强度的影响。

（1）散射光的强度与波长的四次方成反比：入射光强度保持一定时，入射光波长越短，乳光越强。若射入白光，其中以蓝色和紫色光散射最强。这可以解释为什么当用白光照射溶胶时，从侧面看到的散射光为蓝紫色，而透过光则呈橙红色，这种情况在硫或乳香的溶胶中可以清楚地看到。例如在信号设备中，红色被选作危险信号就是由于它的散射作用弱，比其他颜色看得远的缘故；同样道理，因为波长较长的红外线和无线电短波具有很弱的散射作用，而穿透能力很强，所以在通讯及探测中用于定位和跟踪。晴朗的天空呈蓝色，日出日落太阳呈红色也是基于这一道理。

（2）散射光的强度与粒子浓度成正比：单位体积中粒子越多，乳光越强。当其他条件均相同时，式 7-1 可改写为

$$I=k\nu V^2 \tag{7-2}$$

式中
$$k=\frac{24\pi^3 I_0}{\lambda^4}\left(\frac{n_2^2-n_1^2}{n_2^2+2n_1^2}\right)^2=常数$$

如果 c 表示溶胶中粒子的质量浓度，ρ 为粒子的密度，则 $\nu V\rho=c$，式 7-2 可改写成

$$I=k\frac{cV}{\rho} \tag{7-3}$$

对于同一种粒子大小相同但浓度不同的溶胶，k、V、ρ 都是常数，乳光强度与溶胶的质量浓度成正比，即

$$\frac{I_1}{I_2}=\frac{c_1}{c_2} \tag{7-4}$$

令 c_1 和 c_2 分别代表标准溶胶和未知溶胶的浓度，则在同一光源下测定标准溶胶和未知溶胶的乳光强度 I_1 和 I_2 即能计算未知溶胶的浓度。这就是比浊分析法的基本原理。

（3）散射光的强度与粒子体积的平方成正比：在胶体粒子大小范围内，分散度越大，即粒子的体积越小，乳光就越弱。低分子溶液溶质的分子体积很小，乳光很弱，甚至难以觉察。因此，

可利用丁达尔效应来鉴别溶胶和溶液。

(4) 分散相和分散介质的折射率：分散相和分散介质的折射率之差（n_2-n_1）越大，乳光越强。当 $n_1=n_2$ 时，不发生乳光。因溶胶分散相粒子的折射率与分散介质相差很大，而大分子化合物的折射率却与分散介质相差甚微，故溶胶乳光很明显，而大分子溶液的乳光则很弱。

务必注意，瑞利公式仅适用于极稀的无色非金属溶胶，而不适用于金属溶胶和悬浮液。

二、超显微镜测定胶体粒子的大小

高度分散的溶胶从外观上看是完全透明的，一般光学显微镜难以直接对溶胶粒子进行观察。1903 年，齐格蒙第（Zsigmondy）利用丁达尔现象制成了超显微镜，见图 7-5。

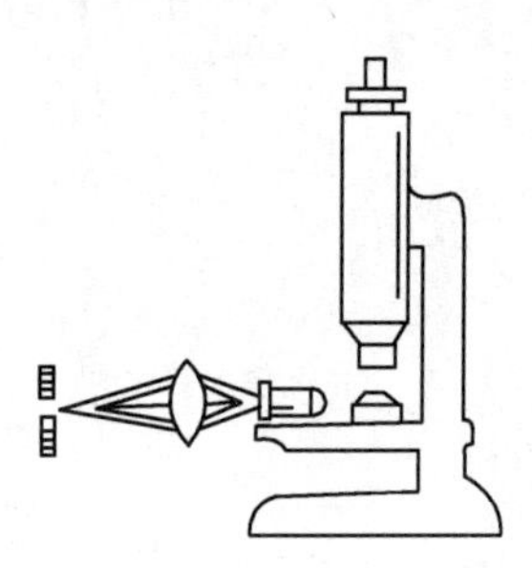

图 7-5 超显微镜示意图

超显微镜与普通显微镜放大倍数差不多，只因普通显微镜面对入射光传播方向观察，溶胶粒子的散射光受强烈透射光的干扰，正如白天看不见星星一样，无法看到小于 5×10^{-7} m 的粒子。用超显微镜从入射光侧面观察，溶胶粒子的散射光不受透射光干扰，闪光的溶胶粒子犹如黑夜的星星，粒粒可见。

在超显微镜视野中有一定的可见容积，其数值 V 可借超显微镜下的附属设备测得。测定 V 容积溶胶样品中所含有的平均胶体粒子数 n（如样品太浓无法记数，应适当稀释）。若预先测得样品分散相物质浓度 c，并由手册查得分散相物质的密度 ρ，假设粒子为球形，半径为 r，则

$$\text{每个粒子的质量}=\frac{4}{3}\pi r^3\rho$$

$$V\text{ 容积样品中粒子的总质量}=\frac{4}{3}\pi r^3\rho n=cV$$

$$\text{粒子半径 } r=\sqrt[3]{\frac{3cV}{4\pi\rho n}} \tag{7-5}$$

式中浓度 c 的单位为 $kg\cdot m^{-3}$。用超显微镜只能看到 $5\times10^{-7}\sim1.5\times10^{-9}$ m 的胶体粒子的光点，但看不到粒子本身的真实面貌。1934 年，电子显微镜诞生，用电子波代替可见光进行观察，可以观测到粒子的大小与形状，许多溶胶的电子显微镜照片表明，胶体粒子可以大小不等、形状各异，而且不一定皆为球形。

第四节 溶胶的动力学性质

一、布朗运动

英国植物学家布朗（Brown）于 1827 年在显微镜下看到，悬浮于水面的花粉和孢子处于不停息的无规则的运动状态之中。此后发现凡是线度小于 1×10^{-6} m 的粒子，在分散介质中皆有这种运动。由于这种现象是布朗首先发现的，故称为布朗运动。

在分散系统中，分散介质的分子皆处于无规则的热运动状态，它们从四面八方连续不断地撞击分散相的粒子。如果粒子很大，介质分子在各个方向上对粒子的撞击力相互抵消，粒子静止不动，所以大粒子观察不到布朗运动；若粒子比较小，在某一瞬间粒子在各个方向受到的撞击力不

能相互抵消，合力使粒子向某一方向运动，如图 7-6 所示。显然，合力的方向会随时不同，所以粒子的运动方向不断地变化，这就是布朗运动。每隔一段相同时间观测并记录一个胶粒的位移，可得到胶粒的空间运动轨迹，见图 7-7。

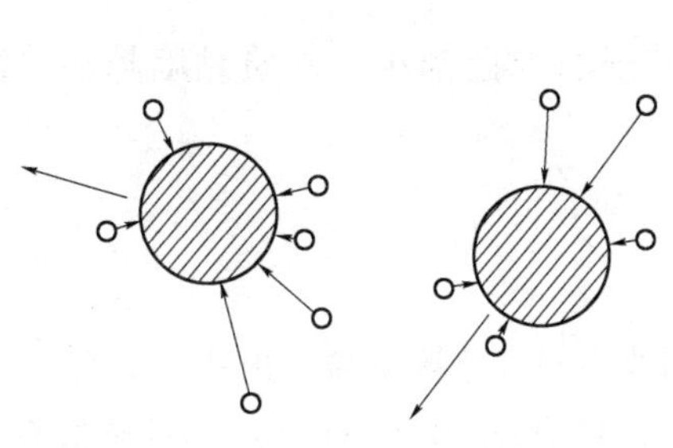

图 7-6 液体分子对胶粒的撞击

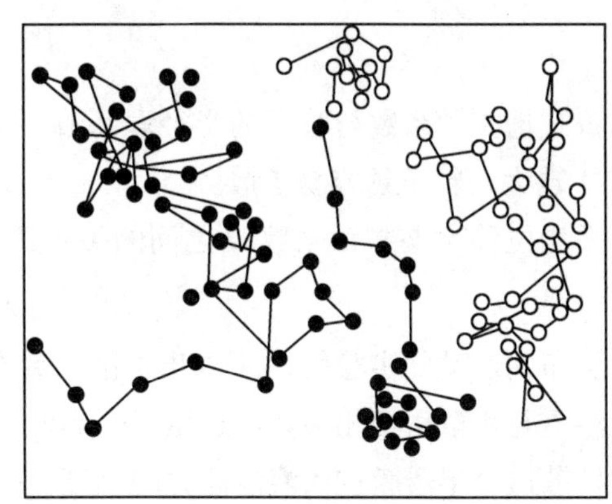

图 7-7 布朗运动轨迹

在布朗发现胶体粒子具有无序的热运动之后，1905 年左右，著名物理学家爱因斯坦（Einstein）用几率的概念和分子运动论的观点，创立了布朗运动理论，推导出爱因斯坦-布朗平均位移公式：

$$\bar{x}=\sqrt{\frac{RT}{N_{\mathrm{A}}}\,\frac{t}{3\pi\eta r}} \tag{7-6}$$

式中 $\bar{x}$——t 时间内粒子在 x 轴方向的平均位移；

r——粒子半径；

η——介质黏度；

N_{A}——阿伏伽德罗常数；

T——绝对温度；

R——摩尔气体常数。

后人通过实验测定 $\bar{x}$ 值，并与上式计算值比较，两者几无差异。这充分证明了上式的正确性，使分子运动论得到直接的实验证明，在科学发展史上作出了重大贡献。

此外布朗运动还表达了自然界普遍存在的一类无规曲线，如山峰、海浪、脑电波、粉体空隙等等。对于这类无规曲线可以采用数学上分维理论加以定量描述。通过对物质无规结构的定量描述来表达物质的整体特性是一种新的思维方式。中药材各部位中各种药效成分的含量也可构筑一种无规结构，并可计算出其分维值，以此表征药材的特征，这可为中药材客观化、指标化提供一种新的工具。

二、扩散和渗透压

溶胶的分散相粒子由于布朗运动，自动从高浓度区流向低浓度区的现象称为扩散（diffusion）。1885 年，费克（Fick）根据实验结果发现，粒子沿着 x 轴方向扩散时，其扩散速度 $\mathrm{d}n/\mathrm{d}t$ 与粒子通过的截面积 A 及浓度梯度 $\mathrm{d}c/\mathrm{d}x$ 成正比，其关系式为

$$\frac{\mathrm{d}n}{\mathrm{d}t}=-DA\,\frac{\mathrm{d}c}{\mathrm{d}x} \tag{7-7}$$

这就是费克扩散第一定律，它表明浓度梯度的存在是发生扩散作用的前提。式中 $\mathrm{d}n/\mathrm{d}t$ 为在

一定浓度梯度 dc/dx 下，单位时间内粒子扩散通过截面积 A 的量；比例系数 D 称为扩散系数（diffusion coefficient），表示单位浓度梯度、单位时间内通过单位截面积的粒子的量，单位为米^2·秒$^{-1}$，它表示粒子在介质中的扩散能力。

$$D=\frac{RT}{N_A}\frac{1}{6\pi\eta r} \tag{7-8}$$

该式把扩散系数与粒子的半径联系在一起，表明粒子的半径越小、介质黏度越小、温度越高，D 越大，粒子越容易扩散。

平均位移 $\bar{x}$ 与扩散系数 D 之间的关系式为：

$$\bar{x}=\sqrt{2Dt} \tag{7-9}$$

从布朗运动的实验值 $\bar{x}$ 可求出扩散系数 D，再根据式 7-8 可计算出粒子的半径。

渗透与扩散密切相关，渗透压（osmotic pressure）为稀溶液的依数性之一，是衡量介质分子通过扩散透过半透膜进入溶液能力的尺度。一个溶质分子就是溶液的一个动力单位，而对溶胶来说，一个分散相粒子（多分子聚集体）才是一个动力单位，所以一个溶胶粒子产生渗透压的作用只相当于一个普通分子。一定浓度的溶液，当溶质分子凝聚成胶体粒子后，粒子浓度要比原来分子浓度小几千至几百万倍，因此，溶胶的渗透压至多只是原来溶液的几千分之一。例如，一定温度下，0.001 质量浓度（g·L^{-1}）的蔗糖溶液的渗透压为 6862Pa，而 0.001 质量浓度金溶胶的渗透压只是 4.9Pa。这么低的数值实际上很难测出，同样，溶胶的冰点下降或沸点升高的效应也是很难测出的。

三、沉降和沉降平衡

多相分散系统中的物质粒子，因受重力作用而下沉的过程，称为沉降。粒子沉降受到重力 w 为

$$w=\frac{4}{3}\pi r^3(\rho-\rho_0)g \tag{7-10}$$

式中 r——粒子半径；

ρ、ρ_0——粒子、液态介质的密度；

g——重力加速度。

粒子沉降时受到的阻力 f 为

$$f=6\pi\eta rv \tag{7-11}$$

式中 η——液态介质的黏度；

v——粒子的沉降速度。

在沉降开始以前，$v=0$；沉降开始后，粒子在重力作用下沉降加速进行，v 越来越大，沉降阻力随之增大，当增大至沉降阻力等于粒子的重力时，粒子处于力的平衡状态，$w=f$，形成等速沉降，即

$$v=\frac{2r^2g(\rho-\rho_0)}{9\eta} \tag{7-12}$$

此式表示粒子半径越大，分散相与分散介质的密度差越大，则沉降速度越大；介质黏度越大，沉降速度即越小。溶胶的动力稳定性是以沉降速度大小为标志的。沉降速度越小，表示分散相粒子不会很快下沉，溶胶的动力稳定性就越大；反之，沉降速度越大，分散相粒子很快下沉，溶胶因分散相和分散介质分离而破坏，故动力稳定性越小。式 7-12 中 $\rho>\rho_0$ 时粒子沉降；$\rho<\rho_0$

时粒子上浮。

在高度分散系统中，粒子一方面受到重力作用而下降；另一方面由于布朗运动又有促使浓度均一的趋势。当这两种效应相反的力相等时，粒子的分布达到平衡，形成了一定的浓度梯度。这种状态称为沉降平衡（sedimentation equilibrium）。

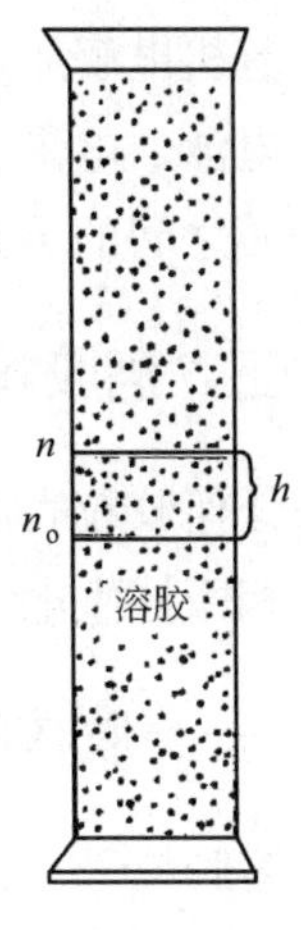

图 7-8　沉降平衡

沉降平衡建立后，溶胶浓度随高度分布的情况可以用高度分布定律来表示。设在图 7-8 所示截面积为 A 的容器中盛以某种溶胶，其粒子半径为 r，粒子与介质的密度分别为 ρ、ρ_0，如果在高度相差 h 的上下两个水平面上所含粒子数分别为 n（高）和 n_0（低），则粒子分布情况和粒子平均半径的关系式为

$$\ln \frac{n_0}{n} = \frac{N_A}{RT} \cdot \frac{4}{3}\pi r^3(\rho - \rho_0)gh \tag{7-13}$$

此式称为高度分布定律，它也适用于空气中不同高度处微粒分布。粒子越小，建立沉降平衡所需的时间越长，动力稳定性越大。当粒子极为微小时，单靠重力沉降所需的时间很长，实际上难以观察。应用超过重力百万倍以上的超离心机可缩短沉降时间，使因时间过长而实际上难以观察到的沉降现象也能观察到，这就扩大了沉降测定的应用范围。

第五节　溶胶的电学性质

一、电动现象

（一）电泳和电渗

在外电场的影响下，分散相粒子对分散介质作定向相对移动的现象，称为电泳（electrophonesis）；分散介质对分散相作定向流动的现象称为电渗（electroosmosis）。溶胶粒子的电性与介质相反，故电泳和电渗的方向总是相反，如图 7-9。电泳和电渗现象，不仅溶胶有，乳状液和悬浮体也有。

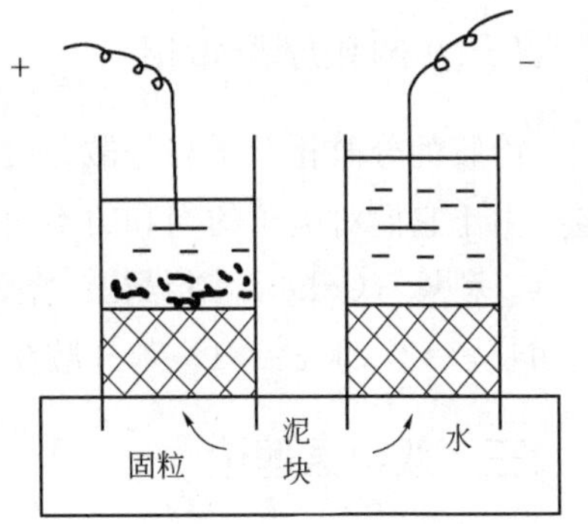

图 7-9　电泳、电渗示意图

（二）流动电势和沉降电势

在外力作用下，使液体在毛细管中流经多孔膜时，在膜的两边会产生电势差，称为流动电势（streaming potential）。它是电渗作用的反面现象。在生产实际中也要考虑到流动电势的存在。例如，当用油箱或输油管道运送液体燃料时，燃料沿管壁流动会产生很大的流动电势，这常常是引起火灾或爆炸的原因。为此常使油箱或输油管道接地以消除之。加入少量合适的表面活性剂可以增加非极性燃料的比电导，也可达此目的。

在外力作用下，若使分散相粒子在分散介质中迅速沉降，则在液体的表面层与底层之间会产生电势差，称之为沉降电势（sedimentation potential）。它是电泳作用的反面现象。贮油罐中的油内常含有水滴，水滴的沉降常形成很高的沉降电势，甚至达到危险的程度。通常解决的办法是

加入有机电解质，以增加介质的电导。

电泳、电渗、流动电势和沉降电势均是因溶胶粒子与介质之间作相对运动时才表现出运动与电性质之间的关系，所以把它们统称为电动现象（electrokinetic phenomena）。

二、溶胶粒子的带电原因

任何胶粒表面总带有电荷，其带电原因大致有三方面，即胶核的选择吸附、表面分子的电离和两相摩擦生电。

（一）胶核的选择吸附

溶胶粒子（胶核）是多分子聚集体，与介质之间有巨大界面，表面能很大，能选择吸附作为稳定剂的离子到界面上来。吸附正离子，溶胶粒子带正电，吸附负离子带负电。故被吸附离子又称为决定电位的离子。实验表明：溶胶粒子选择吸附和它组成相同或相类似的离子。例如，$AgNO_3$ 和 NaCl 作用制备 AgCl 溶胶，若有稍过量的 $AgNO_3$ 存在，溶胶粒子选择吸附 Ag^+ 而带正电；若有稍过量的 NaCl 存在，溶胶粒子选择吸附 Cl^- 而带负电。另一方面，胶核对电解质离子的吸附与其水化能力有关。水化能力强的离子往往留在溶液中，水化能力弱的离子易被吸附于胶核表面。通常正离子的水化能力比负离子的水化能力强，所以胶核表面带负电荷的可能性比带正电荷的可能性大。

（二）胶核的表面电离

某些胶体粒子的表面上具有可解离基团，发生电离，使粒子带电。例如，硅溶胶为 SiO_2 的多分子聚集体，表面上的 SiO_2 分子与水（分散介质）作用生成 H_2SiO_3，H_2SiO_3 是弱酸，电离出H^+ 离子后，可使硅溶胶粒子带负电。又如，蛋白质分子中含有羧基和氨基，在水中电离成—COO^- 和—NH_3^+，从而使蛋白质分子带电。

（三）两相摩擦带电

溶胶的分散相粒子与分散介质若为介电常数不同的非导电物质，则互相接触时可因摩擦而生电。由于它们对电子的亲和力不同，电子可从亲和力较小的一相流入亲和力较大的一相，使粒子带电。科恩（Cohen）总结出一条经验规律：介电常数（ε）较大的一相带正电，另一相带负电。例如苯 $\varepsilon=2$，水 $\varepsilon=81$，苯分散在水中形成的 O/W 型微乳时，苯带负电，水带正电。

三、双电层理论

为了解释胶体的电动现象及胶体稳定存在的原因，人们先后提出了几种不同的模型。如亥姆霍兹平板双电层模型、古依-查普曼扩散双电层模型、斯特恩吸附扩散双电层模型等。本节介绍古依-查普曼扩散双电层模型、斯特恩吸附扩散双电层模型。

（一）古依-查普曼扩散双电层模型

1910 年，古依（Gouy）和查普曼（Chapman）提出了扩散双电层模型。该模型认为，由于静电作用和热运动两种效应的结果，在溶液中与固体表面电荷相反的离子只有一部分紧密地排列在固体表面上，另一部分反离子与固体表面的距离则可从紧密层一直分散到本体溶液之中。因此双电层实际上包括了紧密层与扩散层两部分，见图 7-10。从胶核表面到扩散层终端（溶液内部电

中性处）的总电势称为表面电势或热力学电势 ψ_0 (electrokinetic potential)，从扩散层与吸附层交界处到扩散层终端的电势称为电动电势（electrokinetic potential）或 ζ-电位 (Zeta potential)，因为它在胶粒与介质相对移动时才表现出来。图 7-11 表示了扩散层厚度与 ζ-电位的关系。扩散层越厚，ζ-电位也越大，溶胶越稳定。

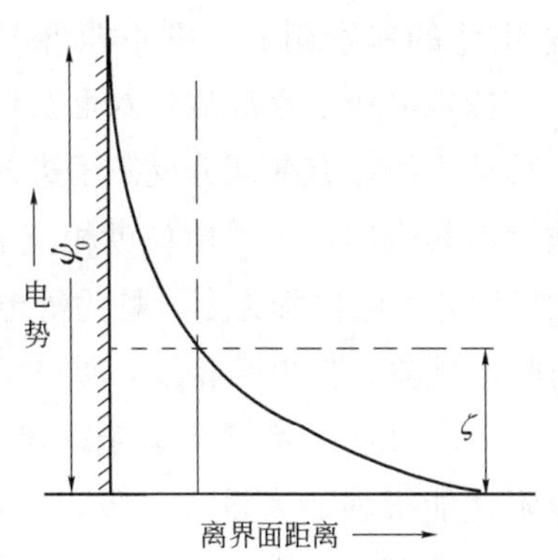

图 7-10 ψ_0 电势与 ζ-电位图

若于溶胶中加入电解质，ζ-电位将减少，当 ζ-电位小于 0.03V 时，溶胶即变得不稳定。继续加入过量电解质，ζ-电位将改变符号，溶胶变为与原来电性相反的溶胶，称为溶胶的再带电现象，见图 7-12。

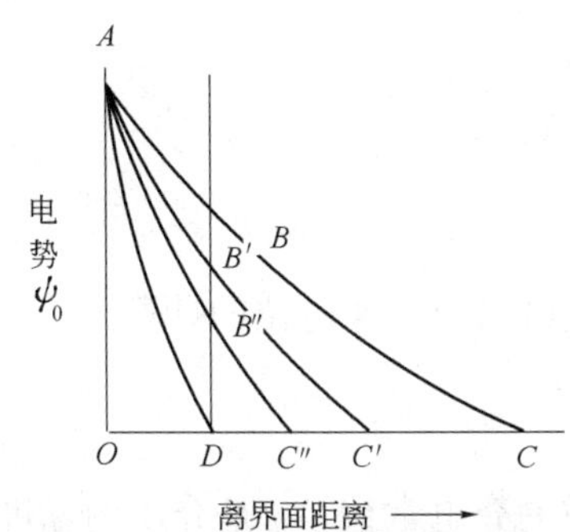

图 7-11 扩散层厚度与 ζ-电位

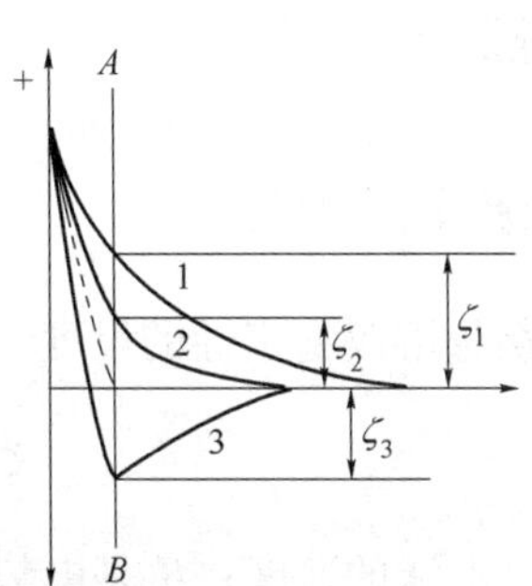

图 7-12 ζ-电位符号的改变

（二）斯特恩吸附扩散双电层模型

1924 年，斯特恩（Stern）在古依-查普曼扩散双电层模型的基础上，提出了吸附扩散双电层模型，见图 7-13。他认为：紧密层（又称 Stern 层）1～2 个分子层厚，紧密吸附在表面上，在紧密层中，反离子的电性中心构成所谓的斯特恩面，从斯特恩面到胶核表面的区域为斯特恩层，斯特恩面往外，有一切动面（滑动界面），切动面处的电势即为 ζ-电位，从切动面到扩散层终端即为古依扩散层。ζ-电位在该扩散层内以指数关系减小。斯特恩吸附扩散双电层模型较成功地解释了下列问题：

（1）赋予了 ζ-电位较明确的物理意义。从粒子表面到溶液内部电中性处实际上存在着三种电势，即热力学电势 ψ_0、斯特恩电势 ψ_d 和 ζ-电位。斯特恩模型明确指出，ζ-电位是切动面至溶液电中性处间的电势差。由图 7-13 可知，ζ-电位只是 ψ_d 电势的一部分。对于足够稀的溶液，由于扩散层分布范围较宽，电位随距离的增加变化缓慢，因此可以近似地把 ζ-电位与 ψ_d 电势等同看待。但是，如果溶液浓度很高，这时扩散层范围变小，电位随距离的变化很显著，ζ-电位与

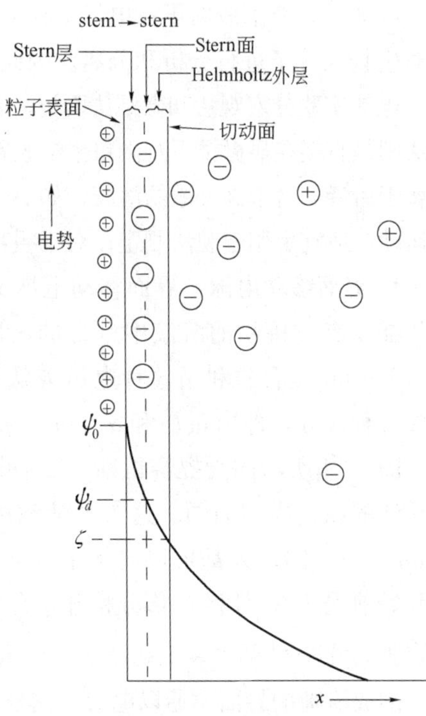

图 7-13 斯特恩吸附扩散双电层示意图

ψ_d 电势的差别明显，则不能再把它们看作等同。

（2）解释了电解质对双电层电位的影响。随着电解质的加入，斯特恩层与扩散层中的离子重新移动平衡，有一部分反离子进入斯特恩层，从而使 ψ_d 与 ζ-电位发生变化。如果溶液中反离子浓度不断增加，则 ζ-电位就相应下降，扩散层厚度亦相应被“压缩”变薄。当电解质增加到某一浓度时，ζ-电位降为零，称为等电点。这时溶胶的稳定性最差。继续加入电解质，则出现溶胶的再带电现象，但电性相反，见图 7-12。

（3）说明了高价反离子或同号大离子对双电层的影响。某些高价反离子或异号大离子由于吸附性能很强而大量进入吸附层，牢牢地贴近在固体表面，可以使斯特恩结构发生明显改变，甚至导致斯特恩电位 ψ_d 与 ζ-电位反号；同样，某些同号大离子也会因其强烈的范德华引力而进入吸附层，使 ψ_d 增大，导致斯特恩电势 ψ_d 高于热力学电势 ψ_0。

四、电泳测定

（一）电泳计算公式

ζ-电位是衡量溶胶稳定性的尺度。由胶团结构模型可以导出 ζ-电位的计算公式：

$$\zeta=\frac{K\pi\eta v}{DE}\times(9\times10^9) \tag{7-14}$$

式中：v 是电泳的速度；E 是电势梯度；D 是介质的介电常数；η 是介质的黏度；K 是一个常数，其值与胶粒的形状有关，球形粒子 $K=6$，棒状粒子 $K=4$。式中各量的单位均为 SI 单位。ζ-电位的正负决定了胶粒所带电性。

（二）电泳测定

电泳是研究溶胶粒子在电场下移动的实验。电泳测定不仅可以求得溶胶的 ζ-电位，而且还可以对生物大分子进行分析和分离。因此，它在生物学和临床医学中获得了广泛的应用。

电泳实验分宏观法和微观法两类。宏观法是测定溶胶与导电液体界面在电场中的移动速度；微观法则是直接在显微镜下观测单个溶胶粒子在电场中的迁移速度。界面移动电泳属于前者，显微电泳属于后者。对于高分散的溶胶，如 As_2S_3 溶胶、$Fe(OH)_3$ 溶胶或过浓的溶胶，不易观测个别粒子的运动，适宜采用宏观法测定；对于粗颗粒的悬浮体、乳状体则适宜用微观法测定。

1. 界面移动电泳：界面移动电泳又称自由电泳，它是在没有支持物的溶液中进行的，1937 年提塞留斯（Tieslius）首先利用这种电泳方法把血清蛋白分离成五种成分，即白蛋白和 α_1、α_2、β、γ 四种球蛋白。图 7-14 所示的为提赛留斯（Tiselius）电泳仪中电泳池的纵、横剖面图。这个电泳池可以分成几段，从 aa'、bb'和 cc'处都可以向水平方向左右滑移。实验开始前先从 bb'处将 C 部分移开，在 A 与 B 部分装满溶胶，洗净 C 部分装上超滤液，电极装在电泳池上端的扩大部分，平移 bb'，使上下管正好连通，形成清晰的界面。通以电流，这样在溶胶与超滤液之间可清楚地观察到界面移动，根据胶粒所带的电荷正负号，溶胶可向阳极或阴极移动。

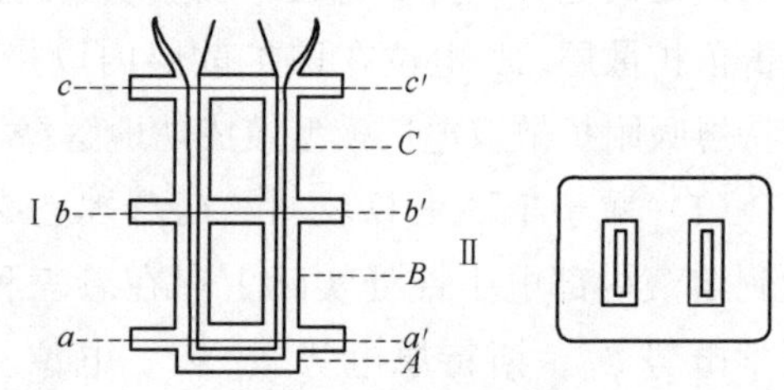

图 7-14 电泳池的纵剖面和横剖面示意图

2. 显微电泳：显微电泳是借助显微镜直接观测单个粒子在电场中的电泳速度，其优点是在

实验中粒子所处的介质环境未发生变化，实验中需要的溶胶量比较少，装置见图 7-15。显微电泳仪由显微镜、毛细电泳管、直流电源等部分组成。测定时把溶胶置于水平毛细电泳管中，管的两端装上可逆电极。接通电源后在显微镜下观测溶胶粒子的运动速度，根据介质黏度、介电常数、两极间的直流电压等数据可以求得溶胶的 ζ-电位。显微电泳可以用于研究生物体中的某些物质，如细菌、病毒、血细胞等。

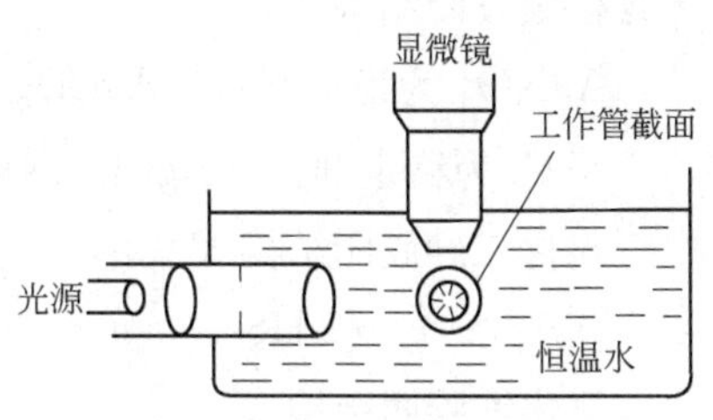

图 7-15　显微电泳仪装置图

3. 区域电泳：区域电泳与界面移动电泳、显微电泳的原理是一样的，所不同的只是它需要某些惰性固体物质或凝胶作为支持物（有时例外），泳动物质在支持物间隙中移动，从而避免了对流的干扰。根据支持物的不同，有纸上电泳、琼脂电泳、聚丙烯酰胺凝胶电泳等。区域电泳主要用于蛋白质等物质的分离，尤其适用于生物化学研究和临床诊断。

例如纸上电泳，将生物胶体一小滴溶液滴在一条事先用缓冲溶液润湿过的滤纸上（也可以将该生物胶体溶液滴一行在纸上），然后水平放置在一封闭的容器内，滤纸的两端浸在含有缓冲溶液和电极的容器中。加电场后，由于生物胶体溶液中各电泳速度不同，使之在滤纸上分开，经过一段时间后，移去电场使电泳停止，将纸干燥后再浸入染料溶液中，由于各不同组分对染料的选择吸附不同，则显示不同的颜色，并加以区分。

凝胶电泳是用淀粉凝胶、琼脂、聚丙烯酰胺等凝胶作为支持物，它应用最广泛。用聚丙烯酰胺凝胶分离血清时可以得到 25 种成分，而界面移动法只能得到 5 种。

胶体电泳实验证明胶粒是带电的，实验还证明，若在溶胶中加入电解质，则对电泳会有显著影响。

五、胶团的结构

根据溶胶的电动现象以及吸附扩散双电层模型，可以了解溶胶粒子的内部结构和表面带电情况。胶体粒子的中心称为胶核（colloidal nucleus），它由许多原子或分子聚集而成。胶核周围由吸附在核表面上的决定电位的离子、部分反离子组成吸附层（紧密层）。胶核和吸附层合称胶粒（colloidal particle）。吸附层以外由反离子组成了扩散层。胶核、吸附层和扩散层组成的整体称为一个胶团（colloidal micell）。整个胶团是电中性的，通常所说溶胶带电是指胶粒而言。胶粒所带电荷取决于胶核吸附的决定电位的离子，而带电多少则由决定电位的离子与吸附层中反离子所带电荷之差决定。在电场中，胶粒的移动方向与扩散层的移动方向相反。

例如，用 $AgNO_3$ 和 NaCl 溶液制备 AgCl 溶胶时，AgCl 分子凝聚成胶体粒子大小的多分子聚集体，成为胶核，以 $(AgCl)_m$ 表示，m 表示胶核中 AgCl 的分子数。若 NaCl 稍过量，则过量的 NaCl 可作为稳定剂，胶核选择吸附 n 个 Cl^- 作为决定电位的离子，使胶粒带负电。少量反离子（$n-x$）个 Na^+ 与 n 个 Cl^- 一起组成吸附层，余下 x 个 Na^+ 离子成为扩散层，n 较 m 小得多，m 和 n 对各个胶粒来说是不同的，胶团结构式只是对胶团结构的近似描述。

胶粒带电是溶胶有稳定性的一个重要因素，吸附层中的离子便是溶胶的稳定剂。如果没有稳定剂，胶粒即不带电，在介质中作布朗运动时，由于粒子彼此间不存在斥力，必然增加碰撞机会而很快从小粒变成粗粒，进而沉淀下来。如用等摩尔的 $AgNO_3$ 和 NaCl 进行反应，因为没有能使胶核稳定的决定电位的离子和反离子存在，故只能得 AgCl 沉淀，而不能制得 AgCl 溶胶。下面是一些胶团结构式的写法

氯化银胶团结构式

$AgNO_3$ 为稳定剂：$[(AgCl)_m \cdot nAg^+ \cdot (n-x)\ NO_3^-]^{x+} \cdot xNO_3^-$

NaCl 为稳定剂：$[(AgCl)_m \cdot nCl^- \cdot (n-x)\ Na^+]^{x-} \cdot xNa^+$

三硫化二砷胶团结构式

$[(As_2S_3)_m \cdot nHS^- \cdot (n-x)H^+]^{x-} \cdot xH^+$

氢氧化铁胶团结构式

$\{[Fe(OH)_3]_m \cdot nFeO^+ \cdot (n-x)Cl^-\}^{x+} \cdot xCl^-$

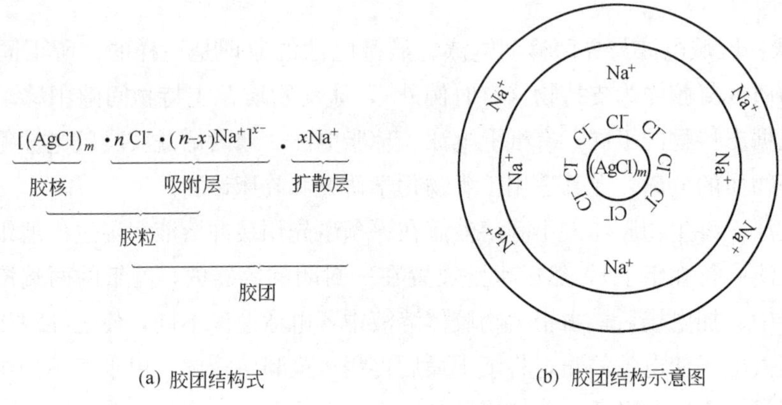

(a) 胶团结构式 (b) 胶团结构示意图

图 7-16 氯化银胶团结构（NaCl 为稳定剂）

第六节 溶胶的稳定性和聚结

一、溶胶的稳定性

溶胶是热力学不稳定系统，粒子间有相互聚结而降低其表面能的趋势，即有聚结不稳定性，因此在制备溶胶时要有稳定剂存在。另一方面由于溶胶的粒子小，布朗运动激烈，因此在重力场中不易沉降，即具有动力学稳定性。稳定的溶胶必须同时具备聚结稳定性和动力稳定性。但其中以聚结稳定性更为重要，因为布朗运动固然使溶胶具有动力稳定性，但也促使粒子之间不断地相互碰撞，如果粒子一旦失去聚结稳定性，则互相碰撞后就会引起聚结，其结果是粒子质量增大，布朗运动速度降低，最终也会成为动力不稳定系统。

从动力学观点来看，当溶胶胶粒很小时，布朗运动极为剧烈，溶胶具有动力学稳定性。影响溶胶动力学稳定性的主要因素是分散度，分散度越大，布朗运动越剧烈，扩散能力越强，溶胶越不易聚沉，动力学稳定性越大。

从热力学观点来看，溶胶具有很大的表面积，表面能很大，无时无刻不在自发地向吉布斯函数减小的方向转化，即溶胶有自发地凝结的趋势。在不受外来条件影响下，溶胶自发进行的聚结过程叫作陈化。

二、电解质对溶胶的聚沉作用

适量电解质可作为溶胶的稳定剂，过量电解质则使溶胶聚沉（coagulation）。利用 DLVO 理论可以解释电解质对溶胶稳定性的影响。电解质对势能曲线的影响非常显著，随着电解质浓度逐渐增加，部分反离子进入吸附层，使扩散层厚度迅速被压缩，ζ-电位随之变小，斥力势能相应下

降。当扩散层的厚度压缩到一定程度时，引力势能大于斥力势能，势能曲线上不再出现势垒，并且变为负值，这时溶胶失去稳定性，发生聚沉。

溶胶开始聚沉时所加入电解质的浓度称为聚沉值 c（coagulation value），聚沉能力 F 是聚沉值的倒数 $F=1/c$，电解质的聚沉值越小，其聚沉能力越强。

（一）舒尔茨-哈迪规则（Schulze-Hardy rule）

使溶胶凝结主要是与溶胶电性相反的离子作用，聚沉能力与溶胶电性相反的离子的价数 Z 的六次方成正比，$F\propto Z^6$。例如，钠盐、钙盐和铝盐对三硫化二砷溶胶的聚沉能力之比为

$F(Na^+):F(Ca^{2+}):F(Al^{3+})=1^6:2^6:3^6=1:64:729$

而实验值为 $F(Na^+):F(Ca^{2+}):F(Al^{3+})=1:78.5:531$

理论值与实验值同处一个数量级。

（二）与溶胶电性相同的离子的作用

与溶胶电性相同的离子的价数越高，对溶胶的聚沉能力越小。例如，对三硫化二砷溶胶来说，$F(SO_4^{2-})<F(Cl^-)$。

（三）感胶离子序

将同价离子按对溶胶的凝结能力由大到小排成的系列，叫感胶离子序。同族正离子对负电性溶胶的聚沉能力随原子量或离子半径的增大而增强；同族负离子对正电性溶胶的聚沉能力则随原子量或离子半径的增大而减弱。例如：

$Cs^+>Rb^+>K^+>Na^+>Li^+$

$Ba^{2+}>Sr^{2+}>Ca^{2+}>Mg^{2+}$

$Cl^->Br^->I^-$

此序列和水化离子半径由小到大的次序相同。Li^+ 的聚沉能力最弱，是因为它的水化能力最强，水化后的离子半径较大，影响聚沉能力。离子水化后的半径越小，对溶胶的聚沉能力也就越大。

（四）某些离子对溶胶聚沉的影响

1. H^+ 对负电性溶胶和 OH^- 对正电性溶胶的聚沉能力均大于相应的 1-1 价盐类。

2. 与溶胶电性相反的离子，如能与胶粒上的离子反应生成难溶物质，这种离子的聚沉能力就特别强。例如，Ag^+ 对 AgBr 溶胶的聚沉能力比 Na^+、K^+ 等同价离子强得多。

3. 两种带相反电荷的溶胶混合会发生聚沉，称为相互聚沉。例如，水中的悬浮物通常带负电，明矾水解产物 $Al(OH)_3$ 带正电，故可用明矾净化水。

（五）电解质混合液对溶胶的聚结作用

1. 加合作用：两种价数相同的电解质混合液对溶胶的聚结能力等于两种电解质单独使用的总和。例如，KCl 和 NaCl 对 As_2S_3 溶胶的聚结值分别为 c_1 和 c_2，若于 $1\times10^{-3}m^3$ As_2S_3 溶胶中先加入 $\frac{1}{3}c_1$ 的 KCl 后，再加 $\frac{2}{3}c_2$ 的 NaCl 即开始聚沉。

2. 对抗作用：两种不同价电解质的混合液，对溶胶的聚沉能力小于两种电解质单纯使用时的聚沉能力之和，说明两种电解质相互影响而削弱了它们原有的聚沉能力。例如 LiCl 和 $MgCl_2$

对 As_2S_3 溶胶的聚沉值分别为 c_1 和 c_2，若于 $1\times10^{-3}m^3$ As_2S_3 溶胶中先加入 $\frac{1}{4}c_1$ 的 LiCl，必须再加 $MgCl_2$ 至 $2c_2$ 才能开始聚沉。

3. 敏化作用：两种电解质的混合液对溶胶的聚沉能力可互相加强。例如，LiCl 和 $CaCl_2$ 对 As_2S_3 溶胶的聚沉值分别为 c_1 和 c_2，于 $1\times10^{-3}m^3$ As_2S_3 溶胶中先加 $\frac{4}{10}c_1$ 的 LiCl 后，只需再加 $\frac{3}{10}c_2$ 的 $CaCl_2$ 即能开始聚沉，$CaCl_2$ 的用量只相当于加合性用量的一半。

（六）不规则凝结

有时加入少量电解质溶胶即聚沉，如继续加入电解质，随着电解质浓度逐渐增加，沉淀又重新分散成溶胶，并使胶粒所带电荷改变符号。电解质浓度再增加时，溶胶再次发生聚沉，这种现象称为不规则聚沉。不规则聚沉是溶胶离子对高价反离子强烈吸附的结果。少量电解质使溶胶聚沉，但吸附过多高价反离子后，胶粒改变符号，形成新的双电层，溶胶又重新稳定，但这时所带电荷符号与原胶粒相反。再加入电解质，高价离子压缩新的双电层，溶胶又变得不稳定，重新发生聚沉。此时溶液中电解质的浓度已经很高，再增加电解质也不能使沉淀再度分散成溶胶。

三、其他因素对溶胶凝结的影响

溶胶的聚沉受多种因素的影响，除了电解质的影响以外，下列因素也是常常要考虑的。

（一）大分子的影响

足量的大分子对溶胶起保护作用，少量的大分子则会降低溶胶的稳定性，使溶胶聚沉。

（二）有机物的影响

水化膜是胶粒稳定的重要因素之一。亲水性较强的有机物，如乙醇、丙酮等，可夺去胶粒水化膜使溶胶聚沉。许多有机离子由于易被胶粒吸附，对溶胶有特别大的聚沉能力。

（三）温度的影响

温度升高可使溶胶聚沉，实验室中常用加热法破坏溶胶。

（四）浓度的影响

要制备比较稳定的溶胶，浓度不能太大。浓度太大，胶粒易碰撞而聚沉。可用大分子保护的方法制得浓度大的溶胶。

附：缔合胶体

一、缔合胶体溶液的制备及特性

（一）胶束溶液

表面活性剂是一类双亲物质，可溶解在分散介质中，当浓度达到临近胶束浓度（*CMC*）之后，便相互聚集成胶束，此时的溶液称为胶束溶液。球形胶束直径一般为3～8nm，增溶之后，体积会膨胀变大，胶束形状不同，体积也会发生变化。若表面活性剂以双分子层聚集成单室囊泡等，则直径在10～1000nm之间。例如，用表面活性剂卵磷脂与胆固醇等包膜材料在水溶液中形成双分子层膜，经适当处理，它可以将水溶性或脂溶性药物包裹在膜内，形成微囊，分离后将这种磷脂微囊重新分散在水溶液中，就形成一种特殊的分散系——脂质体（liposomes）。脂质体也是研究生物膜性质的一个较为简便、理想的实验模型。

（二）微乳溶液

微乳溶液不同于普通的乳浊液，它通常由水、油、乳化剂和助剂所组成，助剂通常是中等链长的醇或其他极性有机物。常规制备是将水、油、乳化剂按一定比例混合均匀，然后向该乳液中滴加醇，至一定量时系统会突然间变透明，即Schulman法；或把油、醇、乳化剂按一定比例混合均匀，然后向该乳液中滴加水，系统也会在突然间变透明，即Shah法。微乳胶粒的粒径为10～100nm，是具有各向同性的均相系统。制取微乳时，乳化剂的用量一般较大。若使用阴离子表面活性剂丁二酸-2-乙基己基酯磺酸钠（AOT）作乳化剂，则可不需要使用助剂。

（三）微乳溶液和胶束溶液性质差异

目前微乳溶液的自发形成机制尚未明朗，现在一般普遍认为微乳溶液的形成，实际上是在一定条件下表面活性剂胶束溶液对油或水的增溶结果，形成了膨胀的胶束溶液。

微乳溶液虽可以视为膨胀的胶束溶液，但两者存在着较大差异。首先，微乳液滴是单一球形的，而胶束的形状视表面活性剂用量而定，一般在*CMC*值10倍以内为球形，大于10倍*CMC*值可有棒状等多种形状；其次，微乳溶液几乎是由球形液滴堆积所成，液滴之间距离远小于液滴本身大小；而胶束溶液是稀的聚集系统，胶束之间距离较大。可以认为微乳溶液中液滴的紧密堆积结构是微乳系统稳定性所必需的，无限稀释会破坏微乳结构，导致油水分相，而胶束溶液则无此现象。表7-3较详细地列出了乳浊液、微乳溶液及胶束溶液之间的差异。

表7-3 微乳溶液和胶束溶液的性质比较

体 系	分散度	质点形状	透光性	稳定性及界面张力	表面活性剂用量	组 成
乳浊液	质点>0.1μm	球形	不透明，浑浊	不稳定，静置可分层	量少	三组分
微乳溶液	质点在10～100nm，显微镜不可见	球状	半透明至透明	稳定，离心也不能使之分层	量大，常需加助剂	三组分或四组分
胶束溶液	质点<10nm，显微镜不可见	稀时为球形	一般透明状	稳定，不分层	大于*CMC*值即可	二组分

二、缔合胶体的应用

尽管缔合胶体是单相系统，但它是分子异相系统，水区和油区在亚微观层次上仍然是分离的，并显示出各自的本体特征，正是这一特点，缔合胶体为我们提供了一种产生新技术的平台。

（一）微型反应器

缔合胶体的微粒是在纳米尺度内，构成了纳米级空间，若在这空间内放入反应物，因反应空间受限，从而可以获得纳米级产物。例如将含有一种阴离子表面活性剂的$SnCl_4$溶液中加入环己

烷、正丁醇制得 W/O 型微乳，在氨作用下可获得平均颗粒尺寸<20nm 的 SnO_2 粉末材料。

该方法的优点之一是所得胶体微粒的体积几乎均等，所得产物颗粒尺寸分布很窄，因而通过该方法还可制备粒子大小一致的单级分散胶体，如将上述 SnO_2 重新分散在水中形成的溶胶。而由一般方法制备的溶胶是多级分散的，含有大小不一的胶体粒子。单分散胶体是近年来胶体化学研究中的一个新兴领域，无论从理论上还是从实际上都是非常重要的，因而越来越受到人们的重视。例如，作为一种简单模型，均匀球形胶粒在胶体的形成、稳定性理论、表面吸附、催化过程等方面的研究中发挥了一定作用。在工业上，均匀胶体在特种陶瓷、催化剂、颜料、油墨、磁性材料及感光材料的研制和产品质量的提高等方面有着广泛的应用前景。目前，国内外胶体化学界对这方面的技术研究已成为热点。在实验室中已研制出球形、棒形、立方形、椭圆形等各种均匀胶体。

该方法的优点之二是体积大小可调控。比如反相胶束是表面活性剂在有机溶剂中形成的球形聚集体，表面活性剂的亲水端向内，形成一亲水性内核，它可加溶水，且随着加溶水量的增加，反相胶束体积也逐渐增大，并可转变为反相（W/O）微乳，所以此时我们可以通过控制水的用量来调控水核的大小。

优点之三是反应产物形状可变，因胶粒形状随表面活性剂浓度的不同可分为球形、圆柱形、片状等。反应在胶粒内部进行时，产物逐渐积累生长，从而可获得单分散性的、形状由胶束形状决定的纳米粒子，避免了传统液相法因成核、生长、沉淀等过程的不可控性而得到粒子大且分布宽的缺点。例如将含亲脂性药物和氰基丙烯酸烷酯的醇溶液在搅拌下加入到胶束溶液中，药物和氰基丙烯酸烷酯加溶于胶束并可形成 O/W 型微乳，在 OH^- 引发下，氰基丙烯酸烷酯聚合，药物逐渐被包裹在聚合物形成的纳米粒子内，反应结束后，过滤、洗涤即得到载药的纳米球粒。过程如图 7-17 所示。

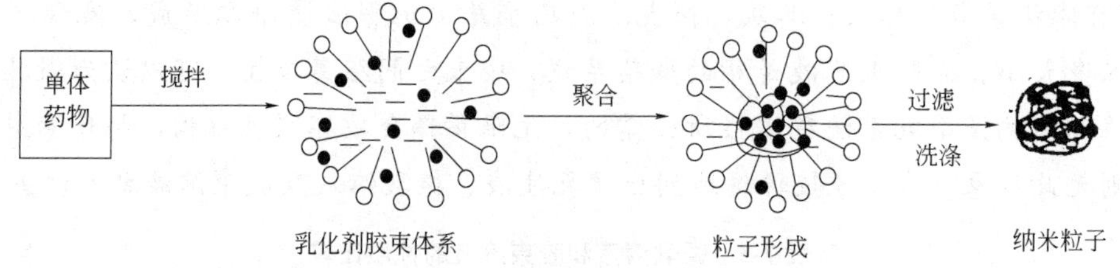

图 7-17　聚氰基丙烯酸烷酯载药纳米微球的制备

（二）异相催化反应介质

缔合胶体是一油水共存系统，并且存在着巨大的界面面积。若将异相反应的反应物及催化剂分别溶解于油相和水相中，则反应在两相界面处发生。由于接触面巨大，故反应速率可大大加快。比如酶促反应，酶大多为水溶性的，且在水环境下发挥其功能，但是许多酶反应的基质却易溶于有机溶剂，难溶于水，微乳是此类反应的极好介质。我们可将酶溶于 W/O 型微乳系统的水核中，将反应基质溶于连续相中，基质与酶在油水界面处接触反应。研究表明，此时酶不仅能保持其催化功能，而且活性还有所提高。

（三）反相胶束萃取

一般传统的溶剂萃取技术难以应用于蛋白质的提取和分离，主要原因是蛋白质在40～50℃便开始变性，且绝大多数蛋白质在有机溶剂中也会变性。反相胶束萃取提供了可使蛋白质不会变性

的萃取技术。如在异辛烷/AOT/水反相胶束系统中，以此为油相，含有蛋白质的水溶液为水相，两相接触后，蛋白质等能够通过与界面处的表面活性剂相互作用而变形，并在两相界面处形成了包含有蛋白质的反相胶束，此反相胶束扩散进入有机相中，从而实现了蛋白质的萃取。萃取过程见图 7-18。实际上，该系统已是反相微乳系统了。

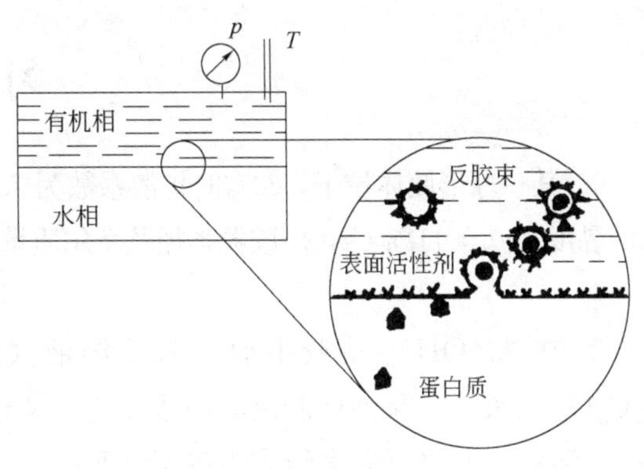

图 7-18　反胶束萃取蛋白质

缔合胶体在其他行业还有许多用途。目前缔合胶体是药物剂型学、材料学、信息科学等领域研究十分活跃的热点之一，在现代高新技术中正发挥着日益重要的作用。

本章小结

胶体化学是一门应用性极强的学科。近百年来，其发展同步于工农业生产的发展，有些方面甚至是超前的，原因在于整体自然科学水平提高的带动，如利用现代物理与化学理论解决胶体基本性质问题，用量子化学研究胶体的吸附与催化，用分子理论研究胶粒形貌；应用现代精密仪器和方法解决胶体中悬而未决的实际问题，如用电子显微镜研究胶粒间的作用力；近年来胶体化学的观点和方法已成功应用于医、生理、土壤、环境、大气、海洋湖泊等等诸多学科之中。

胶体分散系溶质质点尺度在 1～100nm 之间，包括溶胶、大分子溶液和缔合胶体。本章讨论的溶胶是固液多相系统，多相、高分散性、聚结不稳定性是其基本特征。溶胶的制备可用分散法和凝聚法，制备过程产生的多余电解质可用半透膜净化除去。溶胶的光学性质有乳光现象，利用此现象可测定胶粒大小；溶胶的动力学性质有布朗运动导致扩散，但扩散慢，渗透压同浓度溶液小，由于粒子密度大于介质而发生沉降，由于沉降与扩散一对矛盾而致最终达到沉降平衡。溶胶的电学性质有电泳、电渗、流动电势、沉降电势；胶粒带电原因有表面吸附、表面分子电离、两相摩擦生电；此外还介绍了不同类型胶团结构式，引出了 ζ-电位，介绍了两个双电层模型。溶胶的稳定性因素是多方面的，一方面是因胶粒细小，布朗运动剧烈、带电、有水化膜都是使胶体稳定的原因；另一方面因表面积巨大、表面吉布斯能高而有聚结不稳定性。外加因素（电解质、温度、大分子溶液、pH 值的改变）均可使溶胶的稳定性发生改变。

思考题

1. 溶胶的基本特征是什么？

2. 丁达尔现象是由光的什么作用引起的？其强度与入射光波长有什么关系？粒子大小范围落在什么区间内可观察到丁达尔现象？

3. 胶体粒子为什么带电？何时带正电？何时带负电？为什么？

4. 随着电解质的加入，胶粒的电泳速率由大变小，有时又由小变大但电泳方向相反，为什么？

5. $Fe(OH)_3$ 溶胶为什么能保留相当长时间而不析出沉淀？

习 题

1. 某一球形胶体粒子，20℃时扩散系数为 $7.00\times10^{-11}m^2\cdot s^{-1}$，已知胶粒密度为 $1334kg\cdot m^{-3}$，水的黏度为 $0.0011Pa\cdot s$，求胶粒半径及摩尔质量。

（2.79nm；$73.0kg\cdot mol^{-1}$）

2. 在 $Al(OH)_3$ 溶胶中加入 KCl 溶液（浓度为 $80mmol\cdot dm^{-3}$），刚好沉淀，若改为加 $K_2C_2O_4$ 溶液，结果使溶胶沉淀的浓度为 $0.4mmol\cdot dm^{-3}$。问此溶胶带正电还是负电？若加入 $CaCl_2$ 溶液，使之沉淀大约需要多大浓度？

（正电；$40mmol\cdot dm^{-3}$）

3. 用物质的量浓度相同的 30ml NaCl 和 35ml $AgNO_3$ 溶液制得 AgCl 溶胶，写出胶团结构式，并标明胶核、紧密吸附层、扩散层和胶粒、胶团。$Al_2(SO_4)_3$、$NaNO_3$、Na_3PO_4、$MgSO_4$、K_2SO_4 五种电解质对该溶胶的凝结能力如何？

（$[(AgCl)_m\cdot nAg^+\cdot(n-x)NO_3^-]^{x+}\cdot xNO_3^-$，
$Na_3PO_4>K_2SO_4>MgSO_4>Al_2(SO_4)_3>NaNO_3$）

4. 用等体积的 $0.2mol\cdot L^{-1}$ KI 和 $0.16mol\cdot L^{-1}$ $AgNO_3$ 溶液制得 AgI 溶胶，电泳时胶粒向哪个电极移动？水向哪一个电极移动？写出胶团结构式并判断下述电解质对其凝结能力的次序：$AlCl_3$、Na_2SO_4、$K_3Fe(CN)_6$。

{正极，负极，$[(AgI)_m\cdot nI^-\cdot(n-x)K^+]^{x-}\cdot xK^+$，$AlCl_3>Na_2SO_4>K_3Fe(CN)_6$}

5. 在 NaOH 溶液中用甲醛还原氯金酸可制备金溶胶：

$$HAuCl_4+5NaOH\longrightarrow NaAuO_2+4NaCl+3H_2O$$

$$2NaAuO_2+3HCHO+NaOH\longrightarrow 2Au+3HCOONa+2H_2O$$

$NaAuO_2$ 是上述方法制金溶胶的稳定剂，写出胶团结构式。

{$[(Au)_m\cdot nAuO_2^-\cdot(n-x)Na^+]^{x-}\cdot xNa^+$}

6. 在 26℃下做 $Fe(OH)_3$ 水溶胶的电泳实验，当接通直流电源后，界面向哪个电极方向移动？为什么？5 分钟后界面移动了 $5.0\times10^{-3}m$，求 $Fe(OH)_3$ 水溶胶的动电势。已知 26℃时水的黏度为 $8.737\times10^{-4}Pa\cdot s$，介电常数为 $81C\cdot V\cdot m^{-1}$，两极间的距离为 0.232m，外加电压 100V，设胶粒为棒形粒子。

[$\zeta=K\pi\eta u/DE\times(9\times10^9)=4.71\times10^{-2}V$]

第八章

大分子溶液

扫一扫，查阅本章数字资源，含PPT、音视频、图片等

大分子（macromolecule）化合物是指摩尔质量10000以上的物质，包括各种天然的和合成的、有机的和无机的物质。天然的大分子化合物与生物以及人的生命现象有密切的关系，如蛋白质、纤维素等，它们的分子量很大，有的甚至达到几百万。尤其是蛋白质，它是组成生物的基本物质，也是生命活动最重要的物质基础。1965年我国科学家成功用人工方法合成了世界上首例具有生物活性的蛋白质——结晶牛胰岛素，在国内外产生了深远的影响。

许多大分子化合物能溶解于适当的溶剂中而形成大分子溶液。大分子溶液中溶质分子大小在1～100nm，达到胶体颗粒大小的范围，因此表现出一些与胶体相似的性质。因此，研究大分子化合物的许多方法也和研究溶胶的方法相同。但因为它是单个分子存在，其结构与溶胶颗粒不同，所以它的性质又有与溶胶不同的特殊性，它是真溶液，是热力学稳定系统。

大分子溶液在医药上应用广泛。对人体新陈代谢起重要作用的血液、体液等都是大分子溶液。血浆代用液、脏器制剂、疫苗等也是大分子溶液，它们可以直接用作药用物。此外，药物制剂中许多常用的增稠剂、增溶剂、乳化剂及胶囊剂等都是大分子溶液。

第一节　大分子化合物

一、大分子化合物的结构特征

绝大多数的大分子化合物是由许多重复结构单元所组成的。这种结构单元单独存在时往往是以小分子的形式存在，称为单体。例如某聚合物其化学式可写为 X_n，表示它由 n 个相同的结构单元X所组成，这个大分子化合物的聚合度就为 n，因它由相同的结构单元组成，故称之为均聚物（homopolymer），若是由两种不同结构单元结合而成，其化学式可写为 X_nY_m，则称之为共聚物（copolymer）。

例如，聚乙烯分子就是由许多个乙烯单体聚合而成，其结构式为

$$R—[CH_2—CH_2]_n—R$$

其中重复出现的结构单元—C_2H_4—称为链节，链节数“n”称聚合度。

又如，天然橡胶分子是由许多个异戊二烯单体聚合而成的，其聚合度为2000～20000，相应的相对分子质量一般在 10^4～10^6 之间。

大分子化合物的形状多种多样，从结构上看，主要分为线型、支链型、体型三种类型。天然橡胶和纤维素属于线型结构；支链淀粉大分子和糖原大分子属支链型结构；球状的卵白分子和长棒状的肌朊分子属体型结构，如图8-1所示。

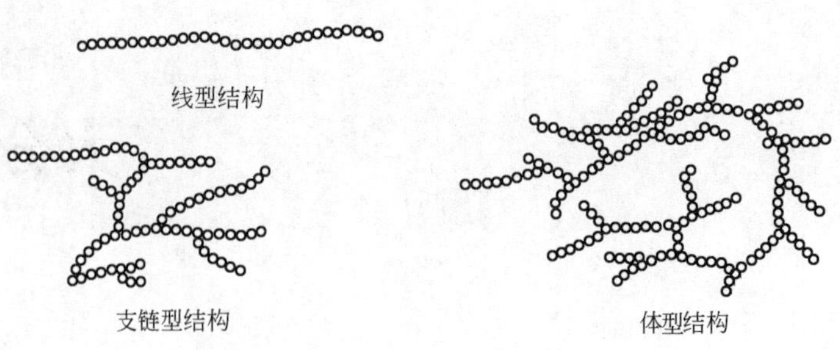

图 8-1 多糖类高聚物大分子长链结构

后两种类型的大分子化合物很难溶解，形成大分子溶液的主要是线型大分子和部分支链型大分子化合物。线型大分子内各原子间存在着吸引力，通常分子链呈卷曲状态。其结构特点：分子长链由许多个 C—Cσ 单键组成，在键角不变的情况下，这些单键时刻都围绕其相邻的单键在空间作不同程度的圆锥形转动，这种转动称为分子的内旋转。以由 3 个 σ 键连着的 4 个碳原子为例，如图 8-2，C—C 键键角为 109°28′，α_2 键时刻都在围绕 α_1 键旋转，这种转动称为内旋转。如此，C_3 则可能处于由该内旋转而形成的圆锥的底边上的任一位置。同样 α_3 以 α_2 键为轴旋转时，C_4 也可能处于由另一内旋转而形成的圆锥的底边上的任一位置上。这种内旋转导致大分子在空间的排布方式不断变更而出现许多不同的构象。

大分子还包含了许多独立运动的小单元，这些小单元称为链段（segment）。链段是由一定数量相互影响的链节所组成的活动单元，而大分子就是由很多链段组成的活动整体。大分子本身的整体运动与其中链段的独立运动单元形成了大分子所特有的运动单元的多重性，并导致了大分子溶液的某些特殊的理化性质。

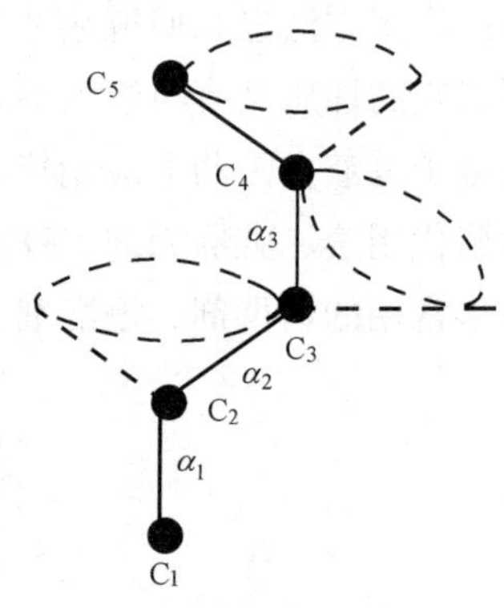

图 8-2 大分子碳链上各个碳原子的内旋转

大分子在溶液中是以链段而不是整个长链为单元来起作用的，一个大分子长链含若干个链段，因此，一个大分子在稀溶液依数性方面能起相当于若干个低分子的作用。大分子化合物一般不易挥发，而且沸点很高，往往在达到沸点以前就已分解。

大分子长链上链节的内旋转和链段的热运动，促使其具有明显的柔顺性（flexibility）。大分子链的柔顺性一般可以用链段的长度来表征。链段越短，大分子链上的独立运动单元越多，分子卷曲得越厉害，大分子的柔顺性越好。同时，链节的内旋转越容易，则大分子越柔顺。影响内旋转的主要因素是取代基，只含碳氢链结构的大分子的柔顺性强。若主链上的取代基较大或极性较强，则相互作用力较大，阻碍内旋转，这时大分子就表现出刚性。

影响大分子链的柔顺性的其他因素还有温度、溶剂、添加剂等。温度升高，大分子的动能增大，使内旋转更容易，故柔顺性增加。

溶剂的溶剂化能力的大小将对大分子链的柔顺性产生影响。如果溶剂分子与大分子间的吸引力超过了大分子链自身的内聚力，则溶剂会使大分子线团充分松弛柔顺，这种溶剂称为良溶剂(good solvent)；反之，若溶剂与大分子间的吸引力小于大分子的内聚力，则大分子线团无法舒展，难以表现出柔顺性，这种溶剂称为不良溶剂（poorsolvent），如图 8-3 所示。

图 8-3　大分子化合物在溶剂中的状态

许多添加剂如增塑剂能够改善大分子链的柔顺性，主要是因为它能深入到大分子链或链段之间，增大了分子链、链段或基团之间的距离，减弱了它们之间的作用力，从而使大分子链的柔顺性增加。

二、大分子化合物的相对摩尔质量

大分子是由单体聚合而成，其聚合度 n 是不一定相同的，因此每个分子的大小也可能不一样，所以当提及大分子化合物的相对摩尔质量时，乃是指它的平均值。由于平均的方法不同，得到的平均相对摩尔质量也不同。常用的平均相对摩尔质量表示方法有以下几种：

（一）数均相对摩尔质量 M_n

数均相对摩尔质量又称数均摩尔质量（number average mol. weight，M_n）。其定义为：

假设大分子化合物样品中含经分级得到的有摩尔质量为 M_1、$M_2 \cdots M_i$ 各级分的分子数分别为 n_1、$n_2 \cdots n_i$，则数均摩尔量为

$$M_n = \frac{n_1 M_1 + n_2 M_2 + \cdots + n_i M_i}{n_1 + n_2 + \cdots + n_i}$$

$$= \frac{\sum n_i M_i}{\sum n_i} = \frac{\sum N_i M_i}{\sum N_i} = \frac{\sum c_i M_i}{\sum c_i} = \sum x_i M_i \tag{8-1}$$

式中 N_i、c_i 和 x_i 分别为第 i 种级分的量、量浓度和摩尔分数。利用冰点下降法、沸点升高法、渗透压法或电子显微镜法等可测得数均相对摩尔质量。

（二）质均相对摩尔质量 M_m

质均相对摩尔质量又称质均摩尔质量（weigh average mol. weight，M_m），它是按样品中各种分子所占质量进行统计平均的，其定义为：

假设大分子化合物中含有摩尔质量为 M_1、$M_2 \cdots M_i$ 的分子，其相应的摩尔质量分别为 $m_1 = N_1 M_1$、$m_2 = N_2 M_2 \cdots m_i = N_i M_i$

则 $$M_m = \frac{m_1 M_1 + m_2 M_2 + \cdots + m_i M_i}{m_1 + m_2 + \cdots + m_i} = \frac{\sum m_i M_i}{\sum m_i} = \frac{\sum N_i M_i^2}{\sum N_i M_i} = \frac{\sum c_i M_i^2}{\sum c_i M_i} \tag{8-2}$$

式中 m_i 的单位为 g，用光散射法测得的平均相对摩尔质量为质均相对摩尔质量。

（三）Z 均相对摩尔质量 M_Z

Z 均相对摩尔质量又称 Z 均摩尔质量（Z-average mol. weight，M_Z）。大分子化合物的摩尔质量按 $m_i M_i$ 进行统计平均，其定义式为

$$M_z = \frac{\sum (m_i M_i) M_i}{\sum (m_i M_i)} = \frac{\sum N_i M_i^3}{\sum N_i M_i^2} \tag{8-3}$$

用超离心沉降法测得的平均摩尔质量为Z均摩尔质量。

（四）黏均相对摩尔质量 M_η

用黏度法求出的平均相对摩尔质量叫作黏均相对摩尔质量，其定义式为

$$M_\eta = \left(\frac{\sum N_i M_i^{(\alpha+1)}}{\sum N_i M_i} \right)^{1/\alpha} \tag{8-4}$$

α 为经验常数，一般在0.5～1.0之间。

一般情况下，对同一种样品，$M_Z > M_m > M_\eta > M_n$，这是多分散性系统的特点。假如试样的分子大小是均匀的（单分散系统），则各种平均方法都一样。

分子质量的分散性可用分子质量分布图来描述，也可用分布系数 D 来表示。

$$D = \frac{M_m}{M_n}$$

当 $D=1$ 时，样品为单分散系系统，D 值越大，分子量大小分布范围越宽，通常 D 值在1.5～20之间。

大分子化合物的平均相对摩尔质量在一定程度上影响着大分子溶液的理化性质，有些药用大分子在体内的代谢与摩尔质量亦有密切联系。一般来说，摩尔质量在7万以上的大分子药物就不易从体内排出。所以，大分子的平均摩尔质量是一重要参数。

第二节　大分子溶液

一、大分子溶液的基本性质

大分子化合物在适当的溶剂中，可自动分散形成大分子溶液（macromolecular solution）。大分子溶液中溶质分子的大小，恰好是在胶体范围之内，即 $10^{-9} \sim 10^{-7}$ m。因此，在某些方面它们与溶胶有相似的性质，如扩散速度慢，不能透过半透膜等。但两者有本质的区别，为了便于比较，现将大分子溶液与溶胶在性质上的异同列于表8-1中。

表8-1　大分子溶液和溶胶性质的比较

	特性	大分子溶液	溶　胶
相同之处	分散相大小	$10^{-9} \sim 10^{-7}$ m	$10^{-9} \sim 10^{-7}$ m
	扩散速度	慢	慢
	半透膜	不能透过	不能透过
不同之处	热力学性质	热力学稳定系统	热力学不稳定系统
		遵守相律	不遵守相律
	与溶剂亲和力	大	小
	渗透压	大	小
	黏度	大	小
	对电解质	不敏感	很敏感

二、大分子化合物的溶解规律

大分子化合物的溶解一般都要经过溶胀和溶解两个过程。

大分子化合物的溶胀是指溶剂小分子钻到大分子化合物分子间的空隙中去，导致大分子化合物体积胀大，超过原来几倍，甚至几十倍，但缠结着的大分子仍能在相当长时间内保持联系以至大分子物质的外形保持不变的现象。溶胀所形成的系统叫凝胶。若溶胀进行到一定程度就不再继续进行下去，则称之为有限溶胀，例如明胶在冷水中的溶胀。若溶胀不断地进行下去直至大分子物质完全溶解成大分子溶液，这种溶胀称为无限溶胀，例如明胶在热水中即可发生无限溶胀。溶胀可以看成是溶解的第一阶段，溶解是溶胀的继续，达到完全溶解也就是无限溶胀。溶解一定经过溶胀，但是溶胀并不一定必然溶解。

大分子化合物在溶剂中的溶解同样遵从“相似相溶”的规则。若大分子与溶剂分子在化学组成和结构上相似，则有利于溶解，即极性大分子化合物溶于极性溶剂中（如聚乙烯醇能溶于水，不溶于汽油），非极性大分子化合物溶于非极性溶剂中（如天然橡胶溶于汽油而不溶于甲醇、乙醇中）。

大分子化合物的溶解度随相对摩尔质量的增大而减小。这是由于摩尔质量愈大，大分子自身的内聚力愈大，溶解性愈差。而大分子物质是聚合度不同的同系物的混合物，当聚合度大的级分达到饱和时，聚合度小的级分还未达到饱和，仍能继续溶解，因此，对于一定温度下的一定量的溶剂而言，若增加样品量，则聚合度小的级分相应增加，溶解量也相应增加，因此大分子化合物在一定温度下并无一定的溶解度。

此外，大分子化合物的溶解过程需要较长时间，往往要几个星期甚至几个月之久才能达到溶解平衡。

三、大分子溶液对溶胶的保护和敏化作用

于一定量溶胶中加入足量的大分子溶液，可大大增加溶胶的稳定性。我们把这种现象称为大分子溶液对溶胶具有保护作用。保护作用是由于足量大分子加入溶胶后，即被吸附在胶粒的界面上，将整个胶粒包围起来，使其水化膜增厚，从而大大增加了溶胶的聚结稳定性（如图 8-4a）。例如医药上所用的蛋白银溶胶，由于蛋白质大分子的保护，浓度高达 25%时仍能保持稳定，即便在干燥状态，加水也能自动转变成银溶胶。血液中的碳酸钙等难溶盐也是因为受到血浆蛋白等大分子的保护作用而得以存在的。

但是，如果所加入大分子溶液的量很少，反而会使溶胶的稳定性降低而导致凝结，这种现象称为大分子溶液对溶胶的敏化作用（如图 8-4b）。

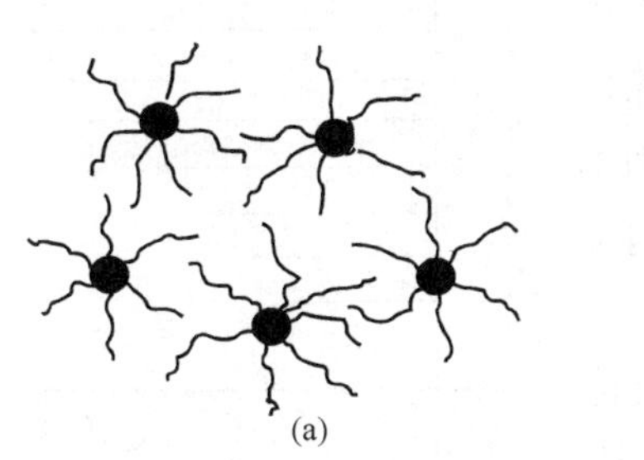
(a)

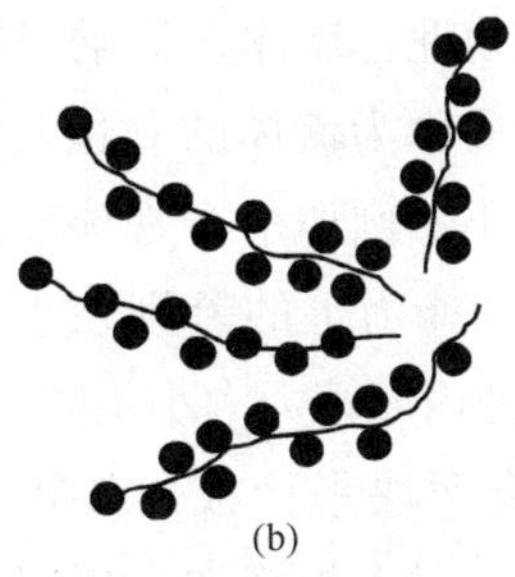
(b)

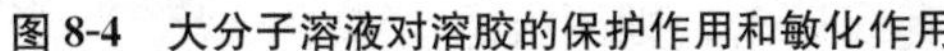
图 8-4 大分子溶液对溶胶的保护作用和敏化作用

因此，只有足量的大分子包围在所有分散相粒子的表面上，才能使溶胶分散相粒子受到有效的保护。不同大分子化合物对溶胶的保护能力不同。

四、大分子溶液的渗透压

大分子溶液一般都是较稀的溶液，其中溶质的分子数较少。但是，由于每个大分子中所含的每个链段都能在依数性方面发挥作用，因此，与相同浓度的小分子溶液相比，大分子溶液的渗透压却要大得多。

非电解质大分子溶液对理想溶液偏差较大，其渗透压要用维利（Virial）公式来描述：

$$\frac{\Pi}{c}=RT\left(\frac{1}{M_n}+A_2c+A_3c^2+\cdots\right) \tag{8-5}$$

式中 A_2、A_3 为维利系数，表示溶液的非理想程度。c 为大分子化合物的质量浓度（$g \cdot L^{-1}$）。M_n 为数均相对摩尔质量。

在稀溶液中，上式可简化为：

$$\frac{\Pi}{c}=\frac{RT}{M_n}+A_2RTc \tag{8-6}$$

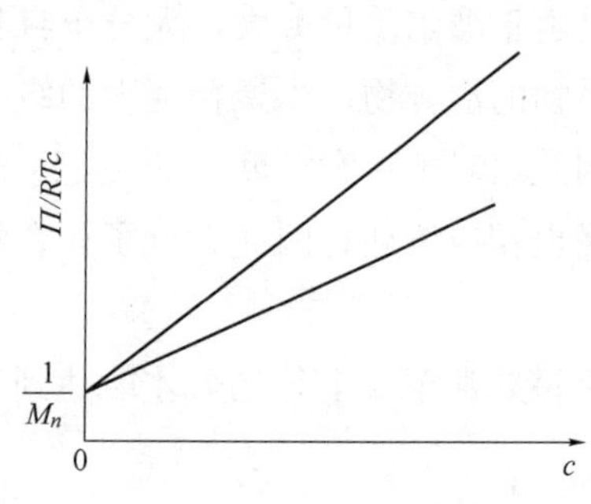

图 8-5 硝化纤维在丙酮溶液中的 Ⅱ/*RTc*-*c* 曲线

式中 A_2 为第二维利系数，其值与溶液中大分子的形态及大分子与溶剂间的相互作用有关。$A_2>0$时，溶剂为良溶剂；$A_2<0$ 时为不良溶剂；$A_2=0$ 时大分子溶液表现为理想溶液。

由式 8-6 可知，在一定温度下，通过实验测出不同浓度 c 时溶液的渗透压 Ⅱ，然后以$\frac{\Pi}{RTc}$对 c 作图可得一直线，由直线的截距可求出数均相对摩尔质量 M_n，由直线的斜率可求出第二维利系数 A_2，用这种方法可测定大分子的摩尔质量，如图 8-5。

从式 8-6 我们还可看出，M_n 越大，渗透压越小，实验误差就越大，所以只有大分子的相对分子质量在 $1\times10^4\sim5\times10^5$ 范围内时，才能采用上述方法进行测定。

五、大分子溶液的黏度

（一）流体的黏度

1. 黏度的意义及牛顿黏度定律

流体都具有流动性。流体在流动时将产生内摩擦阻力，这种性质称为流体的黏性。流体黏性越大，其流动性越小。例如水容易流动，油则不易流动。它们在流动能力上的差别在于它们内部对流动起阻碍作用的内摩擦力大小不同。

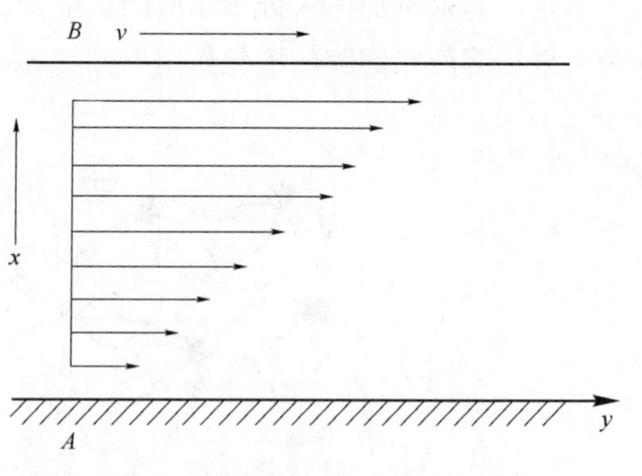

图 8-6 流体在两平行板间的流动

如图 8-6，设有两块平行板，其间充满层流流体。将下板固定，对上板施加一恒定外力，使其以速度 v 向 y 方向作匀速直线运动，则两板之

间液体也将随之移动。附着在运动板面上的液体，具有与运动板相同的速度；附着在固定板面上的液体则静止不动。此两平板间的液体可看成由许多平行于平板的流体层组成，并形成上大下小的流速分布，即层与层之间存在着速度差，各液层之间存在着相对运动。由于液体分子运动的结果，运动较快的液层对其相邻的运动较慢的液层，有着拖动其向运动方向前进的力。同时运动较慢的液层，对其上运动较快的液层也作用着一个大小相等、方向相反的阻碍其前进的力。这种运动着的流体内部相邻两液层间由于相对运动而产生的相互作用力 F，称为流体的切力（shearing force）。

设两液层的接触面积为 A，相距 $\mathrm{d}x$，速率差为 $\mathrm{d}v$。研究表明，对层流流体，两液层之间单位面积上的切力 f 与切速率 $\mathrm{d}v/\mathrm{d}x$（rate of shear）成正比，即

$$f=\frac{F}{A}=\eta\frac{\mathrm{d}v}{\mathrm{d}x} \tag{8-7}$$

式中 η 为比例常数，称为黏度系数（viscosity coefficient），简称黏度。SI 制单位为 $\mathrm{kg \cdot m^{-1} \cdot s^{-1}}$，称帕斯卡·秒，符号 Pa·s。在 cgs（物理）制中，黏度的单位是泊，为$1\mathrm{g \cdot cm^{-1} \cdot s^{-1}}$，符号为 P，$1\mathrm{P}=\frac{1}{10}\mathrm{Pa \cdot s}$。

黏度的物理意义为：当速度梯度为 $1\mathrm{s^{-1}}$时，单位面积上所产生的切力的大小。此式所示的关系，称为牛顿黏度定律。

根据式 8-7，以 $\mathrm{d}v/\mathrm{d}x$ 对 f 作图，可得一条通过原点的直线，这表明液体黏度与切力无关。这种不受切力影响的黏度称为牛顿黏度。对于纯液体，黏度的大小决定于物质的本性、温度；对于溶液来说，它还与溶液的浓度、pH 值和其他电解质的存在有关。

凡符合牛顿黏度定律的液体均称为牛顿型流体（Newtonian fluid）。大多数纯液体（如水、汽油、乙醇等）以及低分子物质的稀溶液，都属于牛顿型流体。凡不符合牛顿黏度定律的液体均称为非牛顿型流体（non-Newtonian fluid），如浓的大分子溶液。

2. 黏度的几种表示方法

相对黏度 η_r(relative viscosity)：相对黏度用溶液黏度与溶剂黏度的比值表示，量纲为 1。

$$\eta_r=\frac{\eta_{溶液}}{\eta_{溶剂}} \tag{8-8}$$

增比黏度 η_{sp}(specific viscosity)：它是溶液黏度比溶剂黏度增加的相对值，即

$$\eta_{sp}=\frac{\eta_{溶液}-\eta_{溶剂}}{\eta_{溶剂}} \tag{8-9}$$

增比黏度反映了溶质对溶液黏度的贡献，量纲为 1。

比浓黏度 η_c(reduced viscosity)：其定义为

$$\eta_c=\frac{\eta_{sp}}{c} \tag{8-10}$$

其单位为（浓度）$^{-1}$，表示单位浓度的溶质对黏度的贡献。

特性黏度 $[\eta]$(intrinsic viscosity)：特性黏度又称结构黏度，用大分子溶液无限稀释时的比浓黏度来表示。其数值不随浓度而改变，只与大分子化合物在溶液中的结构、形态及相对分子质量大小有关，其定义为

$$[\eta]=\lim_{c\to 0}\frac{\eta_{sp}}{c} \tag{8-11}$$

（二）大分子溶液的黏度特性

大分子溶液的黏度一般比小分子溶液的黏度大很多，例如，1%橡胶-苯溶液的黏度约为纯苯黏度的十几倍，而且，它不遵守牛顿黏度定律，在一定范围内，其黏度随切力的改变而改变。图 8-7B 表示的是大分子溶液的切力与切速率的关系。从图可以看出，增加对大分子溶液的切力，其切速率则急剧增加，两者不存在直线关系。图 8-8B 的非水平线段表示其黏度随切力的增加而降低。产生这种现象的原因，主要是因为在溶液中形成了大分子长链的网状结构。溶液浓度越大，大分子链越长，则越容易形成网状结构，黏度也就越大。对大分子溶液施加切力，使之网状结构逐步被破坏，黏度也就随之逐渐减小。当切力增加到一定程度，网状结构完全被破坏，黏度不再受切力大小的影响，此时的黏度符合牛顿黏度定律，如图 8-8 中的曲线 B 的水平线段所示。这种由于在溶液中形成某种结构而产生的黏度称为结构黏度，其数值大小与大分子形状、溶液浓度、所用溶剂及温度等因素有关。

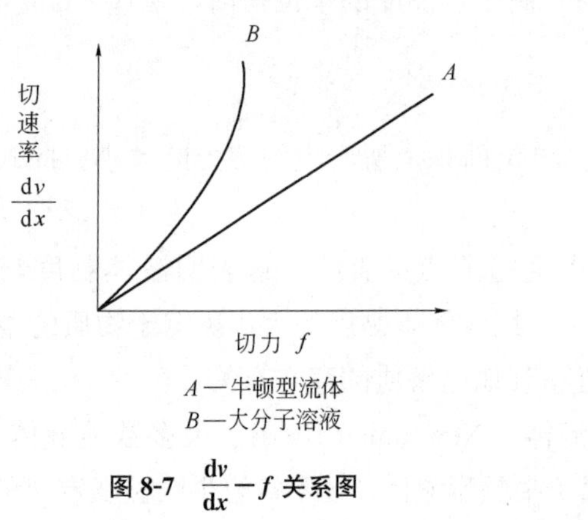

图 8-7 $\frac{dv}{dx}$—f 关系图

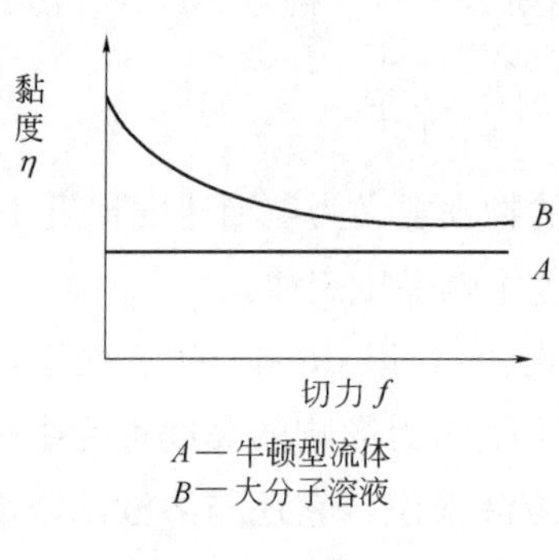

图 8-8 η—f 关系图

六、流变性简介

流变性（rheologic property）是指物质在适当外力作用下发生变形或流动的性质。研究物质流变性的科学称为流变学。流变学的研究对象和应用范围几乎覆盖所有的物质，包括气体、液体、固体。流变学的基本原理对很多剂型的制备、使用及贮存都具有重要的指导意义。

研究液体（包括悬浮液、乳状液、溶胶、大分子溶液、一般溶液和纯液体等）流变性的主要方法是在不同条件下测定该液体的黏度。各种大分子溶液的流变性可通过切速率$\frac{dv}{dx}$对切力 f 作图，对所得流变曲线的类型进行研究。不同类型的流体具有不同的流变曲线，根据流变曲线的形状，流体大致可分为五种流型：

（一）牛顿型

牛顿型（Newtonian type）流体的流变曲线为一条通过坐标原点的直线，其黏度是牛顿黏度，等于该直线的斜率的倒数，是个常数（见图 8-9a）。纯液态物质（如水、甘油等）、油及许多低分子溶液均属此类型。

（二）塑流型

塑流型（plastic flow type）流体的流变曲线见图 8-9b。其特点是，当施加的切力较小时，系统只发生弹性形变，不会流动；只有当切力达到某一临界值 f_y 时，系统才开始流动。这一使液体开始流动所需的最小切力（f_y）称为屈服值（yield value），达到屈服值后的一段时间内继续增加切力，液体的黏度不是牛顿黏度；只有当切力达到 f_1 值时，切速率$\frac{dv}{dx}$又开始与切变应力 f 呈线性关系，此后两者的关系完全符合牛顿型流体的流变曲线。悬浮液、油漆、牙膏等就属于此种类型。

（三）假塑流型

假塑流型（pseudoplastic flow type）流体的流变曲线如图 8-9c 所示，是一条通过原点的凹型曲线，流体的黏度随着切变应力的增加而降低。属于这种类型的流体有煮熟的淀粉、羧甲酸纤维素钠、西黄蓍胶、海藻酸钠、聚丙烯酰胺类大分子溶液等。

（四）胀流型

胀流型（dilatant flow type）流体的流变曲线是一条通过原点的凸形曲线，如图 8-9d 所示。胀流型流体的黏度随着切变应力的增加而增加。药物中的糊剂、栓剂，涂料、颜料及 40%～50%的淀粉溶液都属于此种类型。

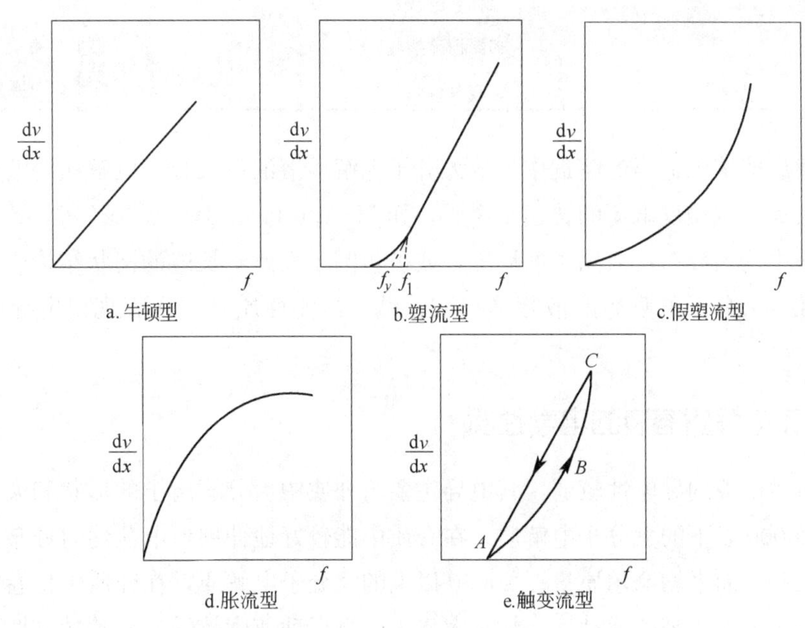

图 8-9　不同流型的流变曲线

（五）触变流型

触变流型（thixotropic flow type）流体在静止时呈半固体状态，振摇时变成流体，即所谓产生触变现象。产生触变现象的原因主要是由于那些片状、针状粒子在静置时能形成立体网架结构而成为半固体，受到振动时网架破坏而恢复流动。图 8-9e 是其流变曲线示意图，它是由逐渐增加切力得到的上行线和降低切力得到的下行线而构成的弓形曲线，称为滞后圈（hysteresis loop）。出现滞后现象是由于被拆散的颗粒要通过布朗运动使粒子间棱角相互接触并重新结成网

架，需要一定的时间，因此上行线与下行线不重合。

第三节　大分子电解质溶液

一、大分子电解质的定义与分类

大分子电解质（macromolecular electrolyte）是指在溶液中能电离出大离子的大分子物质，这种大离子是一种带电基团的聚合体，在它的每个链节上都有带电基团。根据电离后大离子的带电情况，大分子电解质可以分为三种类型：大离子带正电的称为阳离子型，大离子带负电的称为阴离子型，大离子上既带正电又带负电的称为两性型。一些常见大分子电解质见表 8-2。

表 8-2　某些常见大分子电解质

阳离子型	阴离子型	两性型
聚乙烯胺	果胶	明胶
聚 4-乙烯-正丁基-吡啶溴	阿拉伯胶	乳清蛋白
血红素	羧甲基纤维素钠	卵清蛋白
	肝素	鱼精蛋白
	聚丙烯酸钠	γ-球蛋白
	褐藻糖硫酸酯	胃蛋白酶
	西黄蓍胶	血纤维蛋白原

大分子电解质能溶于适当的溶剂中形成大分子电解质溶液。大分子电解质溶液中除了有大离子外，还有与大离子带相反电荷的普通小离子，如 H^+、OH^-、Br^-、Na^+等，称为反离子。这些反离子在溶液中均匀分布在大离子的周围，或被包围于大离子长链的网状结构中。由于大离子及反离子的存在，大分子电解质溶液除具有酸、碱、盐的性质外，还表现出电导和电泳等电学性质。

二、大分子电解质溶液的电学性质

大分子电解质溶液的导电性较弱，其电导主要与介质中大分子离子的形状和大小有关。如平均摩尔质量在 20000 以下的大分子电解质，在介质中能较好地伸展，电荷均匀分布在整个分子的周围，电导稍大些。而平均摩尔质量在 20000 以上的大分子电解质，在介质中易卷曲，使一部分反离子陷入其中，失去原来的活动性，加之大离子本身运动速度较慢，故其导电性质与弱电解质溶液相似。

大分子电解质溶液具有高电荷密度。在溶液中，大分子电解质电离出大离子，其链节上带有相同电荷，而且电荷密度较高，致使分子链上带电基团之间具有相互排斥作用。

大分子电解质在水溶液中，长链上荷电的极性基团通过静电作用吸引水分子，使水分子紧密排列在基团周围，形成特殊的“电缩”水化层，加上部分疏水链结合水形成的疏水基水化层，使其具有高度水化性。

大分子电解质水溶液的高电荷密度和高度水化使大分子电解质在水溶液中分子链相互排斥，易于伸展，稳定性增加。但同时对外加小分子电解质也相当敏感，若加入酸、碱或盐，均可使大分子电解质分子长链上电性相互抵消，显示出非电解质大分子化合物的性质。

在电场作用下，大分子电解质溶液将产生电泳现象。大分子电解质溶液的电泳对医药实践具有极其重要的指导意义。下面将以蛋白质为例来探讨大分子电解质溶液的电泳现象。

三、蛋白质水溶液的电泳

（一）pH 值对水溶液中蛋白质荷电的影响

以—COOH 和—NH_2 分别代表蛋白质分子结构式中的羧基和氨基，R 代表除羧基和氨基外的其他部分，则蛋白质分子可简单表示为：

$$\mathrm{R}\left\langle\begin{matrix}\mathrm{COOH}\\\mathrm{NH_2}\end{matrix}\right.$$

由于蛋白质是两性型大分子电解质，因此，在蛋白质溶液中，羧基可以作为有机弱酸解离，发生下述反应：

$$\mathrm{R}\left\langle\begin{matrix}\mathrm{COOH}\\\mathrm{NH_2}\end{matrix}\right. \rightleftharpoons \mathrm{R}\left\langle\begin{matrix}\mathrm{COO^-}\\\mathrm{NH_2}\end{matrix}\right. + \mathrm{H^+} \qquad \text{平衡一}$$

此时大离子带负电荷，溶液呈酸性。同时，氨基可以作为有机弱碱解离，发生下述反应：

$$\mathrm{R}\left\langle\begin{matrix}\mathrm{COOH}\\\mathrm{NH_2}\end{matrix}\right. + \mathrm{H^+} \rightleftharpoons \mathrm{R}\left\langle\begin{matrix}\mathrm{COOH}\\\mathrm{NH_3^+}\end{matrix}\right. \qquad \text{平衡二}$$

此时大离子带正电荷，溶液显碱性。

蛋白质分子链上—NH_3^+ 与—COO^- 数目的多少受溶液 pH 值的影响。

当溶液 pH 值高时因发生下述反应而使—COO^- 数目增加：

$$\mathrm{R}\left\langle\begin{matrix}\mathrm{COOH}\\\mathrm{NH_2}\end{matrix}\right. + \mathrm{OH^-} \rightleftharpoons \mathrm{R}\left\langle\begin{matrix}\mathrm{COO^-}\\\mathrm{NH_2}\end{matrix}\right. + \mathrm{H_2O}$$

当溶液 pH 值低时，由于发生下述反应而使—NH_3^+ 数目增加：

$$\mathrm{R}\left\langle\begin{matrix}\mathrm{COOH}\\\mathrm{NH_2}\end{matrix}\right. + \mathrm{H^+} \rightleftharpoons \mathrm{R}\left\langle\begin{matrix}\mathrm{COOH}\\\mathrm{NH_3^+}\end{matrix}\right.$$

我们可以把溶液 pH 值调至某一数值，使大分子蛋白质链上的—NH_3^+ 基与—COO^- 基数目相等，这样，蛋白质将以电中性体两性离子存在，蛋白质处于等电状态，此时溶液的 pH 值称为蛋白质的等电点（isoelectric point），以 pI 表示。当溶液的 pH 值大于等电点时，蛋白质分子上—COO^- 基数目多于—NH_3^+ 基数目，蛋白质带负电；当溶液的 pH 值小于等电点时，蛋白质分子上—NH_3^+ 基数目多于—COO^- 基数目，蛋白质带正电。只有把蛋白质保持在 pH＝pI 的缓冲溶液中，才能使蛋白质处于等电状态。蛋白质的等电点受其结构决定，蛋白质的结构不同，其等电点也不同。

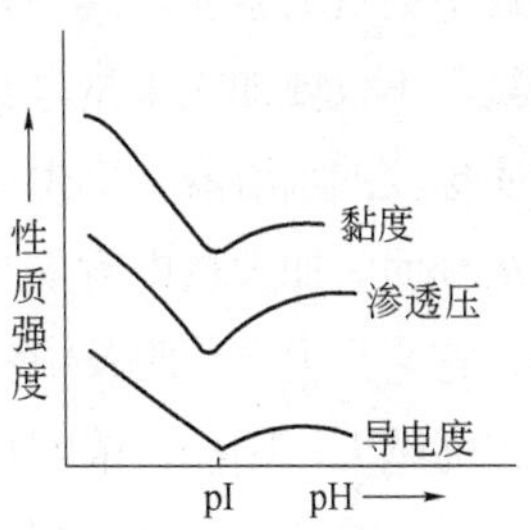

图 8-10　pH 值对蛋白质溶液性质的影响

在等电点时，蛋白质溶液的性质会发生明显变化，其黏度、溶解度、电导、渗透压以及稳定性都降到最低，如图8-10所示。

（二）电泳

在电场中，大分子电解质溶液中的大离子朝电性相反的电极定向迁移的现象，称为大分子电解质的电泳。电泳速度主要取决于大离子所带电荷多少、大离子的大小及结构等因素，因此，不同的大分子电解质一般具有不同的电泳速率，利用这一原理，可将混合大分子电解质分离开来。例如人的血清蛋白中含有白蛋白，α_1-球蛋白、α_2-球蛋白、β-球蛋白和γ-球蛋白，让其在一定pH的缓冲溶液中和一定电场下进行电泳，利用各种蛋白电泳速度不同（表8-3），将样品中各组分蛋白质分离出来。

表8-3　人血清蛋白中各组分的相对摩尔质量和电泳淌度

组分名	平均相对摩尔质量	电泳淌度($cm^2 \cdot s^{-1} \cdot V^{-1}$)
白蛋白	6.9×10^4	5.9×10^{-5}
α_1-球蛋白	2×10^5	5.1×10^{-5}
α_2-球蛋白	3×10^5	4.1×10^{-5}
β-球蛋白	$(1.5\sim90)\times10^5$	2.8×10^{-5}
γ-球蛋白	$(1.56\sim3)\times10^5$	1.0×10^{-5}

蛋白质电泳是在一定的缓冲溶液中进行的，所选用的缓冲溶液的pH值应小于或大于所有组分蛋白质的等电点，这样才能使各组分蛋白质都带同种电荷，以保证电泳时各组分蛋白质朝同一方向移动，并使各种大离子之间有较大差距，以便获得较好的分离效果。

蛋白质分离的常用方法为区域电泳法（regional electrophoresis method），即把蛋白质样品点在固态载体（如纸、凝胶薄膜等）上进行电泳。近年来，人们将蛋白质电泳与等电点特性结合起来，发展了等电聚焦电泳方法。在应用此法时，蛋白质样品会在电场作用下，分别自动向它们各自的等电点pH区集中，最终达到分离提纯的目的。

四、大分子电解质溶液的稳定性

大分子电解质溶液中的大离子带电并能形成溶剂化膜，使得大分子电解质溶液具有较大的稳定性，一般不会自动絮凝。其中大离子形成溶剂化膜是其稳定性的主要来源。因此，要使大分子电解质溶液絮凝，不仅要加入少量电解质中和大离子的电性，更要加入去水剂去除溶剂化膜。例如，对大分子电解质琼胶的水溶液，应先加乙醇等去水剂去除水化膜，再加少量电解质，即可使琼胶絮凝。如果不加去水剂而只加大量电解质也能使琼胶絮凝，这种现象叫“盐析”。盐析时所加入的电解质必须是大量的，它兼具去水化膜及中和电性两种作用。盐析所需电解质的最小量称为盐析浓度。电解质离子的水化程度越大，则盐析浓度越小，电解质的盐析能力越强。

研究表明，对盐析起主要作用的是负离子。负离子在弱碱性（指pH>pI）介质中对蛋白质的盐析能力从大到小排成的序列，即感胶离子序：

$$(1/3)C_6H_5O_7^{3-} > (1/2)C_4H_4O_6^{2-} > (1/2)SO_4^{2-} > Ac^- >$$
$$Cl^- > NO_3^- > ClO_3^- > Br^- > I^- > CNS^-$$

在碱性介质中正离子对蛋白质的盐析能力的感胶离子序为

$$Li^+ > K^+ > Na^+ > NH_4^+ > (1/2)Mg^{2+}$$

实验发现，在几种蛋白质的混合溶液中，用同一种电解质使蛋白质盐析时，用较少量的电解质就能使相对摩尔质量较大的蛋白质首先析出，而增加电解质的用量后，才能使相对摩尔质量较

小的蛋白质随后析出。这说明大分子溶液的抗盐析能力与溶质的相对摩尔质量有关，当溶质的化学组成相似时，相对摩尔质量较小的大分子抗盐析能力强。这种用同一种电解质使各种蛋白质从混合溶液中盐析的过程，叫作分段盐析。蛋白质分段盐析时最常用的电解质是硫酸铵，因为这种电解质中的正、负两种离子都有很强的盐析能力，而且它在水溶液中的 pH 符合大多数蛋白质的等电点。例如，浓度为 $2.0\text{mol}\cdot\text{dm}^{-3}$ 的硫酸铵可使球蛋白沉淀，浓度为 $3\sim3.5\text{mol}\cdot\text{dm}^{-3}$ 的硫酸铵可使血清蛋白沉淀，因此，往血清中加入不同量的硫酸铵可使球蛋白与血清蛋白分离开来。

适当的非溶剂（指大分子物质不能溶解于其中的液体）也可使大分子物质絮凝出来。例如，乙醇对蛋白质溶液就具有很强的絮凝作用。于大分子溶液中分步加入非溶剂，由于大分子溶液具有多分散性，而相对摩尔质量不同的级分的溶解度不同，使得各级分即按相对摩尔质量由大到小的顺序先后絮凝，达到把大分子物质分级的目的。

五、大分子电解质溶液的黏度

大分子电解质溶液的主要黏度特点是存在电黏效应。当大分子电解质溶液的浓度逐渐变稀时，电解质溶质在水中的电离度相应地增加，大分子链上电荷密度增大，链段间的斥力增加，分子链更加舒张伸展，使得溶液黏度迅速上升，这种现象称为电黏效应。反之，随着溶液浓度增加，电黏效应减弱，溶液黏度下降。如图 8-11 中 b 线表示的果胶酸钠水溶液的 $\eta_{sp}/c\sim c$ 的关系，就属于这种情况。如果往大分子电解质溶液中加入一定量的无机盐类（例如往果胶酸钠溶液中加入大量 NaCl），使大分子链周围有足够离子强度的小分子电解质存在，大分子的电离度就会降低，使分子链卷曲程度增大，电黏效应消除，黏度迅速下降，最终可使 η_{sp}/c 与 c 之间成线性关系，如图 8-11 中 e 线。

pH 值对两性蛋白质溶液黏度的影响很明显。图 8-12 表示的是 0.2%蛋白朊溶液的黏度与 pH 值间的关系。在 pH=3 和 pH=11 左右电黏效应最明显，因此出现两个高峰。当 pH 值达到 4.8 左右，即接近其等电点时，分子链上正负电荷数目相等，分子链因斥力减小而高度卷曲，溶液黏度出现极小值。

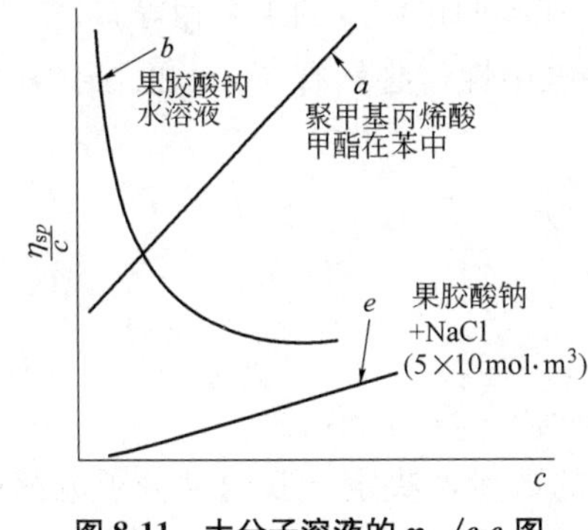

图 8-11　大分子溶液的 η_{sp}/c-c 图

图 8-12　pH 值对蛋白朊溶液黏度的影响

六、唐南平衡与渗透压

（一）唐南平衡（Donnan equilibrium）

唐南平衡是指因大分子离子的存在而导致在达到渗透平衡时小分子离子在半透膜两边分布不均匀的现象。

1911 年英国科学家唐南（Donnan）曾做过这样一个实验，用半透膜（只能让水和其他小分子透过，而大分子电解质不能透过）把一种大分子电解质溶液（如刚果红 Na^+R^-）和另一种具有一个相同离子的小分子电解质稀溶液（如 Na^+Cl^-）隔开，平衡后发现，小分子电解质（如 NaCl）在膜两边溶液中的浓度并不相同。图 8-13 是唐南平衡示意图：

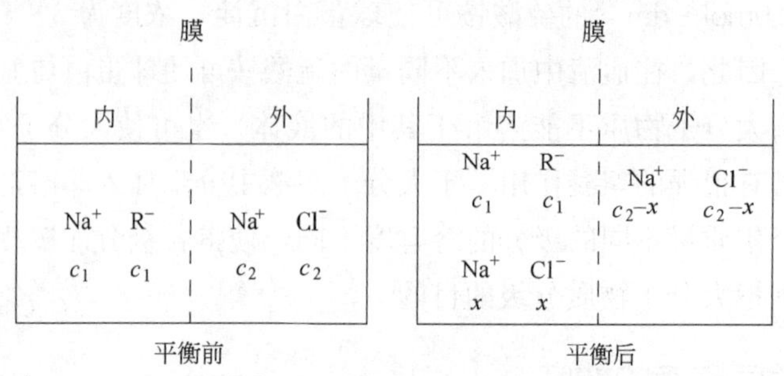

图 8-13 唐南平衡示意图

假定半透膜两边溶液均为单位体积，而且平衡过程中体积不变，膜的左边为膜内，膜的右边为膜外。设膜内装有大分子溶液，R^- 是 NaR 在溶液中离解出的非透过性大离子，起始浓度为 c_1；膜外装有 NaCl 溶液，其起始浓度为 c_2。在建立平衡的过程中，膜内、外的 Na^+ 和 Cl^- 会互相渗透，即膜内的向膜外渗透，同时膜外的向膜内渗透。当系统达到平衡时，NaCl 在膜两边的化学势相等，即

$$\mu_{NaCl,内}=\mu_{NaCl,外} \tag{8-12}$$

即

$$RT\ln a_{NaCl,内}=RT\ln a_{NaCl,外} \tag{8-13}$$

所以

$$a_{NaCl,内}=a_{NaCl,外} \tag{8-14}$$

$$a_{Na^+,内}\cdot a_{Cl^-,内}=a_{Na^+,外}\cdot a_{Cl^-,外} \tag{8-15}$$

在稀溶液中

$$c_{Na^+,内}\cdot c_{Cl^-,内}=c_{Na^+,外}\cdot c_{Cl^-,外} \tag{8-16}$$

由此得出唐南平衡的条件是组成小分子电解质的离子在膜两边浓度的乘积相等。

设平衡后从膜外进入膜内的 Cl^- 是 $x$mol，为了保持电中性，必然有 $x$mol 的 Na^+ 从膜外进入膜内。将平衡后各离子的浓度代入 8-16 式，有

$$(c_1+x)\cdot x=(c_2-x)^2$$

$$x=c_2^2/(c_1+2c_2) \tag{8-17}$$

平衡时膜两边 NaCl 浓度之比为

$$c_{NaCl,外}/c_{NaCl,内}=(c_2-x)/x=(c_2+c_1)/c_2=1+c_1/c_2 \tag{8-18}$$

上式表明，膜外小分子电解质（如 NaCl）进入膜内的数量，决定于膜内大分子电解质和膜外小分子电解质的初始浓度，如果开始时膜外 NaCl 浓度远小于膜内大分子电解质的浓度，$c_1\gg c_2$，则 c_2 可略去不计，$x\approx 0$，说明达平衡时膜外小分子电解质（如 NaCl）基本上不能进入膜内；如果开始时 $c_2\gg c_1$，则 c_1 可略去不计，x 约等于 $\frac{1}{2}c_2$，说明当膜外小分子电解质（如 NaCl）浓度远大于膜内大分子电解质的浓度时，小分子电解质几乎均等地分布在膜两边。表 8-4 列出的数据表明了不同的大分子电解质溶液浓度和小分子电解质溶液浓度时，进入膜内的小分子电解质 NaCl 数量占其原始数量的质量分数（即 x/c_2）。

表 8-4　Na^+R^- 和 Na^+Cl^- 在各种原始浓度下的膜平衡数据

原始浓度($mol \cdot dm^{-3}$)			平衡时 NaCl 浓度($mol \cdot dm^{-3}$)			$\frac{x}{c_2}$
c_1	c_2	c_1/c_2	膜内	膜外	膜内/膜外	
0	1.00	…	0.500	0.500	1.00	0.500
0.01	1.00	0.01	0.497	0.503	1.01	0.497
0.10	1.00	0.10	0.476	0.524	1.10	0.476
1.00	2.00	0.50	0.80	1.20	1.50	0.400
1.00	1.00	1.00	0.333	0.667	2.00	0.333
1.00	0.10	10.00	0.0083	0.0917	11.00	0.083
1.00	0.01	100.00	0.0001	0.0099	99.00	0.010

总之，在平衡系统中，一种非透过性大离子的存在，可使可透过性小离子在膜内外的分布不均匀。生物的细胞膜相当于半透膜，掌握唐南平衡有助于更好地理解生物平衡系统中的膜平衡现象。

（二）大分子电解质溶液的渗透压

对于大分子电解质溶液，唐南平衡的存在会影响溶液渗透压的准确测定，进而影响大分子摩尔质量的测定。

如图 8-13 所示，当大分子电解质与小分子离子在膜两边达到唐南平衡时，膜内外渗透压 $\Pi_{内}$、$\Pi_{外}$ 分别为

$$\Pi_{内}=2RT(c_1+x) \tag{8-19}$$

$$\Pi_{外}=2RT(c_2-x) \tag{8-20}$$

膜两侧的渗透压作用方向相反，故系统总的渗透压 $\Pi_{测}$ 为

$$\Pi_{测}=\Pi_{内}-\Pi_{外}=2RT(c_1-c_2+2x) \tag{8-21}$$

因为
$$x=\frac{c_2^2}{c_1+2c_2}$$

所以
$$\Pi_{测}=2RT\times\frac{c_1^2+c_1c_2}{c_1+2c_2}=2RTc_1\frac{c_1+c_2}{c_1+2c_2} \tag{8-22}$$

式 8-22 是具有唐南平衡的大分子电解质溶液的渗透压公式，其中 $\Pi_{测}$ 是平衡时大分子电解质溶液相对于膜外 NaCl 溶液的渗透压，而不是对纯水的渗透压。当 $c_1 \gg c_2$ 时，$\Pi_{测} \approx 2c_1RT$，表明当膜内大分子电解质溶液的浓度远大于膜外 NaCl 溶液的浓度时，测得的渗透压相当于膜内大分子电解质完全离解时溶液的渗透压，这时溶液的渗透压比大分子物质本身所产生的渗透压大，这样求得的摩尔质量偏低。当 $c_2 \gg c_1$ 时，$c_{NaCl,外}/c_{Nacl,内} \approx 1$，$\Pi_{测} \approx RTc_1$，说明当膜外 NaCl 溶液的浓度远大于大分子电解质溶液的浓度时，膜内外 NaCl 浓度趋于相等，这时测得的渗透压相当于膜内大分子电解质完全未离解时的数据，由此计算出的摩尔质量才比较准确。因此，在测定大分子电解质溶液的渗透压时，为了消除唐南效应的影响，应把装有大分子电解质溶液的半透膜袋置于一定浓度的小分子电解质（如 NaCl）溶液中而不是纯水中。

第四节　凝　胶

凝胶是由两种或两种以上组分所组成的半固体物质，其中大分子或胶体质点交联成空间网状

结构的骨架，其余组分和液体介质一起充满网状结构的孔隙。

一、凝胶的制备

制备凝胶主要有两种方法。一种是大分子溶液胶凝法，即取一定量的大分子物质置于适当的溶剂中并进行加热溶解、静置、冷却，使其自动胶凝的方法。另一种方法是干燥大分子化合物溶胀法，它是利用大分子化合物在适当溶剂中溶解时，控制溶剂的用量，使其停留在溶胀阶段，生成凝胶或冻胶的方法。

二、凝胶的分类

凝胶在形态上可分为弹性凝胶和非弹性（刚性）凝胶两类。

弹性凝胶是由柔性的线型大分子所形成的，这类凝胶烘干到一定程度，体积缩小，但仍保持弹性，属于弹性凝胶。在适当条件下，弹性凝胶和大分子溶液之间可以相互逆转，故又称为可逆凝胶。如果组成弹性凝胶的骨架的大分子的形状很不对称，骨架中所含液体的量远超骨架的量（一般含液量高于 90%），这类凝胶比较柔软，富有弹性，容易变形，也称为软胶。肉浆、琼脂凝胶、凝固的血液、果酱、豆腐等都属于弹性凝胶。

非弹性凝胶是由一些“刚性结构”的分散颗粒所构成，这类凝胶在脱水后不能重新成为凝胶，属于不可逆凝胶。不可逆凝胶烘干后，体积缩小不多，但丧失弹性，增加了脆性，容易研碎，故又称为脆性凝胶。大多数无机凝胶如硅胶、氢氧化铝、五氧化二钒等都是非弹性凝胶。

另外，当凝胶脱去大部分溶剂，使凝胶中液体含量比固体少得多，或者凝胶中充满的介质为气体，外表完全成固体状态时，称为干凝胶。如皮革、毛发、指甲、植物组织中的薄膜、干明胶（含水 15%）、火棉胶半透膜等。

三、胶凝作用和影响因素

胶凝作用是指大分子溶液在适当条件下，可以失去流动性，整个系统变为弹性半固体状态。这是因为系统中大量的大分子化合物好似许多弯曲的细线，互相联结形成立体网状结构，网架间充满的溶剂不能自由流动，而构成网状结构的大分子仍具有一定柔顺性，所以表现出弹性半固体状态。如明胶、琼脂、血液、肉汁等溶液在冷却时可以形成凝胶。分散相质点形状不对称、降低温度、加入胶凝剂（如电解质）、提高分散物质的浓度，有时延长放置时间都能促进凝胶的形成。

大分子形状的对称性越差，越有利于胶凝。线形大分子如明胶、淀粉、橡胶、果胶、琼胶等，易胶凝成凝胶；而对称的球形大分子如果浓度不大，则不会胶凝。血液中的蛋白质分子呈球形，不易发生胶凝作用，故能在血管中畅通地流动。大分子溶液的浓度越大，大分子间距越小，越容易相互联结形成网状结构而发生胶凝。温度对胶凝有显著影响，温度升高时，大分子因热运动加剧而不容易交联成网状结构，不能发生胶凝作用，故低温有利于胶凝的发生。

四、凝胶的溶胀和影响因素

凝胶的溶胀作用（swelling）是指干凝胶吸收溶剂或蒸气，使自身的体积、重量明显增大的现象。溶胀是大分子化合物溶解的第一阶段。对于某些物质在一定溶剂中，例如，生橡胶在苯中随着溶胀的进行，最后达到全部溶解，称为无限溶胀。但另一些大分子化合物，例如硫化橡胶，由于形成了有交联的网状结构，在溶胀过程中，所吸收的流体量达到最大值，而不再继续膨胀，这种溶胀现象称为有限溶胀。

凝胶的溶胀对溶剂是有选择性的，它只有在亲和力很强的溶剂中才能表现出来。例如，琼脂和白明胶仅能在水和甘油的水溶液中溶胀，而不能在酒精和其他有机液体中溶胀。溶胀作用进行的程度与凝胶内部结构的连接强度、环境的温度、介质的组成及 pH 值等有关。增加温度有可能使有限溶胀转化为无限溶胀。介质的 pH 值对蛋白质的溶胀作用影响很大，当介质的 pH 相当于蛋白质等电点时，其溶胀程度最小，pH 值一旦离开等电点，其溶胀程度就会增大。电解质中的负离子对凝胶的溶胀作用也具有影响力。各种负离子对溶胀作用的影响由大到小的次序恰好与表示盐析作用强弱的感胶离子序相反，即

$$CNS^- > I^- > Br^- > NO_3^- > Cl^- > Ac^- > (1/2)SO_4^{2-}$$

Cl^- 以前的各种离子能促进溶胀，Cl^- 以后的各种离子却抑制溶胀。此外，凝胶的溶胀程度还取决于大分子化合物的链与链之间的交联度，交联度越大，溶胀程度越差，若大分子化合物（如含硫 0.30 质量分数的硬橡胶）的分子链是以大量共价键交联起来的，则在液体中根本不发生溶胀作用。

溶胀时除溶胀物的体积增大外，还伴随有热效应，这种热效应称为溶胀热，除个别情况外，溶胀都是放热的。当一物质溶胀时，它对外界施加一定的压力，称为溶胀压。这种压力在某些情况下可能达到很大。在古代就利用溶胀压力来分裂岩石，在岩石裂缝中间，塞入木块，再注入大量的水，于是木质纤维发生溶胀产生巨大的溶胀压力使岩石裂开。利用溶胀压来开采建造金字塔的石头，即所谓的“湿木裂石”。

五、离浆和触变

离浆和触变都是凝胶不稳定性的表现。因胶凝作用并非凝聚过程的终点，在许多情况下，如将凝胶放置时，就开始渗出微小的液滴，这些液滴逐渐合并而形成一个液相，与此同时，凝胶本身体积将缩小。这种使凝胶分为两相的过程，称为脱水收缩或离浆（syneresis）。离浆后，凝胶体积虽变小，但仍能保持最初的几何形状，如图 8-14 所示。但离浆出来的液相不是纯溶剂，而是稀溶胶或大分子溶液。离浆的原因是由于随着时间的延长，构成凝胶网状结构的粒子进一步交织，促使网孔收缩变小，骨架变粗，这种变化过程叫作凝胶的陈化，它可以看作是溶解度降低的过程。凝胶的浓度越大，网架上粒子间的距离就越短，凝胶的离浆速率越大，离浆出的液体量也就越多。

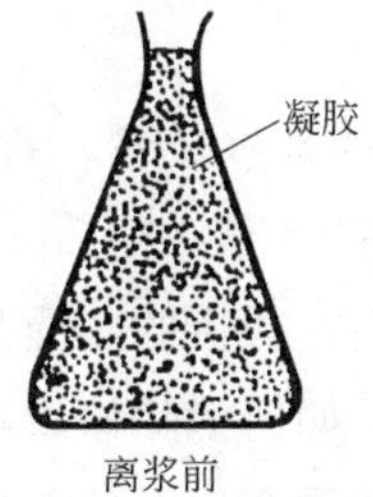

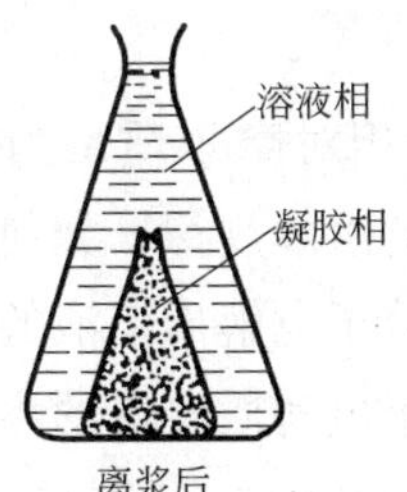

图 8-14　离浆现象

离浆现象十分普遍，如浆糊、血液、果酱放置时都会出现离浆。细胞老化失水，老人皮肤变皱等都属于离浆现象。

有些凝胶（如低浓度的明胶、生物细胞中的原形质等）它们的网状结构不稳定，可因机械力（如摇动或振动等）变成有较大流动性的溶液状态，外力解除后又恢复成凝胶状态（重新稠化），

这种现象叫作触变（thixotropy phenomena）。触变现象的特点是凝胶结构的拆散与恢复是可逆的，是恒温过程。由形状不对称的分散相粒子之间靠范德华力联系而形成的具有疏松结构的凝胶一般都具有触变性。如果凝胶所含的粒子接近球形或立方形，或者粒子间彼此是靠共价键结合起来的，这样的凝胶就不具有触变性。凝胶的触变性被广泛应用于药物生产方面，具有触变性的凝胶药物，使用时只要振摇几下，立即就由凝胶变成液体，携带服用都很方便，如一些滴眼液、抗生素油注射液等就是采用的这种剂型。

本章小结

“大分子溶液”内容的学习与研究在医药学上有着特殊的重要意义。因为在生物机体、组织和细胞结构中，作为基础的物质如蛋白质、核酸、淀粉、纤维素等是由链状大分子组成的。20世纪七八十年代，分别进行了DNA、蛋白质的氨基酸测序研究工作，于1985年第一次绘制了蛋白质的结构。美国科学家约翰·芬恩、日本科学家田中耕一和瑞士科学家库尔特·维特里希分别发明了测定生物大分子的分子量及三维结构的方法而共享2002年诺贝尔化学奖。

本章介绍了大分子化合物的结构特征：它包括链节（分子中重复出现的结构单元）、链段（分子的内旋转所波及的一段碳链，是独立的运动单元）；大分子化合物分子量巨大，且有多分散性的特点，其摩尔质量根据统计方法不同可分为数均摩尔质量 M_n、质均摩尔质量 M_m、Z均摩尔质量 M_Z、黏均摩尔质量 M_η。

大分子溶液中虽然溶质的质点大小1～100nm范围，但仍属单相、热力学稳定系统，其渗透压、黏度等理化性质不同于一般小分子的真溶液。本章讨论了大分子溶液的一些基本性质：溶解规律、溶质扩散性、不能透过半透膜、溶液对溶胶有保护作用、渗透压较等物质的量浓度的低分子溶液大、黏度较大等。大分子电解质溶液除了有大分子溶液的基本性质以外，还有一些特殊的性质：如大离子是带电基团的集合体，在电场作用下可移动（电泳），因为带电而稳定，如果中和电性即在等电点时，某些物理性质会有较大变化，如电黏效应，即带电时黏度较大，对其渗透压测定也有影响，此外还介绍了唐南平衡的机理、作用及膜内外离子浓度和渗透压的计算；并简要论述了凝胶的制备、分类和胶凝作用的影响因素。

思考题

1. 大分子化合物的相对摩尔质量为什么是平均相对摩尔质量？简述几种测定方法。
2. 简述大分子溶液的溶解规律，如何制备大分子溶液？
3. 外加电解质对大分子电解质溶液的稳定性有何影响？盐析的实质是什么？
4. 唐南平衡对大分子电解质溶液的渗透压有何影响？如何消除该影响？
5. 蛋白质在等电点时性质为什么会发生突变？此时性质变化有什么规律？

习　题

1. 溶液、溶胶和大分子溶液三者的异同点是什么？如何鉴别它们？
2. 大分子溶液的形成与一般溶液有什么不同？如何制备大分子溶液？
3. 血液中碳酸钙、磷酸钙等无机盐之所以不会沉淀析出的主要原因是什么？

4. 将 5.00g 聚合物样品分级，用渗透压计测定各级分的摩尔质量。所得结果为

级分	重量(g)	M_i
1	0.25	2000
2	0.65	50000
3	2.20	100000
4	1.20	200000
5	0.55	500000
6	0.15	1000000

假定每个级分的摩尔质量是均匀的，试计算原聚合物的 M_m、M_n 和 M_m/M_n。

（1.836×10^5、2.99×10^4、6.14）

5. 25℃时，半透膜两边各离子的原始浓度如下（单位 $mol\cdot L^{-1}$），计算平衡时各离子浓度分布情况。

膜内			膜外	
Na^+	R^-		Na^+	Cl^-
0.1	0.1		0.2	0.2
Na^+	R^-	Cl^-		
$0.1+x$	0.1	x	$0.2-x$	$0.2-x$

（$[R^+]=0.1mol\cdot L^{-1}$；$[Na^+]_{内}=0.18mol\cdot L^{-1}$，$[Cl^-]_{内}=0.08mol\cdot L^{-1}$，$[Na^+]_{外}=[Cl^-]_{外}=0.12mol\cdot L^{-1}$）

6. 某高聚物样品是由相对摩尔质量为 1×10^4 和 1×10^5 两种分子组成，它们的摩尔分数分别为 0.0167 和 0.9833，计算此样品的质均相对摩尔质量和数均相对摩尔质量的比值。

（1.014）

7. 异丁烯聚合物的苯溶液 25℃时测得各浓度的渗透压如下：

$c\times10^{-1}$ ($kg\cdot m^{-3}$)	0.5	1.00	1.50	2.00
Π (Pa)	49.45	100.94	154.84	210.70

求聚异丁烯的平均摩尔质量。

（$M=2.56\times10^2 kg\cdot mol^{-1}$）

8. 半透膜内放置羧甲基青霉素钠盐溶液，其初始浓度为 $1.28\times10^{-3} mol\cdot dm^{-3}$，膜外放置苄基青霉素钠盐溶液。达到唐南平衡时，测得膜内苄基青霉素离子浓度为 $32\times10^{-3} mol\cdot dm^{-3}$，试计算膜内外苄基青霉素钠离子的浓度比。

（1.02）

附　录

一、国际单位制（SI）

国际单位制（SI）是法语 Le Systeme International d'Unite's 的缩写，是从米制发展而成的各种计量单位制度，为世界范围内的"法定计量单位"。《中华人民共和国计量法》以法律的形式规定了国家采用国际单位制，非国家法定计量单位应当废除。《中华人民共和国计量法》自 1986 年 7 月 1 日起执行。从 1991 年 1 月起不允许再使用非法定计量单位（除个别特殊领域如古籍与文学书籍，血压的 mmHg 除外）。

国际单位制

量的名称	单位名称	单位符号
长度	米	m
质量	千克	kg
时间	秒	s
电流	安[培]	A
热力学温度	开[尔文]	K
物质的量	摩[尔]	mol
发光强度	坎[德拉]	cd

二、一些物质在 101.325kPa 下的摩尔定压热容

$C_{p,m}=(a+bT+cT^2)(J\cdot K^{-1}\cdot mol^{-1})$ 或 $C_{p,m}=(a+bT+c'T^{-2})(J\cdot K^{-1}\cdot mol^{-1})$

物质	a	$b\times10^3$	$c\times10^6$	$c'\times10^{-5}$	适用温度范围(K)
Ag(s)	23.974	5.284		−0.251	293～1234
Al(s)	20.669	12.385			273～931.7
$Al_2(SO_4)_3$(s)	368.569	61.923		−113.47	298～1100
C(金刚石)	9.121	13.221		−6.192	298～1200
C(石墨)	17.154	4.268		−8.786	298～2300
CO(g)	27.614	5.021			290～2500
CO_2(g)	44.141	9.037		−8.535	298～2500
Ca(s)	21.924	14.644			273～673
$CaCl_2$(s)	71.881	12.719		−2.51	298～1055

续表

物质	a	$b\times10^3$	$c\times10^6$	$c'\times10^{-5}$	适用温度范围(K)
Cl_2(g)	31.696	10.144	−4.038		300～1500
Cu(s)	24.56	4.184		−1.203	273～1357
CuO(s)	38.786	20.083			298～1250
FeO(s)	52.802	6.243		−3.188	273～1173
Fe_2O_3(s)	97.738	72.132		−12.887	298～1100
H_2(g)	29.09	0.836	−0.3265		300～1500
HBr(g)	26.15	5.858		1.088	298～1600
HCl(g)	28.17	1.82	1.55		273～1500
H_2O(g)	30.00	10.7	−2.022		273～2000
H_2O(l)	75.48	0		0	273～373
H_2S(g)	29.288	15.69			273～1300
I_2(s)	40.125	49.79			298～387
N_2(g)	27.865	4.268			273～2500
NH_3(g)	29.79	25.481		1.665	273～1400
NO_2(g)	42.928	8.535		−6.736	273～1500
O_2(g)	31.464	3.339		−3.766	273～2000
SO_2(g)	47.698	7.171		−8.535	298～1800
SO_3(g)	57.321	26.861		−13.054	273～900
CH_4(g)甲烷	17.451	60.459	1.117	−7.205	298～1500
C_2H_4(g)乙烯	4.197	154.59	−81.09	16.815	298～1500
C_2H_6(g)乙烷	4.494	182.259	−74.856	10.799	298～1500

三、某些有机化合物的标准摩尔燃烧焓

($p^{\ominus}$=100kPa，298.15K)

化学式	名称	相对分子质量 M_r	$-\Delta_c H_m^{\ominus}$(kJ·mol^{-1})		
			晶体	液体	气体
C	碳	12.011	393.5		1110.2
CO	一氧化碳	28.010			283.0
CH_2O	甲醛	30.026			570.78
CH_2O_2	甲酸	46.026		254.6	300.7
CH_4	甲烷	16.043			890.31
CH_4N_2O	尿素	60.056	631.6		719.4
CH_3OH	甲醇	32.042		726.1	763.7
CH_3NH_2	甲胺	31.057		1060.8	1085.6
C_2H_2	乙炔	26.038			1301.1
$C_2H_2O_4$	乙二酸	90.036	251.1		349.1
C_2H_4	乙烯	28.054			1411.2
C_2H_4O	乙醛	44.053		1166.9	1192.5
CH_3COOH	乙酸	60.053		874.2	925.9

续表

化学式	名称	相对分子质量 M_r	$-\Delta_c H_m^\ominus$(kJ · mol^{-1})		
			晶体	液体	气体
$CHOOCH_3$	甲酸甲酯	60.053		972.6	1003.2
$C_2H_5NO_2$	硝基乙烷	75.067		1357.7	1399.3
C_2H_6	乙烷	30.070			1559.8
C_2H_5OH	乙醇	46.069		1366.8	1409.4
C_3H_6	丙烯	42.081		2039.7	2058.0
C_3H_6	环丙烷	42.081			2091.3
C_3H_6O	丙酮	58.080		1789.9	1820.7
$C_3H_6O_2$	乙酸甲酯	74.079		1592.2	1626.1
$C_3H_6O_2$	丙酸	74.079		1527.3	1584.5
C_4H_8O	四氢呋喃	72.107		2501.2	2533.2
$C_4H_8O_2$	乙酸乙酯	88.106		2238.1	2273.3
$C_4H_8O_2$	丁酸	88.106		2183.6	2241.6
C_4H_{10}	丁烷	58.123		2856.6	2877.6
$C_4H_{10}O$	乙醚	74.123		2723.9	2751.1
C_6H_6	苯	78.114		3267.6	3301.2
C_6H_6O	苯酚	94.113	3053.5		3122.2
H_2(g)	氢气	1.008			285.3
$C_6H_{12}O_6$	α-D 葡萄糖	180.16	2802		
$C_6H_{12}O_6$	β-D 葡萄糖	180.16	2808		
$C_{12}H_{22}O_{11}$	蔗糖	342.30	5645		

四、某些物质的标准摩尔生成焓、标准摩尔生成吉布斯自由能、标准摩尔熵及热容

化学式	$\Delta_f H_m^\ominus$ kJ · mol^{-1}	$\Delta_f G_m^\ominus$ kJ · mol^{-1}	$S_m^\ominus$ J · mol^{-1} · K^{-1}	$C_{p,m}^\ominus$ J · mol^{-1} · K^{-1}
Ag(s)	0	0	42.5	25.351
AgCl(s)	−127.068	−109.789	96.2	50.79
Ag_2O(s)	−31.05	−11.20	121.3	65.86
Al(s)	0	0	28.33	24.35
Al_2O_3(α,刚玉)	−1675.7	−1582.3	50.92	79.04
Br_2(l)	0	0	152.231	75.689
Br_2(g)	30.907	3.110	245.463	36.02
HBr(g)	−36.40	−53.45	198.695	29.142
Ca(s)	0	0	41.6	25.9
CaO(s)	−635.09	−604.03	39.75	42.80
$Ca(OH)_2$(s)	−986.09	−898.49	83.39	87.49
CO(g)	−110.525	−137.168	197.674	29.142
CO_2(g)	−393.509	−394.359	213.74	37.11
CCl_4(l)	−135.44	−65.21	−216.40	131.75
Cl_2(g)	0	0	223.066	33.07
HCl(g)	−92.307	−95.299	186.908	29.12
Cu(s)	0	0	33.150	24.435
CuO(s)	−157.3	−129.7	42.63	42.30

续表

化学式	$\Delta_f H_m^\ominus$ kJ·mol^{-1}	$\Delta_f G_m^\ominus$ kJ·mol^{-1}	$S_m^\ominus$ J·mol^{-1}·K^{-1}	$C_{p,m}^\ominus$ J·mol^{-1}·K^{-1}
F_2(g)	0	0	202.78	31.30
HF(g)	−271.1	−273.2	173.779	29.133
Fe(a)	0	0	27.28	25.10
$FeCl_2$(s)	−341.79	−302.30	117.95	76.65
$FeCl_3$(s)	−399.49	−334.00	142.3	96.65
FeO(s)	−272.0			
Fe_2O_3(赤铁矿)	−824.2	−742.2	87.40	103.85
Fe_3O_4(磁铁矿)	−1118.4	−1015.4	146.4	143.43
$FeSO_4$(s)	−928.4	−820.8	107.5	100.58
H_2(g)	0	0	130.684	28.824
I_2(s)	0	0	116.135	54.438
I_2(g)	62.438	19.327	260.69	36.90
HI(g)	26.48	1.70	206.594	29.158
Mg(s)	0	0	32.68	24.89
MgO(s)	−601.6	−569.3	27.0	37.2
$MgCl_2$(s)	−641.32	−591.79	89.62	71.38
$Mg(OH)_2$(s)	−924.54	−833.51	63.18	77.03
Na(s)	0	0	51.21	28.24
Na_2CO_3(s)	−1130.68	−1044.44	134.98	112.30
NaCl(s)	−411.153	−384.138	72.13	50.50
$NaNO_3$(s)	−467.9	−367.0	116.5	92.9
NaOH(s)	−425.6	−379.5	64.5	59.5
H_2O(l)	−285.830	−237.1	70.0	75.3
H_2O(g)	−241.818	−228.572	188.825	33.577
Na_2SO_4(s)	−1387.1	−1270.2	149.6	128.2
N_2(g)	0	0	191.61	29.125
NH_3(g)	−46.11	−16.4	192.8	35.1
NO_2(g)	33.18	51.31	240.06	37.20
N_2O(g)	82.05	104.20	219.85	38.45
N_2O_3(g)	83.72	139.46	312.28	65.61
N_2O_4(g)	9.16	97.89	304.29	77.28
N_2O_5(g)	11.3	115.1	355.7	84.5
HNO_3(g)	−135.1	−74.7	266.4	53.4
HNO_3(l)	−174.10	−80.71	155.60	109.87
O_2(g)	0	0	205.138	29.355
O_3(g)	142.7	163.2	238.93	39.20
PCl_3(g)	−287.0	−267.8	311.78	71.84
PCl_5(g)	−374.9	−305.0	364.58	112.80
H_3PO_4(s)	−1279.0	−1119.1	110.50	106.06

续表

化学式	$\Delta_f H_m^\ominus$ kJ·mol^{-1}	$\Delta_f G_m^\ominus$ kJ·mol^{-1}	$S_m^\ominus$ J·mol^{-1}·K^{-1}	$C_{p,m}^\ominus$ J·mol^{-1}·K^{-1}
$H_2S(g)$	−20.63	−33.56	205.79	34.23
$SO_2(g)$	−296.830	−300.194	248.22	39.87
$SO_3(g)$	−395.72	−371.06	256.76	50.67
$H_2SO_4(l)$	−813.989	−690.003	156.904	138.91
$Zn(s)$	0	0	41.63	25.40
$ZnCO_3(s)$	−812.78	−731.52	82.4	79.71
$CH_4(g)$ 甲烷	−74.81	−50.72	186.264	35.309
$C_2H_6(g)$ 乙烷	−84.68	−32.82	229.60	52.63
$C_3H_8(g)$ 丙烷	−103.85	−23.49	269.91	73.5
$C_4H_{10}(g)$ 正丁烷	−126.15	−17.03	310.23	97.45
$C_2H_4(g)$ 乙烯	52.5	68.4	219.6	43.6
$C_3H_6(g)$ 丙烯	20.0	62.72	266.9	
$C_6H_6(l)$ 苯	49.0	124.3	173.3	136.1
$C_6H_6(g)$ 苯	82.93	129.72	269.31	81.67
$CH_3OH(l)$ 甲醇	−238.66	−166.27	126.8	81.6
$CH_3OH(g)$ 甲醇	−200.66	−161.96	239.81	43.89
$C_2H_5OH(l)$ 乙醇	−277.69	−174.78	160.7	111.46
$C_2H_5OH(g)$ 乙醇	−235.10	−168.49	282.70	65.44
$HCHO(g)$ 甲醛	−108.57	−102.53	218.77	35.40
$CH_3CHO(l)$ 乙醛	−192.30	−128.12	160.2	
$CH_3CHO(g)$ 乙醛	−166.19	−128.86	250.3	57.3
$CH_3COOH(l)$ 乙酸	−484.5	−389.9	159.8	124.3
$CO(NH_2)_2(s)$ 尿素	−333.51	−197.33	104.60	93.14

五、标准电极电位表（298.15K）

1. 在酸性溶液中的电极反应

电极反应				$\phi^\ominus$(V)
氧化态	电子数	⇌	还原态	
Li^+	$+e^-$	⇌	Li	−3.045
K^+	$+e^-$	⇌	K	−2.931
Ba^{2+}	$+2e^-$	⇌	Ba	−2.912
Sr^{2+}	$+2e^-$	⇌	Sr	−2.899
Ca^{2+}	$+2e^-$	⇌	Ca	−2.868
Na^+	$+e^-$	⇌	Na	−2.714
Mg^{2+}	$+2e^-$	⇌	Mg	−2.372
Al^{3+}	$+3e^-$	⇌	Al	−1.662
Mn^{2+}	$+2e^-$	⇌	Mn	−1.185
Se	$+2e^-$	⇌	Se^{2-}	−0.924

续表

电极反应				$\phi^{\ominus}$(V)
氧化态	电子数	⇌	还原态	
Cr^{2+}	$+2e^-$	⇌	Cr	−0.913
Ag_2S(固)	$+2e^-$	⇌	$2Ag+S^{2-}$	−0.691
Ga^{3+}	$+3e^-$	⇌	Ga	−0.56
$Sb+3H^+$	$+3e^-$	⇌	SbH_3	−0.51
$H_3PO_3+2H^+$	$+2e^-$	⇌	$H_3PO_2+H_2O$	−0.499
$2CO_2+2H^+$	$+2e^-$	⇌	$H_2C_2O_4$	−0.49
S	$+2e^-$	⇌	S^{2-}	−0.476
Fe^{2+}	$+2e^-$	⇌	Fe	−0.447
Cr^{3+}	$+e^-$	⇌	Cr^{2+}	−0.407
Cd^{2+}	$+2e^-$	⇌	Cd	−0.403
$Se+2H^+$	$+2e^-$	⇌	H_2Se	−0.36
$PbSO_4$(固)	$+2e^-$	⇌	$Pb+SO_4^{2-}$	−0.359
In^{3+}	$+3e^-$	⇌	In	−0.338
Tl^+	$+e^-$	⇌	Tl	−0.336
Co^{2+}	$+2e^-$	⇌	Co	−0.280
$H_3PO_4+2H^+$	$+2e^-$	⇌	$H_3PO_3+H_2O$	−0.276
Ni^{2+}	$+2e^-$	⇌	Ni	−0.257
AgI(固)	$+e^-$	⇌	$Ag+I^-$	−0.152
Sn^{2+}	$+2e^-$	⇌	Sn	−0.1375
Pb^{2+}	$+2e^-$	⇌	Pb	−0.1622
$2H^+$	$+2e^-$	⇌	H_2	0.000
AgBr(固)	$+e^-$	⇌	$Ag+Br^-$	0.0713
$S_4O_6^{2-}$	$+2e^-$	⇌	$2S_2O_3^{2-}$	0.08
$TiO^{2+}+2H^+$	$+e^-$	⇌	$Ti^{3+}+H_2O$	0.1
$S+2H^+$	$+2e^-$	⇌	H_2S(气)	0.142
Sn^{4+}	$+2e^-$	⇌	Sn^{2+}	0.151
Cu^{2+}	$+e^-$	⇌	Cu^+	0.17
SbO^++2H^+	$+3e^-$	⇌	$Sb+H_2O$	0.212
AgCl(固)	$+e^-$	⇌	$Ag+Cl^-$	0.2223
$HAsO_2+3H^+$	$+3e^-$	⇌	$As+2H_2O$	0.2475
Hg_2Cl_2(固)	$+2e^-$	⇌	$2Hg+2Cl^-$	0.2681
BiO^++2H^+	$+3e^-$	⇌	$Bi+H_2O$	0.302
$VO^{2+}+2H^+$	$+e^-$	⇌	$V^{3+}+H_2O$	0.337
Cu^{2+}	$+2e^-$	⇌	Cu	0.3419
$Fe(CN)_6^{3-}$	$+e^-$	⇌	$Fe(CN)_6^{4-}$	0.36
$2H_2SO_3+2H^+$	$+4e^-$	⇌	$S_2O_3^{2-}+3H_2O$	0.40
$4H_2SO_3+4H^+$	$+6e^-$	⇌	$S_4O_6^{2-}+6H_2O$	0.51
Cu^+	$+e^-$	⇌	Cu	0.521
I_2(固)	$+2e^-$	⇌	$2I^-$	0.5355

续表

电极反应				$\phi^{\ominus}$(V)
氧化态	电子数	⇌	还原态	
$H_3AsO_4+2H^+$	$+2e^-$	⇌	$H_3AsO_3+H_2O$	0.560
MnO_4^-	$+e^-$	⇌	MnO_4^{2-}	0.564
$2HgCl_2$	$+2e^-$	⇌	Hg_2Cl_2(固)$+2Cl^-$	0.63
O_2(气)$+2H^+$	$+2e^-$	⇌	H_2O_2	0.695
Fe^{3+}	$+e^-$	⇌	Fe^{2+}	0.771
Hg_2^{2+}	$+2e^-$	⇌	$2Hg$	0.7986
Ag^+	$+e^-$	⇌	Ag	0.7996
$AuBr_4^-$	$+2e^-$	⇌	$AuBr_2^-+2Br^-$	0.805
$AuBr_4^-$	$+3e^-$	⇌	$Au+4Br^-$	0.854
$Cu^{2+}+I^-$	$+e^-$	⇌	CuI(固)	0.86
$NO_3^-+3H^+$	$+2e^-$	⇌	HNO_2+H_2O	0.934
$AuBr_2^-$	$+e^-$	⇌	$Au+2Br^-$	0.96
$HIO+H^+$	$+2e^-$	⇌	I^-+H_2O	0.99
HNO_2+H^+	$+e^-$	⇌	NO(气)$+H_2O$	0.99
$VO_2^++2H^+$	$+e^-$	⇌	$VO^{2+}+H_2O$	1.00
$AuCl_4^-$	$+3e^-$	⇌	$Au+4Cl^-$	1.002
Br_3^-	$+2e^-$	⇌	$3Br^-$	1.066
Br_2(水)	$+2e^-$	⇌	$2Br^-$	1.087
$ClO_4^-+2H^+$	$+2e^-$	⇌	$ClO_3^-+H_2O$	1.189
$IO_3^-+6H^+$	$+5e^-$	⇌	$1/2I_2+3H_2O$	1.195
O_2(气)$+4H^+$	$+4e^-$	⇌	$2H_2O$	1.229
MnO_2(固)$+4H^+$	$+2e^-$	⇌	$Mn^{2+}+2H_2O$	1.224
$Cr_2O_7^{2-}+14H^+$	$+6e^-$	⇌	$2Cr^{3+}+7H_2O$	1.33
$ClO_4^-+8H^+$	$+7e^-$	⇌	$1/2Cl_2+4H_2O$	1.339
Cl_2(气)	$+2e^-$	⇌	$2Cl^-$	1.3583
$BrO_3^-+6H^+$	$+6e^-$	⇌	Br^-+3H_2O	1.4842
$HIO+H^+$	$+e^-$	⇌	$1/2I_2+H_2O$	1.45
$ClO_3^-+6H^+$	$+6e^-$	⇌	Cl^-+3H_2O	1.451
PbO_2(固)$+4H^+$	$+2e^-$	⇌	$Pb^{2+}+2H_2O$	1.455
$ClO_3^-+6H^+$	$+5e^-$	⇌	$1/2Cl_2+3H_2O$	1.47
$HClO+H^+$	$+2e^-$	⇌	Cl^-+H_2O	1.482
Au^{3+}	$+3e^-$	⇌	Au	1.498
$MnO_4^-+8H^+$	$+5e^-$	⇌	$Mn^{2+}+4H_2O$	1.51
$BrO_3^-+6H^+$	$+5e^-$	⇌	$1/2Br_2+3H_2O$	1.52
$HBrO+H^+$	$+e^-$	⇌	$1/2Br_2+H_2O$	1.596
$H_5IO_6+H^+$	$+2e^-$	⇌	$IO_3^-+3H_2O$	1.60
$HClO+H^+$	$+e^-$	⇌	$1/2Cl_2+H_2O$	1.628

续表

电 极 反 应				$\phi^{\ominus}$(V)
氧化态	电子数	$\rightleftharpoons$	还原态	
$HClO_2+2H^+$	$+2e^-$	$\rightleftharpoons$	$HClO+H_2O$	1.645
$MnO_4^-+4H^+$	$+3e^-$	$\rightleftharpoons$	MnO_2+4H_2O	1.679
PbO_2(固)$+SO_4^{2-}+4H^+$	$+2e^-$	$\rightleftharpoons$	$PbSO_4$(固)$+2H_2O$	1.685
Ce^{4+}	$+e^-$	$\rightleftharpoons$	Ce^{3+}	1.72
$H_2O_2+2H^+$	$+2e^-$	$\rightleftharpoons$	$2H_2O$	1.766
$S_2O_8^{2-}$	$+2e^-$	$\rightleftharpoons$	$2SO_4^{2-}$	2.01
O_3+2H^+	$+2e^-$	$\rightleftharpoons$	O_2+H_2O	2.076
F_2(气)$+2H^+$	$+2e^-$	$\rightleftharpoons$	$2HF$	3.053

2. 在碱性溶液中的电极反应

电 极 反 应				$\phi^{\ominus}$(V)
氧化态	电子数	$\rightleftharpoons$	还原态	
$Ca(OH)_2$	$+2e^-$	$\rightleftharpoons$	$Ca+2OH^-$	−3.02
$Ba(OH)_2$	$+2e^-$	$\rightleftharpoons$	$Ba+2OH^-$	−2.99
$La(OH)_3$	$+3e^-$	$\rightleftharpoons$	$La+3OH^-$	−2.76
$Mg(OH)_2$	$+2e^-$	$\rightleftharpoons$	$Mg+2OH^-$	−2.69
$H_2BO_3^-+H_2O$	$+3e^-$	$\rightleftharpoons$	$B+4OH^-$	−2.5
$SiO_3^{2-}+3H_2O$	$+4e^-$	$\rightleftharpoons$	$Si+6OH^-$	−1.697
$HPO_3^{2-}+2H_2O$	$+2e^-$	$\rightleftharpoons$	$H_2PO_2^-+3OH^-$	−1.65
$Mn(OH)_2$	$+2e^-$	$\rightleftharpoons$	$Mn+2OH^-$	−1.456
$Cr(OH)_3$	$+3e^-$	$\rightleftharpoons$	$Cr+3OH^-$	−1.3
$Zn(CN)_4^{2-}$	$+2e^-$	$\rightleftharpoons$	$Zn+4CN^-$	−1.26
$Zn_2^{2-}+2H_2O$	$+2e^-$	$\rightleftharpoons$	$Zn+4OH^-$	−1.215
$As+3H_2O$	$+3e^-$	$\rightleftharpoons$	AsH_3+3OH^-	−1.21
$2SO_3^{2-}+2H_2O$	$+2e^-$	$\rightleftharpoons$	$S_2O_4^{2-}+4OH^-$	−1.12
$PO_4^{3-}+2H_2O$	$+2e^-$	$\rightleftharpoons$	$HPO_3^{2-}+3OH^-$	−1.05
$Zn(NH_3)_4^{2+}$	$+2e^-$	$\rightleftharpoons$	$Zn+4NH_3$	−1.04
$SO_4^{2-}+H_2O$	$+2e^-$	$\rightleftharpoons$	$SO_3^{2-}+2OH^-$	−0.93
$P+3H_2O$	$+3e^-$	$\rightleftharpoons$	PH_3(气)$+3OH^-$	−0.87
$2NO_3^-+2H_2O$	$+2e^-$	$\rightleftharpoons$	$N_2O_4+4OH^-$	−0.85
$S_2O_3^{2-}+3H_2O$	$+4e^-$	$\rightleftharpoons$	$2S+6OH^-$	−0.74
$Co(OH)_2$	$+2e^-$	$\rightleftharpoons$	$Co+2OH^-$	−0.73
$SO_3^{2-}+3H_2O$	$+4e^-$	$\rightleftharpoons$	$S+6OH^-$	−0.66
$PbO+H_2O$	$+2e^-$	$\rightleftharpoons$	$Pb+2OH^-$	−0.576
O_2+H_2O	$+2e^-$	$\rightleftharpoons$	$HO_2^-+OH^-$	−0.146
$CrO_4^{2-}+4H_2O$	$+3e^-$	$\rightleftharpoons$	$Cr(OH)_3+5OH^-$	−0.13

六、水的物理性质

温度 ℃	饱和蒸汽压 kPa	密度 kg·m^{-3}	焓 kJ·kg^{-1}	比热 kJ·kg^{-1}·K^{-1}	黏度 ×10^{5}Pa·s	表面张力 ×10^{3}N·m^{-1}
0	0.6082	999.9	0	4.212	179.21	75.6
10	1.2262	999.7	42.04	4.191	130.77	74.1
20	2.3346	998.2	83.90	4.183	100.50	72.6
30	4.2474	995.7	125.69	4.174	80.07	71.2
40	7.3766	992.2	167.51	4.174	65.60	69.6
50	12.34	988.1	209.30	4.174	54.94	67.7
60	19.923	983.2	251.12	4.178	46.88	66.2
70	31.164	977.8	292.99	4.178	40.61	64.3
80	47.379	971.8	334.94	4.195	35.65	62.6
90	70.136	965.3	376.98	4.208	31.65	60.7
100	101.33	958.4	419.10	4.220	28.38	58.8
110	143.31	951.0	461.34	4.238	25.89	56.9
120	198.64	943.1	503.67	4.250	23.73	54.8
130	270.25	934.8	546.38	4.266	21.77	52.8
140	361.47	926.1	589.08	4.287	20.10	50.7
150	476.24	917.0	632.20	4.312	18.63	48.6
160	618.28	907.4	675.33	4.346	17.36	46.6
170	792.59	897.3	719.29	4.379	16.28	45.3
180	1003.5	886.9	763.25	4.417	15.30	42.3

七、希腊字母表

序号	名称	中文注音	正体		斜体	
			大写	小写	大写	小写
1	alpha	阿尔法	Α	α	A	α
2	beta	贝塔	Β	β	B	β
3	gamma	伽马	Γ	γ	Γ	γ
4	delta	德尔塔	Δ	δ	Δ	δ
5	epsilon	伊普西龙	Ε	ε	E	ε
6	zeta	齐塔	Ζ	ζ	Z	ζ
7	eta	艾塔	Η	η	H	η
8	thet	西塔	Θ	θ	Θ	θ
9	iot	约塔	Ι	ι	I	ι
10	kappa	卡帕	Κ	κ	K	κ
11	lambda	兰布达	Λ	λ	Λ	λ
12	mu	缪	Μ	μ	M	μ
13	nu	纽	Ν	ν	N	ν
14	xi	克西	Ξ	ξ	Ξ	ξ

续表

序号	名称	中文注音	正体		斜体	
			大写	小写	大写	小写
15	omicron	奥密克戎	Ο	ο	O	o
16	pi	派	Π	π	$\mathit{\Pi}$	π
17	rho	洛	Ρ	ρ	P	ρ
18	sigma	西格马	Σ	σ	$\mathit{\Sigma}$	σ
19	tau	陶	Τ	τ	T	τ
20	upsilon	依普西隆	Υ	υ	$\mathit{\Upsilon}$	υ
21	phi	斐	Φ	φ	$\mathit{\Phi}$	φ
22	chi	喜	Χ	χ	X	χ
23	psi	普西	Ψ	ψ	$\mathit{\Psi}$	ψ
24	omega	奥密伽	Ω	ω	$\mathit{\Omega}$	ω

全国中医药行业高等教育“十四五”规划教材

全国高等中医药院校规划教材（第十一版）

教材目录（第一批）

注：凡标☆号者为“核心示范教材”。

（一）中医学类专业

序号	书　名	主　编		主编所在单位	
1	中国医学史	郭宏伟	徐江雁	黑龙江中医药大学	河南中医药大学
2	医古文	王育林	李亚军	北京中医药大学	陕西中医药大学
3	大学语文	黄作阵		北京中医药大学	
4	中医基础理论☆	郑洪新	杨　柱	辽宁中医药大学	贵州中医药大学
5	中医诊断学☆	李灿东	方朝义	福建中医药大学	河北中医学院
6	中药学☆	钟赣生	杨柏灿	北京中医药大学	上海中医药大学
7	方剂学☆	李　冀	左铮云	黑龙江中医药大学	江西中医药大学
8	内经选读☆	翟双庆	黎敬波	北京中医药大学	广州中医药大学
9	伤寒论选读☆	王庆国	周春祥	北京中医药大学	南京中医药大学
10	金匮要略☆	范永升	姜德友	浙江中医药大学	黑龙江中医药大学
11	温病学☆	谷晓红	马　健	北京中医药大学	南京中医药大学
12	中医内科学☆	吴勉华	石　岩	南京中医药大学	辽宁中医药大学
13	中医外科学☆	陈红风		上海中医药大学	
14	中医妇科学☆	冯晓玲	张婷婷	黑龙江中医药大学	上海中医药大学
15	中医儿科学☆	赵　霞	李新民	南京中医药大学	天津中医药大学
16	中医骨伤科学☆	黄桂成	王拥军	南京中医药大学	上海中医药大学
17	中医眼科学	彭清华		湖南中医药大学	
18	中医耳鼻咽喉科学	刘　蓬		广州中医药大学	
19	中医急诊学☆	刘清泉	方邦江	首都医科大学	上海中医药大学
20	中医各家学说☆	尚　力	戴　铭	上海中医药大学	广西中医药大学
21	针灸学☆	梁繁荣	王　华	成都中医药大学	湖北中医药大学
22	推拿学☆	房　敏	王金贵	上海中医药大学	天津中医药大学
23	中医养生学	马烈光	章德林	成都中医药大学	江西中医药大学
24	中医药膳学	谢梦洲	朱天民	湖南中医药大学	成都中医药大学
25	中医食疗学	施洪飞	方　泓	南京中医药大学	上海中医药大学
26	中医气功学	章文春	魏玉龙	江西中医药大学	北京中医药大学
27	细胞生物学	赵宗江	高碧珍	北京中医药大学	福建中医药大学

序号	书　名	主　编	主编所在单位	
28	人体解剖学	邵水金	上海中医药大学	
29	组织学与胚胎学	周忠光　汪　涛	黑龙江中医药大学	天津中医药大学
30	生物化学	唐炳华	北京中医药大学	
31	生理学	赵铁建　朱大诚	广西中医药大学	江西中医药大学
32	病理学	刘春英　高维娟	辽宁中医药大学	河北中医学院
33	免疫学基础与病原生物学	袁嘉丽　刘永琦	云南中医药大学	甘肃中医药大学
34	预防医学	史周华	山东中医药大学	
35	药理学	张硕峰　方晓艳	北京中医药大学	河南中医药大学
36	诊断学	詹华奎	成都中医药大学	
37	医学影像学	侯　键　许茂盛	成都中医药大学	浙江中医药大学
38	内科学	潘　涛　戴爱国	南京中医药大学	湖南中医药大学
39	外科学	谢建兴	广州中医药大学	
40	中西医文献检索	林丹红　孙　玲	福建中医药大学	湖北中医药大学
41	中医疫病学	张伯礼　吕文亮	天津中医药大学	湖北中医药大学
42	中医文化学	张其成　臧守虎	北京中医药大学	山东中医药大学

（二）针灸推拿学专业

序号	书　名	主　编	主编所在单位	
43	局部解剖学	姜国华　李义凯	黑龙江中医药大学	南方医科大学
44	经络腧穴学☆	沈雪勇　刘存志	上海中医药大学	北京中医药大学
45	刺法灸法学☆	王富春　岳增辉	长春中医药大学	湖南中医药大学
46	针灸治疗学☆	高树中　冀来喜	山东中医药大学	山西中医药大学
47	各家针灸学说	高希言　王　威	河南中医药大学	辽宁中医药大学
48	针灸医籍选读	常小荣　张建斌	湖南中医药大学	南京中医药大学
49	实验针灸学	郭　义	天津中医药大学	
50	推拿手法学☆	周运峰	河南中医药大学	
51	推拿功法学☆	吕立江	浙江中医药大学	
52	推拿治疗学☆	井夫杰　杨永刚	山东中医药大学	长春中医药大学
53	小儿推拿学	刘明军　邰先桃	长春中医药大学	云南中医药大学

（三）中西医临床医学专业

序号	书　名	主　编	主编所在单位	
54	中外医学史	王振国　徐建云	山东中医药大学	南京中医药大学
55	中西医结合内科学	陈志强　杨文明	河北中医学院	安徽中医药大学
56	中西医结合外科学	何清湖	湖南中医药大学	
57	中西医结合妇产科学	杜惠兰	河北中医学院	
58	中西医结合儿科学	王雪峰　郑　健	辽宁中医药大学	福建中医药大学
59	中西医结合骨伤科学	詹红生　刘　军	上海中医药大学	广州中医药大学
60	中西医结合眼科学	段俊国　毕宏生	成都中医药大学	山东中医药大学
61	中西医结合耳鼻咽喉科学	张勤修　陈文勇	成都中医药大学	广州中医药大学
62	中西医结合口腔科学	谭　劲	湖南中医药大学	

（四）中药学类专业

序号	书　名	主　编	主编所在单位	
63	中医学基础	陈　晶　程海波	黑龙江中医药大学	南京中医药大学
64	高等数学	李秀昌　邵建华	长春中医药大学	上海中医药大学
65	中医药统计学	何　雁	江西中医药大学	
66	物理学	章新友　侯俊玲	江西中医药大学	北京中医药大学
67	无机化学	杨怀霞　吴培云	河南中医药大学	安徽中医药大学
68	有机化学	林　辉	广州中医药大学	
69	分析化学（上）（化学分析）	张　凌	江西中医药大学	
70	分析化学（下）（仪器分析）	王淑美	广东药科大学	
71	物理化学	刘　雄　王颖莉	甘肃中医药大学	山西中医药大学
72	临床中药学☆	周祯祥　唐德才	湖北中医药大学	南京中医药大学
73	方剂学	贾　波　许二平	成都中医药大学	河南中医药大学
74	中药药剂学☆	杨　明	江西中医药大学	
75	中药鉴定学☆	康廷国　闫永红	辽宁中医药大学	北京中医药大学
76	中药药理学☆	彭　成	成都中医药大学	
77	中药拉丁语	李　峰　马　琳	山东中医药大学	天津中医药大学
78	药用植物学☆	刘春生　谷　巍	北京中医药大学	南京中医药大学
79	中药炮制学☆	钟凌云	江西中医药大学	
80	中药分析学☆	梁生旺　张　彤	广东药科大学	上海中医药大学
81	中药化学☆	匡海学　冯卫生	黑龙江中医药大学	河南中医药大学
82	中药制药工程原理与设备	周长征	山东中医药大学	
83	药事管理学☆	刘红宁	江西中医药大学	
84	本草典籍选读	彭代银　陈仁寿	安徽中医药大学	南京中医药大学
85	中药制药分离工程	朱卫丰	江西中医药大学	
86	中药制药设备与车间设计	李　正	天津中医药大学	
87	药用植物栽培学	张永清	山东中医药大学	
88	中药资源学	马云桐	成都中医药大学	
89	中药产品与开发	孟宪生	辽宁中医药大学	
90	中药加工与炮制学	王秋红	广东药科大学	
91	人体形态学	武煜明　游言文	云南中医药大学	河南中医药大学
92	生理学基础	于远望	陕西中医药大学	
93	病理学基础	王　谦	北京中医药大学	

（五）护理学专业

序号	书　名	主　编	主编所在单位	
94	中医护理学基础	徐桂华　胡　慧	南京中医药大学	湖北中医药大学
95	护理学导论	穆　欣　马小琴	黑龙江中医药大学	浙江中医药大学
96	护理学基础	杨巧菊	河南中医药大学	
97	护理专业英语	刘红霞　刘　娅	北京中医药大学	湖北中医药大学
98	护理美学	余雨枫	成都中医药大学	
99	健康评估	阚丽君　张玉芳	黑龙江中医药大学	山东中医药大学

序号	书　名	主　编	主编所在单位	
100	护理心理学	郝玉芳	北京中医药大学	
101	护理伦理学	崔瑞兰	山东中医药大学	
102	内科护理学	陈　燕　孙志岭	湖南中医药大学	南京中医药大学
103	外科护理学	陆静波　蔡恩丽	上海中医药大学	云南中医药大学
104	妇产科护理学	冯　进　王丽芹	湖南中医药大学	黑龙江中医药大学
105	儿科护理学	肖洪玲　陈偶英	安徽中医药大学	湖南中医药大学
106	五官科护理学	喻京生	湖南中医药大学	
107	老年护理学	王　燕　高　静	天津中医药大学	成都中医药大学
108	急救护理学	吕　静　卢根娣	长春中医药大学	上海中医药大学
109	康复护理学	陈锦秀　汤继芹	福建中医药大学	山东中医药大学
110	社区护理学	沈翠珍　王诗源	浙江中医药大学	山东中医药大学
111	中医临床护理学	裘秀月　刘建军	浙江中医药大学	江西中医药大学
112	护理管理学	全小明　柏亚妹	广州中医药大学	南京中医药大学
113	医学营养学	聂　宏　李艳玲	黑龙江中医药大学	天津中医药大学

（六）公共课

序号	书　名	主　编	主编所在单位	
114	中医学概论	储全根　胡志希	安徽中医药大学	湖南中医药大学
115	传统体育	吴志坤　邵玉萍	上海中医药大学	湖北中医药大学
116	科研思路与方法	刘　涛　商洪才	南京中医药大学	北京中医药大学

（七）中医骨伤科学专业

序号	书　名	主　编	主编所在单位	
117	中医骨伤科学基础	李　楠　李　刚	福建中医药大学	山东中医药大学
118	骨伤解剖学	侯德才　姜国华	辽宁中医药大学	黑龙江中医药大学
119	骨伤影像学	栾金红　郭会利	黑龙江中医药大学	河南中医药大学洛阳平乐正骨学院
120	中医正骨学	冷向阳　马　勇	长春中医药大学	南京中医药大学
121	中医筋伤学	周红海　于　栋	广西中医药大学	北京中医药大学
122	中医骨病学	徐展望　郑福增	山东中医药大学	河南中医药大学
123	创伤急救学	毕荣修　李无阴	山东中医药大学	河南中医药大学洛阳平乐正骨学院
124	骨伤手术学	童培建　曾意荣	浙江中医药大学	广州中医药大学

（八）中医养生学专业

序号	书　名	主　编	主编所在单位	
125	中医养生文献学	蒋力生　王　平	江西中医药大学	湖北中医药大学
126	中医治未病学概论	陈涤平	南京中医药大学